公共管理系列教材

U0377812

定量分析方法

杨 健 著

清华大学出版社
北京

图书在版编目（CIP）数据

定量分析方法/杨健著. —北京：清华大学出版社，2018(2018.4 重印)
（公共管理系列教材）
ISBN 978-7-302-48000-6

Ⅰ．①定… Ⅱ．①杨… Ⅲ．①定量分析－分析方法－高等学校－教材 Ⅳ．①O655-34

中国版本图书馆 CIP 数据核字(2017)第 207767 号

责任编辑：周　菁
封面设计：傅瑞学
责任校对：王凤芝
责任印制：李红英

出版发行：清华大学出版社
　　　　　网　　　　址：http://www.tup.com.cn，http://www.wqbook.com
　　　　　地　　　　址：北京清华大学学研大厦 A 座　　　　**邮　　编：**100084
　　　　　社　总　机：010-62770175　　　　**邮　　购：**010-62786544
　　　　　投稿与读者服务：010-62776969，c-service@tup.tsinghua.edu.cn
　　　　　质　量　反　馈：010-62772015，zhiliang@tup.tsinghua.edu.cn
印　装　者：北京国马印刷厂
经　　销：全国新华书店
开　　本：185mm×230mm　　　**印　张：**27　　　**插　页：**1　　　**字　　数：**527 千字
版　　次：2018 年 3 月第 1 版　　　　　　　　　　　　　　　　**印　　次：**2018 年 4 月第 2 次印刷
定　　价：49.00 元

产品编号：054326-02

PREFACE

　　管理科学与运筹学是在 20 世纪 40 年代才开始同步兴起的。运筹学主要是将现实中的一些具有普遍性的经济、管理、军事问题加以提炼,然后利用数学方法进行解决。管理科学提供了大量的问题和模型,运筹学提供了丰富的理论和方法。

　　作为管理学的一个分支,管理科学涉及服务、库存、搜索、人口、对抗、控制、时间表、资源分配、厂址定位、能源、设计、生产、可靠性等各个方面。随着科学技术和生产的发展,管理科学已渗入很多领域,发挥着越来越重要的作用。虽然不大可能存在能处理广泛对象的运筹学,但是在运筹学的发展过程中还是形成了某些抽象模型,并能用来解决较广泛的实际问题。

　　运筹学和统计分析是构成定量分析方法的两条主线。本书以运筹学为主,统计分析为辅,系统地介绍了如何具体将定量分析方法运用于预测、决策等各类管理实践活动。

　　运筹学作为一门应用性和实践性较强的学科,注重于培养学生使用定量分析方法解决实际问题的能力。解决实际问题的学科,在处理千差万别的各种问题时,一般有以下几个步骤:确定目标、制订方案、建立模型、制定解法。运筹学在不断发展,现在已经包括很多数学分支,如数学规划(包含线性规划、非线性规划、整数规划、组合规划等)、图论、网络流、决策论、排队论、可靠性数学理论、库存论、对策论(博弈论)、搜索论、模拟等。

运筹思维自古有之,所谓"运筹帷幄之中,决胜千里之外"更是家喻户晓。运筹学可以根据问题的要求,通过数学的分析、运算,得出各种各样的结果,最后提出综合性的合理安排,以达到最好的效果。鉴于管理科学与运筹学同源,国际上运筹学与管理科学两大协会合并成立了 INFORMS(美国运筹学和管理科学研究协会),至此管理科学更是花繁叶茂!

本书在每篇伊始介绍理论知识产生的历史背景与应用问题,然后引入定义与基本定理,再通过例题详细讲解理论方法的应用,最后在每篇结尾部分附有案例分析和习题。

本书适合作为 MPA、MBA、EMBA 等研究生的教材,也可作为对定量分析感兴趣的研究人员的学习参考资料。

CONTENTS

目录

第1篇　基　础　知　识

第 2 篇　预　测　理　论

第 3 篇　排　队　论

第 4 篇　模　拟　理　论

第 5 篇　计划评审技术

第 6 篇　图 和 网 络

第 7 篇　线 性 规 划

第 11 篇　对　策　论

第1篇

Part 1

基础知识

第**1**章

微 积 分

1. 微积分学概述

微积分学是微分学和积分学的总称。

客观世界的一切事物,小至粒子,大至宇宙,始终都在运动和变化着。因此,在数学中引入变量的概念后,就有可能把运动现象用数学语言来加以描述。

由于函数概念的产生和运用的加深,也由于科学技术发展的需要,一门新的数学分支就继解析几何之后产生了,这就是微积分学。微积分学这门学科在数学发展中的地位是十分重要的,可以说它是继欧氏几何后,数学中最伟大的创造。

2. 微积分学的建立

在 17 世纪,微积分成为一门学科,但是,微分和积分的思想在古代就已经有了。

公元前 3 世纪,古希腊的阿基米德在研究解决抛物弓形的面积、球和球冠面积、螺线下面积和旋转双曲体的体积的问题中,就隐含着近代积分学的思想。作为微分学基础的极限理论来说,早在中国古代已有比较清楚的论述。例如我国的庄周所著的《庄子》一书的"天下篇"中,记有"一尺之棰,日取其半,万世不竭"。三国时期的刘徽在他的割圆术中提道:"割之弥细,所失弥小,割之又割,以至于不可割,则与圆周和体而无所失矣。"这些都是朴素的,也是很典型的极限概念。

公元 5 世纪,拜占庭的普罗克拉斯(410—485)是欧几里得《几何原本》的著名评述者。他在研究直径分圆问题时,注意到圆的一根直径分圆成两个半圆,由于直径有无穷多,所以必须有两倍无穷多的半圆。为了解释这个在许多人看来是一个矛盾的问题,他指出:任何人只能说有很大很大数目的直径或者半圆,而不能说实实在在有无穷多的直径或者半圆,也就是说,无穷只能是一种观念,而不是一个数,不能参与运算。其实,他在这里是接受了亚里士多德的潜无穷的概念,而否认实无穷的概念,对这种对应关系采取了回避的态度。

到了 17 世纪,有许多科学问题需要解决,这些问题也就成了促使微积分产生的因素。归结起来,大约有四种主要类型的问题:第一类问题是研究运动的时候直接出现的,也就是求即时速度的问题;第二类问题是求曲线的切线问题;第三类问题是求函数的最大值和最小值问题;第四类问题是求曲线长、曲线围成的面积、曲面围成的体积、物体的重心、一个体积相当大的物体作用于另一物体上的引力。

17世纪许多著名的数学家、天文学家、物理学家都为解决上述几类问题做了大量的研究工作,如法国的费尔玛、笛卡儿、罗伯瓦、笛沙格,英国的巴罗、瓦里士,德国的开普勒,意大利的卡瓦列利等人都提出许多很有建树的理论。他们为微积分的创立做出了贡献。

17世纪下半叶,在前人工作的基础上,英国科学家牛顿和德国数学家莱布尼茨分别在自己的国度里独自研究和完成了微积分的创立工作,虽然这只是十分初步的工作。他们的最大功绩是把两个貌似毫不相关的问题联系在一起,一个是切线问题(微分学的中心问题),另一个是求积问题(积分学的中心问题)。

牛顿和莱布尼茨建立微积分的出发点是直观的无穷小量,因此这门学科早期也称为无穷小分析,这正是现在数学中分析学这一大分支名称的来源。牛顿研究微积分着重于从运动学来考虑,莱布尼茨却是侧重于几何学来考虑的。

牛顿在1671年写了《流数法和无穷级数》一书,这本书直到1736年才出版。他在书中指出,变量是由点、线、面的连续运动产生的,否定了以前自己认为的变量是无穷小元素的静止集合。他把连续变量叫作流动量,把这些流动量的导数叫作流数。牛顿在流数术中所提出的中心问题是:已知连续运动的路径,求给定时刻的速度(微分法);已知运动的速度,求给定时间内经过的路程(积分法)。

德国的莱布尼茨是一位博才多学的学者。1684年,他发表了现在世界上认为是最早的微积分文献。这篇文章有一个很长而且很古怪的名字:《一种求极大极小和切线的新方法,它也适用于分式和无理量,以及这种新方法的奇妙类型的计算》。这是一篇说理颇为含糊的文章,但具有划时代意义。它已含有现代的微分符号和基本微分法则。1686年,莱布尼茨发表了第一篇积分学的文献。他是历史上最伟大的符号学者之一,他所创设的微积分符号,远远优于牛顿的符号,这对微积分的发展有极大的影响。现在使用的微积分通用符号就是当时莱布尼茨精心选用的。

数学家将无穷小量引进数学,构成所谓"无穷小演算",这就是微积分的最早名称。所谓积分法无非是无穷多个无穷小量加在一起,而微分法则是两个无穷小量相除。微积分学的创立,极大地推动了数学的发展,过去很多初等数学束手无策的问题,运用微积分往往迎刃而解,显示出微积分学的非凡威力。一门科学的创立绝不是某一个人的业绩,它必定是经过很多人的努力后,在积累了大量成果的基础上,最后由某个人或几个人总结完成的。微积分也是这样。

不幸的是,人们在欣赏微积分的宏伟功效之余,在提出谁是这门学科的创立者的时候,竟然引起了一场轩然大波,造成了欧洲大陆的数学家和英国数学家的长期对立。英国数学在一个时期里闭关锁国,囿于民族偏见,过于拘泥在牛顿的"流数术"中停步不前,导致数学发展整整落后了一百年。其实,牛顿和莱布尼茨分别是自己独立研究,在大体上相近的时间里先后完成的。比较特殊的是,牛顿创立微积分要比莱布尼茨早 10 年左右,但是正式公开发表微积分这一理论,莱布尼茨却要比牛顿早 3 年。他们的研究各有长处,也都各有短处。那时候,由于民族偏见,关于发明优先权的争论竟从 1699 年始延续了一百多年。

由于无穷小量运算的引进,无穷大自然而然地进入数学,虽然它给数学带来前所未有的繁荣和进步,但它的基础及其合法性仍然受到许多数学家的质疑,他们对无穷仍然心存疑虑,这方面以"数学家之王"高斯(1777—1855)的意见为代表。高斯是一个潜在无穷论者,他在 1831 年 7 月 12 日给他的朋友舒马赫尔的信中说:"我必须强烈地反对你把无穷作为一完成的东西来使用,因为这在数学中是从来不允许的。无穷只不过是一种谈话方式,它是指一种极限,某些比值可以任意地逼近它,而另一些则容许没有限制地增加。"这里极限的概念只不过是一种潜在的无穷过程。高斯反对那些哪怕是偶尔使用的一些无穷的概念,甚至是无穷的记号的人,特别是当他们把它当成是普通数一样来考虑时。

应该指出,这和历史上任何一项重大理论的完成都要经历一段时间一样,牛顿和莱布尼茨的工作也都是很不完善的。他们在无穷和无穷小量这个问题上,其说不一,十分含糊。牛顿的无穷小量,有时候是零,有时候不是零而是有限的小量;莱布尼茨的也不能自圆其说。这些基础方面的缺陷,最终导致了第二次数学危机的产生。

直到 19 世纪初,法国科学学院的科学家以柯西为首,对微积分的理论进行了认真研究,建立了极限理论,后来又经过德国数学家维尔斯特拉斯进一步严格化,使极限理论成为微积分的坚定基础,从而使微积分进一步发展开来。

其实,不论是欧氏几何,还是上古和中世纪的代数学,都是一种常量数学,而微积分才是真正的变量数学,是数学中的大革命。微积分是高等数学的主要分支,不只局限在解决力学中的变速问题,它还驰骋在近代和现代科学技术园地里,建立了数不清的丰功伟绩。任何新兴的、具有无量前途的科学成就都吸引着广大的科学工作者。在微积分的历史上也闪烁着这样一些明星:瑞士的雅科布·伯努利和他的兄弟约翰·伯努利、欧拉,法国的拉格朗日、柯西……,伟人所开创的微积分学将通过学者们的传承而惠泽人类!

第 1 节　函　　数

1. 函数的概念

定义 1.1.1　设在某个变化过程中有两个变量 x 和 y,变量 y 随变量 x 的变化而变化,如果变量 x 在非空实数集合 D 中取某个数值时,变量 y 依照某一规律 f 总有一个确定的数值与之对应,则称变量 y 为变量 x 的函数,记作

$$y = f(x)$$

其中，x 叫作自变量；y 叫作因变量或函数。

使函数 f 有定义的自变量的取值范围 D，称为函数的定义域，记为 $D(f)$。

函数 y 的取值范围，称为函数的值域，记作 $Z(f)$。

常用的函数表示法有公式法、表格法和图形法。

有些函数，对于其定义域内自变量 x 不同的值，不能用一个统一的数学表达式表示，而要用两个或两个以上式子表示，这类函数称为分段函数。

2. 函数的几种简单性质

1）函数的奇偶性

定义 1.1.2 给定函数 $y = f(x)$：

（1）如果对于所有的 $x \in D(f)$，D 关于原点对称，都有 $f(-x) = f(x)$，则称 $f(x)$ 为偶函数。

（2）如果对所有的 $x \in D(f)$，有 $f(-x) = -f(x)$，则称 $f(x)$ 为奇函数。

偶函数的图形对称于 y 轴，奇函数的图形对称于坐标原点。

2）函数的周期性

定义 1.1.3 对于函数 $y = f(x)$，如果存在一个正的常数 l，D 为定义域，$x + l \in D$，使 $f(x) = f(x + l)$ 恒成立，则称此函数为周期函数。满足这个恒等式的最小正数 l，称为函数的周期。

3）函数的单调增减性

定义 1.1.4 如果函数 $y = f(x)$ 在区间 (a, b) 上存在任意两点 x_1, x_2，并且 $x_1 < x_2$，有：

（1）如果 $f(x_1) \leqslant f(x_2)$，则称 $f(x)$ 在 (a, b) 上单调递增，如果 $f(x_1) < f(x_2)$，则称 $f(x)$ 在 (a, b) 上严格单调递增；

（2）如果 $f(x_1) \geqslant f(x_2)$，则称 $f(x)$ 在 (a, b) 上单调递减，如果 $f(x_1) > f(x_2)$，则称 $f(x)$ 在 (a, b) 上严格单调递减。

4）函数的有界性

定义 1.1.5 设函数 $y = f(x)$ 在区间 (a, b) 上有定义，如果存在一个正数 M 使得对于 (a, b) 上任意一点 x，总有 $|f(x)| \leqslant M$，则称函数 $f(x)$ 在 (a, b) 上是有界的；如果不存在这样的正数 M，则称 $f(x)$ 在 (a, b) 上是无界的。

3. 反函数与复合函数

1）反函数

定义 1.1.6 设 $y = f(x)$ 是定义在 $D(f)$ 上的一个函数，值域为 $Z(f)$。如果对每个 $y \in Z(f)$，有一个确定且满足 $y = f(x)$ 的 $x \in D(f)$ 与之对应，则对应的规则记作 f^{-1}。这个定义在 $Z(f)$ 上的函数 $x = f^{-1}(y)$ 称为 $y = f(x)$ 的反函数，或称它们互为反函数。

函数 $x = f^{-1}(y)$ 中 y 是自变量，x 为因变量，定义域为 $Z(f)$，值域为 $D(f)$。

习惯上,我们仍将 $x=f^{-1}(y)$ 记作 $y=f^{-1}(x)$,即 $y=f^{-1}(x)$ 是 $y=f(x)$ 的反函数。

2）复合函数

定义 1.1.7　设函数 $y=f(u)$ 的定义域为 $D(f)$,若函数 $u=\varphi(x)$ 的值域为 $Z(\varphi)$,且 $Z(\varphi)$ $\bigcap D(f)$ 非空,则称 $y=f[\varphi(x)]$ 为复合函数。其中 x 为自变量,y 为因变量,u 为中间变量。

4. 初等函数

1）基本初等函数及其图形

下列函数称为基本初等函数

（1）常数 $y=C$;

（2）幂函数 $y=x^a$（α 为任何实数）;

（3）指数函数 $y=a^x$（$a>0$,$a\neq1$）;

（4）对数函数 $y=\log_a x$（$a>0$,$a\neq1$）;

（5）三角函数 $y=\sin x$,$y=\cos x$,$y=\tan x$,$y=\cot x$,$y=\sec x$,$y=\csc x$;

（6）反三角函数 $y=\arcsin x$,$y=\arccos x$,$y=\arctan x$,$y=\operatorname{arccot} x$,$y=\operatorname{arcsec} x$,$y=\operatorname{arccsc} x$。

图 1.1.1(a)～图 1.1.1(e)分别表示常数、幂函数、指数函数及对数函数的图形,

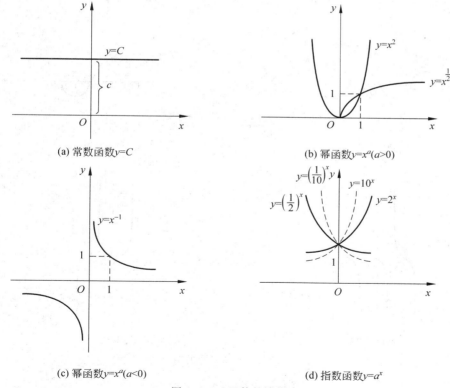

图 1.1.1　函数的图形

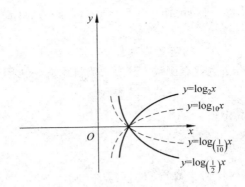

(e) 对数函数$y=\log_a x$

图 1.1.1　（续）

图 1.1.2 表示几种主要的三角函数的图形, 图 1.1.3 表示几种主要的反三角函数的图形。

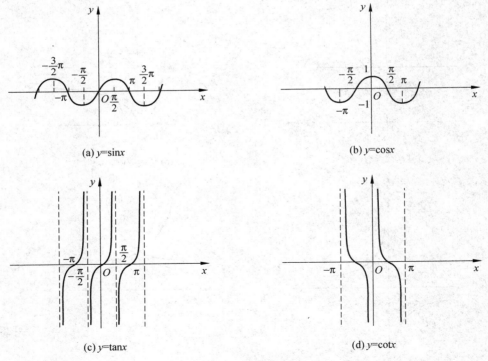

图 1.1.2　三角函数的图形

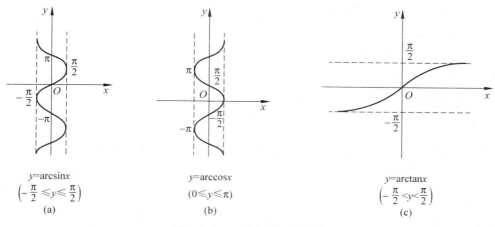

$y=\arcsin x$
$\left(-\dfrac{\pi}{2}\leqslant y\leqslant\dfrac{\pi}{2}\right)$
(a)

$y=\arccos x$
$(0\leqslant y\leqslant\pi)$
(b)

$y=\arctan x$
$\left(-\dfrac{\pi}{2}<y<\dfrac{\pi}{2}\right)$
(c)

图 1.1.3　反三角函数的图形

2）初等函数的定义

由基本初等函数经过有限次四则运算（加、减、乘、除）和复合所构成能用一个式子表示的一切函数，统称为初等函数。

第 2 节　极限与连续

1. 数列的极限

定义 1.1.8　对于数列 $\{y_n\}$，如果当 $n\to\infty$ 时，y_n 无限地趋近常数 A，则称 $n\to\infty$ 时，数列 $\{y_n\}$ 以常数 A 为极限，或称数列收敛于 A，记作

$$\lim_{n\to\infty}y_n=A\quad\text{或}\quad y_n\to A\quad(n\to\infty)$$

定理 1.1.1　如果数列 $\{y_n\}$ 收敛，则它必有界。

2. 函数的极限

1）当 $x\to\infty$ 时函数的极限

定义 1.1.9　如果对于任意给定的正数 ε，总存在一个正数 M，使得当一切 $|x|>M$ 时，有 $|f(x)-A|<\varepsilon$ 恒成立，则称当 x 趋于无穷大时，函数 $f(x)$ 以常数 A 为极限。记作

$$\lim_{n\to\infty}f(x)=A\quad\text{或}\quad f(x)\to A\quad(x\to\infty)$$

2）当 $x\to x_0$ 时函数的极限

定义 1.1.10　如果对于任意给定的正数 ε，总存在一个正数 δ，使 $0<|x-x_0|<\delta$ 时，$|f(x)-A|<\varepsilon$ 恒成立，则称 x 趋于 x_0 时，函数 $f(x)$ 以常数 A 为极限。记作

$$\lim_{x \to x_0} f(x) = A \quad 或 \quad f(x) \to A \quad (x \to x_0)$$

3）左极限与右极限

定义 1.1.11　如果当 x 从 x_0 左侧（$x < x_0$）趋于 x_0 时，$f(x)$ 以 A 为极限，即对于任意给定的 $\varepsilon > 0$，总存在一个正数 δ 使 $0 < x_0 - x < \delta$ 时，$|f(x) - A| < \varepsilon$ 恒成立，则称 A 为 $x \to x_0$ 时 $f(x)$ 的左极限。记作

$$\lim_{x \to x_0^-} f(x) = A \quad 或 \quad f(x_0 - 0) = A$$

如果 x 从 x_0 右侧（$x > x_0$）趋于 x_0 时，$f(x)$ 以 A 为极限，即对于任意给定的 $\varepsilon > 0$，总存在一个正数 δ，使当 $0 < x - x_0 < \delta$ 时，$|f(x) - A| < \varepsilon$ 恒成立，则称 A 为 $x \to x_0$ 时 $f(x)$ 的右极限。记作

$$\lim_{x \to x_0^+} f(x) = A \quad 或 \quad f(x_0 + 0) = A$$

定理 1.1.2　$\lim\limits_{x \to x_0} f(x) = A$ 的充分必要条件是

$$\lim_{x \to x_0^+} f(x) = \lim_{x \to x_0^-} f(x) = A$$

3. 无穷大量与无穷小量

1）无穷大量

定义 1.1.12　对于函数 $y = f(x)$，如果 x 在某个变化过程中，对于任意给定的正数 E，总有那么一个时刻，在那个时刻以后，不等式

$$|y| > E$$

恒成立，则称函数 $f(x)$ 在该变化过程中为无穷大量。

2）无穷小量

定义 1.1.13　对于函数 $y = f(x)$，若自变量 x 在某变化过程中 y 的极限为 0，则称 $f(x)$ 在此变化过程中为无穷小量。

定理 1.1.3　函数 $f(x)$ 以 A 为极限的充分必要条件是 $f(x)$ 可以表示为 A 与一个无穷小量之和。

3）无穷小量的基本性质

（1）有限个无穷小量的代数和仍是无穷小量；

（2）有界函数（变量）与无穷小量的乘积是无穷小量；

（3）有限个无穷小量的乘积是无穷小量。

4）无穷小量与无穷大量的关系

定理 1.1.4　在同一个变化过程中，如果

（1）$f(x)$ 为无穷大量，则 $\dfrac{1}{f(x)}$ 为无穷小量；

（2）$f(x)$ 为无穷小量，且 $f(x) \neq 0$，则 $\dfrac{1}{f(x)}$ 为无穷大量。

4．极限运算法则

定理 1.1.5　如果在同一个变化过程中 $\lim u(x) = A$，$\lim v(x) = B$，则

（1）$\lim[u(x) \pm v(x)] = \lim u(x) \pm \lim v(x) = A \pm B$；

（2）$\lim[u(x) \cdot v(x)] = \lim u(x) \cdot \lim v(x) = A \cdot B$；

（3）当 $\lim v(x) \neq 0$ 时，$\lim \dfrac{u(x)}{v(x)} = \dfrac{\lim u(x)}{\lim v(x)} = \dfrac{A}{B}$。

推论　（1）$\lim[u_1(x) \pm u_2(x) \pm \cdots \pm u_n(x)] = \lim u_1(x) \pm \lim u_2(x) \pm \cdots \pm \lim u_n(x)$；

　　　　（2）$\lim[C \cdot u(x)] = C \cdot \lim u(x)$；

　　　　（3）$\lim[u(x)]^n = [\lim u(x)]^n$。

5．两个重要极限

1）极限存在的准则

准则 1　如果函数 $f(x)$，$g(x)$，$h(x)$ 在 x_0 的某个邻域内有关系 $g(x) \leqslant f(x) \leqslant h(x)$，且有 $\lim\limits_{x \to x_0} g(x) = \lim\limits_{x \to x_0} h(x) = A$，则 $\lim\limits_{x \to x_0} f(x)$ 存在，且 $\lim\limits_{x \to x_0} f(x) = A$。

准则 2　如果数列 $y_n = f(n)$ 是单调有界的，则 $\lim\limits_{n \to \infty} f(n)$ 一定存在。

2）两个重要极限

（1）$\lim\limits_{x \to 0} \dfrac{\sin x}{x} = 1$

（2）$\lim\limits_{n \to \infty} \left(1 + \dfrac{1}{n}\right)^n = \mathrm{e}$

　　　$\lim\limits_{x \to \infty} \left(1 + \dfrac{1}{x}\right)^x = \mathrm{e}$

　　　$\lim\limits_{x \to 0} (1 + x)^{\frac{1}{x}} = \mathrm{e}$

6．无穷小量比较

定义 1.1.14　设 α，β 是同一变化过程中的无穷小量，即 $\lim \alpha = 0$，$\lim \beta = 0$，那么

（1）如果 $\lim \dfrac{\beta}{\alpha} = 0$，则称 β 是比 α 较高阶的无穷小量，记为 $\beta = 0(\alpha)$；

（2）如果 $\lim \dfrac{\beta}{\alpha} = c \neq 0$，则称 β 是 α 的同阶无穷小量；

（3）如果 $\lim \dfrac{\beta}{\alpha} = 1$，则称 β 与 α 是等价无穷小量，记作 $\alpha \sim \beta$；

（4）如果 $\lim \dfrac{\beta}{\alpha} = \infty$，则称 β 是比 α 较低阶的无穷小量。

当 $x \to 0$ 时，$\sin x \sim x$，$\tan x \sim x$，$\arcsin x \sim x$。

7. 函数的连续性

1）连续函数

定义 1.1.15　设函数 $y=f(x)$ 在点 x_0 的某个邻域内有定义，如果当自变量 x 在 x_0 点取得的改变量 Δx 趋于 0 时，函数相应的改变量 Δy 也趋于 0，即 $\lim\limits_{\Delta x \to 0} \Delta y = 0$，或写作 $\lim\limits_{\Delta x \to 0}[f(x_0 + \Delta x) - f(x_0)] = 0$，则称函数 $f(x)$ 在点 x_0 处连续。如果函数 $f(x)$ 在区间 $[a, b]$ 上每一点都连续，则称 $f(x)$ 在区间 $[a, b]$ 上是连续的。

定义 1.1.16　如果在点 x_0 有

$$\lim_{x \to x_0} f(x) = f(x_0)$$

则称函数 $f(x)$ 在点 x_0 处连续。在区间 $[a, b]$ 上，$f(x)$ 在左端点 a 连续是指 $\lim\limits_{x \to a^+} = f(a)$，并称 $f(x)$ 在 a 点右连续；$f(x)$ 在右端点连续，是指有 $\lim\limits_{x \to b^-} f(x) = f(b)$，并称 $f(x)$ 在 b 点左连续。

初等函数在其定义域内都连续。

2）间断点

定义 1.1.17　如果函数 $f(x)$ 在点 x_0 处不满足连续条件，则称函数 $f(x)$ 在 x_0 处间断。点 x_0 称为 $f(x)$ 的间断点。

$f(x)$ 在点 x_0 处有下列三种情形之一，则 x_0 为 $f(x)$ 的间断点：

(1) 在 x_0 处 $f(x)$ 没有定义；

(2) $\lim\limits_{x \to x_0} f(x)$ 不存在；

(3) 虽然 $f(x_0)$ 有定义，且 $\lim\limits_{x \to x_0} f(x)$ 存在，但 $\lim\limits_{x \to x_0} f(x) \neq f(x_0)$。

3）闭区间上连续函数的性质

定理 1.1.6　如果函数 $f(x)$ 在闭区间 $[a, b]$ 上连续，则 $f(x)$ 在这个区间上有界。

定理 1.1.7　如果函数 $f(x)$ 在闭区间 $[a, b]$ 上连续，则它在这个区间上必有最大值和最小值。

定理 1.1.8（介值定理）　如果函数 $f(x)$ 在闭区间 $[a, b]$ 上连续，m 和 M 分别为 $f(x)$ 在 $[a, b]$ 上的最小值和最大值，则对于介于 m 与 M 之间的任一实数 $C(m < C < M)$，至少存在一点 $\xi \in (a, b)$，使得 $f(\xi) = C$。

推论　如果 $f(x)$ 在 $[a, b]$ 上连续，且 $f(a) \cdot f(b) < 0$，则在 (a, b) 内至少存在一点 ξ，使 $f(\xi) = 0$。

第 3 节　导数与微分

1. 导数的概念

1）导数的引入

变速运动的瞬时速度,曲线在一点的切线斜率。

2）导数的定义

定义 1.1.18　设函数 $y = f(x)$ 在点 x_0 的某个邻域内有定义,当自变量在点 x_0 取得改变量

$$\Delta x (\neq 0)$$

函数 $f(x)$ 取得相应改变量

$$\Delta y = f(x_0 + \Delta x) - f(x_0)$$

如果当 $\Delta x \to 0$ 时,$\dfrac{\Delta y}{\Delta x}$ 的极限存在,即

$$\lim_{\Delta x \to 0} \frac{\Delta y}{\Delta x} = \lim_{\Delta x \to 0} \frac{f(x_0 + \Delta x) - f(x_0)}{\Delta x}$$

存在,则称此极限为函数 $f(x)$ 在点 x_0 处的导数(或微商),并称 $f(x)$ 在 x_0 处可导,记作

$$f'(x_0), \ y'\big|_{x=x_0}, \ \frac{\mathrm{d}y}{\mathrm{d}x}\bigg|_{x=x_0}, \ \text{或} \ \frac{\mathrm{d}}{\mathrm{d}x}f(x)\bigg|_{x=x_0}。$$

如果对于开区间 (a, b) 上每一点 x,函数 $f(x)$ 都有导数,则称 $f(x)$ 在 (a, b) 上可导,并称 $f'(x)$ 为导函数。

3）导数的几何意义

$f'(x_0)$ 就是曲线 $y = f(x)$ 上在点 $M(x_0, y_0)$ 处切线的斜率(图 1.1.4)

$$\tan\alpha = \lim_{\Delta x \to 0} \frac{\Delta y}{\Delta x} = \lim_{\Delta x \to 0} \frac{f(x_0 + \Delta x) - f(x_0)}{\Delta x} = f'(x_0)$$

曲线 $y = f(x)$ 在点 $M(x_0, y_0)$ 处的切线方程为

$$y - y_0 = f'(x_0)(x - x_0)$$

曲线 $y = f(x)$ 在点 $M(x_0, y_0)$ 处的法线方程为

$$y - y_0 = -\frac{1}{f'(x_0)}(x - x_0)$$

4）左导数与右导数

定义 1.1.19　如果 $\lim\limits_{\Delta x \to 0^-} \dfrac{f(x_0 + \Delta x) - f(x_0)}{\Delta x}$ 存在,则称为 $f(x)$ 在点 x_0 处的左导数,

记作 $f'_-(x_0)$;如果 $\lim\limits_{\Delta x \to 0^+} \dfrac{f(x_0 + \Delta x) - f(x_0)}{\Delta x}$ 存在,则称为 $f(x)$ 在 x_0 处的右导数,记作

$f'_+(x_0)$。

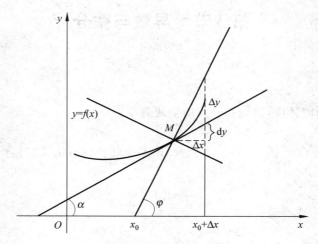

图 1.1.4　导数的几何意义

5）可导与连续的关系

定理 1.1.9　如果函数 $y=f(x)$ 在 x_0 处可导,则 $f(x)$ 在 x_0 处必定连续。

定理 1.1.10　函数 $y=f(x)$ 在 x_0 处可导的充分必要条件是 $f'_+(x_0)$,$f'_-(x_0)$ 存在,且 $f'_+(x_0)=f'_-(x_0)$。

2. 导数的运算法则和基本公式

1）导数的运算法则

若函数 $u=u(x)$,$v=v(x)$ 在点 x 处均可导,则有

(1) $(u\pm v)'=u'\pm v'$

(2) $(uv)'=u'v+uv'$　　$(cu)'=cu'$(c 为常数)

(3) 当 $v\neq 0$ 时,$\left(\dfrac{u}{v}\right)'=\dfrac{u'v-uv'}{v^2}$

2）基本导数公式

(1) $C'=0$(C 为常数)

(2) $(x^a)'=ax^{a-1}$(a 为任意实数)

(3) $(\log_a x)'=\dfrac{1}{x\ln a}$　　($a>0$,$a\neq 1$)

(4) $(\ln x)'=\dfrac{1}{x}$

(5) $(a^x)'=a^x\ln a$　　($a>0$,$a\neq 1$)

(6) $(e^x)'=e^x$

(7) $(\sin x)' = \cos x$

(8) $(\cos x)' = -\sin x$

(9) $(\tan x)' = \sec^2 x = \dfrac{1}{\cos^2 x}$

(10) $(\cot x)' = -\csc^2 x = \dfrac{-1}{\sin^2 x}$

(11) $(\sec x)' = \sec x \tan x$

(12) $(\csc x)' = -\csc x \cot x$

(13) $(\arcsin x)' = \dfrac{1}{\sqrt{1-x^2}}$　　$(-1 < x < 1)$

(14) $(\arccos x)' = \dfrac{-1}{\sqrt{1-x^2}}$　　$(-1 < x < 1)$

(15) $(\arctan x)' = \dfrac{1}{1+x^2}$

(16) $(\operatorname{arccot} x)' = \dfrac{-1}{1+x^2}$

3. 反函数、复合函数和隐函数求导

1) 反函数求导

定理 1.1.11　如果函数 $x = f(y)$ 在某区间上连续,并且在该区间上点 y 处导数 $f'(y)$ 存在且不为零,则其反函数 $y = \varphi(x)$ 在对应点 x 处可导,并且

$$\varphi'(x) = \frac{1}{f'(y)} \quad \text{或} \quad \frac{\mathrm{d}y}{\mathrm{d}x} = \frac{1}{\dfrac{\mathrm{d}x}{\mathrm{d}y}}$$

2) 复合函数求导

定理 1.1.12　设函数 $y = f(u), u = \varphi(x)$,即 y 是 x 的复合函数 $y = f[\varphi(x)]$,如果 $u = \varphi(x)$ 在点 x 有导数 $\dfrac{\mathrm{d}u}{\mathrm{d}x} = \varphi'(x)$,$y = f(u)$ 在对应点 u 处有导数 $\dfrac{\mathrm{d}y}{\mathrm{d}u} = f'(u)$,则复合函数 $y = f[\varphi(x)]$ 在点 x 处的导数也存在,且

$$\frac{\mathrm{d}y}{\mathrm{d}x} = f'(u)\varphi'(x) = \frac{\mathrm{d}y}{\mathrm{d}u} \cdot \frac{\mathrm{d}u}{\mathrm{d}x}$$

或写成 $y'_x = y'_u u'_x$。

3) 隐函数求导

设方程 $F(x, y) = 0$ 确定 y 是 x 的函数,称 y 是 x 的隐函数。设其可导,将 y 看成是中间变量,然后方程两边分别对自变量 x 求导。

4. 高阶导数

设变速运动的运动方程为 $s = s(t)$,那么瞬时速度 $v = s'$,在时刻 t 的瞬时加速度为

a ,则

$$a = v' = (s')' = s''$$

称为 s 对 t 的二阶导数。

一般地,定义 $y = f(x)$ 的 $n-1$ 阶导数为 $y^{(n-1)}$,那么 n 阶导数

$$y^{(n)} = [y^{(n-1)}]' \quad (n = 2, 3, \cdots)$$

二阶和二阶以上导数统称为高阶导数。

5. 泰勒公式

定理 1.1.13 如果函数 $f(x)$ 在点 x_0 处的某邻域内有 $n+1$ 阶导数,则对此邻域内的任一点 x ,在 x_0 与 x 之间至少存在一点 ξ ,使得

$$f(x) = f(x_0) + f'(x_0)(x - x_0) + \frac{f''(x_0)}{2!}(x - x_0)^2 + \cdots +$$

$$\frac{f^{(n)}(x_0)}{n!}(x - x_0)^n + \frac{f^{(n+1)}(\xi)}{(n+1)!}(x - x_0)^{n+1}$$

此公式称为泰勒公式。

6. 微分

1) 微分的定义

定义 1.1.20 对于自变量在点 x 处的改变量 Δx ,如果函数 $y = f(x)$ 的相应改变量 Δy 可以表示为

$$\Delta y = A\Delta x + o(\Delta x) \quad (\Delta x \to 0)$$

其中 A 与 Δx 无关,则称函数 $y = f(x)$ 在点 x 处可微,并称 $A\Delta x$ 为函数 $y = f(x)$ 在点 x 的微分,记作 $\mathrm{d}y$ 或 $\mathrm{d}f(x)$,即

$$\mathrm{d}y = \mathrm{d}f(x) = A\Delta x$$

定理 1.1.14 函数 $y = f(x)$ 在点 x 处可微的充分必要条件是 $f(x)$ 在 x 处可导,且 $A(x) = f'(x)$,即

$$\mathrm{d}y = f'(x)\mathrm{d}x$$

2) 微分法则

设 u, v 在 x 处可微,则

(1) $\mathrm{d}(u \pm v) = \mathrm{d}u \pm \mathrm{d}v$;

(2) $\mathrm{d}(uv) = u\mathrm{d}v + v\mathrm{d}u$;

(3) $\mathrm{d}(cu) = c\mathrm{d}u, c$ 为常数;

(4) $\mathrm{d}\dfrac{u}{v} = \dfrac{v\mathrm{d}u - u\mathrm{d}v}{v^2}, v \neq 0$ 。

所有微分公式均可由相应的导数公式求得。

3）微分形式的不变性

对于函数 $y = f(u)$，无论 u 是自变量还是中间变量，函数微分具有相同的形式

$$dy = f'(u)du$$

这称为函数微分形式的不变性。

4）微分的应用

（1）应用微分计算函数改变量近似值

$$\Delta y \approx dy = f'(x)dx$$

（2）应用微分计算函数近似值

$$f(x_0 + \Delta x) \approx f(x_0) + f'(x_0)\Delta x$$

第 4 节　基本定理与导数的应用

1. 微分学基本定理

1）罗尔定理

定理 1.1.15　如果函数 $f(x)$ 满足条件

（1）在闭区间 $[a, b]$ 上连续；

（2）在开区间 (a, b) 上可导；

（3）$f(a) = f(b)$，

则至少存在一点 $\xi \in (a, b)$，使得 $f'(\xi) = 0$。

2）拉格朗日定理

定理 1.1.16　如果函数 $f(x)$ 满足条件

（1）在闭区间 $[a, b]$ 上连续；

（2）在开区间 (a, b) 上可导，

则至少存在一点 $\xi \in (a, b)$，使得

$$f'(\xi) = \frac{f(b) - f(a)}{b - a}$$

推理 1　如果函数 $f(x)$ 在区间 (a, b) 上每一点的导数都等于零，则 $f(x)$ 在 (a, b) 内是一常数。

推理 2　如果 $f(x)$ 和 $g(x)$ 在区间 (a, b) 上每一点的导数 $f'(x)$ 和 $g'(x)$ 都相等，则这两个函数在区间 (a, b) 上最多只能相差一个常数。

2. 洛必达法则（未定式的定值法）

1）$\dfrac{0}{0}$ 型未定式

定理 1.17 设函数 $f(x)$ 与 $g(x)$ 满足条件

(1) $\lim\limits_{x \to a} f(x) = \lim\limits_{x \to a} g(x) = 0$；

(2) 在 a 的某个邻域内（点 a 可除外）可导，且 $g'(x) \neq 0$；

(3) $\lim\limits_{x \to a} \dfrac{f'(x)}{g'(x)} = A$（或 ∞），

则必有 $\lim\limits_{x \to a} \dfrac{f(x)}{g(x)} = \lim\limits_{x \to a} \dfrac{f'(x)}{g'(x)} = A$（或 ∞）。

2）$\dfrac{\infty}{\infty}$ 型未定式

定理 1.1.18 设函数 $f(x)$ 和 $g(x)$ 满足条件

(1) $\lim\limits_{x \to a} f(x) = \lim\limits_{x \to a} g(x) = \infty$；

(2) 在点 a 的某个邻域内（点 a 可除外）可导，且 $g'(x) \neq 0$；

(3) $\lim\limits_{x \to a} \dfrac{f'(x)}{g'(x)} = A$（或 ∞），

则必有 $\lim\limits_{x \to a} \dfrac{f(x)}{g(x)} = \lim\limits_{x \to a} \dfrac{f'(x)}{g'(x)} = A$（或 ∞）。

其他未定式如 $0 \cdot \infty, \infty - \infty, 0^0, 1^\infty, \infty^0$ 等均可经过适当变形化为 $\dfrac{0}{0}$ 型或 $\dfrac{\infty}{\infty}$ 型。

3. 函数的单调性

定理 1.1.19 设函数 $f(x)$ 在区间 (a,b) 上可导，那么

(1) 如果在 (a,b) 上的任一点处恒有 $f'(x) > 0$，则 $f(x)$ 在 (a,b) 上严格单调递增；

(2) 如果在 (a,b) 上的任一点处恒有 $f'(x) < 0$，则 $f(x)$ 在 (a,b) 上严格单调递减。

4. 函数的极值、最大值、最小值

1）定义

定义 1.1.21 设函数 $f(x)$ 在 (a,b) 上有定义，x_0 是 (a,b) 上的某一点，

(1) 如果点 x_0 存在一个邻域，使在此邻域内的任一点 $x (x \neq x_0)$，总有 $f(x) < f(x_0)$，则称 $f(x_0)$ 为函数 $f(x)$ 的一个极大值，称 x_0 为一个极大值点；

(2) 如果点 x_0 存在一个邻域，使在此邻域内的任一点 $x (x \neq x_0)$，总有 $f(x) > f(x_0)$，则称 $f(x_0)$ 为函数 $f(x)$ 的一个极小值，称 x_0 为一个极小值点。

极大值和极小值统称为极值。

2）极值条件

定理 1.1.20（一阶必要条件） 如果函数 $f(x)$ 在点 x_0 处有极值 $f(x_0)$，且 $f'(x_0)$ 存在，则必有 $f'(x_0) = 0$，即 x_0 必为驻点。

极值只能在驻点及一阶导数不存在的点上取得。

定理 1.1.21（一阶充分条件）　设 $f(x)$ 在点 x_0 连续,且在其邻域 $(x_0-\delta,x_0+\delta)$ 内可导[但 $f'(x_0)$ 可以不存在],

（1）如果在 $(x_0-\delta,x_0)$ 上的任一点 x 处有 $f'(x)>0$,而在 $(x_0,x_0+\delta)$ 上的任一点 x 处有 $f'(x)<0$,则 $f(x_0)$ 为极大值,x_0 为极大值点;

（2）如果在 $(x_0-\delta,x_0)$ 上的任一点 x 处有 $f'(x)<0$,而在 $(x_0,x_0+\delta)$ 上的任一点 x 处有 $f'(x)>0$,则 $f(x_0)$ 为极小值,x_0 为极小值点;

（3）如果在 $(x_0-\delta,x_0)$ 上与 $(x_0,x_0+\delta)$ 上的任一点处 $f'(x)$ 的符号相同,则 $f(x_0)$ 不是极值,x_0 不是极值点(图 1.1.5)。

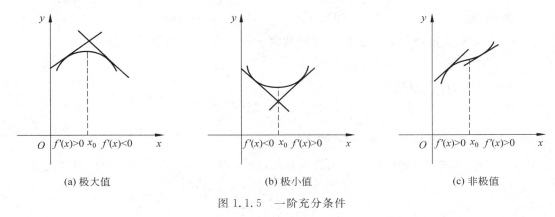

(a) 极大值　　　　　　　　(b) 极小值　　　　　　　　(c) 非极值

图 1.1.5　一阶充分条件

定理 1.1.22（二阶充分条件）　设函数 $f(x)$ 在 x_0 处存在二阶导数,且 $f'(x_0)=0$,$f''(x_0)\neq0$,则

（1）当 $f''(x_0)<0$ 时,$f(x_0)$ 为极大值;

（2）当 $f''(x_0)>0$ 时,$f(x_0)$ 为极小值。

求出 $f(x)$ 的所有驻点及所有一阶导数不存在的点,然后用定理 1.1.20 或定理 1.1.21 逐个判别可找出 $f(x)$ 在定义域内的全部极值点。

3）最大值与最小值

如果 $f(x_0)$ 是函数 $f(x)$ 在 $[a,b]$ 上的最大值(或最小值),那么对 $x_0\in[a,b]$ 和所有 $x\in[a,b]$ 有 $f(x_0)\geqslant f(x)$ (或 $f(x_0)\leqslant f(x)$)。

极值是局部性的概念,而最大(小)值是全局性概念。

连续函数的最大值与最小值只能在区间端点、驻点及 $f'(x)$ 不存在的点上取得,只需将这些点上的函数值相比较就可以得到最大值与最小值。

区间 $[a,b]$ 上的单调函数的最大(小)值必在区间端点上达到。

如果连续函数在区间 (a,b) 上有且仅有一个极大值而没有极小值,则此极大值就是函数在区间 (a,b) 上的最大值;如果连续函数在区间 (a,b) 上有且仅有一个极小值而没有极大值,则此极小值就是函数在区间(a,b)上的最小值。

5. 曲线的凹向与拐点

定义 1.1.22   如果在区间(a,b)上,曲线弧位于其上每一点的切线上方,则称曲线在(a,b)上是上凹的;如果在区间(a,b)上,曲线弧位于其上每一点切线的下方,则称曲线在(a,b)上是下凹的。

定义 1.1.23   曲线上的上凹与下凹的分界点,称为曲线的拐点。

定理 1.1.23   设函数$f(x)$在(a,b)上具有二阶导数$f''(x)$,

(1) 如果在(a,b)内每一点x恒有$f''(x)>0$,则曲线$y=f(x)$在(a,b)上上凹;

(2) 如果在(a,b)内每一点x恒有$f''(x)<0$,则曲线$y=f(x)$在(a,b)上下凹。

6. 变化率及相对变化率在经济中的应用——边际分析与弹性分析

1) 函数变化率——边际函数

设函数$y=f(x)$可导,那么

$$\frac{\Delta y}{\Delta x}=\frac{f(x_0+\Delta x)-f(x_0)}{\Delta x}$$

称为$f(x)$在$(x_0,x_0+\Delta x)$上的平均变化率。

$f'(x)=\lim\limits_{\Delta x\to 0}\dfrac{\Delta y}{\Delta x}$称为函数$f(x)$的边际函数,在$x=x_0$处,当$x$产生一个单位改变时$y$的改变量

$$\Delta y\Big|_{\substack{x=x_0\\ \Delta x=1}}\approx \mathrm{d}y\Big|_{\substack{x=x_0\\ \mathrm{d}x=1}}=f'(x)\mathrm{d}x\Big|_{\substack{x=x_0\\ \mathrm{d}x=1}}=f'(x)$$

故边际函数$f'(x)$就是指在x处当自变量x有一个单位改变时y的近似改变量,在具体应用时我们略去"近似"二字。

设Q为产量,P为价格,讨论成本、收益与利润的关系,假设这些函数都是连续二阶可导的。

(1) 成本:

总成本函数$C=C(Q)$

平均成本函数$\bar{C}=\dfrac{C(Q)}{Q}$

边际成本函数$C'=C'(Q)$

欲使总成本最低,应求Q,使$C'(Q)=0,C''(Q)>0$。

(2) 收益:

需求函数$P=P(Q)$(连续可导)

总收益函数$R=R(Q)=QP(Q)$(连续可导)

平均收益函数$\bar{R}=\dfrac{R(Q)}{Q}=P(Q)$

边际收益函数 $R' = R'(Q) = P(Q) + QP'(Q)$

总收益最大时，Q 应满足

$$\begin{cases} R'(Q) = 0 \\ R''(Q) < 0 \end{cases}$$

（3）利润：

总利润 $L = L(Q) = R(Q) - C(Q)$

平均利润 $\overline{L} = \dfrac{L(Q)}{Q}$

边际利润函数 $L' = L'(Q) = R'(Q) - C'(Q)$

总利润最大时，Q 应满足

$$\begin{cases} L'(Q) = 0 \\ L''(Q) < 0 \end{cases}$$

2）函数的相对变化率——函数的弹性

定义 1.1.24　设函数 $y = f(x)$ 在点 $x = x_0$ 处可导，函数的相对改变量 $\dfrac{\Delta y}{y_0} = \dfrac{f(x_0 + \Delta x) - f(x_0)}{f(x_0)}$，与自变量的相对改变量 $\dfrac{\Delta x}{x_0}$ 之比 $\dfrac{\Delta y / y_0}{\Delta x / x_0}$，称为函数 $f(x)$ 从 $x = x_0$ 到 $x = x_0 + \Delta x$ 两点间的相对变化率或称两点间的弹性。当 $\Delta x \to 0$ 时，$\dfrac{\Delta y / y_0}{\Delta x / x_0}$ 的极限称为 $f(x)$ 在 $x = x_0$ 处的相对变化率，或称弹性，记作

$$e = \frac{Ey}{Ex} \Big|_{x=x_0} \quad \text{或} \quad \frac{E}{Ex} f(x)$$

即

$$e = \frac{Ey}{Ex} = \lim_{\Delta x \to 0} \frac{\Delta y}{\Delta x} \cdot \frac{x_0}{y_0} = f'(x_0) \frac{x_0}{y_0}$$

它是 x 的函数，称为 $f(x)$ 的弹性函数。

函数 $f(x)$ 在 x 的弹性 e 反映 x 变化时，$f(x)$ 变化幅度的大小，也就是 $f(x)$ 对 x 变化反应的强烈程度或灵敏度。当 $x = x_0$ 处 x 产生 1% 的改变时，$f(x)$ 近似地改变了 $\dfrac{E}{Ex} f(x)\% (e\%)$。在具体应用时我们略去"近似"二字。注意两点间的弹性是有方向的。

3）需求弹性与供给弹性

设 P 表示商品价格，Q 表示市场需求量，则需求函数为 $Q = f(P)$，一般需求函数是单调递减函数（图 1.1.6）。

若用 Q 表示厂方供应量，则供应函数为 $Q = \varphi(P)$，供应函数是价格的单调递增函数（图 1.1.6）。

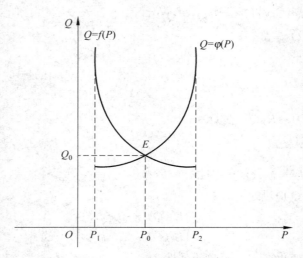

图 1.1.6　需求与价格的关系

市场上需求量与供应量相等时的价格称为均衡价格,图 1.1.6 上 E 点对应的价格 $P = P_0$ 为均衡价格,此时的供应量为均衡商品量 Q_0。

当市场价格 $P < P_0$ 时,供应量<需求量,会出现商品短缺,必然导致物价上涨;当 $P > P_0$ 时,供大于求必然会导致价格下降,因此市场价格总围绕均衡价格摆动。

定义 1.1.25　设某商品的需求函数 $Q = f(P)$,在 $P = P_0$ 处可导,则

$$\eta \mid_{P = P_0} = -f'(P_0) \cdot \frac{P_0}{f(P_0)}$$

称为该商品的需求弹性。

需求弹性表示在 $P = P_0$ 处价格上升 1‰,需求量将下降 $\eta(P_0)$‰。

定义 1.1.26　设某商品的供给函数为 $Q = \varphi(P)$,在 $P = P_0$,处可导,则

$$\varepsilon \mid_{P = P_0} = \varepsilon(P_0) = \varphi'(P_0) \frac{P_0}{\varphi(P_0)}$$

称为该商品的供给弹性。

供给弹性表示在 $P = P_0$ 时,价格上升 1‰,供给量将增加 $\varepsilon(P_0)$‰。

第 5 节　不 定 积 分

1. 不定积分的概念

定义 1.1.27　设 $f(x)$ 是定义在某区间上的已知函数,如果存在一个函数 $f(x)$,

对于该区间上每一点都满足

$$F'(x) = f(x) \quad 或 \quad \mathrm{d}F(x) = f(x)\mathrm{d}x$$

则称函数 $F(x)$ 是已知函数 $f(x)$ 在区间上的一个原函数。

定义 1.1.28　函数 $f(x)$ 的所有原函数，称为 $f(x)$ 的不定积分，记为 $\int f(x)\mathrm{d}x$。如果 $F(x)$ 是 $f(x)$ 的一个原函数，那么

$$\int f(x)\mathrm{d}x = F(x) + C$$

其中，$\int$ 称为积分号，x 称为积分变量，$f(x)$ 称为被积函数，$f(x)\mathrm{d}x$ 称为被积表达式，C 称为积分常数。

原函数存在定理　如果函数 $f(x)$ 在某区间上连续，则在此区间上 $f(x)$ 必定存在原函数。

2. 不定积分的几何意义

$f(x)$ 的不定积分表示 $f(x)$ 的一簇积分曲线，而 $f(x)$ 正是积分曲线的斜率，积分曲线簇中每一条曲线都可以由曲线 $y = F(x)$ 沿 y 轴方向上下移动得到（图 1.1.7）。

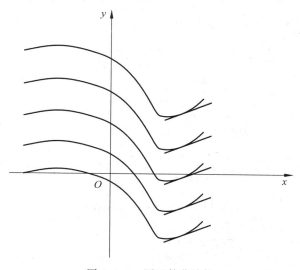

图 1.1.7　原函数曲线簇

3. 不定积分的性质

(1) $\left[\int f(x)\mathrm{d}x\right]' = f(x)$ 或 $\mathrm{d}\int f(x)\mathrm{d}x = f(x)\mathrm{d}x$

(2) $\int F'(x)\mathrm{d}x = F(x) + C$ 或 $\int \mathrm{d}F(x) = F(x) + C$

(3) $\int [f_1(x) \pm f_2(x) \pm \cdots \pm f_s(x)]\mathrm{d}x = \int f_1(x)\mathrm{d}x \pm \int f_2(x)\mathrm{d}x \pm \cdots \pm \int f_s(x)\mathrm{d}x$

4. 基本积分公式

(1) $\int 0\mathrm{d}x = C$ （C 为常数）

(2) $\int x^\alpha \mathrm{d}x = \dfrac{1}{1+\alpha}x^{\alpha+1} + C$ （$\alpha \neq -1$）

(3) $\int \dfrac{1}{x}\mathrm{d}x = \ln|x| + C$

(4) $\int a^x \mathrm{d}x = \dfrac{1}{\ln\alpha}a^x + C$ （$a > 0, a \neq 1$）

(5) $\int \mathrm{e}^x \mathrm{d}x = \mathrm{e}^x + C$

(6) $\int \sin x\mathrm{d}x = -\cos x + C$

(7) $\int \cos x\mathrm{d}x = \sin x + C$

(8) $\int \sec^2 x\mathrm{d}x = \tan x + C$

(9) $\int \csc^2 x\mathrm{d}x = -\cot x + C$

(10) $\int \dfrac{1}{\sqrt{1-x^2}}\mathrm{d}x = \arcsin x + C$

(11) $\int \dfrac{1}{1+x^2}\mathrm{d}x = \arctan x + C$

(12) $\int \dfrac{1}{\alpha^2 - x^2}\mathrm{d}x = \dfrac{1}{2\alpha}\ln\left|\dfrac{\alpha+x}{\alpha-x}\right| + C$ （α 为常数）

(13) $\int \dfrac{1}{x^2 - \alpha^2}\mathrm{d}x = \dfrac{1}{2\alpha}\ln\left|\dfrac{x-\alpha}{x+\alpha}\right| + C$

(14) $\int \sec x\mathrm{d}x = \ln|\sec x + \tan x| + C$

(15) $\int \sqrt{\alpha^2 - x^2}\mathrm{d}x = \dfrac{\alpha^2}{2}\arcsin\dfrac{x}{\alpha} + \dfrac{x}{2}\sqrt{\alpha^2 - x^2} + C$ （$\alpha > 0$）

(16) $\int \dfrac{1}{\sqrt{x^2 \pm \alpha^2}}\mathrm{d}x = \ln\left|x + \sqrt{x^2 \pm \alpha^2}\right| + C$ （$\alpha > 0$）

5. 不定积分方法

1）直接积分法

利用积分基本性质,结合代数或三角公式变形,直接利用基本积分公式进行积分。

2）第一换元积分法

定理 1.1.24   设 $f(u)$ 有原函数 $F(u)$,且 $u=\varphi(x)$ 可导,则 $F[\varphi(x)]$ 是 $f[\varphi(x)]\varphi'(x)$ 的原函数,即

$$\int f[\varphi(x)]\varphi'(x)\mathrm{d}x = F[\varphi(x)] + C$$

3）第二换元积分法

定理 1.1.25   设 $x=\varphi(t)$ 是严格单调的可微函数,且 $\varphi'(t) \neq 0$,如果 $\int f[\varphi(t)]\varphi'(t)\mathrm{d}t = F(t)+C$,则有

$$\int f(x)\mathrm{d}x = F[\varphi^{-1}(x)] + C$$

4）分部积分法

定理 1.1.26   设 u,v 都是可微函数,则有

$$\int uv'\mathrm{d}x = uv - \int vu'\mathrm{d}x \quad 或 \quad \int u\mathrm{d}v = uv - \int v\mathrm{d}u$$

5）有理函数的积分(略)

第 6 节　定　积　分

1. 定积分的概念

定义 1.1.29   如果函数 $f(x)$ 在区间 $[a,b]$ 上有定义,用点 $a=x_0<x_1<\cdots<x_n=b$,将区间 $[a,b]$ 分成 n 个小区间 $[x_{i-1},x_i](i=1,2,\cdots,n)$,其长度为 $\Delta x_i = x_i - x_{i-1}$,在每个小区间 $[x_{i-1},x_i]$ 上任取一点 $\xi_i(x_{i-1}\leqslant\xi_i\leqslant x_i)$,则乘积 $f(\xi_i)\Delta x_i(i=1,2,\cdots,n)$ 称为积分元素,总和

$$S_n = \sum_{i=1}^{n} f(\xi_i)\Delta x_i$$

称为积分和。

如果当 n 无限增大,而 Δx_i 中最大者 $\Delta x \to 0(\Delta x = \max_i\{\Delta x_i\})$ 时,总和 S_n 的极限存在,且此极限与 $[a,b]$ 的分法以及 ξ_i 的取法无关,则称函数 $f(x)$ 在区间 $[a,b]$ 上是可积的(黎曼可积),并将此极限值称为函数 $f(x)$ 在区间 $[a,b]$ 上的定积分,记为

$$\int_a^b f(x)\mathrm{d}x$$

即

$$\int_a^b f(x)\mathrm{d}x = \lim_{\Delta x \to 0} \sum_{i=1}^n f(\xi_i)\Delta x_i$$

其中 $f(x)$ 称为被积函数,$f(x)\mathrm{d}x$ 称为被积表达式,x 称为积分变量,$[a,b]$ 称为积分区间,a 称为积分下限,b 称为积分上限。

2. 定积分的几何意义

定积分 $\int_a^b f(x)\mathrm{d}x$ 的几何意义:它是介于 x 轴、曲线 $y=f(x)$、直线 $x=a$,$x=b$ 之间各部分面积的代数和;在 x 轴上方的面积取正号,在 x 轴下方的面积取负号(图 1.1.8)。

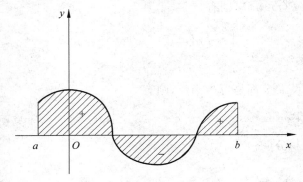

图 1.1.8 定积分的几何意义

3. 定积分的存在定理

定理 1.1.27 定义在区间 $[a,b]$ 上的函数 $f(x)$,如果满足下列三个条件之一:

(1) 在 $[a,b]$ 上连续;

(2) 在 $[a,b]$ 上只有有限个间断点;

(3) 在 $[a,b]$ 上单调有界,

则称 $f(x)$ 在这个区间上是黎曼可积的。

4. 定积分的性质

(1) $\int_a^b f(x)\mathrm{d}x = -\int_b^a f(x)\mathrm{d}x$,$\int_a^a f(x)\mathrm{d}x = 0$ $(a=b)$

(2) $\int_a^b kf(x)\mathrm{d}x = k\int_a^b f(x)\mathrm{d}x$

（3）$\displaystyle\int_a^b [f(x) \pm g(x)]\mathrm{d}x = \int_a^b f(x)\mathrm{d}x \pm \int_a^b g(x)\mathrm{d}x$

（4）$\displaystyle\int_a^b f(x)\mathrm{d}x = \int_a^c f(x)\mathrm{d}x + \int_c^b f(x)\mathrm{d}x$

（5）如果在区间$[a,b]$上总有$f(x) \leqslant g(x)$，则

$$\int_a^b f(x)\mathrm{d}x \leqslant \int_a^b g(x)\mathrm{d}x$$

（6）$\displaystyle\int_a^b 1\mathrm{d}x = b - a$

（7）设 M 和 m 分别是$f(x)$在区间$[a,b]$上的最大值和最小值，则有

$$m(b-a) \leqslant \int_a^b f(x)\mathrm{d}x \leqslant M(b-a)$$

（8）定积分中值定理。如果函数$f(x)$在闭区间$[a,b]$上连续，则在$[a,b]$上至少存在一点ξ，使得下式成立

$$\int_a^b f(x)\mathrm{d}x = f(\xi)(b-a)$$

5. 牛顿—莱布尼茨公式

定义 1.1.30　如果函数$f(x)$在区间$[a,b]$上连续，则函数

$$\varphi(x) = \int_a^x f(t)\mathrm{d}t \qquad a \leqslant x \leqslant b$$

对积分上限x的导数等于$f(x)$，即

$$\varphi(x) = \left(\int_a^x f(t)\mathrm{d}t \right)' = f(x)$$

一般的有

$$\frac{\mathrm{d}}{\mathrm{d}x}\left[\int_{a(x)}^{b(x)} f(t)\mathrm{d}t \right] = f[b(x)]b'(x) - f[a(x)]a'(x)$$

定义 1.1.31（原函数存在定理）　如果$f(x)$在区间$[a,b]$上连续，则

$$\varphi(x) = \int_a^x f(x)\mathrm{d}x$$

就是函数$f(x)$在该区间上的一个原函数。

定义 1.1.32（牛顿—莱布尼茨公式）　如果$F(x)$是连续函数$f(x)$在区间$[a,b]$上的任意一个原函数，则有

$$\int_a^b f(x)\mathrm{d}x = F(x)\Big|_a^b = F(b) - F(a)$$

6. 定积分的计算

1）定积分的换元法

定义 1.1.33　设函数$f(x)$在区间$[a,b]$上连续，作代换$x = \varphi(t)$，如果函数$\varphi(t)$在闭

区间 $[\alpha,\beta]$ 上有连续导数 $\varphi'(t)$,当 t 从 α 变到 β 时 $\varphi(t)$ 严格地从 a 变到 b,且 $\varphi(\alpha)=a$, $\varphi(\beta)=b$,则有

$$\int_a^b f(x)\mathrm{d}x = \int_\alpha^\beta [\varphi(t)]\varphi'(t)\mathrm{d}x$$

2) 定积分的分部积分法

设 $u=u(x)$ 与 $v=v(x)$ 在区间 $[a,b]$ 上有连续导数,则有

$$\int_a^b uv'\mathrm{d}x = uv\Big|_a^b - \int_a^b vu'\mathrm{d}x$$

7. 定积分的应用

1) 定积分的几何应用

(1) 计算平面图形的面积

图 1.1.9 所示图形的面积为

$$S = S_1 + S_2 + S_3 = \int_a^{c_1} f(x)\mathrm{d}x - \int_{c_1}^{c_2} f(x)\mathrm{d}x + \int_{c_2}^b f(x)\mathrm{d}x$$

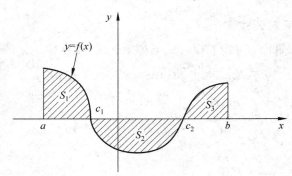

图 1.1.9　定积分计算图形的面积

(2) 计算体积

如果一立体被垂直于 x 轴的平面所截的面积为 $S(x)$(图 1.1.10),则此立体在 $x=a$ 与 $x=b$ 之间的体积为

$$V = \int_a^b S(x)\mathrm{d}x$$

(3) 计算旋转体体积(图 1.1.11)

曲线 $y=f(x)(f(x)\geqslant0)$ 与直线 $x=a,x=b$ 及 x 轴所围成的图形绕 x 轴旋转一周所成的旋转体的体积为

$$V_x = \int_a^b \pi[f(x)]^2\mathrm{d}x$$

同理,曲线 $x=\varphi(y)(\varphi(y)\geqslant0)$ 与直线 $y=c,y=d$ 所围成的平面图形绕 y 轴旋转所得旋

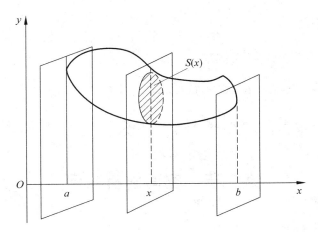

图 1.1.10 定积分计算体积

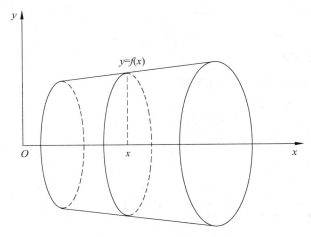

图 1.1.11 定积分计算旋转体体积

转体的体积为

$$V_y = \int_c^d \pi \left[\varphi(y) \right]^2 \mathrm{d}y$$

2）定积分的经济应用

已知某经济函数的变化率为 $f(x)$（即边际函数），则当自变量 x 从 a 变到 b 时，此经济函数的改变量为定积分

$$\int_a^b f(x) \mathrm{d}x$$

由此得到

总收入函数 $R(x) = \int_0^x R'(x)\mathrm{d}x$

总成本函数 $C(x) = \int_0^x C'(x)\mathrm{d}x$

总利润函数 $L(x) = \int_0^x [R'(x) - C'(x)]\mathrm{d}x - C(0)$

$$= \int_0^x L'(x)\mathrm{d}x - C(0)$$

第 7 节　空间解析几何

1. 空间直角坐标系

（1）空间中任一点 M 的位置，可由其坐标 (x,y,z) 来确定。

（2）空间中两点 $M_1(x_1,y_1,z_1)$，$M_2(x_2,y_2,z_2)$ 间的距离为

$$|M_1M_2| = \sqrt{(x_2 - x_1)^2 + (y_2 - y_1)^2 + (z_2 - z_1)^2}$$

2. 空间中平面方程

二元函数 $z = f(x,y)$ 图形为一空间曲面。

空间平面一般方程

$$Ax + By + Cz + D = 0$$

其中 A,B,C,D 为常数，且 A,B,C 不全为零。

平面截距式方程

$$\frac{x}{a} + \frac{y}{b} + \frac{z}{c} = 1$$

其中 a,b,c 分别为平面在三个坐标轴的截距。

第 8 节　多 元 函 数

1. 多元函数的概念

定义 1.1.34（二元函数）　设 D 为 xOy 平面上的一个区域，如果对于 D 上的每一点 $P(x,y)$，变量 Z 依照某一规则 f 有唯一确定的数值与之对应，则称 Z 为 x,y 的函数，记作

$$Z = f(x,y)$$

其中 D 叫作函数的定义域。

平面上使函数 $Z=f(x,y)$ 有定义的一切点的全体,叫作二元函数的定义域,记为 D。它是 xOy 平面上的某一区域。

二元及二元以上函数统称多元函数。

二元函数 $Z=f(x,y)$ 表示一空间曲面。

2. 二元函数的极限和连续

定义 1.1.35　设二元函数 $Z=f(x,y)$ 满足条件:

(1) 在点 (x_0,y_0) 的某个邻域内有定义(点 (x_0,y_0) 可除外);

(2) $\lim\limits_{p \to p_0} f(x,y)=A$,其中 A 是一个确定的数,点 $p=p(x,y)$,点 $p_0=p_0(x_0,y_0)$。则称函数 $Z=f(x,y)$ 在点 (x_0,y_0) 处极限存在,且极限值为 A。

定义 1.1.36　设二元函数 $Z=f(x,y)$ 满足条件:

(1) 在点 (x_0,y_0) 的某个邻域内有定义;

(2) 极限 $\lim\limits_{\substack{x \to x_0 \\ y \to y_0}} f(x,y)$ 存在;

(3) $\lim\limits_{\substack{x \to x_0 \\ y \to y_0}} f(x,y)=f(x_0,y_0)$。

则称 $Z=f(x,y)$ 在点 (x_0,y_0) 处连续,如果三个条件中有一条不满足,则称 $f(x,y)$ 在点 (x_0,y_0) 处不连续,或称 (x_0,y_0) 是 $f(x,y)$ 的一个间断点。

如果二元函数 $Z=f(x,y)$ 在有界闭区域 D 上连续,则在 D 上一定存在最大值和最小值。

3. 偏导数

定义 1.1.37　设函数 $Z=f(x,y)$ 在点 (x_0,y_0) 的某个邻域内有定义,当自变量 x 从 x_0 处取得改变量 $\Delta x(\Delta x \neq 0)$,而 $y=y_0$ 保持不变时,得到 Z 的一个改变量

$$\Delta_x Z = f(x_0+\Delta x,y_0) - f(x_0,y_0)$$

如果当 $\Delta x \to 0$ 时,极限

$$\lim\limits_{\Delta x \to 0} \frac{f(x_0+\Delta x,y_0)-f(x_0,y_0)}{\Delta x}$$

存在,则称此极限值为函数 $f(x,y)$ 在点 (x_0,y_0) 处对 x 的偏导数,记作

$$f'_x(x_0,y_0), \quad \left.\frac{\partial f(x,y)}{\partial x}\right|_{\substack{x=x_0 \\ y=y_0}}, \quad \left.\frac{\partial z}{\partial x}\right|_{\substack{x=x_0 \\ y=y_0}}, \quad \left.Z'_x\right|_{\substack{x=x_0 \\ y=y_0}}$$

同理可定义 $f(x_0,y_0)$ 对 y 的偏导数,记作

$$f'_y(x_0,y_0), \quad \left.\frac{\partial f(x,y)}{\partial y}\right|_{\substack{x=x_0 \\ y=y_0}}, \quad \left.\frac{\partial z}{\partial y}\right|_{\substack{x=x_0 \\ y=y_0}}, \quad \left.Z'_y\right|_{\substack{x=x_0 \\ y=y_0}}$$

偏导数是平面曲线 $Z=f(x,y_0)$ 在点 (x_0,y_0) 处切线的斜率。

$Z=f(x,y)$ 在 D 内任一点 (x,y) 处对 x,y 的偏导数记作

$$f'_x(x,y), \qquad \frac{\partial f(x,y)}{\partial x}, \qquad \frac{\partial z}{\partial x}, \qquad Z'_x$$

$$f'_y(x,y), \qquad \frac{\partial f(x,y)}{\partial y}, \qquad \frac{\partial z}{\partial y}, \qquad Z'_y$$

二阶偏导数

$$f''_{xx}(x,y) = \frac{\partial^2 z}{\partial x^2} = \frac{\partial}{\partial x}\left(\frac{\partial z}{\partial x}\right)$$

$$f''_{xy}(x,y) = \frac{\partial^2 z}{\partial x \partial y} = \frac{\partial}{\partial y}\left(\frac{\partial z}{\partial x}\right)$$

$$f''_{yx}(x,y) = \frac{\partial^2 z}{\partial y \partial x} = \frac{\partial}{\partial x}\left(\frac{\partial z}{\partial y}\right)$$

$$f''_{yy}(x,y) = \frac{\partial^2 z}{\partial y^2} = \frac{\partial}{\partial y}\left(\frac{\partial z}{\partial y}\right)$$

当 $f''_{xy}(x,y)$ 和 $f''_{yx}(x,y)$ 为 x,y 的连续函数时,必有 $f''_{xy}(x,y)=f''_{yx}(x,y)$。

4. 全微分

定义 1.1.38　对于自变量在点 (x,y) 处的改变量 $\Delta x,\Delta y$,如果函数 $Z=f(x,y)$ 的全改变量

$$\Delta Z = f(x+\Delta x,y+\Delta y) - f(x,y)$$

可表示为 $\Delta Z=A\Delta x+B\Delta y+o(p)$。

其中 A,B 与 $\Delta x,\Delta y$ 无关,$o(p)$ 是较 $p=\sqrt{\Delta x^2+\Delta y^2}$ 高阶的无穷小量,则称 $A\Delta x+B\Delta y$ 是函数 $Z=f(x,y)$ 在点 (x,y) 处的全微分,记作

$$dZ = df(x,y) = A\Delta x + B\Delta y$$

并称函数 $Z=f(x,y)$ 在点 (x,y) 处可微。

定理 1.1.28　如果函数 $Z=f(x,y)$ 在点 (x,y) 的某一邻域内存在连续的一阶偏导数 $f'_x(x,y),f'_y(x,y)$,则函数 $Z=f(x,y)$ 在点 (x,y) 处可微,且

$$dZ = f'_x(x,y)dx + f'_y(x,y)dy$$

其中 dx,dy 是自变量的微分。当 $\Delta x,\Delta y \to 0$ 时,$dx=\Delta x,dy=\Delta y$。

利用微分可进行近似计算 $\Delta Z=dZ$ 即

$$f(x+\Delta x,y+\Delta y) \approx f(x,y) + f'_x(x,y)\Delta x + f'_y(x,y)\Delta y$$

5. 复合函数与隐函数微分法

1) 复合函数微分法

定理 1.1.29　如果函数 $u=\varphi(x,y),v=\psi(x,y)$ 在点 (x,y) 处存在连续的偏导数 $\dfrac{\partial u}{\partial x}$,

$\frac{\partial u}{\partial y},\frac{\partial v}{\partial x},\frac{\partial v}{\partial y}$,且在对应于 (x,y) 的点 u,v 处,函数 $Z=f(x,y)$ 存在连续偏导数 $\frac{\partial z}{\partial u}$ 和 $\frac{\partial z}{\partial v}$,则复合函数 $Z=f[\varphi(x,y),\psi(x,y)]$ 在 (x,y) 处存在对 x 及 y 的连续偏导数,且

$$\frac{\partial z}{\partial x}=\frac{\partial z}{\partial u}\cdot\frac{\partial u}{\partial x}+\frac{\partial z}{\partial v}\cdot\frac{\partial v}{\partial x}$$

$$\frac{\partial z}{\partial y}=\frac{\partial z}{\partial u}\cdot\frac{\partial u}{\partial y}+\frac{\partial z}{\partial v}\cdot\frac{\partial v}{\partial y}$$

当 $Z=f(u,v,x,y),u=\varphi(x,y),v=\psi(x,y)$ 时有

$$\frac{\partial z}{\partial x}=\frac{\partial z}{\partial u}\cdot\frac{\partial u}{\partial x}+\frac{\partial z}{\partial v}\cdot\frac{\partial v}{\partial x}+\frac{\partial f}{\partial x}$$

$$\frac{\partial z}{\partial y}=\frac{\partial z}{\partial u}\cdot\frac{\partial u}{\partial y}+\frac{\partial z}{\partial v}\cdot\frac{\partial v}{\partial y}+\frac{\partial f}{\partial y}$$

微分形式不变性:$\mathrm{d}z=\frac{\partial z}{\partial x}\mathrm{d}x+\frac{\partial z}{\partial y}\mathrm{d}y=\frac{\partial z}{\partial u}\mathrm{d}u+\frac{\partial z}{\partial v}\mathrm{d}v$

2)隐函数微分法

定理 1.1.30　设 $F(x,y)=0$,$F_x'(x,y)$,$F_y'(x,y)$ 都在点 (x,y) 的一个邻域内连续,且 $F_y'(x,y)\neq 0$,则在 x 附近 $\frac{\mathrm{d}y}{\mathrm{d}x}$ 存在连续,且有

$$\frac{\mathrm{d}y}{\mathrm{d}x}=-\frac{F_x'(x,y)}{F_y'(x,y)}$$

类似地,对 $F(x,y,z)=0$ 有

$$\frac{\partial z}{\partial x}=-\frac{F_x'(x,y,z)}{F_z'(x,y,z)}$$

$$\frac{\partial z}{\partial y}=-\frac{F_y'(x,y,z)}{F_z'(x,y,z)}$$

6. 多元函数的极值

1)二元函数的极值

定义 1.1.39　设二元函数 $Z=f(x,y)$ 在平面区域 D 内有定义,(x_0,y_0) 是 D 内的某一点,如果点 (x_0,y_0) 存在一个邻域,使得对于此邻域内的任一点,总有 $f(x,y)<f(x_0,y_0)$,则称 $f(x_0,y_0)$ 是函数 $f(x,y)$ 的一个极大值,(x_0,y_0) 称为极大值点;如果总有 $f(x,y)>f(x_0,y_0)$,则称 $f(x_0,y_0)$ 是 $f(x,y)$ 的一个极小值,(x_0,y_0) 称为极小值点。

极大值和极小值统称极值。

定理 1.1.31(极值存在的必要条件)　设二元函数 $Z=f(x,y)$ 在点 (x_0,y_0) 处有极值,且在该点两个一阶偏导数均存在,则必定有

$$F_x'(x,y)=0$$

$$F_y'(x,y)=0$$

定理 1.1.32（极值存在的充分条件）   如果二元函数 $f(x,y)$ 在点 (x_0,y_0) 的某一邻域内有连续的二阶偏导数，且 (x_0,y_0) 是它的驻点，记

$$P(x_0,y_0) = [f''_{xy}(x_0,y_0)]^2 - f''_{xx}(x_0,y_0)f''_{yy}(x_0,y_0)$$

则当

（1）$P(x_0,y_0)<0$ 且 $f''_{xx}(x_0,y_0)<0$ 时，$f(x_0,y_0)$ 是极大值；

（2）$P(x_0,y_0)<0$ 且 $f''_{xx}(x_0,y_0)>0$ 时，$f(x_0,y_0)$ 是极小值；

（3）$P(x_0,y_0)>0$ 时，$f(x_0,y_0)$ 不是极值；

（4）$P(x_0,y_0)=0$ 时，$f(x_0,y_0)$ 可能是也可能不是极值。

2）条件极值

求目标函数 $u=f(x,y,z)$ 在约束条件 $g(x,y,z)=0$ 下的条件极值时，用拉格朗日乘数法，先作拉格朗日函数

$$F(x,y,z,\lambda) = f(x,y,z) + \lambda g(x,y,z)$$

再令

$$F'_x(x,y,z,\lambda) = f'_x(x,y,z) + \lambda g'_x(x,y,z) = 0$$
$$F'_y(x,y,z,\lambda) = f'_y(x,y,z) + \lambda g'_y(x,y,z) = 0$$
$$F'_z(x,y,z,\lambda) = f'_z(x,y,z) + \lambda g'_z(x,y,z) = 0$$
$$F'_\lambda(x,y,z,\lambda) = g(x,y,z) = 0$$

联立求解，求出极值可能点，然后再用充分条件进行判定。

求出 $f(x,y)$ 在 D 上的驻点以及一阶导数不存在的点上的函数，再与边界上的最大值、最小值比较，可以得到 $f(x,y)$ 在 D 上的最大值与最小值。

第 **2** 章

线 性 代 数

1. 高等代数概论

代数学、几何学、分析数学是数学的三大基础学科,数学的各个分支的发生和发展,基本上都是围绕着这三大学科进行的。高等代数是代数学发展到高级阶段的总称,它包括线性代数等许多分支。

现在大学里开设的高等代数一般包括两部分:线性代数和多项式代数。初等代数从最简单的一元一次方程开始,之后一方面讨论二元及三元的一次方程组,另一方面研究二次以上及可以转化为二次的方程组。沿着这两个方向继续发展,代数在讨论任意多个未知数的一次方程组(也叫线性方程组)的同时还研究次数更高的一元方程组,发展到这个阶段,就叫作高等代数。

高等代数在初等代数的基础上对研究对象进一步扩充,引进了许多新的概念以及与通常很不相同的量,比如最基本的有集合、向量和向量空间等。这些量具有和数相类似的运算特点,不过研究的方法和运算的方法都更加繁复。

集合是具有某种属性的事物的全体;向量是除了具有数值还同时具有方向的量;向量空间也叫线性空间,是由许多向量组成的并且符合某些特定运算的规则的集合。向量空间中的运算对象已经不只是数了,而是向量,其运算性质也有很大的不同。

2. 高等代数发展简史

代数学的历史告诉我们,在研究高次方程的求解问题上,许多数学家走过了一段颇不平坦的路途,付出了艰辛的劳动。人们很早就已经知道了一元一次和一元二次方程的求解方法。关于三次方程,我国在公元 7 世纪,也已经得到了一般的近似解法,这在唐朝数学家王孝通所编的《缉古算经》中就有叙述。到了 13 世纪,宋代数学家秦九韶在他所著的《数书九章》这部书的"正负开方术"里,充分研究了数字高次方程的求正根法,也就是说,秦九韶那时候已得到了高次方程的一般解法。

在西方,直到 16 世纪初的文艺复兴时期,意大利的数学家才发现一元三次方程解的公式——卡当公式。

在数学史上,相传这个公式是意大利数学家塔塔里亚首先得到的,后来被米兰地区的数学家卡尔达诺(1501—1576)骗到了这个三次方程的解的公式,并发表在自己的著作里。所以现在人们还是叫这个公式为卡尔达诺公式(或称卡当公式),其实,它应该叫塔塔里亚公式。

三次方程被解出来后,一般的四次方程很快就被意大利的费拉里(1522—1560)解出。这就很自然地促使数学家们继续努力寻求五次及五次以上的高次方程的解法。遗憾的是这个问题虽然耗费了许多数学家的时间和精力,但一直持续了长达三个多世纪都没有解决。

到了 19 世纪初,挪威的一位青年数学家阿贝尔(1802—1829)证明了五次或五次以上的方程不可能有代数解。即这些方程的根不能用方程的系数通过加、减、乘、除、乘方、开方这些代数运算表示出来。阿贝尔的这个证明不但比较难,而且也没有回答每一个具体的方程是否可以用代数方法求解的问题。

后来,五次或五次以上的方程不可能有代数解的问题,由法国的一位青年数学家伽罗华彻底解决了。伽罗华 20 岁的时候,因为积极参加法国资产阶级革命运动,曾两次被捕入狱。1832 年 4 月,他出狱不久便在一次私人决斗中死去,年仅 21 岁。

伽罗华在临死前预料自己难以摆脱死亡的命运,所以曾连夜给朋友写信,仓促地把自己生平的数学研究心得扼要写出,并附以论文手稿。他在给朋友舍瓦利叶的信中说:"我在分析方面有了一些新发现。有些是关于方程论的;有些是关于整函数的……公开请求雅可比或高斯,不是对这些定理的正确性而是对这些定理的重要性发表意见。我希望将来有人发现消除所有这些混乱对它们是有益的。"

伽罗华死后,按照他的遗愿,舍瓦利叶把他的信发表在《百科评论》中。他的论文手稿过了 14 年,才由刘维尔(1809—1882)编辑出版了他的部分文章,并向数学界推荐。

随着时间的推移,伽罗华的研究成果的重要意义越来越为人们所认识。伽罗华虽然十分年轻,但是他在数学史上做出的贡献不仅是解决了几个世纪以来一直没有解决的高次方程的代数解的问题,更重要的是他在解决这个问题中提出了"群"的概念,并由此发展了一整套关于群和域的理论,开辟了代数学的一个崭新的天地,直接影响了代数学研究方法的变革。从此,代数学不再以方程理论为中心内容,而转向对代数结构性质的研究,促进了代数学进一步的发展。在数学大师们的经典著作中,伽罗华的论文是最薄的,但他的数学思想却是光辉夺目的。

3. 高等代数的基本内容

代数学从高等代数总的问题出发,又发展成为包括许多独立分支的一个大的数学科目,例如多项式代数、线性代数等。

多项式是最常见、最简单的一类函数,它的应用非常广泛。多项式理论是以代数方程的根的计算和分布作为中心问题的,也叫作方程论。研究多项式理论,主要在于探讨代数方程的性质,从而寻找简易的解方程的方法。

多项式代数所研究的内容,包括整除性理论、最大公因式、重因式等。这些大体上和中学代数里的内容相同。多项式的整除性质对于解代数方程是很有用的。解代数方程无非就是求对应多项式的零点,零点不存在的时候,所对应的代数方程就没有解。

我们知道一次方程叫作线性方程,讨论线性方程的代数就叫作线性代数。在线性代数中最重要的内容就是行列式和矩阵。

行列式的概念最早是由 17 世纪日本数学家关孝和提出来的,他在 1683 年写了一部叫作《解伏题之法》的著作,标题的意思是"解行列式问题的方法",书中对行列式的概念和它的展开已经有了清楚的叙述。欧洲第一个提出行列式概念的是德国的数学家莱布尼茨。德国数学家雅可比于 1841 年总结并提出了行列式的系统理论。

行列式有一定的计算规则,利用行列式可以把一个线性方程组的解表示成公式,因此行列式是解线性方程组的工具。行列式可以把一个线性方程组的解表示成公式,也就是说行列式代表着一个数。

因为行列式要求行数等于列数,排成的表总是正方形的,通过对它的研究又发现了矩阵的理论。矩阵也是由数排成行和列的数表,行数和列数可以相等,也可以不等。

矩阵和行列式是两个完全不同的概念,行列式代表着一个数,而矩阵仅仅是一些数的有顺序的摆法。利用矩阵这个工具,可以把线性方程组中的系数组成向量空间中的向量;这样对于一个多元线性方程组的解的情况,以及不同解之间的关系等一系列理论上的问题,就都可以得到彻底的解决。矩阵的应用是多方面的,不仅在数学领域里,而且在力学、物理、科技等方面都有十分广泛的应用。

代数学研究的对象,不仅是数,也可能是矩阵、向量、向量空间的变换等,对于这些对象都可以进行运算,虽然也叫作加法或乘法,但是关于数的基本运算定律,有时不再保持有效。因此代数学的内容可以概括称为带有运算的一些集合,在数学中把这样的一些集合叫作代数系统。比较重要的代数系统有群论、环论、域论。群论是研究数学和物理现象的对称性规律的有力工具。现在群的概念已成为现代数学中最重要的,具有概括性的一个数学概念,广泛应用于其他部门。

4. 高等代数与其他学科的关系

代数学、几何学、分析数学是数学的三大基础学科,数学的各个分支的发生和发展,基本上都是围绕着这三大学科进行的。其他数学分支学科包括算术、初等代数、高等代数、数论、欧氏几何、非欧氏几何、解析几何、微分几何、代数几何学、射影几何学、拓扑学、分形几何、微积分学、实变函数论、概率和数理统计、复变函数论、泛函分析、偏微分方程、常微分方程、数理逻辑、模糊数学、运筹学、计算数学、突变理论、数学物理学等。

那么代数学与另两门学科的区别在哪里呢？首先,代数运算是有限次的,而且缺乏连续性的概念,也就是说,代数学主要是关于离散性的。尽管在现实中连续性和不连续性是辩证统一的,但是为了认识现实,有时候需要把它分成几个部分,然后分别研究认识,再综合起来,就得到对现实的总的认识。这是我们认识事物的简单但是科学的重要手段,也是代数学的基本思想和方法。代数学注意到离散关系,并不能说明这是它的缺点,时间已经多次、多方位地证明了代数学的这一特点是有效的。其次,代数学除了对物理、化学等科学有直接的实践意义外,就数学本身来说,代数学也占有重要的地位。代数学中提出的许多新的思想和概念,大大地丰富了数学的许多分支,成为众多学科的共同基础。

第1节 矩 阵

1. 矩阵的概念

定义 1.2.1 由 $m \times n$ 个数 $a_{ij}(i=1,2,\cdots,m;j=1,2,\cdots,n)$ 排列成的一个 m 行 n 列的数表

$$\begin{bmatrix} a_{11} & a_{12} & \cdots & a_{1n} \\ a_{21} & a_{22} & \cdots & a_{2n} \\ \vdots & \vdots & & \vdots \\ a_{m1} & a_{m2} & \cdots & a_{mn} \end{bmatrix}$$

称为一个 $m \times n$ 矩阵,其中 a_{ij} 称为矩阵第 i 行第 j 列的元素,简写成

$$\boldsymbol{A} = (a_{ij})_{m \times n}$$

矩阵通常用大写字母 $\boldsymbol{A},\boldsymbol{B},\boldsymbol{C}$ 表示,当矩阵 $\boldsymbol{A}$ 的行数与列数相同时,称 $\boldsymbol{A}$ 为 n 阶方阵或 n 阶矩阵。在无特殊说明的情况下,本书涉及的矩阵均为实数域上的矩阵。

元素全为零的矩阵称为零矩阵,记作 $\boldsymbol{0}$。

定义 1.2.2 设矩阵 $\boldsymbol{A}=(a_{ij})_{m \times n}$, $\boldsymbol{B}=(b_{ij})_{m \times n}$,若有 $a_{ij}=b_{ij}(i=1,2,\cdots,m;j=1,2,\cdots,n)$,则称矩阵 $\boldsymbol{A}$ 与矩阵 $\boldsymbol{B}$ 相等,记作 $\boldsymbol{A}=\boldsymbol{B}$。

2. 矩阵的运算

1) 矩阵加法

定义 1.2.3 设 $\boldsymbol{A}=(a_{ij})_{m \times n}$,设 $\boldsymbol{B}=(b_{ij})_{m \times n}$,
令

$$\boldsymbol{C} = (a_{ij} + b_{ij})_{m \times n}$$

则称矩阵 $\boldsymbol{C}$ 为矩阵 $\boldsymbol{A}$ 与 $\boldsymbol{B}$ 之和,记作 $\boldsymbol{C}=\boldsymbol{A}+\boldsymbol{B}$。

矩阵的加法运算满足

（1）交换律 $\boldsymbol{A}+\boldsymbol{B}=\boldsymbol{B}+\boldsymbol{A}$；

（2）结合律$(\boldsymbol{A}+\boldsymbol{B})+\boldsymbol{C}=\boldsymbol{A}+(\boldsymbol{B}+\boldsymbol{C})$；

（3）$\boldsymbol{A}+\boldsymbol{0}=\boldsymbol{0}+\boldsymbol{A}=\boldsymbol{A}$；

（4）设 $\boldsymbol{A}=(a_{ij})_{m\times n}$，则 $\boldsymbol{A}$ 的负矩阵为$(-a_{ij})_{m\times n}$，记作$-\boldsymbol{A}$。显然有 $\boldsymbol{A}+(-\boldsymbol{A})=\boldsymbol{0}$。

2）数与矩阵的乘法（数乘）

定义 1.2.4　设 $\boldsymbol{A}=(a_{ij})_{m\times n}$ 为数域 P 上的矩阵，k 是数域 P 中的数，用数 k 乘以 $\boldsymbol{A}$ 的每个元素所得到的矩阵称为 k 与矩阵 $\boldsymbol{A}$ 的乘积（或数 k 与 $\boldsymbol{A}$ 的数乘），记作

$$kA = (ka_{ij})_{m\times n}$$

关于数乘有以下运算法则：

（1）$k(\boldsymbol{A}+\boldsymbol{B})=k\boldsymbol{A}+k\boldsymbol{B}$；

（2）$(k+l)\boldsymbol{A}=k\boldsymbol{A}+l\boldsymbol{A}$；

（3）$k(l\boldsymbol{A})=kl\boldsymbol{A}$。

3）矩阵的乘法

定义 1.2.5　设矩阵 $\boldsymbol{A}=(a_{ij})_{m\times s}$，$\boldsymbol{B}=(b_{ij})_{s\times n}$，则矩阵 $\boldsymbol{A}$ 与 $\boldsymbol{B}$ 的乘积矩阵为

$$\boldsymbol{C} = (a_{ij})_{m\times n},$$

其中，$c_{ij} = a_{i1}b_{1j} + a_{i2}b_{2j} + \cdots + a_{is}b_{sj} = \sum_{k=1}^{s} a_{ik}b_{kj}\ (i=1,2,\cdots,m;\ j=1,2,\cdots,n)$。

矩阵乘法应注意以下两点：

（1）只有 $\boldsymbol{A}$ 的列数等于 $\boldsymbol{B}$ 的行数时 $\boldsymbol{AB}$ 才有意义，并且乘积矩阵 $\boldsymbol{C}$ 的行数等于 $\boldsymbol{A}$ 的行数，$\boldsymbol{C}$ 的列数等于 $\boldsymbol{B}$ 的列数；

（2）矩阵乘法一般不满足交换律，即 $\boldsymbol{AB}\neq\boldsymbol{BA}$。

矩阵乘法满足以下运算法则：

（1）结合律：$(\boldsymbol{AB})\boldsymbol{C}=\boldsymbol{A}(\boldsymbol{BC})$；

（2）左右分配律：$\boldsymbol{A}(\boldsymbol{B}+\boldsymbol{C})=\boldsymbol{AB}+\boldsymbol{AC}$，$(\boldsymbol{B}+\boldsymbol{C})\boldsymbol{A}=\boldsymbol{BA}+\boldsymbol{CA}$；

（3）$k(\boldsymbol{AB})=(k\boldsymbol{A})\boldsymbol{B}=\boldsymbol{A}(k\boldsymbol{B})\quad(k\in\boldsymbol{P})$。

由此可得（其中 $\boldsymbol{A}$ 为方阵）

$$\boldsymbol{A}^m = \underbrace{\boldsymbol{A}\boldsymbol{A}\cdots\boldsymbol{A}}_{m\uparrow} = \boldsymbol{A}^{m-1}\boldsymbol{A} = \boldsymbol{A}\boldsymbol{A}^{m-1};$$

$$\boldsymbol{A}^k\boldsymbol{A}^l = \boldsymbol{A}^{k+l};$$

$$(\boldsymbol{A}^k)^l = \boldsymbol{A}^{kl}。$$

一般地

$$(\boldsymbol{AB})^k = \boldsymbol{B}^k\boldsymbol{A}^k \neq \boldsymbol{A}^k\boldsymbol{B}^k \quad (\boldsymbol{A},\boldsymbol{B} \text{ 均为方阵})$$

n 阶矩阵

$$E = \begin{bmatrix} 1 & 0 & \cdots & 0 \\ 0 & 1 & 0 & \vdots \\ \vdots & 0 & \ddots & 0 \\ 0 & 0 & \cdots & 1 \end{bmatrix}_{n \times n}$$

称为单位矩阵,那么 $A^0 = E$。

4)矩阵的转置

定义 1.2.6 将矩阵 $A = (a_{ij})_{m \times n}$ 的行与列互换,得到的 $n \times m$ 矩阵称为 A 的转置矩阵,简称 A 的转置,记作 A^T。

对于矩阵的转置有以下运算法则:

(1)$(A^T)^T = A$;

(2)$(A + B)^T = A^T + B^T$;

(3)$(kA)^T = kA^T$;

(4)$(AB)^T = B^T A^T$。

3.几种特殊矩阵

1)对角矩阵

形如

$$\begin{bmatrix} a_{11} & 0 & \cdots & 0 \\ \vdots & a_{22} & & \vdots \\ & & \ddots & 0 \\ 0 & 0 & \cdots & a_{nn} \end{bmatrix}_{n \times n}$$

矩阵称为对角矩阵,记为 $\mathrm{diag}(a_{11}, a_{22}, \cdots, a_{nn})$。当 $a_{11} = a_{22} = \cdots = a_{nn} = 1$ 时,即为单位矩阵 E。

2)数量矩阵

$$kE = \begin{bmatrix} k & 0 & \cdots & 0 \\ \vdots & k & & \vdots \\ & & \ddots & 0 \\ 0 & 0 & \cdots & k \end{bmatrix}_{n \times n}$$

称为数量矩阵。

3)上下三角矩阵

上三角矩阵

$$A = \begin{bmatrix} a_{11} & \cdots & \cdots & a_{1n} \\ & a_{22} & \cdots & a_{2n} \\ & & \ddots & \vdots \\ & & & a_{nn} \end{bmatrix}_{n \times n}$$

满足

$$a_{ij} = 0 \quad (当 i > j 时, i = 1, 2, \cdots, n; j = 1, 2, \cdots, n)。$$

下三角矩阵

$$\begin{bmatrix} a_{11} & & & \\ a_{21} & a_{22} & & \\ \vdots & & \ddots & \\ a_{n1} & \cdots & \cdots & a_{nn} \end{bmatrix}_{n \times n}$$

满足

$$a_{ij} = 0 \quad (当 j > i 时, i = 1, 2, \cdots, n; j = 1, 2, \cdots, n)。$$

4）对称矩阵与非对称矩阵

当 $A^{\mathrm{T}} = A$ 时，称 A 为对称矩阵，当 $A^{\mathrm{T}} = -A$ 时，称 A 为反对称矩阵。这 4 类矩阵都是方阵。

4. 矩阵的初等变换、初等矩阵和矩阵的等价

1）矩阵的初等变换

定义 1.2.7　对矩阵施行以下三种变换：

（1）交换第 i 行与第 j 行的位置（记为 $r_i \leftrightarrow r_j$）；

（2）用非零数 k 乘第 i 行（记为 kr_i）；

（3）把 i 行的 k 倍加到第 j 行上去（记为 $kr_i + r_j$）。

这三种变换分别称为矩阵的第 1 种、第 2 种和第 3 种初等行变换。

类似地可定义初等列变换。

2）初等矩阵

定义 1.2.8　对单位矩阵 E 施行一次初等行（列）交换所得到的矩阵，称为初等矩阵。

初等矩阵有以下三种。

（1）互换 E 的第 i 行与第 j 行得初等矩阵

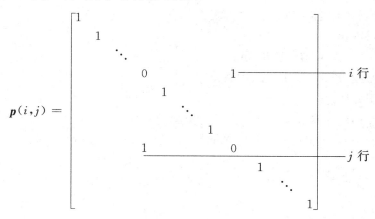

（2）用非零数 k 乘 E 的第 i 行得初等矩阵

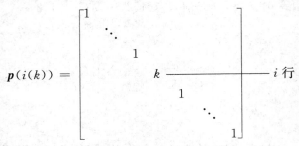

（3）把 E 的第 i 行的 k 倍加到第 j 行上去,得初等矩阵

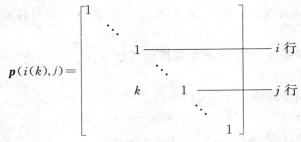

定理 1.2.1　设 A 为 $m \times n$ 矩阵,则对 A 施行一次初等行变换,就相当于在 A 的左边乘上一个相应的 m 阶初等矩阵;对 A 施行一次初等列变换,就相当于在 A 的右边乘上一个相应的 n 阶初等方阵。

3）矩阵的等价

定义 1.2.9　如果矩阵 A 经若干次初等行（列）变换成为矩阵 B,则称 A 与 B 等价,记作

$$A \cong B$$

等价是同阶矩阵之间的一种关系,这种关系具有以下性质。

（1）反身性: $A \cong A$;

（2）对称性: 若 $A \cong B$,则 $B \cong A$;

（3）传递性: 若 $A \cong B, B \cong C$,则 $A \cong C$。

4）阶梯形矩阵

定义 1.2.10　称满足下列两个条件的矩阵为阶梯形矩阵:

（1）如果存在零行（元素全是零的行）,则零行都在非零行（元素不全为零的行）的下面;

（2）每行每个首（最左边）非零元素所在列中,位于这个首非零元素下面的元素全为零。

例如矩阵

$$\begin{pmatrix} 1 & 2 & 3 & 4 \\ 0 & 0 & 4 & 0 \\ 0 & 0 & 0 & 0 \end{pmatrix}$$

是阶梯形矩阵,但矩阵

$$\begin{pmatrix} 1 & 2 & 3 & 4 \\ 0 & 2 & 4 & 6 \\ 0 & 1 & 3 & 5 \end{pmatrix}$$

不是阶梯形矩阵。

定理 1.2.2　对于任一非零矩阵 A,都可通过若干次初等行变换化为阶梯形矩阵。

通过初等行变换,化 A 为阶梯形矩阵的步骤:

首先选取 $A_{m\times n}$ 最左边的非零列,例如第一列,不失一般性可设 $a_{11}\neq 0$(否则交换两行,把该列中的非零元素调到第 1 行第 1 列的位置),只要将第 1 行的 $\left(-\dfrac{a_{i1}}{a_{11}}\right)$ 倍加到第 i 行上,$i=2,3,\cdots,n$,则可将 $a_{21},a_{31},\cdots,a_{m1}$ 均化为零,再用 $\dfrac{1}{a_{11}}$ 乘第 1 行,把 A 化为矩阵

$$A_1 = \begin{pmatrix} 1 & a_{12}^{(1)} & \cdots & a_{1n}^{(1)} \\ 0 & a_{22}^{(1)} & \cdots & a_{2n}^{(1)} \\ \vdots & \vdots & & \vdots \\ 0 & a_{m1}^{(1)} & \cdots & a_{mn}^{(1)} \end{pmatrix}$$

覆盖住 A 的第 1 行第 1 列,对剩下的 $(m-1)\times(n-1)$ 阶矩阵重复上述做法。最后可将 A 化为阶梯形矩阵。

第 2 节　行　列　式

1. 行列式的定义

定义 1.2.11　由 n 个数字 $1,2,\cdots,n$ 所组成的一个全排列称为一个 n 级排列。

n 级排列总共有 $n!$ 个,其中 $(1,2,\cdots,n)$ 是唯一按自然顺序排列的,称为自然排列或标准排列。

定义 1.2.12　在一个排列中,如果有一个大数排在一个小数之前,则称这两个数构成该排列的一个逆序。一个排列中逆序的总数,称为该排列的逆序数,排列 $(j_1,j_2,\cdots,j_n)$ 的逆序数记为 $\tau(j_1,j_2,\cdots,j_n)$,逆序数为奇数的排列称为奇排列,逆序数为偶数的排列为偶排列。

例如，$\tau(2,4,3,1,5)=4$。

定义 1.2.13 对于 n 阶方阵 $\boldsymbol{A}=(a_{ij})_{n\times n}$，它的行列式记为 $\det(\boldsymbol{A})$ 或 $|\boldsymbol{A}|$。

$$|\boldsymbol{A}|=\begin{vmatrix} a_{11} & a_{12} & \cdots & a_{1n} \\ a_{21} & a_{22} & \cdots & a_{2n} \\ \vdots & \vdots & & \vdots \\ a_{n1} & a_{n2} & \cdots & a_{nn} \end{vmatrix}$$

定义为

$$|\boldsymbol{A}|=\sum_{(j_1,j_2,\cdots,j_n)}(-1)^{\tau(j_1,j_i\cdots,j_n)}a_{1j_1},a_{2j_2},\cdots,a_{nj_n}$$

其中，$\sum$ 是对所有 n 级排列求和。n 阶方阵的行列式简称为一个 n 阶行列式。

行列式与矩阵不同，它是一个数。

根据定义可得，当

$$\boldsymbol{A}=\begin{pmatrix} a_{11} & a_{12} & \cdots & a_{1n} \\ & a_{22} & & \\ & & \ddots & \\ & & & a_{nn} \end{pmatrix}$$

时，

$$\det(\boldsymbol{A})=a_{11}a_{22}\cdots a_{nn}。$$

2. 行列式的基本性质

设 $\boldsymbol{A}$ 为 n 阶方阵，我们有

性质 1 行列式与它的转置行列式相等，即

$$\det(\boldsymbol{A})=\det(\boldsymbol{A}^{\mathrm{T}})$$

性质 2 互换 $\boldsymbol{A}$ 的某两行位置，设所得矩阵为 $\boldsymbol{B}$，那么

$$\det(\boldsymbol{B})=-\det(\boldsymbol{A})$$

推论 若 n 阶矩阵 $\boldsymbol{A}$ 有两行元素相同，则

$$\det(\boldsymbol{A})=0$$

性质 3 如果用数 k 乘 $\boldsymbol{A}$ 的某一行（或一列），所得的方阵为 $\boldsymbol{B}$，则

$$\det(\boldsymbol{B})=k\det(\boldsymbol{A})$$

推论 1 若 n 阶矩阵 $\boldsymbol{A}$ 有一行（或一列）元素全为零，则

$$\det(\boldsymbol{A})=0$$

推论 2 若 n 阶矩阵 $\boldsymbol{A}$ 有两行（或两列）成比例，则

$$\det(\boldsymbol{A})=0$$

推论 3 $\boldsymbol{A}$ 为 n 阶矩阵，那么

$$\det(k\boldsymbol{A}) = k^n \det(\boldsymbol{A})$$

性质 4　若行列式的某一行(或某一列)的每个元素均可表示为两个数之和,则该行列式等于两个行列式之和,即

$$\begin{vmatrix} a_{11} & a_{12} & \cdots & a_{1n} \\ & \vdots & & \\ b_{i1}+c_{i1} & b_{i2}+c_{i2} & \cdots & b_{in}+c_{in} \\ & \vdots & & \\ a_{n1} & a_{n2} & \cdots & a_{nn} \end{vmatrix} = \begin{vmatrix} a_{11} & a_{12} & \cdots & a_{1n} \\ & \vdots & & \\ b_{i1} & b_{i2} & \cdots & b_{in} \\ & \vdots & & \\ a_{n1} & a_{n2} & \cdots & a_{nn} \end{vmatrix} + \begin{vmatrix} a_{11} & a_{12} & \cdots & a_{1n} \\ & \vdots & & \\ b_{i1} & b_{i2} & \cdots & b_{in} \\ & \vdots & & \\ a_{n1} & a_{n2} & \cdots & a_{nn} \end{vmatrix}$$

由此可见行列式相加与矩阵加法很不相同,应特别注意。

性质 5　把 $\boldsymbol{A}$ 的某一行的 k 倍加到另一行上去,若所得的方阵为 $\boldsymbol{B}$,则有

$$\det(\boldsymbol{B}) = \det(\boldsymbol{A})$$

性质 6　设 $\boldsymbol{A},\boldsymbol{B}$ 是同阶方阵,则

$$\det(\boldsymbol{AB}) = \det(\boldsymbol{A})\det(\boldsymbol{B})$$

并可推广到多个同阶方阵相乘的情形:

$$\det(\boldsymbol{A}_1\boldsymbol{A}_2\cdots\boldsymbol{A}_s) = \det(\boldsymbol{A}_1)\det(\boldsymbol{A}_2)\cdots\det(\boldsymbol{A}_s)$$

性质 7　矩阵 $\boldsymbol{A}$ 经过三种初等变换得到的矩阵设为 $\boldsymbol{B}$,则当

$$\det(\boldsymbol{A}) \neq 0$$

时,必有

$$\det(\boldsymbol{B}) \neq 0$$

当

$$\det(\boldsymbol{A}) = 0$$

时,必有

$$\det(\boldsymbol{B}) = 0$$

利用行列式的性质可将行列式化为上三角行列式,然后进行计算。

3. 行列式按一行(列)展开法则

定义 1.2.14　在行列式

$$\begin{vmatrix} a_{11} & a_{12} & \cdots & a_{1j} & \cdots & a_{1n} \\ a_{i1} & a_{i2} & \cdots & a_{ij} & \cdots & a_{in} \\ \vdots & \vdots & \ddots & \vdots & \ddots & \vdots \\ a_{n1} & \cdots & \cdots & a_{nj} & \cdots & a_{nn} \end{vmatrix}$$

中划去元素 a_{ij} 所在的第 i 行第 j 列,剩下的 $(n-1)^2$ 元素按原来的排法构成一个 $n-1$ 阶行列式,

$$\begin{vmatrix} a_{11} & \cdots & a_{1,j-1} & a_{1,j+1} & \cdots & a_{1n} \\ \vdots & & \vdots & \vdots & & \vdots \\ a_{i-1,1} & \cdots & a_{i-1,j-1} & a_{i-1,j+1} & \cdots & a_{i-1,n} \\ a_{i+1,1} & \cdots & a_{i+1,j-1} & a_{i+1,j+1} & \cdots & a_{i+1,n} \\ \vdots & \ddots & \vdots & \vdots & \ddots & \vdots \\ a_{n1} & \cdots & a_{ni,j-1} & a_{n,j+1} & \cdots & a_{nn} \end{vmatrix}$$

称为元素 a_{ij} 的余子式,记为 M_{ij},而称 $(-1)^{i+j}M_{ij}$ 为 a_{ij} 的代数余子式,记为 A_{ij},即

$$A_{ij} = (-1)^{i+j}M_{ij}$$

定理 1.2.3(行列式按一行(列)展开法则) n 级行列式 $\det(\boldsymbol{A})$ 等于它的任一行(列)各元素与它们所对应的代数余子式乘积之和,即有

$$\det(\boldsymbol{A}) = a_{i1}A_{i1} + a_{i2}A_{i2} + \cdots + a_{in}A_{in} = \sum_{k=1}^{n} a_{ik}A_{ik}$$

或

$$\det(\boldsymbol{A}) = a_{1j}A_{1j} + a_{2j}A_{2j} + \cdots + a_{nj}A_{nj} = \sum_{k=1}^{n} a_{kj}A_{kj}$$

定理 1.2.4 n 阶行列式 $\det(\boldsymbol{A})$ 中任一行(列)各元素与另一行(列)对应元素代数余子式的乘积之和等于零。即

$$a_{i1}A_{k1} + a_{i2}A_{k2} + \cdots + a_{in}A_{kn} = 0 \quad (k \neq i)$$
$$a_{1j}A_{1s} + a_{2j}A_{2s} + \cdots + a_{nj}A_{ns} = 0 \quad (j \neq s)$$

第 3 节   逆   矩   阵

1. 方阵可逆的条件及求法

定义 1.2.15   设 $\boldsymbol{A}$ 为 n 阶方阵,如果存在 n 阶方阵 $\boldsymbol{B}$,使得 $\boldsymbol{AB} = \boldsymbol{BA} = \boldsymbol{E}$,则称方阵 $\boldsymbol{A}$ 是可逆的,并称 $\boldsymbol{B}$ 为 $\boldsymbol{A}$ 的逆矩阵或逆阵,记为 $\boldsymbol{A}^{-1}$,即 $\boldsymbol{A}^{-1} = \boldsymbol{B}$。

可以证明只要 $\boldsymbol{AB} = \boldsymbol{E}$,$\boldsymbol{B}$ 就是 $\boldsymbol{A}$ 的逆矩阵,并且 $\boldsymbol{A}$ 的逆矩阵是唯一的。

定义 1.2.16   设 $\boldsymbol{A} = (a_{ij})_{n \times n}$ 为 n 阶方阵,$\det(\boldsymbol{A})$ 中元素 a_{ij} 的代数余子式为 A_{ij}($i, j = 1, 2, \cdots, n$),则以 A_{ij} 为其 (j, i) 处元素的方阵 $\boldsymbol{A}^{*} = (A_{ij})_{n \times n}$ 为 $\boldsymbol{A}$ 的伴随矩阵,即

$$\boldsymbol{A}^{*} = \begin{pmatrix} A_{11} & A_{21} & \cdots & A_{n1} \\ A_{12} & A_{22} & \cdots & A_{n2} \\ \vdots & & & \vdots \\ A_{1n} & A_{2n} & \cdots & A_{nn} \end{pmatrix}$$

定理 1.2.4′   设 $\boldsymbol{A}$ 为 $n(n \geqslant 2)$ 阶方阵,则有

$$AA^* = A^*A = \det(A)E$$

定理 1.2.5（方阵可逆的充要条件）　n 阶方阵 A 可逆的充分必要条件是 $\det(A) \neq 0$，且当 A 可逆时，有

$$A^{-1} = \frac{1}{\det(A)}A^*$$

逆矩阵有以下性质：

设 A，B 为同阶可逆方阵，且 $k \neq 0$，则

(1) $(A^{-1})^{-1} = A$；

(2) A 可逆则 A^{T} 可逆，且 $(A^{\mathrm{T}})^{-1} = (A^{-1})^{\mathrm{T}}$；

(3) kA 可逆，且 $(kA)^{-1} = \dfrac{1}{k}A^{-1}$；

(4) AB 可逆，且 $(AB)^{-1} = B^{-1}A^{-1}$；

(5) $\det(A^{-1}) = \dfrac{1}{\det(A)}$。

2. 用初等变换求逆矩阵

定理 1.2.6　初等矩阵都是可逆的，并有

$$[p(i,j)]^{-1} = p(i,j)$$
$$[p(i(k))]^{-1} = p\left(i, \left(\frac{1}{k}\right)\right)$$
$$[p(i(k),j)]^{-1} = p(i(-k),j)$$

定理 1.2.7　任何可逆方阵 A 都可以通过若干次初等行变换化为单位矩阵，即存在初等方阵 P_1，P_2，$\cdots$，P_m，使

$$P_m P_{m-1} \cdots P_1 A = E$$

由此可知

$$A^{-1} = P_m P_{m-1} \cdots P_1 = P_m P_{m-1} \cdots P_1 E$$

故当一系列初等变换将 A 化为 E 的同时，它们也将 E 化为 A^{-1}，这样就得到了求 A^{-1} 的方法。在 n 阶可逆方阵 A 的右边拼加一个同阶矩阵 E，得 $n \times 2n$ 阶矩阵 $[A,E]$，对它作一系列初等变换，直至把 A 化为 E，这时就将 E 化为 A^{-1} 了。即

$$[A,E] \xrightarrow{\text{初等行变换}} [E,A^{-1}]$$

第 4 节　线性方程组

1. 线性方程组的形式

线性方程组

$$\begin{cases} a_{11}x_1 + a_{12}x_2 + \cdots + a_{1n}x_n = b_1 \\ a_{21}x_1 + a_{22}x_2 + \cdots + a_{2n}x_n = b_2 \\ \cdots\cdots \\ a_{m1}x_1 + a_{m2}x_2 + \cdots + a_{mn}x_n = b_m \end{cases} \tag{1.2.1}$$

矩阵

$$\boldsymbol{A} = \begin{pmatrix} a_{11} & a_{12} & \cdots & a_{1n} \\ a_{21} & a_{22} & \cdots & a_{2n} \\ \vdots & \vdots & \ddots & \vdots \\ a_{m1} & a_{m2} & \cdots & a_{mn} \end{pmatrix} \tag{1.2.2}$$

称为方程组(1.2.1)的系数矩阵,记 $\boldsymbol{X} = (x_1, x_2, \cdots, x_n)^{\mathrm{T}}$, $\boldsymbol{b} = (b_1, b_2, \cdots, b_n)^{\mathrm{T}}$,则线性方程组可用矩阵符号表示为

$$\boldsymbol{AX} = \boldsymbol{b} \tag{1.2.3}$$

当方程组(1.2.3)中 $\boldsymbol{b} = \boldsymbol{0}$ 时,方程组

$$\boldsymbol{AX} = \boldsymbol{0} \tag{1.2.4}$$

称为齐次线性方程组。

本节主要讨论线性方程组的解的存在条件及求解方法。

2. 克拉姆法则

定理 1.2.7(克拉姆法则)　对于 n 个方程、n 个未知数的线性方程组

$$\boldsymbol{A}_{n\times n}\boldsymbol{X} = \boldsymbol{b} \tag{1.2.5}$$

如果 $\det(\boldsymbol{A}) \neq 0$,则方程组(1.2.5)有唯一解

$$x_1 = \frac{\det(\boldsymbol{A}_1)}{\det(\boldsymbol{A})}, \quad x_2 = \frac{\det(\boldsymbol{A}_2)}{\det(\boldsymbol{A})}, \cdots, x_n = \frac{\det(\boldsymbol{A}_n)}{\det(\boldsymbol{A})}$$

其中矩阵 $\boldsymbol{A}_j$ 为

$$\boldsymbol{A}_j = \begin{pmatrix} a_{11} & \cdots & a_{1,j-1} & b_1 & a_{1,j+1} & \cdots & a_{1n} \\ a_{21} & \cdots & a_{2,j-1} & b_2 & a_{2,j+1} & \cdots & a_{2n} \\ \vdots & & & & & & \\ a_{n1} & \cdots & a_{n,j-1} & b_n & a_{n,j+1} & \cdots & a_{nn} \end{pmatrix} \quad (j = 1, 2, \cdots, n)$$

是用 $\boldsymbol{b} = (b_1, b_2, \cdots, b_n)$ 代换系数矩阵 $\boldsymbol{A}$ 的第 j 列后所得的 n 阶矩阵。

当 $\det(\boldsymbol{A}) = 0$ 时,解的情形需另行讨论。

任何齐次线性方程 $\boldsymbol{AX} = \boldsymbol{0}$ 总是有解的,它至少有解 $x_1 = 0, x_2 = 0, \cdots, x_n = 0$。这个解称为零解。齐次线性方程组的零解以外的其他解(如果存在的话)称为非零解。对于齐次线性方程组,应用克拉姆法则可得到。

定理 1.2.8　对于 n 个方程、n 个未知数的齐次线性方程组 $\boldsymbol{AX} = \boldsymbol{0}$,如果 $\det(\boldsymbol{A}) \neq 0$,

则它只有零解。

推论　如果 n 个方程、n 个未知数的齐次线性方程组 $AX=0$ 存在非零解,则 $\det(A)=0$。

我们还可以证明:

定理 1.2.9　n 个方程、n 个未知数的齐次线性方程组 $AX=0$ 存在非零解的充要条件是 $\det(A)=0$。

3. 消去法与初等变换

线性方程组(1.2.1)的解只与 (A,b) 有关,矩阵

$$(A,b)=\begin{pmatrix} a_{11} & a_{12} & \cdots & a_{1n} & b_1 \\ \vdots & & & & \vdots \\ a_{m1} & \cdots & \cdots & a_{mn} & b_m \end{pmatrix}$$

称为线性方程组(1.2.1)的增广矩阵。

用消去法解方程实际上作了以下 3 种变换:

(1) 交换某两个方程的位置;

(2) 用非零数 k 乘某方程两端;

(3) 把某方程的倍数加到另一方程上。

这三种变换,实际上就是对增广矩阵作三种初等变换,因此用消去法解方程时由以下两步完成。

(1) 用初等行变换化增广矩阵为阶梯形矩阵,得到相应的同阶方阵

$$C_{11}x_1+C_{12}x_2+\cdots+C_{1,r+1}x_{r+1}+\cdots+C_{1n}x_n=d_1$$
$$C_{22}x_2+\cdots+C_{2,r+1}x_{r+1}+\cdots+C_{2n}x_n=d_2$$
$$\ddots$$
$$C_{rr}x_r+\cdots+C_{rn}x_n=d_r$$
$$0=d_{r+1}$$
$$\vdots$$
$$0=d_n \tag{1.2.6}$$

其中 $c_{ii}\neq0$,讨论方程组(1.2.6)的解的情形。

(2) 判断解的情形并求解。

当 $d_{r+1}\neq0$ 时无解;当 $d_{r+1}=0,\cdots,d_n=0$ 时有解,可分成以下两种情形。

① $r=n$,此时阶梯形方程为

$$\begin{cases} C_{11}x_1+C_{12}x_2+\cdots+C_{1n}x_n=d_1 \\ \qquad C_{22}x_2+\cdots+C_{2n}x_n=d_2 \\ \qquad\qquad \ddots \\ \qquad\qquad\qquad C_{nn}x_n=d_n \end{cases} \tag{1.2.7}$$

其中 $C_{ii} \neq 0, i = 1, 2, \cdots, n$, 由最后一个方程开始, 逐个解出 $x_n, x_{n-1}, \cdots, x_1$, 得到唯一解。

② $r < n$, 此时阶梯形方程组为

$$
\begin{cases}
C_{11}x_1 + C_{12}x_2 + \cdots + C_{1r+1}x_{r+1} + \cdots + C_{1n}x_n = d_1 \\
\qquad C_{22}x_2 + \cdots + C_{2r+1}x_{r+1} + \cdots + C_{2n}x_n = d_2 \\
\qquad\qquad\qquad \ddots \\
\qquad\qquad\qquad C_{rr}x_r + C_{r+1}x_{r+1} + \cdots + C_{r_n}x_n = d_n
\end{cases}
$$

其中, $C_{ii} \neq 0, i = 1, 2, \cdots, r$, 把它改写成

$$
\begin{cases}
C_{11}x_1 + C_{12}x_2 + \cdots + C_{1r+1}x_r = d_1 - C_{1r+1}x_{r+1} - \cdots - C_{1n}x_n \\
\qquad C_{22}x_2 + \cdots + C_{2r}x_r = d_2 - C_{2r+1}x_{r+1} - \cdots - C_{2n}x_n \\
\qquad\qquad\qquad \ddots \\
\qquad\qquad\qquad C_{rr}x_r = d_r - C_{r r+1}x_{r+1} - \cdots - C_{rn}x_n
\end{cases} \tag{1.2.8}
$$

取 $x_{r+1}, \cdots, x_n$ 为自由未知量, 对任一组自由未知量 $(x_{r+1}, \cdots, x_n)$ 可唯一解出 $(x_1, \cdots, x_r)$, 故有无穷多组解。

4. n 维向量和 n 维向量空间的概念

定义 1.2.17　所谓数域 P 上一个 n 维向量就是数域 P 中 n 个数组成的有序数组 $(a_1, a_2, \cdots, a_n)$, a_i 称为向量 $(a_1, a_2, \cdots, a_n)$ 的一个分量。

向量 $(a_1, a_2, \cdots, a_n)$ 称为行向量, $(a_1, a_2, \cdots, a_n)^{\mathrm{T}}$ 称为列向量。

向量可看成矩阵的特殊情形, 因而关于矩阵的运算法则, 均适合于向量。

向量组

$$
\begin{aligned}
\boldsymbol{\varepsilon}_1 &= (1, 0, \cdots, 0) \\
\boldsymbol{\varepsilon}_2 &= (0, 1, \cdots, 0) \\
&\ \ \vdots \\
\boldsymbol{\varepsilon}_n &= (0, 0, \cdots, 1)
\end{aligned}
$$

称为 n 维单位向量。

定义 1.2.18　以数域 P 中的数作为分量的 n 维向量的全体, 同时考虑到定义在它们上面的加法和数乘, 称为数域 P 上的 n 维向量空间。

5. 向量的线性相关性

定义 1.2.19　向量 $\boldsymbol{\alpha}$ 称为向量组 $\boldsymbol{\beta}_1, \boldsymbol{\beta}_2, \cdots, \boldsymbol{\beta}_s$ 的一个线性组合, 如果有数域 P 中的数 $k_1, k_2, \cdots, k_s$, 使

$$
\boldsymbol{\alpha} = k_1 \boldsymbol{\beta}_1 + k_2 \boldsymbol{\beta}_2 + \cdots k_s \boldsymbol{\beta}_s \tag{1.2.9}
$$

当向量 $\boldsymbol{\alpha}$ 是向量组 $\boldsymbol{\beta}_1, \cdots, \boldsymbol{\beta}_s$ 的一个线性组合时, 我们也说 $\boldsymbol{\alpha}$ 可经向量组 $\boldsymbol{\beta}_1, \cdots, \boldsymbol{\beta}_s$ 线性表出。

设

$$\boldsymbol{\alpha} = (b_1, b_2, \cdots, b_n)$$
$$\boldsymbol{\beta}_i = (a_{i1}, a_{i2}, \cdots, a_{is}), \quad (i = 1, \cdots, s)$$

如果 $\boldsymbol{\alpha}$ 可用 $\boldsymbol{\beta}_1, \cdots, \boldsymbol{\beta}_s$ 线性表出,即式(1.2.7)成立,用分量写出式(1.2.7)得

$$\begin{cases} a_{11}k_1 + a_{21}k_2 + \cdots + a_{s1}k_s = b_1 \\ a_{12}k_1 + a_{22}k_2 + \cdots + a_{s2}k_s = b_2 \\ \cdots \\ a_{1n}k_1 + a_{2n}k_2 + \cdots + a_{sn}k_s = b_n \end{cases} \quad (1.2.10)$$

由此得到,$\boldsymbol{\alpha}$ 可用 $\boldsymbol{\beta}_1, \cdots, \boldsymbol{\beta}_s$ 线性表示的充要条件是线性方程组(1.2.10)有解。

定义 1.2.20　如果向量组 $\boldsymbol{\alpha}_1, \boldsymbol{\alpha}_2, \cdots, \boldsymbol{\alpha}_t$ 中每一个向量 $\boldsymbol{\alpha}_i(i = 1, 2, \cdots, t)$ 都可以经向量组 $\boldsymbol{\beta}_1, \boldsymbol{\beta}_2, \cdots, \boldsymbol{\beta}_s$ 线性表出,那么就称向量组 $\boldsymbol{\alpha}_1, \boldsymbol{\alpha}_2, \cdots, \boldsymbol{\alpha}_t$ 可由向量组 $\boldsymbol{\beta}_1, \boldsymbol{\beta}_2, \cdots, \boldsymbol{\beta}_s$ 线性表出,如果两个向量组互相可以线性表出,就称它们是等价的。

向量组的等价性具有以下性质。

(1) 反身性。每一个向量组都与它自身等价。

(2) 对称性。如果向量组 $\boldsymbol{\alpha}_1, \boldsymbol{\alpha}_2, \cdots, \boldsymbol{\alpha}_t$ 与 $\boldsymbol{\beta}_1, \boldsymbol{\beta}_2, \cdots, \boldsymbol{\beta}_s$ 等价,那么向量组 $\boldsymbol{\beta}_1, \boldsymbol{\beta}_2, \cdots, \boldsymbol{\beta}_s$ 也与 $\boldsymbol{\alpha}_1, \boldsymbol{\alpha}_2, \cdots, \boldsymbol{\alpha}_t$ 等价。

(3) 传递性。如果向量组 $\boldsymbol{\alpha}_1, \boldsymbol{\alpha}_2, \cdots, \boldsymbol{\alpha}_t$ 与 $\boldsymbol{\beta}_1, \boldsymbol{\beta}_2, \cdots, \boldsymbol{\beta}_s$ 等价,$\boldsymbol{\beta}_1, \boldsymbol{\beta}_2, \cdots, \boldsymbol{\beta}_s$ 又与 $\boldsymbol{\gamma}_1, \boldsymbol{\gamma}_2, \cdots, \boldsymbol{\gamma}_p$ 等价,那么向量组 $\boldsymbol{\alpha}_1, \boldsymbol{\alpha}_2, \cdots, \boldsymbol{\alpha}_t$ 与 $\boldsymbol{\gamma}_1, \boldsymbol{\gamma}_2, \cdots, \boldsymbol{\gamma}_p$ 等价。

定义 1.2.21　如果向量组 $\boldsymbol{\alpha}_1, \boldsymbol{\alpha}_2, \cdots, \boldsymbol{\alpha}_s(s \geqslant 2)$ 中有一个向量可以经其余向量线性表出,那么称向量组 $\boldsymbol{\alpha}_1, \boldsymbol{\alpha}_2, \cdots, \boldsymbol{\alpha}_s$ 是线性相关的。

向量组的线性相关性的定义还可以用另一种说法表示。

定义 1.2.21′　向量组 $\boldsymbol{\alpha}_1, \boldsymbol{\alpha}_2, \cdots, \boldsymbol{\alpha}_s(s \geqslant 1)$ 称为线性相关的,如果在数域 P 中存在不全为零的数 $k_1, k_2, \cdots, k_s$,使

$$k_1 \boldsymbol{\alpha}_1 + k_2 \boldsymbol{\alpha}_2 + \cdots + k_s \boldsymbol{\alpha}_s = \boldsymbol{0}$$

定义 1.2.22　一向量组 $\boldsymbol{\alpha}_1, \boldsymbol{\alpha}_2, \cdots, \boldsymbol{\alpha}_s$ 不线性相关,即没有不全为零的数 $k_1, k_2, \cdots, k_s$ 使

$$k_1 \boldsymbol{\alpha}_1 + k_2 \boldsymbol{\alpha}_2 + \cdots + k_s \boldsymbol{\alpha}_s = \boldsymbol{0}$$

就称为线性无关。或者说,如果向量组 $\boldsymbol{\alpha}_1, \boldsymbol{\alpha}_2, \cdots, \boldsymbol{\alpha}_s$ 线性无关,由

$$k_1 \boldsymbol{\alpha}_1 + k_2 \boldsymbol{\alpha}_2 + \cdots + k_s \boldsymbol{\alpha}_s = \boldsymbol{0}$$

可推出 $k_1 = k_2 = \cdots = k_s = 0$。

设 $\boldsymbol{\alpha}_1 = (a_{11}, a_{12}, \cdots, a_{1n}), \boldsymbol{\alpha}_2 = (a_{21}, a_{22}, \cdots, a_{2n}), \cdots, \boldsymbol{\alpha}_s = (a_{s1}, a_{s2}, \cdots, a_{sn})$,那么判别向量组 $\boldsymbol{\alpha}_1, \boldsymbol{\alpha}_2, \cdots, \boldsymbol{\alpha}_s$ 是线性相关还是线性无关的问题可归结为解方程组问题。设有数 $x_1, x_2, \cdots, x_n$ 使

$$x_1 \boldsymbol{\alpha}_1 + x_2 \boldsymbol{\alpha}_2 + \cdots + x_s \boldsymbol{\alpha}_s = \boldsymbol{0} \quad (1.2.11)$$

按分量写出式(1.2.11)得

$$\begin{cases} a_{11}x_1 + a_{21}x_2 + \cdots + a_{s1}x_s = 0 \\ a_{12}x_1 + a_{22}x_2 + \cdots + a_{s2}x_s = 0 \\ \cdots \\ a_{1n}x_1 + a_{2n}x_2 + \cdots + a_{sn}x_s = 0 \end{cases} \qquad (1.2.12)$$

由此得到,向量组$\pmb{\alpha}_1,\pmb{\alpha}_2,\cdots,\pmb{\alpha}_s$线性无关的充分必要条件是齐次方程组(1.2.12)只有零解。

定理 1.2.10　设$\pmb{\alpha}_1,\pmb{\alpha}_2,\cdots,\pmb{\alpha}_r$与$\pmb{\beta}_1,\pmb{\beta}_2,\cdots,\pmb{\beta}_s$是两个向量组,如果

(1) 向量组$\pmb{\alpha}_1,\pmb{\alpha}_2,\cdots,\pmb{\alpha}_r$可以经$\pmb{\beta}_1,\pmb{\beta}_2,\cdots,\pmb{\beta}_s$线性表示;

(2) $r > s$,

那么向量组$\pmb{\alpha}_1,\pmb{\alpha}_2,\cdots,\pmb{\alpha}_r$必线性相关。

推论 1　如果向量组$\pmb{\alpha}_1,\pmb{\alpha}_2,\cdots,\pmb{\alpha}_r$可以经向量组$\pmb{\beta}_1,\pmb{\beta}_2,\cdots,\pmb{\beta}_s$组表出,且$\pmb{\alpha}_1,\pmb{\alpha}_2,\cdots,\pmb{\alpha}_r$线性无关,那么$r \leqslant s$。

推论 2　任意$n+1$个n维向量必线性相关。

推论 3　两个线性无关的等价向量组,必含有相同个数的向量。

定义 1.2.23　一个向量的一个部分组称为一个极大线性无关组,如果这个部分组本身是线性无关的,并且从这个向量组中任意添加一个向量(如果还有的话),所得部分向量组都线性相关。

向量组的任意极大线性无关组都与向量组自身等价。

定理 1.2.11　向量组的任何极大线性无关组都含有相同个数的向量。

定义 1.2.24　向量组的极大线性无关组所含向量的个数称为这个向量的秩。

等价向量组必有相同的秩。

6. 矩阵的秩

1) 矩阵秩的定义

定义 1.2.25　所谓矩阵的行秩就是指矩阵行向量的秩;矩阵的列秩就是矩阵列向量的秩。

定理 1.2.12　矩阵的行秩与列秩相等。

矩阵的行秩和列秩统称为矩阵的秩。

定理 1.2.13　$n \times n$阶矩阵

$$\pmb{A} = \begin{bmatrix} a_{11} & a_{12} & \cdots & a_{1n} \\ a_{11} & a_{12} & \cdots & a_{1n} \\ \vdots & \vdots & \ddots & \vdots \\ a_{n1} & a_{n2} & \cdots & a_{nn} \end{bmatrix}$$

的行列式为零的充分必要条件是$\pmb{A}$的秩小于n。

定义 1.2.26　在一个$s \times n$矩阵中任意选定k行k列,位于这些选定的行和列的交

点上的 k^2 个元素按原来的次序所组成的 k 级行列式,称为 A 的一个 k 级子式。

定理 1.2.14　一个矩阵的秩是 r 的充分必要条件是矩阵中有一个 r 级子式不为零,同时所有 $r+1$ 级子式全为零。

2) 矩阵秩的计算

矩阵的初等行变换把行向量变成一个与之等价的向量组,故初等行变换不改变矩阵的秩。

阶梯形矩阵的秩就等于其中非零行的数目。

因此,只要用初等行变换把矩阵化为阶梯形,这个阶梯形中非零行的个数就是原来矩阵的秩。

7. 线性方程组有解判别定理

线性方程组

$$A_{m\times n}X = b$$

有解的充分必要条件是它的系数矩阵 A 与增广矩阵 $\overline{A}$ 有相同的秩,即

$$\text{秩}(A) = \text{秩}(A,b)$$

8. 线性方程组解的结构

1) 齐次线性方程

解的性质:齐次线性方程组的解的线性组合还是方程组的解。

定义 1.2.27　齐次线性方程组

$$\begin{cases} a_{11}x_1 + a_{12}x_2 + \cdots + a_{1n}x_n = 0 \\ a_{21}x_1 + a_{22}x_2 + \cdots + a_{2n}x_n = 0 \\ \cdots \\ a_{m1}x_1 + a_{m2}x_2 + \cdots + a_{mn}x_n = 0 \end{cases} \qquad (1.2.13)$$

的一组解 $\boldsymbol{\eta}_1, \boldsymbol{\eta}_2, \cdots, \boldsymbol{\eta}_t$ 称为方程组(1.2.13)的一个基础解系,满足

(1) 方程组(1.2.13)的任何一个解都能表示成 $\boldsymbol{\eta}_1, \boldsymbol{\eta}_2, \cdots, \boldsymbol{\eta}_t$ 的线性组合;

(2) $\boldsymbol{\eta}_1, \boldsymbol{\eta}_2, \cdots, \boldsymbol{\eta}_t$ 线性无关。

定理 1.2.15　在齐次线性方程组有非零解的情况下,它有基础解系,并且基础解系所含解的个数等于 $n-r$,这里 r 表示系数矩阵的秩,而 $n-r$ 就是自由未知量的个数。

基础解系的求法如下。

设方程组(1.2.13)的秩为 r,那么总可用初等变换化方程组为(1.2.8)形式,其中 $d_1 = d_2 = \cdots = d_n = 0$,即

$$\begin{cases} C_{11}x_1 + C_{12}x_2 + \cdots + C_{1r}x_r = -C_{1r+1}x_{r+1} - \cdots - C_{1n}x_n \\ \qquad\quad C_{22}x_2 + \cdots + C_{2r}x_r = -C_{2r+1}x_{r+1} - \cdots - C_{2n}x_n \\ \qquad\qquad\qquad\quad \ddots \\ \qquad\qquad\qquad\qquad\quad C_{rr}x_r = -C_{rr+1}x_{r+1} - \cdots - C_{rn}x_n \end{cases} \qquad (1.2.14)$$

其中自由未知量为 $x_{r+1}, x_{r+2}, \cdots, x_n$(共 $n-r$ 个),取

$$(x_{r+1}, x_{r+2}, \cdots, x_n) = (1, 0, \cdots, 0)$$
$$(x_{r+1}, x_{r+2}, \cdots, x_n) = (0, 1, \cdots, 0) \qquad (1.2.15)$$
$$\cdots$$
$$(x_{r+1}, x_{r+2}, \cdots, x_n) = (0, 0, \cdots, 1)$$

可得到方程组(1.2.14)相应的解

$$\boldsymbol{\eta}_1 = (q_{11}, \cdots, q_{1r}, 1, 0, \cdots, 0)$$
$$\boldsymbol{\eta}_2 = (q_{21}, \cdots, q_{2r}, 0, 1, \cdots, 0) \qquad (1.2.16)$$
$$\vdots$$
$$\boldsymbol{\eta}_{n-r} = (q_{n-1,1}, \cdots, q_{n-r,r}, 0, 0, \cdots, 1)$$

$\boldsymbol{\eta}_1, \boldsymbol{\eta}_2, \cdots, \boldsymbol{\eta}_{n-r}$ 就是方程组(1.2.13)的一组基础解系,而

$$k_1 \boldsymbol{\eta}_1 + k_2 \boldsymbol{\eta}_2 + \cdots k_{n-r} \boldsymbol{\eta}_{n-r} \qquad (k_i \in P, i = 1, 2, \cdots, n-r) \qquad (1.2.17)$$

就是方程组(1.2.13)的全部解。

2) 一般线性方程组解的结构

将线性方程组

$$\begin{cases} a_{11}x_1 + a_{12}x_2 + \cdots + a_{1n}x_n = b_1 \\ a_{21}x_1 + a_{22}x_2 + \cdots + a_{2n}x_n = b_2 \\ \cdots \\ a_{m1}x_1 + a_{m2}x_2 + \cdots + a_{mm}x_n = b_m \end{cases} \qquad (1.2.18)$$

的常数项换成零,即 $b = \boldsymbol{0}$,则得齐次方程组(1.2.13),称为方程组(1.2.18)的导出组,那么有

(1) 线性方程组(1.2.18)的两个解之差是它的导出组的解;

(2) 线性方程组(1.2.18)的一个解与它的导出组(1.2.13)的一个解之和还是方程组(1.2.18)的解。由此可得到

定理 1.2.16 如果 r_0 是方程组(1.2.18)的一个特殊解,那么方程组(1.2.18)的任一解 r 都可表示成

$$r = r_0 + \boldsymbol{\eta}$$

其中 $\boldsymbol{\eta}$ 是导出组的一个解。

求出导出组的基础解系 $\boldsymbol{\eta}_1, \boldsymbol{\eta}_2, \cdots, \boldsymbol{\eta}_{n-r}$,那么方程组(1.2.18)的全部解可表示成

$$r = r_0 + k_1 \boldsymbol{\eta}_1 + k_2 \boldsymbol{\eta}_2 + \cdots + k_{n-1} \boldsymbol{\eta}_{n-r} \qquad (1.2.19)$$

推论 在方程组(1.2.18)有解的条件下,解是唯一的充分必要条件是导出组(1.2.13)只有零解。

第 5 节　矩阵的特征值和特征向量

特征值和特征向量是重要的数学概念,在工程技术、经济问题以及微分方程求解中都有广泛应用。

1. 特征值与特征向量的概念与计算

1) 概念

定义 1.2.28　设 $A=(a_{ij})$ 是 n 阶方阵,如果存在一个数 λ_0 及一个 n 维非零向量

$$x = \begin{bmatrix} x_1 \\ x_2 \\ \vdots \\ x_n \end{bmatrix}$$

使得

$$AX = \lambda_0 X \qquad\qquad (1.2.20)$$

或

$$(\lambda_0 E - A)X = 0 \qquad\qquad (1.2.21)$$

则称 λ_0 为方阵 A 的一个特征值,称非零向量 X 为方程 A 的对应于(或属于)特征值 λ_0 的特征向量。

由定义可得

(1) 若 X 是 A 的属于 λ_0 的一个特征向量,则对于任意非零常数 k,kX 也是属于 λ_0 的特征向量。

(2) 如果 $X_1, X_2, \cdots, X_s$ 是 A 的属于 λ_0 的特征向量,那么

$$k_1 X_1 + k_2 X_2 + \cdots + k_s X_s \qquad (k_1, \cdots, k_s \text{ 不全为零})$$

也是属于 λ_0 的特征向量。

方程组

$$(\lambda E - A)X = 0$$

的系数矩阵行列式为

$$\det(\lambda E - A) = \begin{vmatrix} \lambda - a_{11} & -a_{12} & \cdots & -a_{1n} \\ -a_{21} & \lambda - a_{22} & \cdots & -a_{2n} \\ \vdots & & & \\ -a_{n1} & -a_{n2} & \cdots & \lambda - a_{nn} \end{vmatrix} \qquad (1.2.22)$$

称为 A 的特征多项式。它是 λ 的 n 次多项式。

显然方程组(1.2.21)有非零解的充要条件是

$$\det(\lambda_0 \boldsymbol{E} - \boldsymbol{A}) = 0$$

2)计算特征值和特征向量的方法

第一步,计算 $\boldsymbol{A}$ 的特征多项式,并求出它的所有根,即求

$$|\lambda \boldsymbol{E} - \boldsymbol{A}| = 0$$

的所有根(在复数域内它有 n 个根),重根以重数计算,设为 $\lambda_1, \lambda_2, \cdots, \lambda_n$。

第二步,对每个 λ_i,求相应齐次线性方程组

$$(\lambda_i \boldsymbol{E} - \boldsymbol{A})\boldsymbol{X} = \boldsymbol{0} \quad (i = 1, 2, \cdots, n)$$

的一个基础解系。设 $(\lambda_i \boldsymbol{E} - \boldsymbol{A})$ 的秩为 r,基础解系为 $\boldsymbol{\xi}_1, \boldsymbol{\xi}_2, \cdots, \boldsymbol{\xi}_{n-r}$,这就是对应于 λ_i 的线性无关的特征向量,而

$$\boldsymbol{X} = k_1 \boldsymbol{\xi}_1 + k_2 \boldsymbol{\xi}_2 + \cdots + k_{n-r} \boldsymbol{\xi}_{n-r} \quad (k_1, k_2, \cdots, k_{n-r} \text{ 是任意不全为零的常数})$$

就是 λ_i 对应的全部特征向量。

2. 特征值与特征向量的性质

性质 1 若 $\lambda_1, \cdots, \lambda_n$,为 $\boldsymbol{A} = (a_{ij})$ 的全部特征值(k 重特征值算作 k 个特征值),则有

$$\lambda_1 + \lambda_2 + \cdots + \lambda_n = \sum_{i=1}^{n} a_{ii}$$

$$\lambda_1 \lambda_2 \cdots \lambda_n = \det(\boldsymbol{A})$$

性质 2 设 λ 是可逆方阵 $\boldsymbol{A}$ 的一个特征值,$\boldsymbol{X}$ 是对应的特征向量,则 $\lambda \neq 0$,且 $\dfrac{1}{\lambda}$ 是 $\boldsymbol{A}^{-1}$ 的一个特征值,且 $\boldsymbol{X}$ 为其对应的特征向量。

性质 3 设 λ 是 $\boldsymbol{A}$ 的一个特征值,$\boldsymbol{X}$ 是对应的特征向量,m 是一个正整数,则 λ^m 是 $\boldsymbol{A}^m$ 的一个特征值,$\boldsymbol{X}$ 为其对应的特征向量。

性质 4 设 $\lambda_1, \lambda_2, \cdots, \lambda_m$ 是方阵 $\boldsymbol{A}$ 的互不相同的特征值,$\boldsymbol{X}_i$ 是属于 $\lambda_i (i = 1, 2, \cdots, m)$ 的特征向量,则 $\boldsymbol{X}_1, \cdots, \boldsymbol{X}_m$ 线性无关。即属于不同特征值的特征向量必线性无关。

3. 相似矩阵与矩阵的对角化

定义 1.2.29 设 $\boldsymbol{A}, \boldsymbol{B}$ 都是 n 阶方阵,如果存在一个 n 阶可逆矩阵 $\boldsymbol{P}$,使得

$$\boldsymbol{P}^{-1} \boldsymbol{A} \boldsymbol{P} = \boldsymbol{B}$$

则称方阵 $\boldsymbol{A}$ 与 $\boldsymbol{B}$ 相似,记作 $\boldsymbol{A} \sim \boldsymbol{B}$,并称由 $\boldsymbol{A}$ 到 $\boldsymbol{B}$ 的变换为一个相似变换,称 $\boldsymbol{P}$ 为相似变换的矩阵。

相似关系具有反身性、对称性和传递性,即

$$\boldsymbol{A} \sim \boldsymbol{A}, \quad \boldsymbol{A} \sim \boldsymbol{B} \Rightarrow \boldsymbol{B} \sim \boldsymbol{A}; \quad \boldsymbol{A} \sim \boldsymbol{B}, \quad \boldsymbol{B} \sim \boldsymbol{C} \Rightarrow \boldsymbol{A} \sim \boldsymbol{C}$$

定理 1.2.17 相似矩阵有相同的特征多项式。即若 $\boldsymbol{A} \sim \boldsymbol{B}$,则

$$\det(\lambda \boldsymbol{E} - \boldsymbol{A}) = \det(\lambda \boldsymbol{E} - \boldsymbol{B})$$

定理 1.2.18　若 n 阶方阵 A 与对角矩阵

$$D = \begin{bmatrix} \lambda_1 & & & \\ & \lambda_2 & & \\ & & \ddots & \\ & & & \lambda_n \end{bmatrix}$$

相似,则 $\lambda_1, \lambda_2, \cdots, \lambda_n$ 就是 A 的全部特征值。

定理 1.2.19　(方阵可对角化的充要条件)n 阶矩阵 A 与对角矩阵相似的充要条件是,A 有 n 个线性无关的特征向量。

定理 1.2.20　(方阵可对角化的充分条件)如果 n 阶矩阵 A 的 n 个特征值互不相同,则 A 必相似于对角矩阵。

第 6 节　投入产出分析

投入产出分析也称为投入产出法或投入产出技术。这一方法是由美国经济学家列昂节夫(Leotief)于 20 世纪 30 年代首先提出的,他利用线性代数的理论和方法,研究一个经济系统的各部门之间错综复杂的联系,建立相应的数学模型,投入产出模型就是其中最主要的模型之一。

考虑一个具有 n 个部门的经济系统,分别称为部门 1,部门 2,$\cdots$,部门 n,并假设

(1) 部门 i 仅生产一种产品 i(称为 i 部门的产出),不同部门不能相互替代;

(2) 部门 i 在生产过程中,至少需要消耗另一部门 j 的产品(称部门 j 对部门 i 的投入),并且消耗的各部门产品的投入量与 i 部门总产出量成正比。部门 j 的这部分投入其他部门生产过程的产品称为中间产品。

讨论投入产出模型,首先必须利用某年的经济统计数据,编制投入产出表。投入产出模型分为实物型和价值型两种模型,相应的投入产出表也有实物型和价值型两种。

1. 实物型投入产出模型

1) 实物型投入产出表

实物型投入产出表简称实物表,表中数据均以实物量作为计量单位,用以反映经济系统各物质产品之间的投入产出关系。

实物型投入产出表(表 1.2.1)中,$q_{ij}(i, j = 1, 2, \cdots, n)$ 有两个含义,它既表示第 j 种产品在生产过程中对第 i 种产品的消耗量,又表示第 i 种产品分配给第 j 种产品的使用量。最终产品栏中的 $\tilde{y}_i(i = 1, 2, \cdots, n)$ 表示产品 i 作为最终产品(包括消费、积累)使用的数量,$Q_i(i = 1, 2, \cdots, n)$ 为产品 i 的总产出量。

表 1.2.1　实物型投入产出表

部门间流量　投入	产出	中间产品				合计∑	最终产品	总产品
		部门 1	部门 2	⋯	部门 n			
物质消耗	部门 1	q_{11}	q_{12}	⋯	q_{1n}	$\sum\limits_{j} q_{1j}$	$\widetilde{y}_1$	Q_1
	部门 2	q_{21}	q_{22}	⋯	q_{2n}	$\sum\limits_{j} q_{2j}$	$\widetilde{y}_2$	Q_2
	⋮	⋮	⋮		⋮	⋮	⋮	⋮
	部门 n	q_{n1}	q_{n2}	⋯	q_{nm}	$\sum\limits_{j} q_{nj}$	$\widetilde{y}_n$	Q_n
劳动力投入		ℓ_1	ℓ_2		ℓ_n			L

实物表中数据间的数量关系是：表中同一行中，中间产品与最终产品相加就是总产品；表中同一列元素，由于采用不同的实物量单位，故不能相加，这是实物表区别于价值表的重要特征。

2）直接消耗系数与完全消耗系数

直接消耗系数是实物型投入产出分析的基本系统之一，其计算方法如下：

$$\widetilde{a}_{ij} = \frac{q_{ij}}{Q_j} \quad (i,j = 1,2,\cdots,n)$$

表示第 j 种产品对第 i 种产品的直接消耗系数，即单位 j 产品对 i 产品的消耗量。

用矩阵表示为

$$\widetilde{A} = (q_{ij})_{n\times n} \cdot (\widetilde{Q}^{-1}) \tag{1.2.23}$$

其中，$\widetilde{Q}$ 为总产量对角矩阵，即

$$\widetilde{Q} = \begin{bmatrix} Q_1 & & & \\ & Q_2 & & \\ & & \ddots & \\ & & & Q_n \end{bmatrix} \tag{1.2.24}$$

完全消耗系数是指第 j 种产品每生产一个单位对 i 种产品的完全消耗量，记作 b_{ij}，它包括 j 产品所消耗的其他产品中所消耗的 i 产品，故有

$$b_{ij} = \widetilde{a}_{ij} + \sum_{k=1}^{n} b_{ik} \cdot \widetilde{a}_{kj} \tag{1.2.25}$$

用矩阵表示为

$$\widetilde{B} = \widetilde{A} + \widetilde{B}\widetilde{A} \tag{1.2.26}$$

即

$$\widetilde{\boldsymbol{B}} = \widetilde{\boldsymbol{A}}(\boldsymbol{E} - \widetilde{\boldsymbol{A}})^{-1}$$

故

$$\widetilde{\boldsymbol{B}} = [\boldsymbol{E} - (\boldsymbol{E} - \widetilde{\boldsymbol{A}})](\boldsymbol{E} - \widetilde{\boldsymbol{A}})^{-1} = (\boldsymbol{E} - \widetilde{\boldsymbol{A}})^{-1} - \boldsymbol{E}$$

或

$$\widetilde{\boldsymbol{B}} + \boldsymbol{E} = (\boldsymbol{E} - \widetilde{\boldsymbol{A}})^{-1} \tag{1.2.27}$$

式(1.2.27)表示了完全消耗系数矩阵 $\widetilde{\boldsymbol{B}}$ 与直接消耗系数矩阵的关系。

3) 实物型投入产出数学模型

设 Y_i 表示第 i 种产品的最终产量,则有

$$\sum_{j=1}^{n} q_{ij} + \boldsymbol{Y}_i = \boldsymbol{Q}_i \quad (i = 1, 2, \cdots, n) \tag{1.2.28}$$

将直接消耗系数 a_{ij} 引入式(1.2.28),得

$$\sum_{j=1}^{n} \widetilde{a}_{ij} \boldsymbol{Q}_j + \boldsymbol{Y}_i = \boldsymbol{Q}_i \quad (i = 1, 2, \cdots, n)$$

用矩阵表示

$$\widetilde{\boldsymbol{A}}\widetilde{\boldsymbol{Q}} + \widetilde{\boldsymbol{Y}} = \widetilde{\boldsymbol{Q}}$$

即

$$\widetilde{\boldsymbol{Q}} - \widetilde{\boldsymbol{A}}\widetilde{\boldsymbol{Q}} = \widetilde{\boldsymbol{Y}}$$

或

$$\widetilde{\boldsymbol{Y}} = (\boldsymbol{E} - \widetilde{\boldsymbol{A}})\widetilde{\boldsymbol{Q}} \tag{1.2.29}$$

亦即

$$\begin{pmatrix} \widetilde{y}_1 \\ \widetilde{y}_2 \\ \vdots \\ \widetilde{y}_n \end{pmatrix} = \begin{pmatrix} 1 - \widetilde{a}_{11} & -\widetilde{a}_{12} & \cdots & -\widetilde{a}_{1n} \\ -\widetilde{a}_{21} & 1 - \widetilde{a}_{22} & \cdots & -\widetilde{a}_{2n} \\ \vdots & & & \\ -\widetilde{a}_{n1} & -\widetilde{a}_{n2} & \cdots & -\widetilde{a}_{nn} \end{pmatrix} \cdot \begin{pmatrix} \boldsymbol{Q}_1 \\ \boldsymbol{Q}_2 \\ \vdots \\ \boldsymbol{Q}_n \end{pmatrix}$$

其中,矩阵 $(\boldsymbol{E} - \widetilde{\boldsymbol{A}})$ 称为生产活动系数矩阵,在 $(\boldsymbol{E} - \widetilde{\boldsymbol{A}})$ 确定的条件下,只要给出社会总产品,即可计算出最终产品 $\boldsymbol{Y}$。并还可进一步给出

$$\widetilde{\boldsymbol{Q}} = (\boldsymbol{E} - \widetilde{\boldsymbol{A}})^{-1} \widetilde{\boldsymbol{Y}} \tag{1.2.30}$$

或

$$\widetilde{\boldsymbol{Q}} = (\widetilde{\boldsymbol{B}} + \widetilde{\boldsymbol{E}}) \widetilde{\boldsymbol{Y}} \tag{1.2.31}$$

2. 价值型投入产出模型

价值型投入产出模型以价值量即以货币作为计量单位。

1）价值型投入产出表

价值型投入产出表简称价值表，表中数据均采用货币单位，该表反映国民经济各部门间的投入产品价值的数量关系。价值型投入产出简表见表 1.2.2。

表 1.2.2　价值型投入产出简表

部门间流量产出 投入		中间产出					最终产出				总产品
		部门1	部门2	…	部门n	合计∑	积累	消费	…	合计∑	
物质消耗	部门1	x_{11}	x_{12}	…	x_{1n}	$\sum_j x_{1j}$	k_1	$\widetilde{\omega}_1$		y_1	x_1
	部门2	x_{21}	x_{22}	…	x_{2n}	$\sum_j x_{2j}$	k_2	$\widetilde{\omega}_2$		y_2	x_2
	⋮			I		⋮	⋮	⋮	II	⋮	⋮
	部门n	x_{n1}	x_{n2}	…	x_{nn}	$\sum_j x_{nj}$	k_n	$\widetilde{\omega}_n$		y_n	x_n
合计∑		$\sum_i x_{i1}$	$\sum_i x_{i2}$	…	$\sum_i x_{in}$	$\sum_i\sum_j x_{ij}$				$\sum_i y_i$	$\sum_i x_i$
新创造价值	劳动报酬	v_1	v_2	…	v_n	$\sum_j v_j$					
	纯收入	m_1	m_2	…	m_n	$\sum_j m_j$					
	⋮			III					IV		
	合计∑	z_1	z_2	…	z_n	$\sum_j x_j$					
总投入		x_1	x_2	…	x_n	$\sum_j x_j$					

整个表分为Ⅰ、Ⅱ、Ⅲ、Ⅳ四栏，其中第Ⅳ栏省略，表中 x_{ij} 表示部门 j 在生产过程中需消耗部门 i 的产品的数量 $x_{ij} \geq 0(i,j=1,2,\cdots,n)$；$x_j$ 表示第 j 部门总产品。

2）价值型投入产出系数

直接消耗系数

$$a_{ij} = \frac{x_{ij}}{x_j}$$

那么

$$x_i = \sum_{j=1}^n x_{ij} + y_i \quad (i=1,2,\cdots,n)$$

即

$$x_i = \sum_{j=1}^n a_{ij}x_j + y_i \quad (i=1,2,\cdots,n)$$

用矩阵表示为

$$X = AX + Y$$

或

$$(E - A)X = Y \qquad (1.2.32)$$

其中

$$A = \begin{pmatrix} a_{11} & a_{12} & \cdots & a_{1n} \\ a_{21} & a_{22} & \cdots & a_{2n} \\ \vdots & & & \\ a_{n1} & a_{n2} & \cdots & a_{nn} \end{pmatrix}, \quad X = \begin{pmatrix} x_1 \\ x_2 \\ \vdots \\ x_n \end{pmatrix}, \quad Y = \begin{pmatrix} y_1 \\ y_2 \\ \vdots \\ y_n \end{pmatrix}$$

矩阵 A 称为直接消耗系数矩阵, X 称为总产出向量, Y 称为最后需求向量。

与实物模型一样, 由 A 可计算完全消耗矩阵 B, 即

$$B = (E - A)^{-1} - E \qquad (1.2.33)$$

同时由表 1.2.2 可得平衡关系式

$$x_i = \sum_{j=1}^{n} x_{ij} + y_i \quad (i = 1, 2, \cdots, n) \quad （总产品 = 中间产品 + 最终产品）$$

$$x_j = \sum_{i=1}^{n} x_{ij} + z_j \quad (j = 1, 2, \cdots, n) \quad （总投入 = 物质消耗 + 新创造价值）$$

即

$$x_j = \sum_{i=1}^{n} a_{ij} x_j + z_i \quad (j = 1, 2, \cdots, n)$$

即

$$\begin{cases} x_1 = a_{11} x_1 + a_{21} x_1 + \cdots + a_{n1} x_1 + z_1 \\ x_2 = a_{12} x_2 + a_{22} x_2 + \cdots + a_{n2} x_2 + z_2 \\ \cdots \\ x_n = a_{1n} x_n + a_{2n} x_n + \cdots + a_{nn} x_n + z_n \end{cases} \qquad (1.2.34)$$

记

$$D = \mathrm{diag}\left(\sum_i a_{i1}, \sum_i a_{i2}, \cdots, \sum_i a_{in} \right) \quad Z = (z_1, z_2, \cdots, z_n)^{\mathrm{T}}$$

则方程组(1.2.34)可写成矩阵形式

$$X = DX + Z$$

或

$$(E - D)X = Z \qquad (1.2.35)$$

其中 Z 称为新创价值向量。

方程组(1.2.32)及方程组(1.2.35)称为价值型投入产出基本模型。当某时期的直接消耗系数 a_{ij} 保持不变时, 则给定最终需求 Y(或新创价值 Z)时, 就可求出总产出 X, 从

而对将来经济发展进行预测和分析。

3. 实物型和价值型直接消耗系数矩阵的关系

由上面分析知,价值型直接消耗系数矩阵 $\boldsymbol{A}$ 与实物型直接消耗矩阵系数矩阵 $\widetilde{\boldsymbol{A}}$ 有不同的经济意义,然而我们可以证明:

定理 1.2.21 价值型直接消耗系数矩阵 $\boldsymbol{A}$ 与对应的实物型直接消耗系数矩阵 $\widetilde{\boldsymbol{A}}$ 相似。

实际上

$$x_{ij} = p_i q_{ij} \quad (i,j=1,2,\cdots,n)$$

其中,p_i 表示第 i 种产品价格($i=1,2,\cdots,n$),那么

$$\widetilde{a}_{ij} = \frac{p_j}{p_i} a_{ij}$$

因此

$$\widetilde{\boldsymbol{A}} = \begin{pmatrix} \widetilde{a}_{11} & \widetilde{a}_{12} & \cdots & \widetilde{a}_{1n} \\ \vdots & & & \\ \widetilde{a}_{n1} & \cdots & \cdots & \widetilde{a}_{nn} \end{pmatrix} = \begin{pmatrix} \frac{1}{p_1} & & & \\ & \frac{1}{p_2} & & \\ & & \ddots & \\ & & & \frac{1}{p_n} \end{pmatrix} \begin{pmatrix} a_{11} & a_{12} & \cdots & a_{1n} \\ a_{21} & a_{22} & \cdots & a_{2n} \\ \vdots & & & \\ a_{n1} & a_{n2} & \cdots & a_{nn} \end{pmatrix} \begin{pmatrix} p_1 & & & \\ & p_2 & & \\ & & \ddots & \\ & & & p_n \end{pmatrix}$$

记

$$P = \mathrm{diag} \quad (p_1, p_2, \cdots, p_n)$$

则有

$$\widetilde{\boldsymbol{A}} = \boldsymbol{P}^{-1} \boldsymbol{A} \boldsymbol{P} \qquad (1.2.36)$$

即

$$\boldsymbol{A} \sim \widetilde{\boldsymbol{A}}$$

虽然在理论上实物型和价值型投入产出模型可以相互转化,但在实际编制时由于划分部门等困难,一般多采用价值型投入产出模型。然而,实物型模型比较直观,资料易于统计,技术系数 $\widetilde{a}_{ij}$ 基本不受价格的影响,因此,也具有广泛的应用。

第3章 集合论

1. 集合论概述

集合论(set theory)作为数学中最富创造性的伟大成果之一,是在19世纪末由德国的康托尔(1845—1918)创立起来的。但是,它萌发、孕育的历史却源远流长,至少可以追溯到两千多年前。

集合论是关于无穷集合和超穷数的数学理论。在数理哲学中,有两种无穷方式历来为数学家和哲学家所关注:一种是无穷过程,称为潜在无穷;另一种是无穷整体,称为实在无穷。集合论的全部历史都是围绕无穷集合而展开的。

埃利亚学派的哲学家芝诺(Zenode,约公元前490—公元前430)一共提出45个悖论,其中关于运动的四个悖论——二分法悖论、阿基里斯追龟悖论、飞矢不动悖论与运动场悖论尤为著名,前三个悖论都与无穷直接有关。芝诺在悖论中虽然没有明确使用无穷集合的概念,但问题的实质却与无穷集合有关。

希腊哲学家亚里士多德(Aristotle,公元前384—前322)考虑过无穷集合,例如整数集合,但他不承认一个无穷集合可以作为固定的整体而存在,对他来说,集合只能是潜在的无穷。他最先提出要把潜在的无穷和实在的无穷加以区别,这种思想在当今仍有重要意义。他认为只存在潜在无穷,如地球的年龄是潜在无穷,但任意时刻都不是实在无穷。他承认正整数是潜在无穷的,因为任何正整数加上1总能得到一个新数。对他来说,无穷集合是不存在的。哲学权威亚里士多德把无穷限于潜在无穷之内,如同下了一道禁令,没人敢冒天下之大不韪,以至于影响对无穷集合的研究达两千多年之久。

其实,集合论里的中心难点是无穷集合这个概念本身。从希腊时代以来,这样的集合很自然地引起数学界与哲学界的注意,而这种集合的本质以及看来是矛盾的性质,使得对这种集合的理解没有任何进展。

2. 无穷集合

到了中世纪,随着无穷集合的不断出现,部分能够同整体构成一一对应这个事实也就越来越明显地暴露出来。例如,数学家们注意到把两个同心圆上的点用公共半径连接起来，就构成两个圆上的点之间的一一对应关系。

近代科学的开拓者伽利略(1564—1642)注意到：两个不等长的线段上的点可以构成一一对应。他又注意到：正整数与它们的平方可以构成一一对应，这说明无穷大有不同的"数量级"。不过伽利略认为这是不可能的。他说，所有无穷大量都一样，不能比较大小。法国大数学家柯西(1789—1857)也同他的前人一样，不承认无穷集合的存在。他认为部分同整体构成一一对应是自相矛盾的事。

科学家们接触到无穷，却又无力去把握和认识它，这的确是向人类提出的尖锐挑战。正如大卫·希尔伯特(1862—1943)在他 1926 年题为《论无穷》的讲演中所说的那样："没有任何问题像无穷那样深深地触动人的情感，很少有别的观念能像无穷那样激励理智产生富有成果的思想，然而也没有任何其他概念能像无穷那样需要加以阐明。"面对"无穷"的长期挑战，数学家们不会无动于衷，他们为解决无穷问题而进行的努力，首先是从集合论的先驱者开始的。

数学分析严格化的先驱波尔查诺(1781—1848)也是一位探索实无穷的先驱，他是第一个为了建立集合的明确理论而作出积极努力的人。他明确谈到实在无穷集合的存在，强调两个集合等价的概念，也就是后来的一一对应的概念。他知道，无穷集合的一个部分或子集可以等价于其整体，他认为这个事实必须接受。例如 0～5 的实数通过公式 $y=12x/5$ 可与 0～12 的实数构成一一对应的关系，尽管后面的集合包含前面的集合。为此，他为无穷集合指定超限数，使不同的无穷集合超限数不同。不过，后来康托尔指出，波尔查诺指定无穷集合的超限数的具体方法是错误的。另外，波尔查诺还提出了一些集合的性质，并将它们视为悖论。因此，波尔查诺关于无穷的研究哲学意义大于数学意义。应该说，他是康托尔集合论的先驱。

3. 集合论初创阶段

集合论问世以来，有些数学家拒绝将集合论当作数学的基础，认为这只是一场含有奇幻元素的游戏。

埃里特·比修普驳斥集合论是"上帝的数学，应该留给上帝"。路德维希·维特根斯坦特别对无限的操作有疑问，这也和策梅洛—弗兰克尔集合论有关。维特根斯坦对于数学基础的观点曾被保罗·贝奈斯所批评，且被克里斯平·赖特等人密切研究过。

对集合论最常见的反对意见来自结构主义者，他们认为数学和计算息息相关，但朴素集合论却加入了非计算性的元素。

曾几何时，拓扑理论曾被认为是传统公理化集合论的另一种选择。拓扑理论可以被用来解释各种集合集的替代方案，如结构主义、模糊集合论、有限集合论和可计算集合论等。

按现代数学观点，数学各分支的研究对象或者本身是带有某种特定结构的集合(如群、环、拓扑空间),或者是可以通过集合来定义的(如自然数、实数、函数)。从这个意义上说,集合论可以说是整个现代数学的基础。

集合论或集论是研究集合(由一堆抽象物件构成的整体)的数学理论,包含集合、元素和成员关系等最基本的数学概念。在大多数现代数学的公式化中,集合论提供了如何描述数学物件的语言。

集合论和逻辑与一阶逻辑共同构成了数学的公理化基础,以未定义的"集合"与"集合成员"等术语来形式化地建构数学物件。

在朴素集合论中,集合被当作一堆物件构成的整体之类的自证概念。在公理化集合论中,集合和集合成员并不直接被定义,而是先规范可以描述其性质的一些公理。在此想法之下,集合和集合成员犹如在欧式几何中的点和线,而不被直接定义。

第 1 节　集合的基本概念

1．集合的概念

集合作为数学中最原始的概念之一,通常是指按照某种特征或规律结合起来的事物的总体。

定义 1.3.1　集合是具有某种属性的事物的全体,或是一些确定对象的汇总。构成集合的事物或对象,称为集合的元素。

集合用大写字母表示,集合的元素用小写字母表示。

简单地说,集合就是指作为整体的一堆东西,例如全班同学、方程组解的全体、一条直线上的所有点等。

由有限个元素构成的集合称为有限集合,由无限多个元素构成的集合称为无限集合。

2．集合的表示法

1) 列举法

按任意顺序列出集合的所有元素,并用花括号{}括起来。如 A 由 a,b,c,d 四个元素组成,写成 $A=\{a,b,c,d\}$。

2) 描述法

设 $P(a)$ 为某个与 a 有关的条件或法则,A 为满足 $P(a)$ 的一切 a 构成的集合,则记为

$$A = \{a \mid P(a)\}$$

当元素 a 是集合 A 的元素时,记成 $a \in A$;当元素 a 不是集合 A 的元素时,记成 $a \notin A$。

对于集合要注意:

（1）集合中的元素是确定的，也就是说，对于集合 A，元素 a 或属于此集合，或不属于此集合，两者必属其一；

（2）集合中的每个元素均相同则两集合相同，如集合 $\{a,b,c,d\}$ 与集合 $\{a,c,d,b\}$ 是一样的。

3. 全集与空集

由所研究的所有事物构成的集合称为全集，记为 E。全集是相对的，例如，讨论的问题仅限于正整数，则全体正整数的集合为全集；当讨论的问题包括正整数与负整数时，则全体正整数的集合就不是全集。

不包括任何元素的集合（即元素个数为零的集合）称为空集。若 A 为空集，则记作 $A=\varnothing$。

第 2 节 集合间的关系

定义 1.3.2 如果集合 A 的每一个元素都是集合 B 的元素，即如果有 $a\in A$，则有 $a\in B$，则称 A 为 B 的子集。记作 $A\subseteq B$ 或 $B\supseteq A$，读作 A 包含于 B 或 B 包含 A。如果 $B\supseteq A$，且存在元素，使得 $b\in B$，但 $b\notin A$，则称 A 是 B 的真子集，记以 $B\supset A$ 或 $A\subset B$。若集合 A,B 不满足 $A\subseteq B$，则称 B 不包含 A，记以 $A\nsubseteq B$。

空集及集合 A 本身都可看成是集合 A 的子集。

定义 1.3.3 集合 A 与集合 B 有相同的元素，则称这两个集合是相等的，记以 $A=B$，否则称这两个集合不相等，记以 $A\neq B$。

对于集合的相等与包含关系，可用文氏图（Venn Diagram）表示（图 1.3.1）。

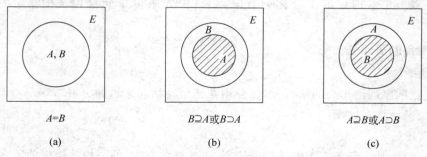

| (a) | (b) | (c) |
| $A=B$ | $B\supseteq A$ 或 $B\supset A$ | $A\supseteq B$ 或 $A\supset B$ |

图 1.3.1 相等与包含关系之文氏图

对于集合的相等与包含关系，有以下几个结论。

（1）对任一集合 A，必有 $\varnothing\subseteq A$，即空集是任意集合的子集。

（2）对任一集合 A，有 $A \subseteq A$，即集合 A 是自己的子集。

（3）对任一集合 A，必有 $E \supseteq A$。

（4）对任一集合 A，必有 $\varnothing \subseteq A$。

（5）对于集合 A,B，$A=B$ 的充分必要条件是 $A \supseteq B$ 且 $B \supseteq A$。

（6）如果 $A \subseteq B$，$B \subseteq C$，则 $A \subseteq C$，即集合的包含关系有传递性。

第 3 节　集　合　代　数

1. 集合的基本运算

定义 1.3.4　由集合 A,B 的所有元素合并组成的集合，称为集合 A 与集合 B 的并集，记以 $A \cup B$。

定义 1.3.5　由集合 A,B 的所有公共元素所组成的集合，称为集合 A 与集合 B 的交集，记以 $A \cap B$

定义 1.3.6　集合 A,B 若满足 $A \cap B = \varnothing$，则称 A 与 B 是分离的。

定义 1.3.7　由集合 A,B 中所有属于 A 而不属于 B 的元素所组成的集合，称为集合 A 对集合 B 之差，记作 $A-B$。

例如，$A=\{a,b,c,d,e,f\}$，$B=\{d,e,f,g,h\}$ 则

$$A-B=\{a,b,c\}$$

定义 1.3.8　全集 E 中所有不属于 A 的元素构成的集合，称为 A 的补集，记作 A'，$A'=\{x \mid x \in E$ 且 $x \, a \notin A\}$。

定义 1.3.9　集合 A,B 之对称差（或叫布尔和）$A+B$ 可定义为

$$A+B=(A-B) \bigcup (B-A)。$$

例如，$A=\{1,2,3,4\}$，$B=\{3,4,5,6\}$ 则 $A+B=\{1,2,5,6\}$。

由此可见 $A+B$ 即 A,B 之所有非公共元素所组成的集合。

以上 5 种运算可用如图 1.3.2 所示的文氏图表示。

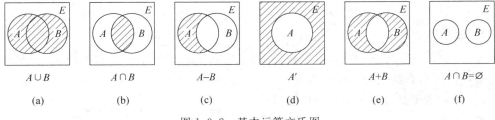

$A \cup B$　　　$A \cap B$　　　$A-B$　　　A'　　　$A+B$　　　$A \cap B=\varnothing$

(a)　　　　(b)　　　　(c)　　　　(d)　　　　(e)　　　　(f)

图 1.3.2　基本运算文氏图

2. 并、交、补的基本运算公式

（1）并、交运算满足交换律，即

$$A \cup B = B \cup A \qquad (1.3.1)$$

$$A \cap B = B \cap A \qquad (1.3.2)$$

（2）并、交运算满足结合律，即

$$A \cup (B \cup C) = (A \cup B) \cup C \qquad (1.3.3)$$

$$A \cap (B \cap C) = (A \cap B) \cap C \qquad (1.3.4)$$

（3）并、交运算满足分配律，即

$$A \cup (B \cap C) = (A \cup B) \cap (A \cup C) \qquad (1.3.5)$$

$$A \cap (B \cup C) = (A \cap B) \cup (A \cap C) \qquad (1.3.6)$$

（4）摩根律（DeMorgan's Law）：

$$(A \cup B)' = A' \cap B' \qquad (1.3.7)$$

$$(A \cap B)' = A' \cup B' \qquad (1.3.8)$$

关于摩根律（1.3.7）的证明可见文氏图 1.3.3。

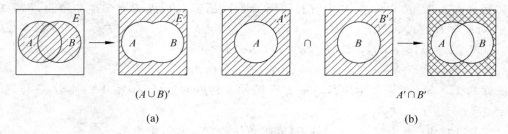

图 1.3.3　摩根律文氏图

3. 其他常用运算结论

（1）$A \cup \varnothing = A, A \cap E = A, A \cup A' = E, A \cap A' = \varnothing$ $\qquad (1.3.9)$

（2）$A \cup (A \cap B) = A, A \cap (A \cup B) = A$ $\qquad (1.3.10)$

（3）$E \cup \varnothing = E, E \cap \varnothing = \varnothing$ $\qquad (1.3.11)$

4. 应用实例

设某图书馆藏书 100 万册，有一读者前往查阅，他希望能了解所有英国 17 世纪以前描写资产阶级革命的长篇小说以及我国 1990 年以前出版的不是描写"文化大革命"的长篇小说，将满足此要求的书用集合论表示。

解：此题中 E 为该图书馆全部藏书的书名集；

F：所有英国书的书名集；

G：所有 17 世纪以前的书的书名集；

H：所有描写资产阶级革命的书名集；

R：所有长篇小说的书名集；

S：所有 1990 年以前出版的书名集；

C：所有中国书的书名集；

K：所有描写"文化大革命"的书名集。

则读者要了解的书的集合可描述为

$$R \cap [(G \cap H \cap F) \cup (S \cap C \cap K')]$$

第 4 节　幂集、n 重有序组及笛卡儿乘积

1. 幂集

定义 1.3.10　由集合 A 的所有子集（包括空集及集合 A 本身）所组成的集合叫作 A 的幂集，记以 2^A 或 $\rho(A)$。

定理 1.3.1　若集合 A 为由 n 个元素所组成的有限集，则 $\rho(A)$ 为有限，且由 2^n 个元素组成。

例如，$A = \{a, b, c, d\}$，则 $\rho(A) = \{\phi, a, b, c, d, \{a, b\}, \{a, c\}, \{a, d\}, \{b, c\}, \{b, d\}, \{c, d\}, \{a, b, c\}, \{a, b, d\}, \{a, c, d\}, \{b, c, d\}, \{a, b, c, d\}\}$，共有 $2^4 = 16$ 个元素。

2. n 重有序组

定义 1.3.11　两个按一定次序排列的客体：a, b 组成一个有序序列，我们叫作有序偶，记以 (a, b)。

有序偶 (a, b) 中，a, b 分别称为 (a, b) 的第一客体与第二客体。

定义 1.3.12　有序偶 (a, b) 与 (c, d)，若有 $a = c, b = d$，则称 (a, b) 与 (c, d) 是相等的。

将有序偶推广到 n 重有序组：

定义 1.3.13　n 个 $(n > 1)$ 按一定次序排列的客体 $a_1, a_2, \cdots, a_n$ 组成一个有序序列，称为 n 重有序组，记以 $(a_1, a_2, \cdots, a_n)$，并称 a_i 为该有序组的第 i 个客体。

两个 n 重有序组 $(a_1, a_2, \cdots, a_n)$ 与 $(b_1, b_2, \cdots, b_n)$，若有 $a_i = b_i, i = 1, 2, \cdots, n$ 则称 $(a_1, a_2, \cdots, a_n)$ 与 $(b_1, b_2, \cdots, b_n)$ 是相等的。

3. 笛卡儿乘积

设有两个集合 A 与 B，我们用 A, B 的元素组成有序偶，以 A 的元素作为有序偶的第

一个客体,以 B 的元素作为第二个客体,用这种方法所组成的所有有序偶的全体构成的一个集合,称为 A 与 B 的笛卡儿乘积。

定义 1.3.14　集合 A,B 之笛卡儿乘积为

$$A \times B = \{(a,b) \mid a \in A, b \in B\}$$

例如,平面上直角坐标中所有点的集合,可用笛卡儿乘积表示:

$$R \times R = \{(x,y) \mid x \in R, y \in R\}$$

其中 R 表示实数集。

定义 1.3.15　集合 $A_1,A_2,\cdots,A_n$ 的笛卡儿乘积可表示为

$$A_1 \times A_2 \cdots \times A_n = \{(x_1,x_2,\cdots,x_n) \mid x_1 \in A_1, x_2 \in A_2, \cdots, x_n \in A_n\}$$

例如,计算机内的字是由固定的 n 个有序二进制所组成的,它的全体可表示成 n 重有序组形式

$$A^n = A \times A \times \cdots \times A = \{(a_1 \times a_2 \times \cdots \times a_n) \mid a_i \in A_1, i = 1,2,\cdots,n\}$$

其中 $A = \{0,1\}$。

第 5 节　实数集、数域

1. 实数集

定义 1.3.16　设 p,q 为整数,且 $q \neq 0$,则所有可由 p/q 表示的数称为有理数;在数轴上不能由 p/q 表示的数称为无理数。

有理数可以表示为有穷小数或无穷循环小数。而无理数为无穷不循环小数。

有理数在数轴上处处稠密,即对数轴任意两个有理点,不论它们的差多么小,都可在它们之间找到无穷多个有理点。但有理点并未充满数轴,有理点之间尚有无穷多个空隙,这些空隙处的点就是无理点,它们对应的数就是无理数。

定义 1.3.17　有理数与无理数全体的集合称为实数集,实数充满数轴而且没有空隙。

2. 数域、实数域

定义 1.3.18　设 P 是由一些复数组成的集合,其中包括 0 与 1,如果 P 中任意两个数(这两个数也可以相同)的和、差、积、商(除数不为零)仍然是 P 中的数,那么 P 就称为一个数域。

例如,所有具有形式 $a+b\sqrt{2}$ 的数(其中 a,b 为任何有理数),构成一个数域,所有整数构成的集合不构成一个数域。

　　所有实数集合构成一个数域,称为实数域,记作 R。由全体复数组成的集合构成复数域,记为 C。

　　所有数域都包含有理数域 Q 作为它的一部分。

　　按照所研究的问题,我们常常需要明确规定所考虑的数的范围。数域就是我们规定的所讨论的数的范围。

第 4 章

概率与统计

1. 各类随机现象

在自然界和现实生活中，一些事物都是相互联系和不断发展的。在它们彼此间的联系和发展中，根据它们是否有必然的因果联系，可以将其分成截然不同的两大类。

一类是确定性的现象。这类现象是在一定条件下，必定会导致某种确定的结果。举例来说，在标准大气压下，水加热到 100℃，就必然会沸腾。事物间的这种联系是属于必然性的。通常的自然科学各学科就是专门研究和认识这种必然性的，寻求这类必然现象的因果关系，把握它们之间的数量规律。

另一类是不确定性的现象。这类现象是在一定条件下发生的，它的结果是不确定的。举例来说，同一个工人在同一台机床上加工若干同一种零件，它们的尺寸总会有一点差异。又如，在同样条件下，进行小麦品种的人工催芽试验，各颗种子的发芽情况也不尽相同，有强弱和早晚的分别等。为什么在相同的情况下，会出现这种不确定的结果呢？这是因为，我们说的"相同条件"是从一些主要条件来说的，除了这些主要条件外，还会有许多次要条件和偶然因素是人们无法事先一一能够掌握的。正因为这样，我们在这一类现象中，就无法用必然性的因果关系，对个别现象的结果事先给出确定的答案。事物间的这种关系是属于偶然性的，这种现象叫作偶然现象，或者叫作随机现象。

在自然界，在生产、生活中，随机现象十分普遍，也就是说随机现象是大量存在的。例如，每期体育彩票的中奖号码、同一条生产线上生产灯泡的寿命等，都是随机现象。因此，随机现象就是在同样条件下，多次进行同一试验或调查同一现象，所得结果不完全一样，而且无法准确地预测下一次所得结果的现象。随机现象这种结果的不确定性，是由于一些次要的、偶然的因素影响所造成的。

随机现象从表面上看，似乎是杂乱无章的、没有什么规律的现象。但实践证明，如果同类的随机现象大量重复出现，它的总体就呈现一定的规律性。大量同类随机现象所呈现的这种规律性，随着我们观察的次数的增多而愈加明显。例如，掷硬币，每一次投掷很难判断是哪一面朝上，但是如果多次重复掷这枚硬币，就会越来越清楚地发现它们朝上的次数大体相同。

我们把这种由大量同类随机现象所呈现出来的集体规律性,叫作统计规律性。概率论和数理统计就是研究大量同类随机现象的统计规律性的数学学科。

2. 概率论的产生和发展

概率论产生于 17 世纪,本来是由保险事业的发展而产生的,虽然它来自赌博者的请求,却是数学家们思考概率论问题的源泉。

早在 1654 年,有一个赌徒梅累向当时的数学家帕斯卡提出一个使他苦恼了很久的问题:"两个赌徒相约赌若干局,谁先赢 m 局就算赢,全部赌本就归谁。但是当其中一个人赢了 $a(a<m)$ 局,另一个人赢了 $b(b<m)$ 局的时候,赌博终止。赌本应该如何分配才合理?"后者曾在 1642 年发明了世界上第一台机械加法计算机。

三年后,也就是 1657 年,荷兰著名的天文学家、物理学家兼数学家惠更斯企图自己解决这一问题,结果写成《论机会游戏的计算》一书,这就是最早的概率论著作。

近几十年来,随着科技的蓬勃发展,概率论大量应用到国民经济、工农业生产及各学科领域。许多兴起的应用数学,如信息论、对策论、排队论、控制论等,都是以概率论作为基础的。

概率论和数理统计是一门随机数学分支,它们是密切联系的同类学科。但是应该指出,概率论、数理统计、统计方法又都各有它们自己所包含的不同内容。

概率论是根据大量同类随机现象的统计规律,对随机现象出现某一结果的可能性作出一种客观的科学判断,对这种出现的可能性大小作出数量上的描述并比较这些可能性的大小、研究它们之间的联系,从而形成一整套数学理论和方法。

3. 概率论的内容

概率论作为一门数学分支,它所研究的内容一般包括随机事件的概率、统计独立性和更深层次上的规律性。

概率是随机事件发生的可能性的数量指标。在独立随机事件中,如果某一事件在全部事件中出现的频率在更大的范围内比较明显地稳定在某一固定常数附近,就可以认为这个事件发生的概率为这个常数。对于任何事件的概率值一定介于 0 和 1 之间。

有一类随机事件,它具有两个特点:第一,只有有限个可能的结果;第二,各个结果发生的可能性相同。具有这两个特点的随机现象叫作"古典概型"。

在客观世界中,存在大量的随机现象,随机现象产生的结果构成了随机事件。如果用变量来描述随机现象的各个结果,这些变量就叫作随机变量。

随机变量有有限和无限的区分,一般又根据变量的取值情况分成离散型随机变量和非离散型随机变量。一切可能的取值能够按一定次序一一列举,这样的随机变量叫作离散型随机变量;如果可能的取值充满了一个区间,无法按次序一一列举,这种随机变量就叫作非离散型随机变量。

在离散型随机变量的概率分布中,比较简单而应用广泛的是二项式分布。如果随机变量是连续的,则它们都有一个分布曲线,实践和理论都证明:有一种特殊而常用的分布,它的分布曲线是有规律的,这就是正态分布。正态分布曲线取决于这个随机变量的一些表征数,其中最重要的是平均值和差异度。平均值也叫数学期望,差异度也就是标准方差。

4. 数理统计与统计方法

数理统计应用概率的理论来研究大量随机现象的规律性,对通过科学安排的一定数量的试验所得到的统计方法给出严格的理论证明,并判定各种方法应用的条件以及方法、公式、结论的可靠程度和局限性。这使我们能从一组样本来判定是否能以相当大的概率来保证某一判断是正确的,并可以控制发生错误的概率。

统计方法是以上提供的方法在各种具体问题中的应用,它并不关注这些方法的理论根据和数学论证。

数理统计的内容包括抽样、适线问题、假设检验、方差分析、相关分析等内容。

抽样检验是通过对子样的调查,来推断总体的情况。究竟抽样多少,这是十分重要的问题,因此,在抽样检查中就产生了"小样理论",这是在子样很小的情况下,进行分析判断的理论。

适线问题也叫曲线拟合。有些问题需要根据积累的经验数据来求出理论分布曲线,从而使整个问题得到了解。但根据什么原则求理论曲线?如何比较同一问题中求出的几种不同曲线?选配好曲线,又如何判断它们的误差?这些就属于数理统计中的适线问题的讨论范围。

假设检验是只在用数理统计方法检验产品的时候,先作出假设,再根据抽样的结果在一定可靠程度上对原假设做出判断。

方差分析也叫作离差分析,就是用方差的概念去分析由少数试验就可以做出的判断。

由于随机现象在人类的实际活动中大量存在,概率统计随着现代工农业、近代科技的发展而不断发展,因而形成了许多重要分支。例如,随机过程、信息论、极限理论、试验设计、多元分析等。

应该指出,数理统计在研究方法上有它的特殊性,和其他数学学科的主要不同点有以下几个方面。

第一,由于随机现象的统计规律是一种集体规律,必须在大量同类随机现象中才能呈现出来,所以,观察、试验、调查就是数理统计这门学科研究方法的基石。但是,作为数学学科的一个分支,它依然具有本学科的定义、公理、定理,这些定义、公理、定理是来源于自然界的随机规律,但这些定义、公理、定理是确定的,不存在任何随机性。

第二,在研究数理统计中,使用的是"由部分推断全体"的统计推断方法。这是因为它研究的对象——随机现象的范围是很大的,在进行试验、观测的时候,不必要也不可能全部进行。但是由这一部分资料所得出的一些结论,要在全体范围内推断这些结论的可靠性。

第三,随机现象的随机性,是针对试验、调查之前来说的。而真正得出结果后,对于每一次试验,只可能得到这些不确定结果中的某一种确定结果。我们在研究这一现象时,应当注意在试验前能不能对这一现象找出它本身的内在规律。

第 1 节　随机事件及其概率

1. 概述

1) 随机事件

概率论与数理统计是一门研究随机现象的规律性的数学学科,是近代数学的重要组成部分,同时也是近代经济理论的应用与研究的重要数学工具。

人们在实践活动中,常常会遇到随机现象。例如,远距离射击较小的目标,可能击中,也可能击不中,每一次射击的结果是偶然的。车床加工出来的机械零件,可能是合格品,也可能是废品。由于现实世界的复杂性,事物发展过程中每时每刻都有偶然因素存在。科学的任务就在于从错综复杂的偶然性中揭示事物的客观规律性。

为了研究事物的客观规律性,就需要在不变条件下重复进行很多次试验或观测,抽取这些试验或观测的具体性质,就得到概率论中试验的概念,大量的现象就是很多次试验的结果。

在概率论中试验的结果叫作事件,通常用大写拉丁字母 A、B、C 等表示。如果在每次试验中,某事件一定发生,则这一事件叫作必然事件,用符号 Ω 表示。相反地,如果某事件一定不发生,则叫作不可能事件,用符号 ϕ 表示。在试验结果中,可能发生也可能不发生的事件,叫作随机事件或偶然事件。不能分解为其他事件组合的最简单的随机事件,称为基本事件。

2) 频率与概率

要研究随机现象的规律性,仅仅知道试验中可能出现哪些事件是不够的,还必须对事件发生的可能性大小进行量的描述。

设随机事件 A 在 n 次试验中发生了 m 次,则比值 m/n 叫作随机事件 A 的频率(或相对频率),记作 $W(A)$,那么有

$$W(A) = \frac{m}{n} \tag{1.4.1}$$

显然,对任何随机事件 A 都有

$$0 \leqslant W(A) \leqslant 1 \qquad (1.4.2)$$

对于必然事件有 $m=n$,故其频率总等于 1,对于不可能事件有 $m=0$,故其频率总等于零。

经验证明,当试验重复很多次时,随机事件 A 的频率具有一定稳定性,它常在一个确定的数字附近摆动。例如,抛掷钱币次数充分多时,徽花向上的频率大致在 0.5 这个数附近摆动。

由随机事件的概率的稳定性可以看出,随机事件发生的可能性可以用一个数来表示。这个刻画随机事件 A 在试验中发生的可能性程度的,小于 1 的正数叫作随机事件 A 的概率,记作 $P(A)$。当试验次数充分大时,随机事件 A 的频率 $W(A)$ 正是在它的概率 $P(A)$ 附近摆动。必然事件的概率等于 1,不可能事件的概率等于零,任何事件的概率满足不等式

$$0 \leqslant P(A) \leqslant 1 \qquad (1.4.3)$$

2. 概率的古典定义

1) 基本概念

如果试验时,由于某种对称性条件,使得若干随机事件中每一事件发生的可能性在客观上是完全相同的,则称它们是等可能事件。

如果试验时若干随机事件中任何两个事件都不可能同时发生,则称它们是互不相容的或互斥的。

如果试验时若干随机事件中至少有一事件发生,则称它们构成完备事件组。

如果试验时某一基本事件的发生,导致随机事件 A 的发生,则称此基本事件是有利于随机事件 A 的,例如,从 $0,1,2,\cdots,9$ 这 10 个数字中任意抽取一个数字,设 A 是"抽到奇数数字"这一事件,则有利于事件 A 的基本事件是 A_1,A_3,A_5,A_7,A_9。

2) 概率的古典定义

法国数学家拉普拉斯(Laplace)在 1812 年给出概率的一般定义。

定义 1.4.1　设试验结果一共由 n 个基本事件 $E_1,E_2,\cdots,E_n$ 组成,并且这些事件是互不相容的,各自的出现具有相同的可能性,而事件 A 由其中某 m 个基本事件 E_{i_1},$E_{i_2},\cdots,E_{i_m}$ 组成(即有利于 A 的基本事件数为 m),则事件 A 的概率可以用下式计算:

$$P(A) = \frac{\text{有利于 } A \text{ 的基本事件数}}{\text{试验的基本事件总数}} = \frac{m}{n} \qquad (1.4.4)$$

这里 $E_1,E_2,\cdots,E_n$ 构成一个等概完备事件组。

由于这一定义只适用于试验中基本事件总数有限,各基本事件互不相容且具有相同可能性的古典概型,故称它为概率的古典定义。

3. 随机事件的和与交,概率加法定理

1) 随机事件的和与交

随机事件 A 与 B 的和是一事件,它表示事件 A 和 B 中至少有一事件发生。类似地,

随机事件 $A_1, A_2, \cdots, A_n$ 的和也是一事件,它表示 $A_1, A_2, \cdots, A_n$ 中至少有一事件发生,记作 $A_1 + A_2 + \cdots + A_n$。

随机事件 A 与 B 的交是一事件,它表示 A 与 B 都发生,记作 AB。类似地,$A_1, A_2, \cdots,$ A_n 的交也是一事件,它表示事件 $A_1, A_2, \cdots, A_n$ 都发生,记作 $A_1 A_2 \cdots A_n$。图 1.4.1 表示了随机事件和与积的关系。

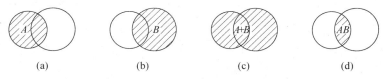

$$(a) \qquad (b) \qquad (c) \qquad (d)$$

图 1.4.1 随机事件和与交的关系图

2) 概率加法定理

定理 1.4.1 两互斥事件的和的概率,等于这两事件的概率之和。

$$P(A + B) = P(A) + P(B) \tag{1.4.5}$$

推论 1 有限个互斥事件的和的概率,等于这些事件概率之和。

$$P(A_1 + A_2 + \cdots + A_n) = P(A_1) + P(A_2) + \cdots + P(A_n) \tag{1.4.6}$$

推论 2 若 n 个互斥事件 $A_1, \cdots, A_n$ 构成一个完备事件组,则它们的概率之和为 1。

$$P(A_1) + P(A_2) + \cdots + P(A_n) = 1 \tag{1.4.7}$$

仅由两个互斥事件构成的完备事件组,称这两个事件是对立的,事件 A 的对立事件记作 $\overline{A}$。

推论 3 对立事件概率之和为 1,即

$$P(A) + P(\overline{A}) = 1 \tag{1.4.8}$$

推论 4 对任意两个事件 A、B 有

$$P(A + B) = P(A) + P(B) - P(AB) \tag{1.4.9}$$

4. 条件概率、概率乘法定理

1) 条件概率

定义 1.4.2 在事件 B 已经发生的条件下,事件 A 发生的概率,称为事件 A 在给定 B 下的条件概率,简称 A 对 B 的条件概率,记作 $P(A \mid B)$。相应地把 $P(A)$ 称为无条件概率。

2) 概率乘法定理

定理 1.4.2(乘法法则) 两事件的积的概率,等于其中任一事件的概率(其概率不为零)与另一事件在前一事件已发生的条件下的条件概率的乘积,即

$$P(AB) = P(A)P(B \mid A) = P(B)P(A \mid B) \tag{1.4.10}$$

相应地关于 n 个事件,$A_1, \cdots, A_n$ 的乘法公式为

$$P(A_1 A_2 \cdots A_n) = P(A_1) P(A_2 \mid A_1) P(A_3 \mid A_1 A_2) \cdots P(A_n \mid A_1 \cdots A_{n-1})$$

$$(1.4.11)$$

5. 全概率定理与贝叶斯定理

定理 1.4.3(全概率定理) 如果事件 $A_1, A_2, \cdots$ 构成一个完备事件组,且都具有正概率,则对任一事件 B,有

$$P(B) = \sum_i P(A_i) P(B \mid A_i) \tag{1.4.12}$$

定理 1.4.4(贝叶斯定理) 若 $A_1, A_2, \cdots$ 构成一个完备事件组,并且它们都具有正概率,则对任何一个概率不为零的事件 B 有

$$P(A_m \mid B) = \frac{P(A_m) P(B \mid A_m)}{\sum_i P(A_i) P(B \mid A_i)} \quad (m = 1, 2, \cdots) \tag{1.4.13}$$

6. 独立试验概型

1) 事件的独立性及其性质

定义 1.4.3 如果事件 A 发生的可能性不受事件 B 发生与否的影响,即 $P(A \mid B) = P(A)$,则称事件 A 对于事件 B 独立。若 A 对于 B 独立,则 B 对于 A 也一定独立。称事件 A 与事件 B 相互独立。

定义 1.4.4 如果 $n(n > 2)$ 个事件 $A_1, \cdots, A_n$ 中任何一个事件发生的可能性都不受其他一个或几个事件发生与否的影响,则称 $A_1, \cdots, A_n$ 相互独立。

关于独立性事件有以下几个结论。

(1) 事件 A 与 B 独立的充分必要条件是

$$P(AB) = P(A)P(B) \tag{1.4.14}$$

(2) 若事件 A 与 B 独立,则 A 与 $\overline{B}$、$\overline{A}$ 与 B,$\overline{A}$ 与 $\overline{B}$ 中的每一对事件都相互独立。

(3) 若事件 $A_1, \cdots, A_n$ 相互独立,则有

$$P(A_1, \cdots, A_n) = \prod_{i=1}^{n} P(A_i) \tag{1.4.15}$$

(4) 若事件 $A_1, \cdots, A_n$ 相互独立,则有

$$P\left(\sum_{i=1}^{n} A_i\right) = 1 - \prod_{i=1}^{n} P(\overline{A_i}) \tag{1.4.16}$$

2) 独立试验序列概型

在概率论中,把在同样条件下重复进行试验的数学模型称为独立试验序列概型。进行 n 次试验,若任何一次试验中各结果发生的可能性都不受其他各项试验结果的影响,则称这 n 次试验是相互独立的。

在每次试验中某事件 A 或者发生或者不发生,并且每次试验的结果与其他各次试验

结果无关,即每次试验中事件 A 出现的概率都是 $p(0<p<1)$,这样的一系列重复试验(例如 n 次),称为 n 重伯努利试验。

定理 1.4.5(伯努利定理)　设一次试验中事件 A 发生的概率为 $p(0<p<1)$,则 n 重伯努利试验中,事件 A 恰好发生 k 次的概率 $P_n(k)$ 为

$$P_n(k) = C_n^k p^k q^{n-k} = \frac{n!}{k!(n-k)!} p^k q^{n-k} \quad (k=0,1,\cdots,n) \tag{1.4.17}$$

其中,$q=1-p$。

概率 $P_n(k)$ 的分布叫作二项式分布。

定理 1.4.6(泊松定理)　设在独立试验序列中事件 A 发生的概率为 $p(0<p<1)$,则在 n 重伯努利试验中 A 恰发生 k 次的概率 $P_n(k)$,当 $n\to\infty$ 时有

$$P_n(k) = \frac{\lambda^k}{k!} e^{-\lambda} \tag{1.4.18}$$

其中,$\lambda=np$。

第 2 节　随机变量及其分布

随机变量是建立在随机事件基础上的一个概念。一个变量若在试验过程中可以随机地取得不同的数值,这种变量就称为随机变量。

按照随机变量可能取得的值,可以把它们分为两种基本类型,即离散型随机变量和连续型随机变量。

1. 离散型随机变量及其分布

仅可能取得有限个或无穷可数多个数值的随机变量 ξ 称为离散型随机变量。研究离散型随机变量的分布,需要知道随机变量 ξ 取的一切可能值(按一定顺序排列)$x_1,x_2,\cdots,x_n,\cdots$,以及取得这些值的概率 $P(x_1),P(x_2),\cdots,P(x_n),\cdots$。通常可以列出概率分布表(表 1.4.1)及概率分布图(图 1.4.2)。

表 1.4.1　概率分布表

ξ	x_1	x_2	$\cdots$	x_n
$P(\xi=x_i)$	$P(x_1)$	$P(x_2)$	$\cdots$	$P(x_n)$

当 ξ 只能取得有限个值 $x_1,x_2,\cdots,x_n$ 时,有

$$\sum_{i=1}^n P(x_i) = 1$$

当 ξ 可能取得无穷可数个值时,有

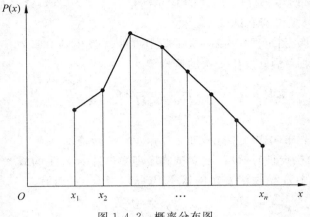

图 1.4.2　概率分布图

$$\sum_{i=1}^{\infty} P(x_i) = 1$$

应该指出,在实际观察或测量离散随机变量时,我们得到的是类似于概率分布表的频率分布表 $W(x_i)(i=1,2,\cdots,n,\cdots)$。通常把频率分布叫作随机变量的统计分布或经验分布,把概率分布叫作理论分布。

已知离散随机变量的概率分布,就可以计算出随机变量在某一区间上的概率或随机变量小于某一数的概率等。

1) 二项式分布

在 n 次试验中,事件 A 发生的次数 ξ 是一个随机变量,ξ 取零和正整数值 $k=0,1,2,\cdots,n$,概率 $P(\xi=k)=P_n(k)$ 为

$$P_n(k) = C_n^k p^k q^{n-k} \tag{1.4.19}$$

其中 $0<p<1,p+q=1$。这种分布称为二项式分布,n 重伯努利试验事件 A 的发生概率服从二项式分布,$P_k=P(\xi=k)$ 称为概率函数。可以算出

$$F(x) = \sum_{k \leqslant x} C_n^k p^k q^{n-k} \tag{1.4.20}$$

称 $F(x)$ 为 ξ 的分布函数,并有

$$P(0 \leqslant \xi \leqslant m) = \sum_{k=0}^{m} C_n^k p^k q^{n-k} \tag{1.4.21}$$

$$P(l \leqslant \xi \leqslant m) = \sum_{k=l}^{m} C_n^k p^k q^{n-k} \tag{1.4.22}$$

2) 超几何分布

定义 1.4.5　设 N 个元素分为两类,且 N_1 个属于第一类,N_2 个属于第二类(N_1+

$N_2 = N$)。从中按不重复抽样取 n 个。令 ξ 表示这 n 个中第一(或二)类元素的个数,则 ξ 的分布称为超几何分布,其概率函数是

$$P(\xi = m) = \frac{C_{N_1}^m C_{N_2}^{n-m}}{C_N^n} \quad (m = 0, 1, 2, \cdots, n) \tag{1.4.23}$$

当 $N \to \infty$,超几何分布以二项式分布为极限,即

$$P(\xi = m) = C_n^m p^m q^{n-m}$$

其中,$p = \dfrac{N_1}{N}$,$q = 1 - p$。

3)泊松分布

定义 1.4.6　如果随机变量 ξ 的概率函数是

$$P_\lambda(m) = P(\xi = m) = \frac{\lambda^m}{m!} e^{-\lambda} \quad (m = 0, 1, 2, 3, \cdots) \tag{1.4.24}$$

其中,$\lambda > 0$,则称 ξ 服从泊松(Poisson)分布。

通常在 n 比较大,p 很小时,可用泊松分布近似代替二项式分布的公式,其中 $\lambda = np$。泊松分布的方便之处在于有现成的分布表可查,免去复杂的计算。

2. 连续型随机变量的分布函数与密度函数

1)连续型随机变量

可以取得某一区间上的任何数值的随机变量称为连续型随机变量。当描述连续型随机变量 ξ 的分布时,最困难的就是不能把 ξ 的一切可能值排列起来。设 x_0 是连续型随机变量 ξ 的任一可能值,事件 $\xi = x_0$ 是试验的基本事件。但我们只能认为事件 $\xi = x_0$ 的概率等于零。对于连续型随机变量仅当我们考虑它落在某一区间上的概率时,概率才可能不等于零,虽然这种区间可以很小。

2)连续随机变量统计分布图——直方图

数理统计学中研究连续随机变量的分布时,通常把随机变量的观测值所分布的区间划分为若干相互邻接的小区间,然后可以得到随机变量落在各个区间上的频率分布图。这可用直方图来表示。直方图的做法是:在横轴上载取各个区间,以各个区间为底作矩形,使矩形的面积等于随机变量落在该区间上的频率,如图 1.4.3 所示。

3)分布函数

定义 1.4.7　设 x 是任何函数,则 $\xi < x$ 的概率是 x 的函数,记作

$$F(x) = P(\xi < x) \tag{1.4.25}$$

称为随机变量 ξ 的概率分布函数或分布函数。

分布函数具有以下性质。

(1) $0 \leqslant F(x) \leqslant 1$。

(2) $p(x_1 \leqslant \xi \leqslant x_2) = F(x_2) - F(x_1)$。

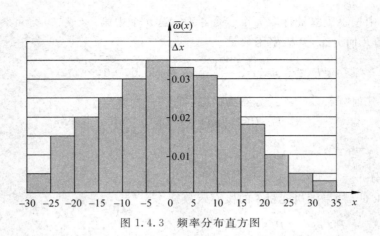

图 1.4.3　频率分布直方图

(3) 当 $x_1 < x_2$，$F(x_1) \leqslant F(x_2)$，即分布函数 $F(x)$ 是非减函数。

(4) 如果随机变量 ξ 的一切可能值都位于区间 $[a, b]$ 上，则有

$$\begin{cases} F(x) = 0 & (x < a) \\ F(x) = 1 & (x < b) \end{cases}$$

故 $F(-\infty) = \lim\limits_{x \to -\infty} F(x) = 0$；$F(+\infty) = \lim\limits_{x \to +\infty} F(x) = 1$。

(5) 对于连续随机变量，在大多数情况下分布函数是可微的。对应于概率分布函数，有统计分布函数 $F_N(x)$，定义如下：

$$F_N(x) = W(\xi < x) = \sum_{x_i < x} W(x_i)$$

4) 分布密度

定义 1.4.8　考虑连续型随机变量 ξ 落在区间 $(x, x + \Delta x)$ 上的概率

$$P(x < \xi < x + \Delta x)$$

其中 x 是任何实数，$\Delta x > 0$ 是区间长度，比值

$$\frac{p(x < \xi < x + \Delta x)}{\Delta x} \tag{1.4.26}$$

叫作随机变量 ξ 在区间上的平均概率分布密度。如果当 $\Delta x \to 0$ 时，式(1.4.26)的极限存在，则称此极限为随机变量 ξ 在点 x 处的概率分布密度或分布密布，记作 $\varphi(x)$。

$$\varphi(x) = \lim_{\Delta x \to 0} \frac{p(x < \xi < x + \Delta x)}{\Delta x} \tag{1.4.27}$$

分布密度具有以下性质。

(1) 分布密度 $\varphi(x)$ 是非负函数，即 $\varphi(x) \geqslant 0$。

(2) 随机变量的分布密度 $\varphi(x)$ 是分布函数 $F(x)$ 的导函数，即分布函数是分布密度 $\varphi(x)$ 的原函数，即

$$\varphi(x) = F'(x)$$

（3）连续随机变量 ξ 落在区间 (x_1, x_2) 上的概率等于它的分布密度 $\varphi(x)$ 在该区间上的定积分，即

$$p(x < \xi < x + \Delta x) = \int_x^{x+\Delta x} \varphi(x)\mathrm{d}x \approx \varphi(x)\Delta x \qquad (1.4.28)$$

$\varphi(x)\Delta x$ 叫作概率微分。

（4）如果随机变量 ξ 的一切可能值都位于区间 $[a, b]$ 上，则有

$$\int_a^b \varphi(x)\mathrm{d}x = 1$$

一般情形下，当 ξ 可取一切实数时，有

$$\int_{-\infty}^{+\infty} \varphi(x)\mathrm{d}x = 1$$

（5）分布函数 $F(x)$ 等于分布密度 $\varphi(x)$ 在 $(-\infty, x)$ 上的广义积分，即

$$F(x) = \int_{-\infty}^x \varphi(x)\mathrm{d}x \qquad (1.4.29)$$

3. 连续型随机变量的几种重要分布

1）均匀分布

定义 1.4.9　连续型随机变量 ξ 的一切可能值充满一有限区间 $[a, b]$，并且在该区间上的任一点有相同的分布密度，即分布密度 $\varphi(x)$ 在区间 $[a, b]$ 上为常量。这种分布叫作均匀分布（或等概率分布）。

在区间 $[a, b]$ 上，均匀分布的分布密度 $\varphi(x) = c$，且 $\int_a^b c\mathrm{d}x = c(b - a) = 1$，所以 $c = \dfrac{1}{b - a}$。

$$\varphi(x) = \begin{cases} \dfrac{1}{b - a} & (a \leqslant x \leqslant b) \\ 0 & (x < a \text{ 或 } x > b) \end{cases} \qquad (1.4.30)$$

$$F(x) = \begin{cases} 0 & (x < a) \\ \dfrac{x - a}{b - a} & (a \leqslant x \leqslant b) \\ 1 & (x > b) \end{cases} \qquad (1.4.31)$$

其图形如图 1.4.4 所示。均匀分布常见于误差分布以及乘客候车时间分布。

2）指数分布

定义 1.4.10　如果随机变量 ξ 的概率密度为

$$\varphi(x) = \begin{cases} \lambda \mathrm{e}^{-\lambda x} & (x > 0) \\ 0 & (\text{其他}) \end{cases} \qquad (1.4.32)$$

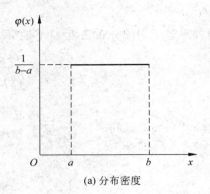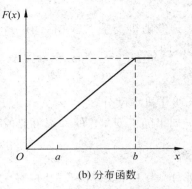

(a) 分布密度   (b) 分布函数

图 1.4.4   均匀分布

其中,$\lambda>0$,则称 ξ 服从参数为 λ 的指数分布,指数分布的分布函数为

$$F(x) = \begin{cases} 0 & (x \leqslant 0) \\ 1 - e^{-\lambda x} & (x > 0) \end{cases} \tag{1.4.33}$$

$$p(a < \xi < b) = \int_a^b \lambda e^{-\lambda x} dx = e^{-\lambda a} - e^{-\lambda b} \tag{1.4.34}$$

指数分布常用来作为各种"寿命"分布的近似,以及系统中的服务时间分布的近似。

3) Γ 分布

定义 1.4.11   如果连续型随机变量 ξ 具有概率密度

$$\varphi(x) = \begin{cases} \dfrac{\lambda^r}{\Gamma(r)} x^{r-1} e^{-\lambda x} & (x > 0) \\ 0 & (x \leqslant 0) \end{cases} \tag{1.4.35}$$

其中,$\lambda>0,r>0$,则称 ξ 服从 Γ 分布,简记 $\xi \sim \Gamma(\lambda,r)$。这里 $\Gamma(r)$ 是微积分里定义的 Γ 函数,即

$$\Gamma(r) = \int_0^\infty x^{r-1} e^{-x} dx$$

当 $r=1$ 时,有

$$\varphi(x) = \begin{cases} \lambda e^{-\lambda x} & (x > 0) \\ 0 & (x \leqslant 0) \end{cases} \tag{1.4.36}$$

即为指数分布。

当 r 为正整数时,有

$$\varphi(x) = \begin{cases} \dfrac{\lambda^r}{(r-1)!} x^{r-1} e^{-\lambda x} & (x > 0) \\ 0 & (x \leqslant 0) \end{cases} \tag{1.4.37}$$

它是排队论中常用到的 r 阶爱尔朗分布

当 $r=\dfrac{n}{2}$（n 是正整数），$\lambda=\dfrac{1}{2}$ 时，有

$$\varphi(x)=\begin{cases} \dfrac{1}{2^{\frac{n}{2}}\Gamma\left(\dfrac{n}{2}\right)}x^{\frac{n}{2}-1}\mathrm{e}^{-\frac{x}{2}} & (x>0) \\[4mm] 0 & (x\leqslant 0) \end{cases} \tag{1.4.38}$$

这就是具有 n 个自由度的 χ^2 分布（简记 $x^2(n)$），它是数理统计中最重要的几个常用统计量的分布之一。

　　定理 1.4.7　如果 $\xi_1,\cdots,\xi_n$ 相互独立，且 ξ_i 服从参数为 $\lambda,r_i(i=1,2,\cdots,n)$ 的 Γ 分布，则它们的和 $\xi_1+\cdots+\xi_n$ 服从参数为 $\lambda,r_1+\cdots+r_n$ 的 Γ 分布。

　　4）正态分布

　　定义 1.4.12　如果连续型随机变量 ξ 的概率密度为

$$\varphi(x)=\frac{1}{\sqrt{2\pi}\sigma}\mathrm{e}^{-\frac{(x-\mu)^2}{2\sigma^2}} \tag{1.4.39}$$

其中，μ,σ 为常数，并且 $\sigma>0$，则称 ξ 服从正态分布，简记为 $\xi\sim N(\mu,\sigma^2)$。特别地，当 $\mu=0,\sigma=1$ 时，可以写成

$$\varphi_0(x)=\frac{1}{\sqrt{2\pi}}\mathrm{e}^{-\frac{x^2}{2}} \tag{1.4.40}$$

称为标准正态分布概率密度，简记为 $\xi\sim N(0,1)$。$\varphi(x)$ 和 $\varphi_0(x)$ 的图形分别如图 1.4.5 和图 1.4.6 所示。

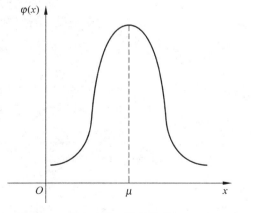

图 1.4.5　正态分布

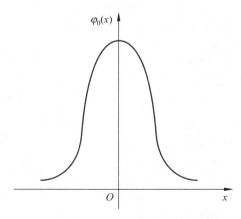

图 1.4.6　标准正态分布

　　给出 x 值可利用标准正态分布密度函数表查出 $\varphi_0(x)$ 的值，一般正态分布与标准正态分布的关系可通过下述定理得到。

　　定理 1.4.8　如果 $\xi\sim N(\mu,\sigma^2)$，$\eta\sim N(0,1)$，其概率密度分别记作 $\varphi(x),\varphi_0(x)$，分布

函数分别记为 $\phi(x), \phi_0(x)$，则

(1) $\varphi(x) = \dfrac{1}{\sigma}\varphi_0\left(\dfrac{x-\mu}{\sigma}\right)$ （1.4.41）

(2) $\phi(x) = \phi_0\left(\dfrac{x-\mu}{\sigma}\right)$ （1.4.42）

定理 1.4.9 如果 $\xi \sim N(\mu, \sigma^2)$，而 $\eta = \dfrac{\xi-\mu}{\sigma}$，则 $\eta \sim N(0,1)$。可以证明服从正态分布的随机变量 ξ，它的线性函数 $k\xi + b(k \neq 0)$ 仍然服从正态分布。这样任何正态分布的密度函数及分布函数都可通过转换后用标准正态分布函数表获得。

正态分布是最常见也是最重要的一种分布。它常用于测量误差、射击命中点与靶心距离的偏差以及许多产品的物理量的分布规律的描述。

第 3 节 随机变量的数字特征

上一节我们研究了随机变量的分布，这是关于随机变量的一种完全的描述，然而在很多情况下，我们要知道的并不要求这样完全，而只需知道它的一些特征数就够了。这些用来显示随机变量分布特征的数字中，最重要的就是数学期望、方差及协方差。

1. 数学期望

1) 离散型随机变量的数学期望

定义 1.4.13 设离散型随机变量 ξ 有概率函数 $P(\xi = x_k) = p_k (k=1,2,\cdots)$，若级数 $\displaystyle\sum_{k=1}^{\infty} x_k p_k$ 绝对收敛，则称此级数为 ξ 的数学期望，简称期望或均值，记为 $E(\xi)$，即

$$E(\xi) = \sum_{i=1}^{\infty} x_i p_i$$ （1.4.43）

对于离散型随机变量 $\xi, E(\xi)$ 就是 ξ 的各可能值与其对应的概率的乘积。

当试验次数很大时，事件 $\xi = x_i$ 的频率 $\omega(x_i)$ 在对应的概率 $P(x_i)$ 附近摆动，故当试验次数很大时，随机变量 ξ 的观测值的算术平均值也将在它的期望值 $E(\xi)$ 附近摆动。

2) 连续型随机变量的数学期望

定义 1.4.14 设连续型随机变量 ξ 有概率密度 $\varphi(x)$，若积分 $\displaystyle\int_{-\infty}^{\infty} \varphi(x)\mathrm{d}x$ 绝对收敛，则

$$E(\xi) = \int_{-\infty}^{+\infty} x\varphi(x)\mathrm{d}x$$

称为 ξ 的数学期望。

3）数学期望的性质

（1）常量的期望就是这个常量本身，即 $E(C) = C$。

（2）随机变量 ξ 与常量之和的数学期望等于 ξ 的期望与这个常量之和，即

$$E(\xi + C) = E(\xi) + C$$

（3）常量与随机变量乘积的期望等于这个常量与随机变量期望的乘积，即

$$E(C\xi) = CE(\xi)$$

（4）随机变量线性函数的数学期望等于这个随机变量期望的同一线性函数，即

$$E(k\xi + b) = kE(\xi) + b$$

（5）两个随机变量之和的数学期望等于两个随机变量数学期望之和，即

$$E(\xi + \eta) = E(\xi) + E(\eta)$$

（6）两个相互独立的随机变量乘积的数学期望等于它们数学期望的乘积，即

$$E(\xi \cdot \eta) = E(\xi) \cdot E(\eta)$$

2. 方差与标准差

定义 1.4.15 如果随机变量的数学期望 $E(\xi)$ 存在，称 $\xi - E(\xi)$ 为随机变量 ξ 的离差。显然，随机变量离差的期望是零，即

$$E(\xi - E\xi) = 0$$

定义 1.4.16 随机变量离差平方的数学期望，称为随机变量的方差，记作 $D(\xi)$ 或 σ_ξ^2，而 $\sqrt{D(\xi)}$ 称为 ξ 的标准差（或方差根），即

$$D(\xi) = E[\xi - E(\xi)]^2 \tag{1.4.44}$$

对于离散型随机变量 ξ，$P(\xi = x_k) = p_k (k = 1, 2, \cdots)$，则

$$D(\xi) = \sum_k (x_k - E\xi)^2 p_k \tag{1.4.45}$$

对于连续型随机变量 ξ，概率密度为 $\varphi(x)$，则

$$D(\xi) = \int_{-\infty}^{\infty} (x - E\xi)^2 \varphi(x) \mathrm{d}x \tag{1.4.46}$$

随机变量的方差是一个正数，常量的方差为零，方差的大小可以表征随机变量分布的离散程度。

方差具有以下性质。

（1）常量的方差等于零，即 $D(C) = 0$。

（2）随机变量与常量之和的方差就等于这个随机变量的方差本身，即

$$D(\xi + C) = D(\xi)$$

（3）常量与随机变量乘积的方差，等于这个常量的平方与随机变量方差的乘积，即

$$D(C\xi) = C^2 D(\xi)$$

（4）两个独立随机变量之和的方差，等于这两个随机变量方差之和，即

$$D(\xi + \eta) = D(\xi) + D(\eta)$$

对任意有限个随机变量 $\xi_1, \xi_2, \cdots, \xi_n$，若它们是相互独立的，则有

$$D(\xi_1 + \xi_2 + \cdots + \xi_n) = D(\xi_1) + D(\xi_1) \cdots + D(\xi_n)$$

（5）任意随机变量的方差等于这个随机变量平方的期望与其期望的平方之差，即

$$D(\xi) = E\xi^2 - [E(\xi)]^2$$

为了方便起见，我们有时不用方差而采用方差的平方根表示随机变量分布的离散程度，叫作随机变量 ξ 的标准差，记作

$$\sigma_i = \sqrt{D\xi}$$

即

$$D(\xi) = \sigma_i^2$$

3. 协方差与相关系数

定义 1.4.17　对于二元随机变量 (ξ, η)，称数值 $E[\xi - E(\xi)][\eta - E(\eta)]$ 为 ξ 与 η 的协方差，记作 $\mathrm{Cov}(\xi, \eta)$，即

$$\mathrm{Cov}(\xi, \eta) = E[\xi - E(\xi)][\eta - E(\eta)] \tag{1.4.47}$$

定义 1.4.18　对于二元随机变量 (ξ, η)，如果它们的方差都不为零，$\mathrm{Cov}(\xi, \eta)$ 除以 $\sqrt{D\xi}\sqrt{D\eta}$ 的商称为 ξ 与 η 的相关系数 ρ，即

$$\rho = \frac{\mathrm{Cov}(\xi, \eta)}{\sqrt{D\xi}\ \sqrt{D\eta}} \tag{1.4.48}$$

可以证明 $|\rho| \leqslant 1$，如果 $\rho = 1$，ξ 与 η 有线性关系，称 ξ 与 η 完全线性相关；如果 $\rho = 0$，则称 ξ 与 η 不相关。ρ 是刻画 ξ 与 η 间线性相关程度的一个数字特征。特别地，相互独立的两个随机变量，它们的相关系数 $\rho = 0$，但其逆命题不成立。

4. 某些常用分布的数学期望与方差（表 1.4.2）

表 1.4.2　某些常用分布的数学期望与方差

分　布	概率函数（概率密度）	数学期望	方　差
二项分布	$P_n(k) = C_n^k p^k q^{n-k}$	np	npq
超几何分布	$P(\xi = m) = \dfrac{C_{N_1}^m C_{N_2}^{n-m}}{C_N^n}$	$n \cdot \dfrac{N_1}{N}$	$n \cdot \dfrac{N_1}{N} \cdot \dfrac{N_2}{N} \cdot \dfrac{N-n}{N-1}$
泊松分布	$P_\lambda(m) = \dfrac{\lambda^m}{m!} \mathrm{e}^{-\lambda}$	λ	λ
均匀分布	$\varphi(x) = \begin{cases} \dfrac{1}{b-a} & (a \leqslant x \leqslant b) \\ 0 & (\text{其他}) \end{cases}$	$\dfrac{a+b}{2}$	$\dfrac{(b-a)^2}{12}$

续表

分　布	概率函数(概率密度)	数学期望	方　差
指数分布	$\varphi(x) = \begin{cases} \lambda e^{-\lambda x} & (x > 0) \\ 0 & (\text{其他}) \end{cases}$	λ^{-1}	λ^{-2}
正态分布	$\varphi(x) = \dfrac{1}{\sqrt{2\pi}\sigma} e^{-\frac{(x-\mu)^2}{2\sigma^2}}$	μ	σ^2
Γ分布	$\varphi(x) = \begin{cases} \dfrac{\lambda^r}{\Gamma(r)} x^{r-1} e^{-\lambda x} & (x > 0) \\ 0 & (x \leqslant 0) \end{cases}$	$\lambda^{-1} r$	$\lambda^{-2} r$

第 4 节　基本统计量与统计推断

观测大量随机现象得到的数据收集、整理、分析等种种方法构成数理统计学的基本内容。数理统计学的基本任务就是研究如何根据观测得到的统计资料,对所研究的随机现象的一般概率特征,如概率、分布律、数学期望等作出科学的推断。

1. 样本分布

1) 样本与统计量

定义 1.4.19　研究对象的全体称为总体,组成总体的每个基本单位称为个体。从总体中抽出若干个体而成的集体,称为样本;样本中所含个体的个数称样本容量。

通常提到一个容量为 n 的样本,常有双重意义,有时指某一次抽样得到的具体数值 $(x_1, x_2, \cdots, x_n)$,有时是泛指一次抽出的可能结果,这是指一个 n 元随机变量,为区别前者,这里用大写字母 $(X_1, X_2, \cdots, X_n)$ 表示。

定义 1.4.20　样本 $(X_1, X_2, \cdots, X_n)$ 的函数 $f(X_1, X_2, \cdots, X_n)$ 称为统计量,其中 $f(X_1, X_2, \cdots, X_n)$ 不含有未知参数。

统计量一般是样本的连续函数,由于样本是随机变量,因而它的函数也是随机变量,如

$$\overline{X} = \frac{1}{n} \sum_{i=1}^{n} X_i$$

$$S^2 = \frac{1}{n-1} \sum_{i=1}^{n} (X_i - \overline{X})^2$$

都是统计量。

2) 样本分布的数字特征

对于样本 $(X_1, X_2, \cdots, X_n)$,定义样本平均数为

$$\overline{X} = \frac{1}{n} \sum_{i=1}^{n} X_i \tag{1.4.49}$$

样本方差为

$$S^2 = \frac{1}{n-1} \sum_{i=1}^{n} (X_i - \overline{X})^2 = \frac{1}{n-1} \left(\sum_{i=1}^{n} (X_i^2 - n\overline{X}^2) \right) \tag{1.4.50}$$

样本标准差为

$$S = \sqrt{\frac{1}{n-1} \sum_{i=1}^{n} (X_i - \overline{X})^2} \tag{1.4.51}$$

对于具体样本值 $(x_1, x_2, \cdots, x_n)$，样本平均数为

$$\bar{x} = \frac{1}{n} \sum_{i=1}^{n} x_i \tag{1.4.52}$$

样本方差为

$$S^2 = \frac{1}{n-1} \sum_{i=1}^{n} (X_i - \bar{x})^2 = \frac{1}{n-1} \left(\sum_{i=1}^{n} (x_i^2 - n\bar{x}^2) \right) \tag{1.4.53}$$

样本标准差为

$$S = \sqrt{\frac{1}{n-1} \sum_{i=1}^{n} (x_i - \bar{x})^2} \tag{1.4.54}$$

2. 几个常用统计量的分布

定理 1.4.10 设 $X_1, X_2, \cdots, X_n$ 为相互独立的随机变量，X_i 服从正态分布 $N(\mu_i, \sigma_i^2)$，则

(1) 它们的线性函数 $\eta = \sum_{i=1}^{n} \alpha_i X_i$ 也服从正态分布，且

$$E(\eta) = \sum_{i=1}^{n} \alpha_i \mu_i, \quad D(\eta) = \sum_{i=1}^{n} \alpha_i^2 \sigma_i^2$$

(2) $x^2 = \sum_{i=1}^{n} X_i^2$ 服从具有 n 个自由度的 χ^2 分布，简记为 $\chi^2(n)$。

(3) $\dfrac{1}{\sigma^2} \sum_{i=1}^{n} (X - \overline{X})^2 \sim x^2(n-1)$。

(4) $\overline{X}$ 与 $\sum_{i=1}^{n} (X - \overline{X})^2$ 相互独立。

定理 1.4.11 设两个随机变量 ξ 与 η 相互独立，并且 $\xi \sim N(0,1)$，$\eta \sim x^2(n)$，则 $T = \dfrac{\xi}{\sqrt{\eta/n}}$ 服从具有 n 个自由度的 T 分布。

推论 设 $X_1, X_2, \cdots, X_n$ 是取自正态总体 $N(\mu, \sigma^2)$ 的样本，$\overline{X}^2, S$ 分别为样本的平均

数和标准差,则

$$T = \frac{X - \mu}{\dfrac{S}{\sqrt{n}}} \sim T(n-1)$$

3. 参数估计

在实际工作中,我们往往大致知道所遇到的随机变量(总体)的分布类型,但并不知道确切的形式,即总体的参数(例如期望、方差等)未知,这就需要根据样本来估计出总体参数,这类问题称为参数估计。

估计量的优劣标准如下所述:

设 θ 是总体要被估计的一个未知数, $\hat{\theta}(X_1, X_2, \cdots, X_n)$ 是 θ 的估计量,样本容量为 n,对于估计量的好坏有以下三种常用标准。

1) 一致估计

定义 1.4.21　如果当 $n \to \infty$ 时, $\hat{\theta}$ 依概率收敛于 θ,即任给 $\varepsilon > 0$, $\lim\limits_{n \to \infty} P(|\hat{\theta} - \theta| < \varepsilon) = 1$,则称 $\hat{\theta}$ 为 θ 的一致估计。只有当样本容量较大时,一致性才起作用。

2) 无偏估计

定义 1.4.22　如果 $E(\hat{\theta}) = 1$,则称估计 $\hat{\theta}$ 为参数 θ 的无偏估计。此时估计量在参数的真值周围摆动。

可以证明从总体 ξ 中取一样本 $(X_1, X_2, \cdots, X_n)$, $E(\xi) = \mu$, $D(\xi) = \sigma^2$,那么样本平均值 $\overline{X}$ 及样本方差 S^2 分别是 μ 及 σ^2 的无偏估计。

3) 有效估计

定义 1.4.23　设 $\hat{\theta}$ 和 $\overline{\theta}$ 都是 θ 的无偏估计,样本容量为 n,若 $\hat{\theta}$ 的方差小于 $\overline{\theta}$ 的方差,则称 $\hat{\theta}$ 是比 $\overline{\theta}$ 有效的估计量,如果在 θ 的一切无偏估计量中 $\hat{\theta}$ 的方差达到最小,则 $\hat{\theta}$ 称为 θ 的有效估计。

一个无偏有效估计量取的值是在可能范围内最密集于 θ 附近的。

实际上样本平均数 $\overline{X}$ 是总体期望值的有效估计量。

4. 获得估计量的方法

1) 点估计

(1) 矩估计法。以样本矩作为相应的总体矩的估计,以样本矩的函数作为相应的同样函数的估计,常用的是用样本平均数 $\overline{X}$ 估计总体期望值 μ。

(2) 最大似然估计法。设 ξ 是一连续型随机变量, θ 是一未知参数,其概率密度为 $\varphi(x, \theta)$,定义

$$L(x_1, \cdots, x_n; \theta) = \prod_{i=1}^{n} \varphi(x_i; \theta)$$

定义 1.4.24   如果 $L(x_1, \cdots, x_n; \theta)$ 在 $\hat{\theta}$ 处达到最大值,则称 $\hat{\theta}$ 是 θ 的最大似然估计。

2)区间估计

这是根据估计量的分布,在一定的可靠程度下,指出被估计的总体参数所在的可能值范围。其具体做法是,找出两个统计量 $\theta_1(X_1, \cdots, X_n)$ 与 $\theta_2(X_1, \cdots, X_n)$,使

$$P(\theta_1 < \theta < \theta_2) = 1 - \alpha$$

区间 (θ_1, θ_2) 称为置信区间,θ_2, θ_1 分别为置信区间的上限、下限。$1-\alpha$ 称为置信系数,它是指参数估计不准的概率(假设检验中称 α 为检验水平),一般常设 $\alpha = 5\%$ 或 1%。

(1)进行总体期望 $E(\xi)$ 的区间估计。

① 已知方差,对 $E(\xi)$ 进行区间估计得到

$$P\left(\overline{X} - \sqrt{\frac{D(\xi)}{an}} < E(\xi) < \overline{X} + \sqrt{\frac{D(\xi)}{an}}\right) \geqslant 1 - \alpha \tag{1.4.55}$$

其中 $\overline{X} = \frac{1}{n}\sum_{i=1}^{n} X_i$,置信区间为 $\left(\overline{X} - \sqrt{\frac{D(\xi)}{an}}, \overline{X} + \sqrt{\frac{D(\xi)}{an}}\right)$,$n$ 增大可使置信区间缩小,a 增大也可使置信区间缩小。

② 已知总体为正态分布 $N(\mu, \sigma^2)$,样本来自总体。那么

$$U = \frac{\overline{X} - \mu}{\sigma/\sqrt{n}} \sim N(0, 1)$$

给定 α,查标准正态分布函数表,可确定 U_α,使

$$P(|U| < U_\alpha) = 1 - \alpha$$

由此得到

$$P\left(\overline{X} - \frac{\sigma}{\sqrt{n}}u_\alpha < \mu < \overline{X} + \frac{\sigma}{\sqrt{n}}u_\alpha\right) = 1 - \alpha \tag{1.4.56}$$

置信区间为

$$\left(\overline{X} - \frac{\sigma}{\sqrt{n}}u_\alpha, \overline{X} + \frac{\sigma}{\sqrt{n}}u_\alpha\right)$$

③ 方差 $D(\xi)$ 未知,大样本下对 $E(\xi)$ 进行区间估计。

大样本下用 S^2 代替 $D(\xi)$,仍用式(1.4.54)估计。

④ 方差 $D(\xi)$ 未知,小样本下对 $E(\xi)$ 进行区间估计。

设样本来自正态总体 $N(\mu, \sigma^2)$,令

$$T = \frac{\sqrt{n}(\overline{X} - \mu)}{S}$$

则由定理 1.4.10 知 $T \sim T(n-1)$,对给定的 α,查具有 $n-1$ 个自由度的 T 分布临界值

表,确定 T_a,使

$$P(\mid T \mid \geqslant T_a) = \alpha$$

则有

$$P\left(\overline{X} - \frac{S}{\sqrt{n}}T_a < \mu < \overline{X} + \frac{S}{\sqrt{n}}T_a\right) = 1 - \alpha \qquad (1.4.57)$$

(2) 进行小样本下正态总体方差 σ^2 的区间估计。

设样本 $X_1, X_2, \cdots, X_n$ 来自正态总体 $N(\mu, \sigma^2)$,则由定理 1.4.10 知 $x^2 = \frac{(n-1)S^2}{\sigma^2} - \chi^2(n-1)$,对于给定的 α,查 χ^2 分布的上侧临界值 χ^2_α 表,可确定 a,b。根据

$$P(a < x^2 < b) = 1 - \alpha$$

将 $x^2 = \frac{(n-1)S^2}{\sigma^2}$ 代入,因此 σ^2 的置信区间由下式确定:

$$P\left(\frac{(n-1)S^2}{b} < \sigma^2 < \frac{(n-1)S^2}{a}\right) = 1 - \alpha$$

确定 a,b 时,一般是取

$$P(x^2 \leqslant a) = P(x^2 \geqslant b) = \frac{\alpha}{2}$$

即

$$P(x^2 \geqslant a) = 1 - \left(\frac{\alpha}{2}\right)$$

$$P(x^2 \geqslant b) = \left(\frac{\alpha}{2}\right)$$

5. 假设检验

1) 什么叫假设检验

假设检验是统计推断中一类重要问题。任何一个有关随机变量未知分布的假设称为统计假设或简称假设。如果假设仅涉及随机变量分布中几个未知参数的假设,称为参数假设。这里所说的假设只是一个设想,这就需要对样本进行观察,从而判别这种假设是否成立,这一过程叫作假设检验,判别参数假设的检验称为参数检验。

2) 假设检验的程序

首先给出待检假设 H_0,然后用置信区间方法进行检验,基本思想是这样的:首先设想 H_0 真的成立,然后考虑 H_0 成立的条件下,已经观测到的样本信息出现的概率。如果这个概率很小,这就表明一个概率很小的事件在一次试验中发生了。而小概率原理认为,概率很小的事件在一次试验中是几乎不可能发生的,这表明事先的设想 H_0 是不正确的。因此拒绝假设 H_0,否则不能拒绝 H_0。

这个"小概率"是检验之前指定的小正数,记作 α。α 称为显著性水平或检验水平,一般取 5%、1% 等。

3) 正态总体的假设检验

设总体 $\xi \sim N(\mu, \sigma^2)$,关于 μ, σ^2 的假设检验问题。

(1) 已知方差 σ^2,检验假设 $H_0 : \mu_0$(μ_0 已知)。

① 选取样本 $(x_1, \cdots, x_n)$ 的统计量

$$U = \frac{\overline{X} - \mu_0}{\dfrac{\sigma_0}{\sqrt{n}}} \quad (\sigma_0 \text{ 为已知})$$

得出在 H_0 成立的条件下,所选取的统计量 U 的分布为标准正态分布。

② 根据给定的检验水平 α,查表确定临界值 U_α,使 $P(|U| > U_\alpha) = \alpha$。

③ 根据样本观测值计算统计量 U 的值 u。

④ 下结论:

若 $|u| > U_\alpha$,则否定 H_0。

若 $|u| < U_\alpha$,则不能否定 H_0;一般情况下就接受 H_0。

若 $|u| = U_\alpha$ 或 $|u|$ 与 U_α 很接近,则一般先不下结论,而要再进行一次抽样检验。

(2) 未知方差 σ^2,检验假设 $H_0 : \mu = \mu_0$(μ_0 已知)。

① 选取样本 $(X_1, X_2, \cdots, X_n)$ 的统计量

$$U = \frac{\overline{X} - \mu_0}{\dfrac{s}{\sqrt{n}}}$$

得出 H_0 成立条件下所选统计量 T 为具有 $(n-1)$ 个自由度的 T 分布。

② 对给定的检验水平 α,查表确定临界值 T_α,使 $p(|T| > T_\alpha) = \alpha$。

③ 根据样本观测值计算统计量 T 的值并与临界值 T_α 作比较。

④ 下结论(方法同已知方差情形)。

(3) 未知期望 μ,检验假设 $H_0 : \sigma^2 = \sigma_0^2$。

① 选取样本 $(X_1, X_2, \cdots, X_n)$ 的统计量

$$\chi^2 = \frac{(n-1)S^2}{\sigma_0^2}$$

得出 H_0 成立条件下,它服从 $(n-1)$ 个自由度的 χ^2 分布。

② 根据给定的检验水平 α,查表确定临界值 x_a^2 及 x_b^2,使满足

$$P\left(\frac{(n-1)S^2}{\sigma_0^2} > \chi_b^2\right) = P\left(\frac{(n-1)S^2}{\sigma_0^2} > \chi_a^2\right) = \frac{\alpha}{2}$$

③ 利用样本观察值计算 $\dfrac{(n-1)S^2}{\sigma_0^2}$ 的值并与 χ_b^2 及 χ_a^2 比较。

④ 若 $\dfrac{(n-1)S^2}{\sigma_0^2} > \chi_b^2$ 或 $\dfrac{(n-1)S^2}{\sigma_0^2} < \chi_a^2$，拒绝 H_0；若 $\chi_a^2 < \dfrac{(n-1)S^2}{\sigma_0^2} < \chi_b^2$，接受 H_0。

（4）未知期望 μ，检验假设 $H_0 : \sigma^2 \leqslant \sigma_0^2 (\sigma_0$ 已知）。

① 选择样本（$X_1, X_2, \cdots, X_n$）的统计量，由于 $\dfrac{(n-1)S^2}{\sigma^2}$ 服从 $\chi^2(n-1)$ 分布，且有

$\dfrac{(n-1)S^2}{\sigma_0^2} \leqslant \dfrac{(n-1)S^2}{\sigma^2}$，用 σ_0^2 代替 σ^2 得统计量 $\chi^2 = \dfrac{(n-1)S^2}{\sigma_0^2}$。

② 根据检查水平由

$$P\left\{ \dfrac{(n-1)S^2}{\sigma_0^2} \geqslant \chi_a^2 \right\} \leqslant P\left\{ \dfrac{(n-1)S^2}{\sigma^2} \geqslant \chi_a^2 \right\} = d$$

查表得 χ_a^2。

③ 计算 $\dfrac{(n-1)S^2}{\sigma_0^2}$ 的值。

④ 若 $\dfrac{(n-1)S^2}{\sigma_0^2} > \chi_a^2$，则拒绝 H_0。

我们还可以进行总体分布的假设检验等，这里不再叙述，有兴趣的读者可参阅一般概率论和数理统计书籍。

第 2 篇

Part 2

预测理论

在人类的生产劳动和社会生活中，充满着各种各样的推断和设想。科学家为了探索自然界的奥秘，提出了无数的科学假说和预测；思想家为了揭开未来社会的帷幕，一直在预测和设想人类的未来世界和理想社会。

预测学或称未来学就是一门在复杂多变的综合因素中探索事物发展前景的一门新兴的综合性科学，它不但已超越了某种专业知识的范围，而且突破了自然科学和社会科学的界限。

预测的经典当属《周易》，这是中国最重要的哲学典籍之一，它对中国的数学、农学、天文历法、风水预测乃至政治文化和社会人生都有深远的影响。所谓仰则观象于天，俯则观法于地，观鸟兽之纹与地之宜，远取诸物，近取诸身。以类万物之情，以通神明之德。

中国古人通过八卦的像素变化来演绎世界的变化规律。这个古老又充满智慧、神秘的图形给古代人和现代人带来诸多启迪。在现代文明的源头也不时地发现八卦的踪迹。据说莱布尼茨看到八卦而形成二进制的思想，没有二进制就没有计算机的发明。玻尔看到八卦图形成波粒二象性的思想，从而奠定了量子力学的基础。

预测未来一直存在于人类活动的各个领域之中，但只是在 20 世纪 70 年代，才形成了一种专门学科，总称未来学，也称为预测学。它以预测活动，也就是以研究社会和科学技术变化规律的活动为对象，并根据社会和科学技术的发展规律，预报社会和科学技术在未来的发展变化。未来研究和预测具有很强的社会功能。它可以为决策服务以获得尽可能大的经济效益，它能够探测科学技术的发展趋势，帮助人们确定发展重点，它可以促进各个学科和领域间的合作，还可以监测和发现事物未来发展过程中的新问题。

未来学的发展是建立在科学的理论基础和科学的预测方法基础上的。本篇将简要介绍主要的预测方法及其应用。

第 5 章 数学定义与基本定理

第 1 节 预测的基本原则

认识事物发展变化规律，利用规律的必然性是进行科学预测应遵循的总原则。在实际进行预测时，常需借助下述几条基本原则。

1. 延续原则（连贯原则）

延续性的内容包括两个方面：一是时间的延续性，即预测对象在较长时间内所呈现的基本数量特征保持相对稳定；二是指结构的延续性，即预测对象系统的结构基本上不随时间而变。模型中各变量的相互影响遵循历史资料分析所确定的规则。本章将要介绍的以时间序列为代表的趋势外推预测方法就是利用了延续性假定。

2. 类推原则

类推原则是指利用预测对象与其他事物的发展变化在时间上有前后不同、在表现形式上有相似之处的特点，从而把先发展事物的表现过程类推到预测对象上，对预测对象的前景进行预测。

3. 相关原则

经济变量之间往往存在着一定的相关性，表现出有一定的因果关系。通过一组经济变量的分析研究，确定出原因和结果后，就可以利用这些变量的实际统计资料建立数学模型进行预测，例如，回归分析模型就利用了这一原则。

4. 统计规律性原则

由于未知因素作用之和具有不确定性，使预测对象的未来变化呈现随机变化形式，此时只能利用观测数据得出其统计规律，以一定的概率对预测对象的未来变化作出预测。

5．反馈原则

一般来说,预测值一般不可能正好等于实际观测值。两者之差就是预测误差。误差的大小和符号说明了数学模型与实际相符合的程度,预测人员应当及时利用反馈得到的预测误差对预测模型或参数进行修正,从而减少新的预测误差。

第 2 节　预测的分类和步骤

1．预测的分类

预测可从不同角度分类。按研究对象可分为:社会预测、经济预测、科学预测、技术预测及军事预测等。按预测期限长短可分为:短期预测(1 年左右)、中期预测(2~5 年)、长期预测(5 年以上)。这里长期、中期、短期之分因预测对象而异。按预测方法和性质分为:定性预测、定量预测及综合预测。定性预测主要是依靠人的观察分析能力,借助于经验和判断能力对事物未来表现的性质进行推测和判断。主要方法有主观概率法、调查预测法、特尔裴法、类推法和相关因素分析法等。定量预测也称统计预测,主要依靠历史统计资料,运用数学、概率论和数理统计方法建立可以表现变量之间数量关系的模型,并利用这一模型预测对象在未来可能表现的数量,主要方法有时间序列分析和回归分析。本章主要介绍定量预测方法。综合预测是指以上两种方法的综合应用。

2．预测的步骤

(1) 确定预测目标。

(2) 收集与分析数据资料。

(3) 选择预测方法,建立数学模型。

(4) 估计预测误差。

(5) 提出预测报告和策略性建议,追踪检查预测结果。

第 3 节　预测的方法

1．时间序列分析预测法

时间序列是指数据按时间顺序排列,且每一个数据都是在相同的时间间隔里产生的。时间序列又称为动态数列,它是将某个变量的观测值,按时间先后顺序排列所形成的数据,时间单位可以是小时、日、周、月、季度、年或若干年等。例如,每天的最低温度就构成了一个时间序列。

一般来说,社会经济变量的时间序列包括以下 4 个因素:趋势变动、循环变动、季节变动、随机变动。趋势变动是经济变量在长期内表现出的总趋势,是经济现象的本质在数量方面的反映,是我们分析时间序列和进行预测的重点,长期趋势可以是上升的、下降的或平稳的。循环变动是指时间序列以数年为周期的循环变动,例如经济周期等。季节变动是指以一年为周期,时间序列呈现随季节在每年有规律变动的波动形态。例如农作物生产、服装和鞋帽消费以及受人们社会风俗习惯、消费观念、消费水平等因素影响的国庆节、春节等消费旺季。随机变动是指时间序列呈现的无规律可循的变动,是由随机因素引起的,如自然灾害、战争、政治运动和政策变化,难以用趋势变动、季节变动、循环变动来解释的,并且难以预测的不规则变动。

时间序列分析预测法是根据某个经济变量的时间序列,依据惯性原理,通过统计分析或建立数学模型进行趋势外推,以对该变量的未来可能值作出定量预测的方法。

时间序列预测分为确定性时间序列分析预测法和随机性时间序列分析预测法两大类。常用的商业预测是确定性时间序列分析预测法,主要包括移动平均法、指数平滑法、线性趋势外推法和季节指数预测法等。

2. 回归分析预测法

现实世界中普遍存在着变量之间的关系,数学的一个重要任务是从数量上来揭示和分析这些关系。一般来说,这些变量之间的关系可分为确定性和非确定性两种,前者就是我们所说的函数关系。非确定性关系是指相关关系。而回归分析就是研究相关关系的一种数学工具,它帮助我们从一个变量的过去和现在的取值去推断和预测未来可能的取值范围。

在实际应用中,一个变量可能只与一个变量有关,这就是一元回归分析问题;如果一个变量同时和多个变量有关,这就是多元回归问题。

第 **6** 章
时间序列分析预测法

第 1 节　时间序列分析预测法

移动平均法和指数平滑法是最常用的预测方法。移动平均法实际上是非统计性数学模型,所依赖的基本原则是历史时间越近,对未来的影响就越大,而历史时间越远,对未来的影响就越小。它不断用预测误差来纠正新的预测值。因此它的基本思想是假设时间序列具有某种模式,而观测值既体现这种基本模式,又反映随机变动。指数平滑法的目标就是采用修匀历史数据方法,获得该时间序列的平滑值,并以它作为未来时期的预测值。指数平滑法包括单指数平滑法、线性指数平滑法、二次曲线指数平滑法、维特(Winter)季节性指数平滑法。

1. 移动平均方法

设时间序列中有 n 个观测值 $x_1,x_2,\cdots,x_n$,人们常常用算术平均值 $\bar{x}$ 代表这一总体水平,但算术平均值不能反映发展过程和趋势,预测结果不理想,而采用移动平均法来预测却是一种可行的方法。所谓移动平均法是指每当得到一个最近时期的数据,就立即把它当作有效数据,而把最古老的那个时间数据剔除掉,保持时段数不变计算出一个新的平均值,用它作为下一时期数据的预测值,据此法则,就能计算出一串平均数。

设当前时期为 t,已知时间序列观测值为 $x_1,\cdots,x_t$,假设按连续 n 个时期的观测值计算一个平均数,作为下一个时期即 $(t+1)$ 时期的预测值 F_{t+1},称此方法为 MA_n,那么预测值

$$F_{t+1} = \frac{1}{n}\sum_{i=t-n+1}^{t} x_i \tag{2.6.1}$$

当 $n=1$ 时,表示直接用本期观测值 x_t 作为下一期预测值 F_{t+1},因为

$$F_t = \frac{1}{n}\sum_{i=t-n}^{t-1} x_i$$

所以

$$F_{t+1} = \frac{1}{n}\left(\sum_{i=t-n}^{t-1} x_i + x_t - x_{t-n}\right) = F_t + \frac{x_t - x_{t-n}}{n} \qquad (2.6.2)$$

这样可利用 F_t 计算出 F_{t+1}。

例题 2.6.1　某电视机厂的电子元件仓库对某种型号三极管的每月消耗量进行了统计,并用移动平均法对下月三极管消耗量进行了预测,分别使用三种平均: $n=1$; $n=3$; $n=6$。其结果如表 2.6.1 和图 2.6.1 所示。

表 2.6.1　三极管每月消耗及预测

月份	时期 t	实际值 x_t(千只)	预测值 $F_t(n=1)$	预测值 $F_t(n=3)$	预测值 $F_t(n=6)$
1	1	46			
2	2	50	46		
3	3	59	50		
4	4	57	59	51.67	
5	5	55	57	55.33	
6	6	64	55	57.00	
7	7	55	64	58.67	55.17
8	8	61	55	58.00	56.67
9	9	45	61	60.00	58.50
10	10	49	45	53.67	56.17
11	11	46	49	51.67	54.83
12	12		46	46.67	53.33

计算过程:

$n=1$ 时,　方差 $\sigma_1^2 = \dfrac{1}{10}\sum_{t=2}^{11}(x_t - F_t)^2$

$\qquad\qquad\qquad = \dfrac{1}{10}\big[(50-46)^2 + (59-50)^2 + \cdots + (46-49)^2\big]$

$\qquad\qquad\qquad = 58.40(千只)$

$n=3$ 时,　方差 $\sigma_3^2 = \dfrac{1}{8}\sum_{t=4}^{11}(x_t - F_t)^2 = 47.37(千只)$

$n=6$ 时,　方差 $\sigma_6^2 = \dfrac{1}{5}\sum_{t=7}^{11}(x_t - F_t)^2 = 66.08(千只)$

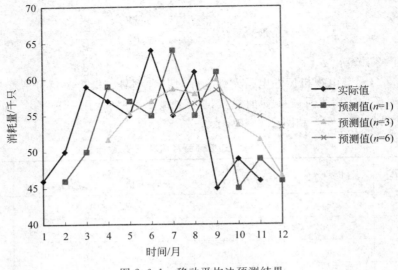

图 2.6.1　移动平均法预测结果

显然 $n=3$ 时所对应的方差最小。采用 $n=3$ 时,12 月份三极管的预测消耗量是 46.670 千只。

移动平均法的优点是计算简单,但缺点是要保存大量历史数据,另一个缺点是 n 取值不易确定,n 过大则预测系统对模型变化反应缓慢,n 太小则抗干扰能力下降(即修匀程度下降)。一般需要选定若干 n,进行计算,从中选择一个效果最好的 n。该法的第三个缺点是它只能用于平稳时间序列,因而只能用于短期预测。因为在短期情况下,一般时间序列具有平稳特性,因而用此法作出的预测结果,其准确性不会受到很大影响。

2. 单指数平滑法

指数平滑法是从移动平均法演变而来的,其优点是不需保留较多的历史数据,只要有最近一期的实际观测值 x_t 和上期对本期的预测值 F_t 就可以进行预测了。

由式(2.7.2)得到移动平均法公式:

$$F_{t+1} = F_t + \frac{x_t}{n} - \frac{x_{t-n}}{n}$$

假设时间序列是平稳的,那么可用 F_t 代替 x_{t-n},代入上式得

$$F_{t+1} = \left(\frac{1}{n}\right)x_t + \left(1 - \frac{1}{n}\right)F_t$$

用 α 来代替 $\frac{1}{n}$,那么 $0 \leqslant \alpha \leqslant 1$,上式变为

$$F_{t+1} = \alpha x_t + (1-\alpha)F_t \tag{2.6.3}$$

这就是单指数平滑法的一般表达式,其中 α 称为平滑常数。只需保持本期观测值 x_t 和上期对本期的预测值 F_t 就可以对下一期进行预测,当然同时还要保持平滑常数 α 的

数值。单指数平滑法也称一次指数平滑法。

对式(2.6.3)进行递推得到

$$
\begin{aligned}
F_{t+1} &= \alpha x_t + (1-\alpha) F_t \\
&= \alpha x_t + (1-\alpha)[\alpha x_{t-1} + (1-\alpha) F_{t-1}] \\
&= \alpha x_t + \alpha(1-\alpha) x_{t-1} + (1-\alpha)^2 F_{t-1} \\
&= \cdots\cdots \\
&= \alpha x_t + \alpha(1-\alpha) x_{t-1} + \alpha(1-\alpha)^2 x_{t-2} + \cdots + \alpha(1-\alpha)^n x_{t-n} + (1-\alpha)^{n+1} F_{t-n}
\end{aligned}
$$

$$(2.6.4)$$

当 n 很大时，$(1-\alpha)^n F_{t-n}$ 接近于零，那么

$$
F_{t+1} \approx \alpha x_t + \alpha(1-\alpha) x_{t-1} + \cdots + \alpha(1-\alpha)^n x_{t-n} = \alpha \sum_{k=0}^{n} (1-\alpha)^k x_{t-k} \quad (2.6.5)
$$

由式(2.7.5)可知，在 F_{t+1} 中 x_t 的权重为 α，x_{t-1} 的权重为 $\alpha(1-\alpha)\cdots x_{t-n}$ 的权重为 $\alpha(1-\alpha)^n$，这些权重随着指数的增加而减少，逐渐趋于零，这就是"指数平滑"的含义，其结果是越接近 $t+1$ 期的观测值，对 F_{t+1} 影响越大。可以证明当 $n \to \infty$ 时，

$$
\sum_{n=1}^{\infty} \alpha(1-\alpha)^{n-1} = 1 \quad (2.6.6)
$$

从式(2.6.5)可见当 $\alpha=0$ 时，表示所有过去的观测值权重均为零，即本期预测值即为下一时期的预测值。当 $\alpha=1$ 时，x_t 就是对下一期的预测值 F_{t+1}。当 α 取值比较大时，预测值 F_{t+1} 能够比较快地反映出时间序列的实际变化状态，即对变化反应比较敏感；当 α 取值比较小时，预测值 F_{t+1} 对时间序列变化反应比较慢，但比较平滑。一般来说，单指数平滑法适用于平稳时间序列，因此使用前应先用自相关分析法对该序列进行识别。平滑常数的确定应使预测误差尽量小，即应使

$$
Q = \sum_{t=1}^{n} e_t^2 = \sum_{t=1}^{N} (x_t - F_t)^2 = \min \quad (2.6.7)
$$

例题 2.6.2　某日用电器产品的销售额如表 2.6.2 所示，表中同时列出了 $\alpha=0.1$，$\alpha=0.5$ 及 $\alpha=0.9$ 的相应指数平滑预测值。图 2.6.2 表示了各种预测结果。

表 2.6.2　某日用电器的指数平滑值

月　份	期　数	销售额/万元	指数平滑值		
			$\alpha=0.1$	$\alpha=0.5$	$\alpha=0.9$
1	1	200.00	200.00	200.00	200.00
2	2	135.00	193.50	167.50	141.50
3	3	195.00	193.70	181.30	189.70

续表

月 份	期 数	销售额/万元	指数平滑值		
			$\alpha=0.1$	$\alpha=0.5$	$\alpha=0.9$
4	4	197.00	194.00	189.40	196.70
5	5	310.00	205.60	249.70	298.70
6	6	175.00	202.60	212.30	187.40
7	7	155.00	197.80	183.70	158.20
8	8	130.00	191.00	156.80	132.80
9	9	220.00	193.90	188.40	211.30
10	10	277.50	202.30	233.00	270.90
11	11	235.00	205.60	234.00	238.60
12	12	——	——	——	——

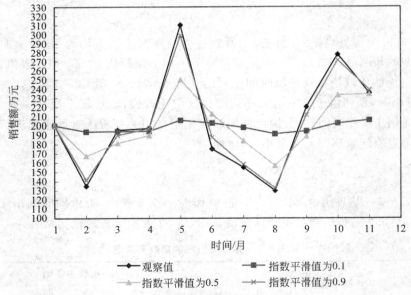

图 2.6.2　某日用电器销售额的实际值和指数平滑值

从图 2.6.2 中可以看出，α 的取值对于平滑效果影响很大。取大的 α 值如 $\alpha=0.9$ 时，预测的平滑量很小，而 $\alpha=0.1$ 时平滑效果显著。

平滑参数的自动调整介绍如下。

一次指数平滑方法一般对时间序列的变化反应缓慢,在预测过程中有可能产生系统偏差。这意味着时间序列发生了变化,为此我们应当引进所谓"追踪信号"反映预测过程的系统偏差,并且使预测模型能够自动地响应这种变化,对预测重新加以调整。调整的办法是重新修正平滑常数 α,将 α 取为平滑参数 α_t,它将随着每一时期的实际观测值的变化而自动修正,并有

$$F_{t+1} = \alpha_t x_t + (1-\alpha_t)F_t$$

α_t 自动调整分以下五步进行。

（1）计算 t 时期的预测平滑误差 E_t

$$E_t = \beta e_t + (1-\beta)E_{t-1} \qquad (2.6.8)$$

其中,$e_t = x_t - F_t$ 是 t 时期的预测误差,β 是第二平滑常数,一般取 0.1 或 0.2。

（2）计算 t 时期预测的绝对平滑误差

$$M_t = \beta|e_t| + (1-\beta)M_{t-1} \qquad (2.6.9)$$

（3）计算追踪信号 T

$$T_t = \frac{E_t}{M_t} \qquad (2.6.10)$$

并有 $-1 \leqslant T_t \leqslant 1$。

当 $\beta = 0.1$ 时,$|T_t| > 0.51$;当 $\beta = 0.2$ 时,$|T_t| > 0.74$。

此时,我们有 95% 的置信程度认为预测存在系统偏差。

（4）计算 t 时期的平滑参数

$$\alpha_t = |T_t| \qquad (2.6.11)$$

当 E_t 较大时,$|T_t|$ 也比较大时,α_t 也较大。意味着增大近期观测值 x_t 的权重,以适应时间序列的变化;当平滑误差 E_t 比较小时,$|T_t|$ 和平滑参数也比较小。

（5）对 $(t+1)$ 时期进行预测

$$F_{t+1} = \alpha_t x_t + (1-\alpha_t)F_t \qquad (2.6.12)$$

应用此模型时,首先要计算初始值,必须已知前两个时期的观测值,当已知 x_1 和 x_2 时,可假设

$$F_2 = x_1, \quad E_1 = 0, \quad \beta = 0.2, \quad M_1 = 0$$

那么 $e_2 = x_2 - F_2 = x_2 - x_1$

$$E_2 = \beta e_2 + (1-\beta)E_1 = \beta e_2 = 0.2e_2$$

$$M_2 = \beta|e_2| + (1-\beta)M_1 = \beta|e_2| = 0.2|e_2|$$

$$T_2 = E_2/M_2 = (0.2e_2)/0.2|e_2| = e_2/|e_2|$$

由此得到 $\alpha_2 = |T_2| = 1$,然后就可以往下计算 $\alpha_3, \alpha_4, \cdots$。

3. 线性指数平滑法

当时间序列随着时间的推移有不断增加或减小的趋势时,用单指数平滑法预测就不

准确了。因为这种时间序列是非平稳过程。线性指数平滑法是此类时间序列的一种有效的预测方法。用这种方法预测时,它把每一期的增量考虑进去,不断作趋势性的调整。此时的预测可分解为两部分,一部分为当前的水平状态,另一部分是增量,并对一次指数平滑值再进行一次平滑,故也称为线性(二次)指数平滑性。其计算按下面五个步骤进行。

(1)计算 t 时期的单指数平滑值 $S_t^{(1)}$

$$S_t^{(1)} = \alpha\, x_t + (1-\alpha)S_{t-1}^{(1)} \qquad (2.6.13)$$

(2)计算 t 时期的二次指数平滑值 $S_t^{(2)}$

$$S_t^{(2)} = \alpha\, S_t^{(1)} + (1-\alpha)S_{t-1}^{(2)} \qquad (2.6.14)$$

(3)计算 t 时期的水平值

$$A_t = S_t^{(1)} + (S_t^{(1)} - S_t^{(2)}) = 2S_t^{(1)} - S_t^{(2)} \qquad (2.6.15)$$

(4)计算 t 时期的增量 B

$$B_t = \frac{\alpha}{1-\alpha}(S_t^{(1)} - S_t^{(2)}) \qquad (2.6.16)$$

(5)预测 $(t+m)$ 时期的数值 F_{t+m}

$$F_{t+m} = A_t + mB_t$$
$$= 2S_t^{(1)} - S_t^{(2)} + \frac{\alpha}{1-\alpha}(S_t^{(1)} - S_t^{(2)})m \qquad (2.6.17)$$

表 2.6.3 和图 2.6.3 给出了用线性平滑得到的某仓库库存量预测值。表 2.6.3 的计算基础是 $\alpha = 0.2$,预测超前期数 $=1$。

表 2.6.3　勃朗单一参数线性指数平滑的应用

期　数	(1) 产品 E_{15} 需要的库存数(个)	(2) 一次指数平滑(个)	(3) 二次指数平滑(个)	(4) A 值 [2(2)−(3)] (个)	(5) B 值	(6) $A+B$ 值 [(4)+(5)] (滞后一个月)(个)
1	143	143.000	143.000	—	—	—
2	152	144.800	143.360	146.240	0.360	—
3	161	148.040	144.296	151.784	0.936	147
4	139	146.232	144.683	147.781	0.387	153
5	137	144.386	144.624	144.147	0.006	148
6	174	150.308	145.761	154.856	1.137	144
7	142	148.647	146.338	150.956	0.577	156

续表

期　数	(1) 产品 E_{15}需 要的库存 数(个)	(2) 一次指数 平滑(个)	(3) 二次指数 平滑(个)	(4) A 值 [2(2)−(3)] (个)	(5) B 值	(6) A＋B 值 [(4)＋(5)] (滞后一个月)(个)
8	141	147.117	146.494	147.741	0.156	151
9	162	150.094	147.214	152.974	0.720	148
10	180	150.094	148.986	163.164	1.772	154
11	164	156.075	150.721	164.599	1.735	165
12	171	160.328	152.642	168.014	1.921	166
13	206	169.462	156.006	182.919	3.364	170
14	193	174.170	159.639	188.701	3.633	186
15	207	180.736	163.858	197.613	4.219	193
16	218	180.189	168.724	207.653	4.866	202
17	229	196.351	174.250	218.452	5.525	212
18	225	202.081	179.816	224.346	5.566	214
19	204	202.465	184.346	220.584	4.530	230
20	227	207.372	188.951	225.792	4.605	225
21	223	210.497	196.260	227.735	4.309	231
22	242	216.798	197.968	235.628	4.708	232
23	239	221.238	202.622	239.855	4.654	241
24	266	230.191	208.136	252.246	5.514	245
25	—	—	—	—	—	258

4. 二次曲线指数平滑法

有的时间序列虽有增加或减少的趋势,但不一定是线性的,可能按二次曲线的形状增加或减少。如图 2.6.4 所示,对于这种非平稳时间序列,采用二次曲线指数平滑法可能要比线性指数平滑法更为有效。它的特点是不但考虑了线性增长因素,而且也考虑了二次抛物线增长因素。其计算过程有以下七步。

(1) 计算 t 时期的一次平滑值

$$S_t^{(1)} = \alpha x_t + (1-\alpha)S_{t-1}^{(1)} \tag{2.6.18}$$

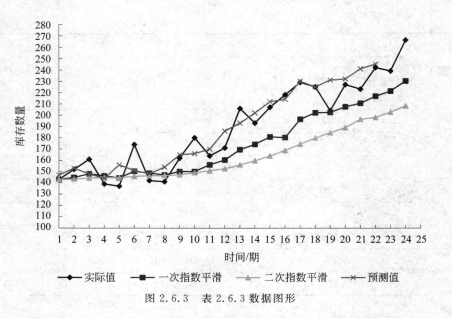

图 2.6.3　表 2.6.3 数据图形

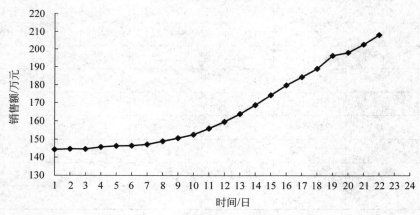

图 2.6.4　二次曲线指数平滑法预测结果

（2）计算 t 时期的二次平滑值

$$S_t^{(2)} = \alpha S_t^{(1)} + (1-\alpha)S_{t-1}^{(2)} \tag{2.6.19}$$

（3）计算 t 时期的三次平滑值

$$S_t^{(3)} = \alpha S_t^{(2)} + (1-\alpha)S_{t-1}^{(3)} \tag{2.6.20}$$

（4）计算 t 时期的水平值

$$A_t = 3S_t^{(1)} - 3S_t^{(2)} + S_t^{(3)} \tag{2.6.21}$$

（5）计算 t 时期的线性增量

$$B_t = \frac{\alpha}{2\left(1-\alpha\right)^2}\left[\left(6-5\alpha\right)S_t^{(1)} - \left(10-8\alpha\right)S_t^{(2)} + \left(4-3\alpha\right)S_t^{(3)}\right] \qquad (2.6.22)$$

（6）计算 t 时期的抛物线增量

$$C_t = \frac{\alpha^2}{2\left(1-\alpha\right)^2}\left(S_t^{(1)} - 2S_t^{(2)} + S_t^{(3)}\right) \qquad (2.6.23)$$

（7）预测 m 时期后的数值 F_{t+m}（m 是正整数）

$$F_{t+m} = A_t + B_t m + \frac{C_t m^2}{2} \qquad (2.6.24)$$

即

$$F_{t+m} = \left[6\left(1-\alpha\right)^2 + \left(6-5\alpha\right)\alpha\, m + \alpha^2 m^2\right]\frac{S_t^{(1)}}{2\left(1-\alpha\right)^2}$$

$$- \left[6\left(1-\alpha\right)^2 + 2\left(5-4\alpha\right)\alpha\, m + 2\alpha^2 m^2\right]\frac{S_t^{(2)}}{2\left(1-\alpha\right)^2}$$

$$- \left[2\left(1-\alpha\right)^2 + \left(4-3\alpha\right)\alpha\, m + \alpha^2 m^2\right]\frac{S_t^{(3)}}{2\left(1-\alpha\right)^2} \qquad (2.6.25)$$

利用二次曲线指数平滑法的预测结果如图 2.6.4 所示。

二次曲线指数平滑法对非平稳时间序列的预测相当有效，但算法略为复杂，实际应用时可根据情况选择线性和二次曲线指数平滑法。

5. 维特季节性指数平滑法

许多时间序列的变化与季节因素有关而呈现周期性的变化规律，对于这种时间序列，利用前面提到的一次指数平滑法、线性或二次曲线指数平滑法预测数据基本上无效。这就需要采用季节指数平滑法，即维特（Winter）季节指数平滑法。

设时间序列的周期长度为 l，已知其前两个季度的时间序列观测值 $x_1, x_2, \cdots, x_{2l}$，该法可按下述步骤进行。

（1）计算前两个周期的每期平均数 V_1 和 V_2

$$V_1 = \frac{1}{l}\sum_{i=1}^{l} x_i \qquad (2.6.26)$$

$$V_2 = \frac{1}{l}\sum_{i=l+1}^{2l} x_i \qquad (2.6.27)$$

（2）计算前两个周期内平均每个时期的增量 B

$$B = \frac{1}{l}(V_2 - V_1) \qquad (2.6.28)$$

（3）计算初始平滑值 S

$$S = V_2 + \frac{l-1}{2}B \qquad (2.6.29)$$

(4) 计算前两个周期内每一个时期的季节因子

$$C_t^{(1)} = \frac{x_t}{V_1 - \left(\frac{l+1}{2} - m\right)B} \quad t = 1, \cdots, l$$

$$C_t^{(1)} = \frac{x_t}{V_2 - \left(\frac{l+1}{2} - m\right)B} \quad t = l+1, \cdots, 2l$$

其中,$t = 1, \cdots, l$ 时,$m = 1, \cdots, l$;$t = l+1, \cdots, 2l$ 时,$m = 1, \cdots, l$。

这样一共算出 $2l$ 个 $C_t^{(1)}$。

(5) 计算前两个周期中平均每个时期的季节因子

$$C_t^{(2)} = \frac{1}{2}(C_{t-l}^{(1)} - C_t^{(1)}) \quad t = l+1, \cdots, 2l \tag{2.6.30}$$

(6) 将季节因子标准化,使 l 个平均季节因子之和为 l,计算

$$l' = C_{l+1}^{(2)} + C_{l+2}^{(2)} + \cdots + C_{l+l}^{(2)} = \sum_{t=l+1}^{2l} C_t^{(2)} \tag{2.6.31}$$

计算标准化后的季节因子 C_t

$$C_t = \frac{l}{l'} C_t^{(2)} \quad t = l+1, \cdots, 2l \tag{2.6.32}$$

(7) 对第三个周期内每一时期作初步预测

$$F_{t+m} = (S_t + mB)C_{t-l+m} \tag{2.6.33}$$

其中,$t = 2l$,m 可取 $1, 2, \cdots$,这表示预测 $(2l+1), \cdots, (3l)$ 时期的值。

(8) 当第三个周期的第一个时期的预测 x_{2l+1} 得到时,记 $x_t = x_{2l+1}(t = 2l+1)$,取定一组平滑常数 α, β, γ 来修正指数平滑值和趋势及季节因子,修正公式为

$$S_t = \alpha \frac{x_t}{C_{t-l}} + (1-\alpha)(S+B)$$

$$B_t = \gamma(S_t - S) + (1-\gamma)B \tag{2.6.34}$$

$$C_t = \beta \frac{x_t}{S_t} + (1-\beta)C_{t-l}$$

这样可以重新预测第三个周期内其余 $(l-1)$ 个时期的值

$$F_{t+m} = (S_t + mB_t)C_{t-l+m} \quad m = 1, 2, \cdots, l-1 \tag{2.6.35}$$

(9) 对第三个周期以后 $t = kl+1, \cdots, (k+1)l, k \geqslant 3$ 可以用以下公式计算指数平滑值、趋势和季节因子:

$$S_t = \alpha \frac{x_t}{C_{t-l}} + (1-\alpha)(S_{t-1} + B_{t-1})$$

$$B_t = \gamma(S_t - S_{t-1}) + (1-\gamma)B_{t-1} \tag{2.6.36}$$

$$C_t = \beta \frac{x_t}{S_t} + (1-\beta)C_{t-l}$$

对 $t+m$ 时期的预测值为

$$F_{t+m} = (S_t + mB_t)C_{t-l+m} \quad m = 1, 2, \cdots, l \qquad (2.6.37)$$

在上述计算中需要确定平滑值参数 α、β、γ，一般都用试算方法求得。能使误差平方和最小的一组参数就是最佳参数。图 2.6.5 显示了预测结果。

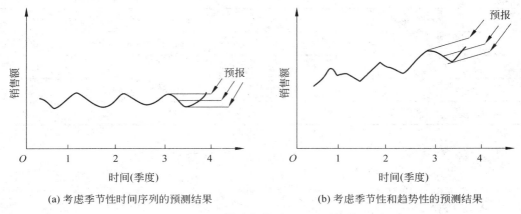

(a) 考虑季节性时间序列的预测结果　　　　(b) 考虑季节性和趋势性的预测结果

图 2.6.5　季节指数平滑法预测结果

第 2 节　回归分析预测法

1. 一元线性回归分析

设随机变量 y 与 x 之间存在着某种相关关系，对一组不全相同的值 $x_1, x_2, \cdots, x_n$ 得到 n 对观测值 $(x_1, y_1), \cdots, (x_n, y_n)$，这是一组样本，我们要根据样本观测值，估计随机变量 y 的数学期望 $\mu(x)$，然后在此基础上进行外推和预测，这就是 y 对 x 的回归问题。

1）直线回归模型

例题 2.6.3　表 2.6.4 列出了某公司的广告费用（x）及相应的销售额（y）的 10 个观测数据，下面讨论两者之间的关系。回归线图形如图 2.6.6 所示。

表 2.6.4　某公司广告费用和销售额的观测数据

观测数据	广告费用（x_i）/百万元	销售额（y_i）/百万元	$x_i y_i$	x_i^2	y_i^2
1	1.1	7	7.7	1.21	49
2	1.4	8	11.2	1.96	64
3	1.4	10	14.0	1.96	100

续表

观测数据	广告费用(x_i)/百万元	销售额(y_i)/百万元	$x_i y_i$	x_i^2	y_i^2
4	2.0	10	20.0	4.00	100
5	0.9	7	6.3	0.81	49
6	1.6	10	16.0	2.56	100
7	2.0	11	22.0	4.00	121
8	1.7	11	18.7	2.89	121
9	1.2	9	10.8	1.44	81
10	0.8	6	4.8	0.64	36

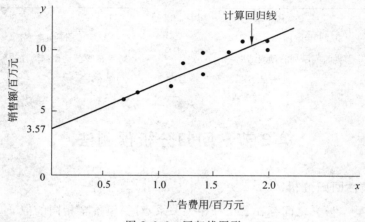

图 2.6.6　回归线图形

　　首先将这些观测值(x_i,y_i)描在直角坐标系中,得散点图 2.6.6,根据散点的分布可以粗略看出采取什么形式的函数来估计随机变量的数学期望 $\mu(x)$ 较好,在这里不难看出采用线性函数 $y=a+bx$ 是适宜的,这一方法称为一元线性回归。

　　假设这条直线为

$$\hat{y} = a + bx \qquad (2.6.38)$$

其中,a,b 是两个待定参数,那么每一个观测点距离这条直线的误差为

$$e_i = y_i - \hat{y}_i = y_i - (a + bx_i)$$

令 $Q = \sum_{i=1}^{n} e_i^2 = (y_i - a - bx_i)^2$,现要确定系数 a,b。按最小二乘法原则,a、b 的确定应使误差平方和 Q 达到最小。即

$$\min_{a,b} \sum_{i=1}^{n} (y_i - a - bx_i)^2$$

把 a、b 看成变量, 分别对 a、b 求偏导数并令其等于零, 即

$$\begin{cases} \dfrac{\partial Q}{\partial a} = 0 \\[2mm] \dfrac{\partial Q}{\partial b} = 0 \end{cases}$$

得出

$$\begin{cases} -2 \sum_{i=1}^{n} (y_i - a - bx_i) = 0 \\[2mm] -2 \sum_{i=1}^{n} (y_i - a - bx_i)x_i = 0 \end{cases}$$

得到方程

$$\begin{cases} na + b \sum_{i=1}^{n} x_i = \sum_{i=1}^{n} y_i \\[2mm] a \sum_{i=1}^{n} x_i + b \sum_{i=1}^{n} x_i^2 = \sum_{i=1}^{n} x_i y_i \end{cases} \tag{2.6.39}$$

式(2.6.39)称为正规方程组, 解此方程得到

$$\begin{cases} a = \dfrac{1}{n} \sum_{i=1}^{n} y_i - \dfrac{b}{n} \sum_{i=1}^{n} x_i = \bar{y} - b\bar{x} \\[4mm] b = \dfrac{n \sum_{i=1}^{n} x_i y_i - \sum_{i=1}^{n} x_i \sum_{i=1}^{n} y_i}{n \sum_{i=1}^{n} x_i^2 - \left(\sum_{i=1}^{n} x_i \right)^2} \end{cases} \tag{2.6.40}$$

其中, $\bar{x} = \dfrac{1}{n} \sum_{i=1}^{n} x_i$, $\bar{y} = \dfrac{1}{n} \sum_{i=1}^{n} y_i$, n 为观测总次数。

将表 2.6.4 中的 10 组数据代入, 得到 $a = 3.57$, $b = 3.78$, 因此

$$\hat{y} = 3.57 + 3.78x$$

图 2.6.6 中的直线就是此方程。

2) 相关系数

从上面计算过程可以看出, 给出任何 n 对数据 (x_i, y_i), $i = 1, 2, \cdots, n$, 都可计算出回归系数 a, b 从而配出一条直线。我们自然要问, 配出的直线是否能与数据很好吻合, 即在什么情况下回归直线才是有意义的。我们用一个数量指标数来描述两变量线性关系

的密切程度,这个指标就是相关系数 r,r 的计算公式为

$$r = \frac{\sum\limits_{i=1}^{n} x_i y_i - n\bar{x}\bar{y}}{\sqrt{\sum\limits_{i=1}^{n} x_i^2 - n\bar{x}^2} - \sqrt{\sum\limits_{i=1}^{n} y_i^2 - n\bar{y}^2}} \quad -1 \leqslant r \leqslant 1 \qquad (2.6.41)$$

可以得到以下结论:

(1) 当 $r=0$ 时,必有 $b=0$,回归直线是一条与 x 轴平行的直线,说明 y 的变化与 x 无关,此时 x,y 无线性关系,点 (x_i, y_i) 散布是不规则的;

(2) 当 $r^2=1$ 时,$Q=0$,故所有点 (x_i, y_i) 均在回归线上,这种情况下称 x,y 是完全相关的,$r=1$ 时为完全正相关,$r=-1$ 时为完全负相关;

(3) 当 $0 < |r| < 1$ 时,$|r|$ 的大小刻画了 x,y 的线性关系的密切程度,$|r|$ 越大,x,y 的线性关系越密切。常常以 r 的大小确定回归方程是否有效。

一般来说,在置信度为 95% 的情况下,当 $n=10$ 时,$r>0.602$ 时才有意义;$n=20$ 时,$r>0.444$,$n=52$ 时,$r>0.273$ 回归方程才有意义。

例 2.6.3 中 $r=0.887$,故 x,y 是有明显线性关系的。

3) 回归方程的显著性检验

计算出回归系数 a,b 后应进一步检验这两个系数的显著性,需要采用适当的数理统计方法在一定置信度下判别 a 和 b 与零是否存在显著差异。这里仅给出计算过程,具体推导过程可参阅相关计量经济学书籍。

先引进几个统计量:

(1) 回归标准误差估计 $\quad \sigma_u = \sqrt{\dfrac{\sum\limits_{i=1}^{n} (y_i - \hat{y}_i)^2}{n-2}} = \sqrt{\dfrac{\sum\limits_{i=1}^{n} e_i^2}{n-2}}$;

(2) 回归系数 a 的标准误差 $\quad \sigma_a = \dfrac{\sigma_u}{\sqrt{n}}$;

(3) 回归系数 b 的标准误差 $\quad \sigma_b = \dfrac{\sigma_u}{\sqrt{\sum\limits_{i=1}^{n} (x_i - \bar{x})^2}}$。

有了这两个标准误差,就可用检验方法判别回归系数 a,b 的显著性,计算

$$t_a = \frac{a}{\sigma_a}, \quad t_b = \frac{b}{\sigma_b}$$

查附录五的 t 分布表,当自由度 $df=n-2$ 时所对应的 t 数值,置信度取 95%,当查得 $t < t_a$ 且 $t < t_b$ 时,则以 95% 的置信度认为 a,b 均与零有显著性差异;否则与零无显著性差异。

例 2.6.3 中求得

$$\sigma_\mu = 0.878, \quad \sigma_a = 0.227\,6, \quad \sigma_b = 1.259。$$

$t_a = 12.86, t_b = 5.42, n = 8$ 时，查表得

$$t = 2.306, \quad t_a > 2.306, \quad t_b > 2.306$$

故认为回归方程

$$\hat{y} = 3.57 + 3.78x$$

具有显著性。

4) 预测区间

设 $x = x_0$，此时 $y_0 = a + bx_0 + \varepsilon_0 = \hat{y}_0 + \varepsilon_0$，$y_0$ 在 x_0 处的取值区间应使用它的样本估计量。

y_0 与 $\hat{y}_0$ 互相独立，并且均为正态变量，故

$$E(y_0 - \hat{y}_0) = E(y_0) - E(\hat{y}_0) = 0$$

$$\sigma^2 = D(y_0 - \hat{y}_0) = D(y_0) - D(\hat{y}_0) = \sigma^2 \left[1 + \frac{1}{n} \frac{(x_0 - \bar{x})}{\sum (x_i - \bar{x})^2} \right]$$

并且

$$\delta(x_0) = t_{\frac{\alpha}{2}}(n-2) \cdot \hat{\sigma} \sqrt{1 + \frac{1}{n} + \frac{(x_0 - \bar{x})^2}{\sum\limits_{i-1}^{n} (x_i - \bar{x})^2}}$$

其中

$$\hat{\sigma} = \sqrt{\frac{\sum\limits_{i=1}^{n} y_i - a \sum\limits_{i=1}^{n} y_i - b \sum\limits_{i=1}^{n} x_i y_i}{n-2}}$$

α 为置信水平，$t_{\frac{\alpha}{2}}(n-2)$ 可从 t 分布表中查得，最后 y_0 的取值区间应为

$$\hat{y}_0 - \delta(x_0) \leqslant y_0 \leqslant \hat{y}_0 + \delta(x_0)$$

例 2.6.3 中，取 $x_0 = 1.3$ 得 $\hat{y}_0 = 3.57 + 3.78 \times (1.3) = 8.48$，取 $\alpha = 0.05$，那么 $\delta(1.3) = 2.14$。

即 95% 置信度，预测 y_0 值区间为 [6.34, 10.62]。

5) 自相关分析

这一项是用来判别回归方程是否具有系统误差。只有当误差 $e_1, e_2, \cdots, e_n$ 具有随机性时，我们才认为该模型能够用于预测。

当自相关系数

$$-\frac{1.96}{\sqrt{n}} \leqslant r_k \leqslant \frac{1.96}{\sqrt{n}} \quad k = 1, 2, \cdots, 20$$

时有 95% 的置信程度可以断定序列 $e_1, e_2, \cdots, e_n$ 是随机序列。但用该式检验时 n 需取值相当大,故计算量很大。为了解决这个问题,美国预测学家、数学家 G. E. Box 和 D. A. Pierce 提出了用 χ^2 检验的方法来判别序列的随机性,该方法如下。设计统计量

$$Q = n \sum_{k=1}^{m} r_k^2$$

其中,$r_1, \cdots, r_m$ 是前 m 个自相关系数。计算得到的 Q 值与附表五中 χ^2 数值相比,如果查得的数值 $\chi^2 < Q$,则有 95% 的置信度认为这 m 个自相关系数中至少有一个与零有显著相差异,反之则有 95% 置信度认为它是一个随机序列。

6) 回归分析满足的基本条件

(1) 随机变量 y 应满足正态分布,其均值如图 2.6.7 所示,即为

$$\hat{y}_i = a + bx_i$$

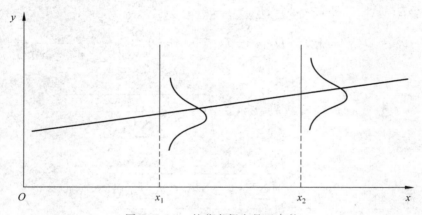

图 2.6.7 y 的分布假定是正态的

(2) 观测点应均匀分布于直线周围,而不应有某种趋势或样式(图 2.6.8 和图 2.6.9),否则应采取其他函数形式回归。

7) 非线性转化

在自然界中,许多变量之间的关系不一定是线性的(图 2.6.9),在这种情况下用回归直线拟合预测结果很不理想。在很多情形下,可以作某种变换把非线性形式转化为直线回归方程。

例如,国民收入 z 和时间 t 的关系为

$$z = e^{a+bt}$$

得到一组观测值 $(z_1, t_1), (z_2, t_2), \cdots, (z_n, t_n)$ 后,先作变换

$$\ln z = \ln(e^{a+bt}) = a + bt$$

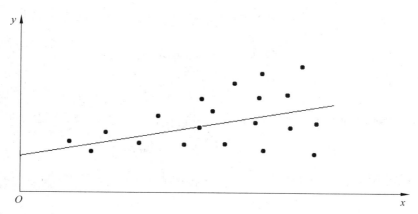

图 2.6.8　散点不是均匀分布于直线周围

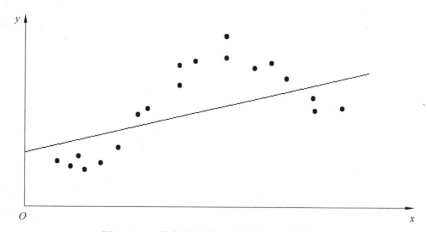

图 2.6.9　散点按某种方式分布于直线周围

令 $y=\ln z$,则转化为线性关系

$$y = a + bt$$

将数据转化为 $(y_1,t_1),(y_2,t_2),\cdots,(y_n,t_n)$,就可求出回归系数 a,b,然后再还原为回归模型

$$z = e^{a+bt}$$

2. 多元回归分析

1) 多元回归模型

在实际情况中一个变量可能同时与若干变量有关,设因变量 y 和 m 个自变量 x_1, $x_2,\cdots,x_m$ 有关,又假设已获得 n 组观测值 $(n>m)$,

$$(x_{i1}, x_{i2}, \cdots, x_{im}, y_i) \quad (i = 1, 2, \cdots, n)$$

建立线性方程组

$$\hat{y} = a + b_1 x_1 + b_2 x_2 + \cdots + b_m x_m \tag{2.6.42}$$

第 i 个观测点的误差为

$$e_i = y_i - \hat{y} = y_i - (a + b_1 x_{i1} + \cdots + b_m x_{im})$$

同样,误差项 e_i 应属于随机误差,符合平均数为零、方差为常数的正态分布。令

$$E = \sum_{i=1}^{m} [y_i - (a + b_1 x_{i1} + \cdots + b_m x_{im})]^2$$

由最小二乘法原理,应使 $\min\limits_{a, b_1, \cdots, b_m} E$ 类似于一元线性回归,可得到正规方程组

$$\begin{cases} S_{11} b_1 + S_{12} b_2 + \cdots + S_{1m} b_m = S_{1y} \\ S_{21} b_1 + S_{22} b_2 + \cdots + S_{2m} b_m = S_{2y} \\ \vdots \\ S_{m1} b_1 + S_{m2} b_2 + \cdots + S_{mn} b_m = S_{my} \end{cases} \tag{2.6.43}$$

$$a = \bar{y} - (b_1 \bar{x}_1 + \cdots + b_m \bar{x}_m)$$

式中

$$\begin{cases} \bar{x}_j = \dfrac{1}{n} \sum_{i=1}^{n} x_{ij} \quad (j = 1, 2, \cdots, m) \\ \bar{y} = \dfrac{1}{m} \sum_{i=1}^{m} y_i \\ S_{kj} = S_{jk} = \sum_{i=1}^{n} (x_{ik} - \bar{x}_k)(x_{ij} - \bar{x}_j) \\ S_{ky} = \sum_{i=1}^{n} (x_{ik} - \bar{x}_k)(y_i - \bar{y}) \end{cases} \quad (k, j = 1, 2, \cdots, m)$$

解正规方程组式(2.6.43)可得到回归系数 $a, b_1, \cdots, b_m$。

2) 多变量回归方程的显著性检验

对于多变量情形,同样需要进行相关分析的检验回归方程的显著性。

以 $m=2$ 为例,设 y 为因变量,x_1, x_2 为自变量,r_{01} 表示 E 和 x_1 之间的相关系数,r_{02} 表示 E 和 x_2 之间的相关系数,r_{12} 表示 x_1 与 x_2 之间的相关系数,用 R 表示多变量的相关系数,那么

$$R = \sqrt{\frac{r_{01}^2 + r_{02}^2 - 2 r_{01} r_{02} r_{12}}{1 - r_{12}^2}} \tag{2.6.44}$$

我们称 R^2 为"判定系数",它表示因变量受自变量的影响部分。

当有 m 个自变量 $x_1, x_2, \cdots, x_m$ 时,判定系数 R^2 可用下式计算:

$$R^2 = \frac{\sum\limits_{i=1}^{n} (\hat{y}_i - \bar{y})^2}{\sum\limits_{i=1}^{n} (y_i - \bar{y})^2} \tag{2.6.45}$$

其中,$\hat{y}_i = a + b_1 x_{i1} + b_2 x_{i2} + \cdots + b_m x_{im}$。

当 $m > 1$ 时,多元回归方程的显著性要使用 F 检验方法。

定义统计量

$$F_c = \frac{\dfrac{R^2}{m}}{\dfrac{1-R^2}{n-m-1}} \tag{2.6.46}$$

式中,$n > m+1$。查附表五的 F 分布表,置信度为 95%,第一自由度 $\mathrm{d}f_1 = m$,第二自由度 $\mathrm{d}f_2 = n-m-1$,得到对应的 F 值。若 $F_c \geqslant F$,则有 95% 置信度认为回归方程式(2.6.46)是显著的,否则无显著性。

除了对回归方程进行显著性检验外,还要对回归系数 $a, b_1, b_2, \cdots, b_m$ 进行显著性检验,其方法与一元回归方程类似。

第 **7** 章

算法例题案例

时间序列分析是一种广泛应用的数据分析方法,它主要用于描述和探索现象随时间发展变化的数量规律性。时间序列分析就其发展的历史阶段和所使用统计分析方法来看,有传统时间序列分析和现代时间序列分析两种。本章主要介绍传统时间序列预测方法。

第 1 节　时间序列及其分解

时间序列是一种常见的数据形式,经济数据大多数都以时间序列的形式表示。

定义 2.7.1　同一现象在不同时间上的相继观测值排列而成的序列,称为时间序列。

根据观察时间的不同,时间序列中的时间可以是年份、季度、月份或其他任何时间形式。为便于表述,本书中用 t 表示所观测的时间,用 Y 表示观测值,则 $y_t(i=1,2,\cdots,n)$ 为时间 t_i 上的观测值。

时间序列可以分为平稳序列和非平稳序列两大类。

定义 2.7.2　基本上不存在趋势的序列,称为平稳序列。

平稳序列中的各观测值基本是在某个固定的水平上波动,虽然在不同的时间段波动的程度不同,但并不存在某种规律,而其波动可以看成是随机的。平稳序列如图 2.7.1 所示。

定义 2.7.3　包含趋势性、季节性或周期性的序列。称为非平稳序列。它可能只含有其中一种成分,也可能是几种成分的组合。

非平稳序列又可以分为有趋势的序列、有趋势和季节性的序列、几种成分混合而成的复合型序列。

定义 2.7.4　时间序列在长时期内呈现出来的某种持续向上或持续下降的变动,称为趋势,也称长期趋势。

时间序列中的趋势是由于某种固定性的因素作用于序列而形成的。其中的趋势可以是线性的,也可以是非线性的。图 2.7.2 是一种线性趋势的时间序列。

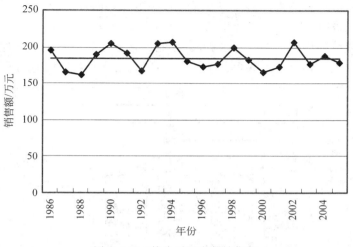

图 2.7.1 某公司历史年销售额

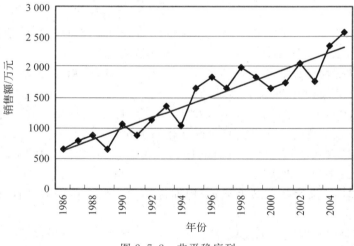

图 2.7.2 非平稳序列

定义 2.7.5 时间序列在一年内重复出现的周期性波动,称为季节性,也称季节变动。

在商业活动中,常常听到"销售旺季"或"销售淡季"这类术语;在旅游业中,也常常使用"旅游旺季"或"旅游淡季"这类术语等。这些术语表明,这些活动因季节的不同而发生着变化。当然,季节性中的"季节"一词是广义的,它不仅仅是指一年中的四季,也是指任何一种周期性的变化。在现实生活中,季节变动是一种极为普遍的现象,它是诸如气候条件、生产条件、节假日或人们的风俗习惯等各种因素共同作用的结果。如农业生产、交通运输、建筑业、商品销售以及工业生产中都有明显的季节性。

含有季节成分的序列可能含有趋势,也可能不含有趋势。图 2.7.3 即是一种只含季节成分的时间序列。还有一种既含有季节成分,同时也含有趋势的时间序列。

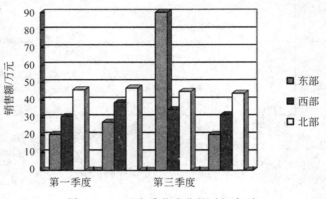

图 2.7.3　只含季节成分的时间序列

定义 2.7.6　时间序列中呈现出来的围绕长期趋势的一种波浪形或振荡式变动,称为周期性,也称循环波动。

周期性通常是由于商业和经济活动而引起的,它不同于趋势变动,不是朝单一方向的持续运动,而是涨落相间的交替波动;它也不同于季节变动,季节变动有比较固定的规律,且变动周期大多为一年,而循环波动则无固定规律,变动周期多在一年以上,且周期长短不一。周期性通常是由于经济环境的变化而引起的。

除此以外,还有些偶然性因素对时间序列产生影响,致使时间序列呈现某种随机波动,称为随机性或不规则波动。

定义 2.7.7　时间序列中除去趋势、周期性和季节性之后的偶然性波动,称为随机性,也称不规则波动。

综上所述,可以将时间序列的成分分为 4 种,即趋势(T)、季节性或季节变动(S)、周期性或循环波动(C)、随机性或不规则波动(I)。传统时间序列分析的一项主要内容就是把这些成分从时间序列中分离出来,并将它们之间的关系用一定的数学关系式予以表达,而后分别进行分析。

按 4 种成分对时间序列的影响方式不同,时间序列可分解为多种模型,如乘法模型、加法模型等。其中最常用的是乘法模型,其表现形式为

$$Y_t = T_t \times S_t \times C_t \times I_t$$

加法模型的一般形式为

$$Y_t = T_t + S_t + C_t + I_t$$

本章所介绍的时间序列分解方法都是以乘法模型作为基础的。

第 2 节　时间序列预测的程序

从本章第 1 节可知,时间序列含有不同的成分。如趋势、季节性、周期性和随机成分等。对于一个具体的时间序列,它可能只含有一种成分,也可能同时含有几种成分。含有不同成分的时间序列所用的预测方法是不同的。因此,在对于时间序列进行预测时,通常进行以下几个步骤。

第 1 步:确定时间序列所包含的成分,也就是确定时间序列的类型;

第 2 步:找出适合此类时间序列的预测方法;

第 3 步:对可能的预测方法进行评估,以确定最佳预测方法;

第 4 步:利用最佳预测方法进行预测。

第 3 节　平稳时间序列的预测

平稳时间序列通常只含有随机成分,其预测方法主要有简单平均法、移动平均法和指数平滑法等。这些方法主要通过对时间序列进行平滑以消除其随机波动,因而也称平滑法。平滑法既可用于对时间序列进行平滑以描述序列的趋势(包括线性趋势和非线性趋势),也可以用于对平滑时间序列进行短期预测。

定义 2.7.8　根据过去已有的 t 期观测值通过简单平均来预测下一期的数值,这样的预测方法称为简单平均法。

设时间序列已有的 t 期观测值为 $Y_1, Y_2, \cdots, Y_t$,则 $t+1$ 期的预测值 F_{t+1} 为

$$F_{t+1} = \frac{1}{t}(Y_1 + Y_2 + \cdots + Y_t) = \frac{1}{t}\sum_{i=1}^{t} Y_i$$

当到了 $t+1$ 期后,有了 $t+1$ 的实际值,便可以计算出 $t+1$ 的预测误差为

$$e_{t+1} = Y_{t+1} - F_{t+1}$$

于是,$t+2$ 期的预测值为

$$F_{t+2} = \frac{1}{t+1}(Y_1 + Y_2 + \cdots + Y_t + Y_{t+1}) = \frac{1}{t+1}\sum_{i=1}^{t+1} Y_i$$

以此类推。

1. 移动平均法

定义 2.7.9　通过对时间序列逐期递移求得平均数作为预测值的一种预测方法,称

为移动平均法。

移动平均法是对简单平均法的一种改进方法。其方法有简单移动平均法和加权移动平均法两种。

1) 简单移动平均法

简单移动平均法是将最近的 k 期数据加以平均,作为下一期的预测值。设移动间隔为 $k(1<k<t)$,则 t 期的移动平均值为

$$\bar{Y}_t = \frac{Y_{t-k} + Y_{t-k+1} + \cdots + Y_{t-2} + Y_{t-1}}{k}$$

上式是对时间序列的平滑结果,通过这些平滑值就可以描述出时间序列的变化形态或趋势。当然,也可以用它来进行预测。

对于 $t+1$ 期的简单移动平均预测值为

$$F_{t+1} = \bar{Y}_t = \frac{Y_{t-k+1} + Y_{t-k+2} + \cdots + Y_{t-1} + Y_t}{k}$$

同样 $t+2$ 期的预测值为:

$$F_{t+2} = \bar{Y}_{t+1} = \frac{Y_{t-k+2} + Y_{t-k+3} + \cdots + Y_t + Y_{t+1}}{k}$$

以此类推。

移动平均法只使用最近 k 期的数据,在每次计算移动平均值时,移动的间隔都为 k。该方法也适合于对较为平稳的时间序列进行预测。应用时,关键是确定合理的移动间隔长度 k。对于同一个时间序列,采用不同的移动步长预测的准确性是不同的。选择移动步长时,可通过试验的办法,选择一个使均方误差达到最小的移动步长。

例题 2.7.1   对居民消费价格指数数据,分别取移动间隔 $k=3$ 和 $k=5$,用 Excel 软件计算各期的居民消费价格指数的平滑值(预测值),计算出预测误差,并将原序列和预测后的序列绘制成图形进行比较。

用 Excel 软件进行移动平均预测的结果如图 2.7.4 所示。

2) 加权移动平均法

简单移动平均法在预测时,将每个观测值都给予相同的权数。但实际上,近期的观测值和远期的观测值对预测的重要性是不同的。加权移动平均法就是在预测时,对近期的观测值和远期的观测值赋予不同的权数后再进行预测。一般而言,当时间序列的波动较大时,最近期的观测值应赋予最大的权数,而比较远的时期的观测值赋予的权数则依次递减。当时间序列的波动不是很大时,对各期的观测值应赋予近似相等的权数,但所选择的各期的权数之和必须等于 1。

同样,对移动间隔(步长)和权数的选择,也应以预测精度来评定,即用均方误差来测度预测精度,选择一个均方误差最小的移动间隔和权数的组合。

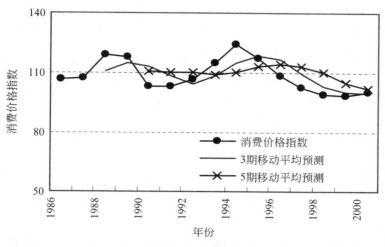

图 2.7.4　消费价格指数移动平均趋势

2. 指数平滑法

定义 2.7.10　指数平滑法是对过去的观测值加权平均进行预测的一种方法,该方法使得第 $t+1$ 期的预测值等于 t 期实际观测值与第 t 期的指数平滑值的加权平均值。

指数平滑法是加权平均的一种特殊形式,观测值时间越远,其权数也跟着指数的下降而下降,因而称为指数平滑。指数平滑法有一次指数平滑、二次指数平滑、三次指数平滑等,本节主要介绍一次指数平滑。

一次指数平滑法也称单一指数平滑,它只有一个平滑系数,而且当观测值离预测时期越久远时,权数变得越小。一次指数平滑是以一段时期的预测值与观测值的线性组合作为 $t+1$ 的预测值,其预测模型为

$$F_{t+1} = \alpha Y_t + (1-\alpha)F_t$$

式中,Y_t 为 t 时期的观测值;F_t 为 t 期的预测值;α 为平滑系数($0<\alpha<1$)。

由式可以看出,$t+1$ 的预测值是 t 期的实际观测值与 t 期的预测值的加权平均。由于在开始计算时还没有第一个时期的预测值 F_1,通常可以设 F_1 等于一期的实际观测值,即 $F_1=Y_1$。因此二期的预测值为

$$F_2 = \alpha Y_1 + (1-\alpha)F_1 = \alpha Y_1 + (1-\alpha)Y_1 = Y_1$$

三期的预测值为

$$F_3 = \alpha Y_2 + (1-\alpha)F_2 = \alpha Y_2 + (1-\alpha)Y_1$$

四期的预测值为

$$F_4 = \alpha Y_3 + (1-\alpha)F_3 = \alpha Y_3 + \alpha(1-\alpha)Y_2 + (1-\alpha)(1-\alpha)Y_1$$

以此类推。可见任何预测值 F_{t+1} 都是以前所有的实际观察值的加权平均。尽管如此,并非所有的过去的观察值都需要保留,以用来计算下一期的预测值。实际上,一旦选定平滑系数 α,只需要两项信息就可以计算预测值。预测模型公式表明,只要知道 t 期的实际观测值 Y_t 与 t 期的预测值 F_t,就可以计算 $t+1$ 的预测值。

对指数平滑法的预测精度,同样可用误差均方来衡量。为此,预测模型公式写成下面的形式:

$$F_{t+1} = \alpha Y_t + (1-\alpha)F_t$$
$$= \alpha Y_t + + F_t - \alpha F_t$$
$$= F_t + \alpha(Y_t - F_t) \quad \text{调整的 } t \text{ 期}$$

可见,F_{t+1} 是 t 期的预测值 F_t 加上用 α 调整的 t 期的预测误差 $(Y_t - F_t)$。

使用指数平滑法时,关键问题是确定一个合适的平滑系数 α。因为不同的 α 会对预测结果产生不同的影响。例如,当 $\alpha=0$ 时,预测值仅仅是重复上一期的预测结果;当 $\alpha=1$ 时,预测值就是上一期实际值。α 越接近 1,模型对时间序列变化的反应就越慢。一般而言,当时间序列有较大的随机波动时,宜选择较大的 α 值,以便能很快跟上近期的变化;当时间序列比较平稳时,宜选较小的 α 值。但实际应用时,还应考虑预测误差。这里仍用均方误差来衡量预测误差的大小,确定 α 时,可选择几个 α 进行预测,然后找出预测误差最小的作为最后的 α 值。

此外,与移动平均法一样,一次指数平滑法也可以用于对时间序列进行修匀,以消除随机波动,找出序列的变化趋势。

例题 2.7.2　对居民消费价格指数数据,选择适当的平滑系数 α,采用 Excel 软件进行指数平滑预测,计算出预测误差,并将原序列和预测后的序列绘制成图形进行比较。

用 Excel 软件进行指数平滑预测方法如下。

第 1 步:选择"工具"下拉菜单。

第 2 步:选择"数据分析"选项,并选择"指数平滑"选项,然后单击"确定"按钮。

第 3 步:当"指数平滑"对话框出现时,在"输入区域"中输入数据区域;在"阻尼系数"(注意:阻尼系数=1-平滑常数 α)指定加权系数;单击"确定"按钮。

用 Excel 软件进行指数平滑预测的结果如图 2.7.5,图 2.7.6 所示。

用 Excel 软件进行指数平滑预测结果的趋势图。

	A	B	C	D	E	F	G	H
1	年份	消费价格指数	α=0.5	误差平方	α=0.7	误差平方	α=0.9	误差平方
2	1986	106.5						
3	1987	107.3	106.5	0.6	106.5	0.6	106.5	0.6
4	1988	118.8	106.9	141.6	107.1	137.8	107.2	134.1
5	1989	118.0	112.9	26.5	115.3	7.4	117.6	0.1
6	1990	103.1	115.4	151.9	117.2	198.3	118.0	220.9
7	1991	103.4	109.3	34.4	107.3	15.4	104.6	1.4
8	1992	106.3	106.3	0.0	104.6	3.3	103.5	8.3
9	1993	114.7	106.4	69.5	105.9	78.3	106.1	73.8
10	1994	124.1	110.5	184.1	112.0	145.3	113.8	105.2
11	1995	117.1	117.3	0.0	120.5	11.5	123.1	35.7
12	1996	108.3	117.2	79.4	118.1	96.3	117.7	88.3
13	1997	102.8	112.8	99.1	111.2	71.3	109.2	41.5
14	1998	99.2	107.8	73.6	105.3	37.6	103.4	18.0
15	1999	98.6	103.5	23.9	101.0	6.0	99.6	1.0
16	2000	100.4	101.0	0.4	99.3	1.1	98.7	2.9
17	2001		100.7		100.1		100.2	
18	合计	—	—	884.9	—	810.3	—	731.9

图 2.7.5　用 Excel 软件进行指数平滑预测的结果

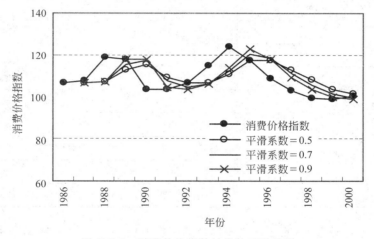

图 2.7.6　消费价格指数的指数平滑趋势

第 4 节　案　例　题

利兴铸造厂产品成本分析

　　最近几年利兴铸造厂狠抓成本管理,为提高经济效益,在降低原材料和能源消耗、提高劳动生产率以及增收节支等方面,取得了显著成绩,单位成本明显下降,基本扭转了亏损局面。但是各月单位成本起伏很大,有的月份盈利多,有的月份盈利少甚至亏损。为了控制成本波动,并指导今后的生产经营,利兴铸造厂统计部门进行了产品成本分析。

首先,研究单位成本与产量的关系(表 2.7.1)。

表 2.7.1   铸铁件产量及单位成本

时间	铸铁件产量/吨	单位产品成本/元	出厂价/元/吨
上年 1 月	810	670	750
2 月	547	780	750
3 月	900	620	750
4 月	530	800	750
5 月	540	780	750
6 月	800	675	750
7 月	820	650	730
8 月	850	620	730
9 月	600	735	730
10 月	690	720	730
11 月	700	715	730
12 月	860	610	730
今年 1 月	920	580	720
2 月	840	630	720
3 月	1 000	570	720

从表 2.7.1 可以看出,铸铁件单位成本波动很大,在 15 个月中,最高的上年 4 月单位成本达 800 元,最低的今年 3 月单位成本为 570 元,全距是 230 元。上年 2、4、5、9 月 4 个月成本高于出厂价,出现亏损,而今年 3 月毛利率达到 20.8% $\left(\dfrac{720-570}{720}\times 100\%\right)$。

成本波动大的原因是什么呢?从表 2.7.1 可以发现,单位成本的波动与产量有关。上年 4 月成本最高,而产量最低;今年 3 月成本最低,而产量最高;去年亏损的 4 个月中,产量普遍偏低。这显然是一个规模效益问题。在成本构成中,可以分为变动成本和固定成本两部分。根据利兴铸造厂的实际情况,变动成本主要包括原材料及能源消耗、工人工资、销售费用、税金等;固定成本主要包括折旧费用、管理费用和财务费用。在财务费用中,绝大部分是贷款利息,由于贷款余额大,在短期内无力偿还,所以每个月的贷款利息支出基本上是一项固定支出,不可能随产量的变动而变动,故将贷款利息列入固定成本之中。从目前情况看,在成本构成中,固定成本所占比重较大,每月产量大,分摊在单位产品中的固定成本就小;如果产量小,分摊在单位产品中的固定成本就大,所以每月产量的多少直接影响单位成本的波动。为了论证单位成本与产量之间是否存在相关关系,并找出其内在规律以指导今后的工作,现计算相关系数,并建立回归方程。相关系数为

$$r = -0.98$$

计算结果表明,单位成本与产量之间存在着高度负相关,相关系数为 -0.98。设各月产量为自变量 x,单位成本为因变量 y,则有直线方程式

$$\hat{y} = \hat{\alpha} + \hat{\beta}x$$

可得结果为

$$\hat{y} = 1\,049 - 0.49x$$

计算结果表明,铸铁件产量每增加 1 吨,单位成本可以下降 0.49 元。设某月产量 x 为 1 100 吨,则单位产品成本

$$\hat{y} = 1\,049 - 0.49 \times 1\,100 = 510(元)$$

当 $x = 600$ 吨时,则

$$\hat{y} = 1\,049 - 0.49 \times 600 = 755(元)$$

设月产量 x 为 700 吨,则单位成本为

$$\hat{y} = 1\,049 - 0.49 \times 700 = 706(元)$$

即月产量达到 700 吨以上的规模,按目前的出厂价格,可以保持较好的经济效益。

第 5 节　练　习　题

1. 表 2.7.2 是某产品上一年度月需求情况,试用移动平均法,分别按 $n=3$,$n=6$ 逐期作出预测,并作出上年实际需求和下年预测曲线。

表 2.7.2　某产品上一年度月需求情况

月　份	1	2	3	4	5	6	7	8	9	10	11	12
需求/万件	16	14	12	15	18	21	23	24	25	26	37	38

2. 设某公司的平均股票价格在过去的 12 个月中情况如表 2.7.3 所示,分别用 2、4、6 期的移动平均逐月预测该公司的股票平均价格,说明这种预测是否能反映实际情形。

表 2.7.3　某公司平均股票价格

月　份	1	2	3	4	5	6	7	8	9	10	11	12
股价/元	100	50	20	150	110	55	25	140	95	45	30	145

3. 表 2.7.4 所示的时间序列在第三个月时,需求有一个明显的跳跃式上升。假定初始预测值为 500,取 α 为不同的值,比较按照指数平滑预测的结果。

表 2.7.4   某产品月需求量

月 份	1	2	3	4	5	6	7	8	9	10	11	12
实际值	480	500	1 500	1 450	1 550	1 500	1 480	1 520	1 500	1 490	1 500	

4. 设在过去的 10 个月中,一家钢铁公司的某部门用电量与钢产量有关,具体数据如表 2.7.5 所示。

表 2.7.5   钢铁公司的钢产量与用电量

钢产量 x/百吨	15	13	14	10	6	8	11	13	14	12
用电量 y/百度	105	99	102	83	52	67	79	97	100	93

(1) 画出散点图,观察电力消耗与钢产量之间的关系。

(2) 求出线性回归线。

(3) 如果要每月生产 2 000 吨钢铁,预测该部门需要用多少电量。

5. 简述时间序列的各构成要素。

6. 简述平稳序列和非平稳序列的含义。

7. 简述指数平滑法的基本含义。

8. 表 2.7.6 是 1981—2000 年我国油菜籽单位面积产量数据。

表 2.7.6   1981—2000 年我国油菜籽单位面积产量   单位:kg/hm²

年份	单位面积产量	年份	单位面积产量	年份	单位面积产量
1981	1 451	1988	1 020	1995	1 416
1982	1 372	1989	1 095	1996	1 367
1983	1 168	1990	1 260	1997	1 479
1984	1 232	1991	1 215	1998	1 272
1985	1 245	1992	1 281	1999	1 469
1986	1 200	1993	1 309	2000	1 519
1987	1 260	1994	1 296		

(1) 绘制时间序列图描述其形态。

(2) 用五期移动平均法预测 2001 年的单位面积产量。

(3) 采用指数平滑法,分别用平滑系数 $\alpha=0.3$ 和 $\alpha=0.5$ 预测 2001 年的单位面积产量,分析预测误差,说明用哪一个平滑系数预测更合适。

9. 表 2.7.7 是一家旅馆过去 18 个月的营业额数据。

表 2.7.7   旅馆营业额数据　　　　　　　　　单位:万元

序号	营 业 额	序号	营 业 额	序号	营 业 额
1	295	7	381	13	449
2	283	8	431	14	544
3	322	9	424	15	601
4	355	10	473	16	587
5	286	11	470	17	644
6	379	12	481	18	660

（1）用三期移动平均法预测第 19 个月的营业额。

（2）采用指数平滑法,分别用平滑系数 $\alpha=0.3$,$\alpha=0.4$ 和 $\alpha=0.5$ 预测各月的营业额,分析预测误差,说明用哪一个平滑系数预测更合适。

（3）建立一个趋势方程预测各月的营业额,计算出估计标准误差。

第3篇

Part 3

排　队　论

排队是我们在日常生活中经常遇到的现象。有些排队是有形的,如车站上等待买票的旅客;有些排队是无形的,例如电话交换机接到的电话呼叫。不论是哪一种排队,它们都有一种共同的要求,就是要求接受某种服务,并且顾客的到来是随机的。排队论、队论、等候理论和随机服务系统理论是同义词,是研究系统拥挤现象和排队现象,以在服务机构的设施和顾客的等待服务时间之间取得平衡,从而决定服务设施最佳数量的一种科学技术,最终实现高质量、低成本的服务和管理。

排队论发源于20世纪初。当时美国贝尔电话公司发明了自动电话,以适应日益繁忙的工商业电话通信需要。这个新发明带来了一个新问题,即通话线路与电话用户呼叫的数量关系应如何妥善解决,这个问题久久未能解决。1905年丹麦数学家埃尔浪(A. K. Erlang)发表了"概率与电话通话理论",开创了排队论的历史。20世纪70年代,排队论又开辟了在计算机系统中应用的新领域。第二次世界大战期间,排队论逐渐推广到机器维修管理、陆空交通管理等方面。直到1951年以后,才在理论上奠定基础,并在应用方面获得很大的发展。

目前,排队论不仅应用于工业、工程(如水库)、军事、交通运输、服务性行业等的规划和管理,还促进了可靠性理论、库存论和电子计算机设计的发展。此外,排队论对于随机过程理论作出了很大的贡献,并向物理学提供了思路、概念和方法。排队论有其广泛发展的前景。

第 **8** 章
数学定义与基本定理

第1节　为什么排队——排队系统

排队系统的形成是由于在某特定时间内,到达服务设施的顾客超过服务设施的服务能力,不能立即得到服务而需排队等候,于是出现了等候线。顾客参与等候的那一时刻称为到达时间,从到达时间起到接受服务这一段时间称为等候时间,服务设施提供服务所需的时间称为服务时间,顾客于服务完成后即行离去。顾客从到达到离去的过程构成排队系统。

图3.8.1是服务过程的一般模型,各个顾客由顾客源(总体)出发,到达服务机构前,等待接受服务,先到先服务,服务完成就离开了。当等待服务设施的顾客超过服务设施的能力时就出现了等候线。

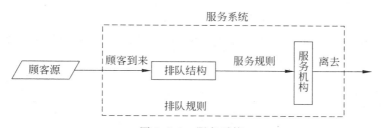

图3.8.1　服务系统

在种种可能形成等候线的情况中,都有某种输入(顾客)来到服务设施接受服务,其到达速率是不规则的随机变量,而且服务时间的长短也是不规则的随机分配。因此,服务设施的容量设计是一个管理悖论:容量太大了,则造成服务设施的闲置和浪费;容量太小了,则造成排队现象严重或顾客的不满。

排队论就是通过分析研究服务对象与服务设施之间的动态关系,获得可靠的数据,借以提供适量的服务设施来适应随机的到达速率,也就是谋求设施闲置的浪费与等候的费用之间的平衡,并控制这两种成本在最低的水平。

第 2 节　排队系统的共性与特征

1. 排队系统的共性

排队系统情况极为复杂：服务对象种类繁多，到达的来源有有限和无穷之别，到达时间的分布和间隔各不相同，服务线有多有少，服务的方法、内容和时间互不一致。例如，排队的规则有先到先服务、后到先服务、随机服务、优先照顾、强占先服务等，五花八门，不胜枚举。尽管有种种差异，任一排队系统都包含三个构成因素：等候线的长度，等待时间，服务质量。

为了提高服务水准和改进经济效果，管理人员必须分析系统中（包括在服务设施中的和等待进入设施的）顾客的种种动态，特别是等候线的长度及其变化、服务设施使用的百分率、总的服务时间（等候时间加服务时间），然后才能进一步从理论上探讨问题和解决问题。

2. 排队系统的组成与特征

一般的排队系统有三个组成部分：输入过程，排队规则，服务机构。

1）输入过程

对顾客的到来，应了解其到来的方式；顾客相继到来的时间间隔可以是确定的，也可以是随机的；顾客的到达可以是相互独立的，也可以是有关联的，这些称为输入过程。它是一个服务系统启动的依据。本章我们讨论的是顾客的到来是相互独立的、平稳的、随机型的输入过程。这里所谓平稳的是指描述相继到达的间隔时间分布和所含参数（如期望值、方差等）都是与时间无关的。

2）排队规则

排队规则是指排队所遵循的规则，如按顾客对等待的态度可区分为即时制或称损失制（若服务台忙，顾客可立即离去）和等待制。顾客接受服务规则是指顾客接受服务的次序，如先到先服务、后到先服务、优先权服务和随机服务等。

3）服务机构

服务台的数目、服务台的排列（并列还是串列等，如图 3.8.2 所示）称为服务设施的容量（capacity）。顾客接受服务时间，可分为确定型和随机型的，和输入过程一样，本书讨论的是平稳的情况。

若按上述排队系统的特征讨论问题时，考虑不能太细。因而必须抓住对问题影响最大的三个因素：①顾客相继到达的间隔时间分布；②服务时间分布；③服务台个数。

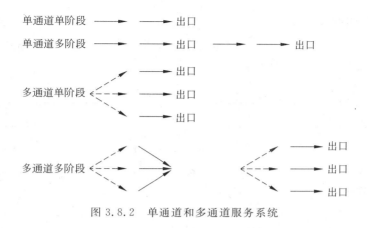

图 3.8.2　单通道和多通道服务系统

第 3 节　排队问题的求解目标

上述三要素是解决排队问题的出发点,解决排队问题的目的是研究服务系统的运行效率,估计服务质量,决定系统的结构和管理是否合理,研究改进措施等,故必须确定用以判断系统运行的基本数量指标,解决排队问题就是要给出以下这些数量指标。

(1) 队长(等待线长度)指系统中的顾客数,它的期望值记作 L_s;排队长是指在系统中等待服务的顾客数,它的期望值记作 L_q;并有系统中顾客 L_s = 等待服务的顾客 L_q + 正被服务的顾客 L_s;一般 L_s(或 L_q)越大,说明服务率越低。

(2) 逗留时间指一个顾客在系统中停留的时间,它的期望值记作 W_s;等待时间是指一个顾客在系统中排队等待的时间,它的期望值记作 W_q。

(3) 忙期指从顾客到达空闲服务机构起,到服务机构再次空闲止的这段时间长度,它关系到服务员的工作强度和服务机构效率以及服务设施闲置时间等指标。

此外由于顾客拒绝等待(损失制)而使企业受损失的损失率以及服务强度等都是很重要的指标。

第 4 节　顾客到达间隔的分布和服务时间的分布

解决排队问题首先要根据原始资料得到顾客到达时间和服务时间的经验分布,然后按照统计学方法(如 χ^2 检验法)以确定其适合于哪种理论分布,并估计它的参数。

1．到达时间间隔 T 的分布

例题 3.8.1   大连港区 1979 年载货 500 吨以上轮船共到达 1 271 艘（不包括定期到达的船舶），到达统计分布表列于表 3.8.1 上。

表 3.8.1   船舶到达统计分布表

船舶到达数(n)	天数	频率(f_m)	船舶到达数(n)	天数	频率(f_m)
0	12	0.033	6	26	0.071
1	43	0.118	7	19	0.052
2	64	0.175	8	4	0.011
3	74	0.203	9	2	0.005
4	71	0.195	10 以上	1	0.003
5	49	0.134	合计	365	1

其经验分布如图 3.8.3 所示。

$$平均到达率 = \frac{到达总数}{总天数} = \frac{1\ 271}{365} = 3.48（艘／天）$$

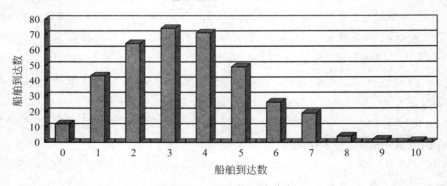

图 3.8.3   到达数经验分布

下面介绍常用的几个理论分布。

1）泊松（Poisson）流（t 时间内到达顾客的分布——泊松分布）

设 $N(t)$ 表示在时间区间 $[0,t]$ 内到达的顾客数（$t>0$），令 $P_n(t_1,t_2)$ 表示在时间区间 $[t_1,t_2]$（$t_2>t_1$）内有 $n(n\geqslant 0)$ 个顾客到达（这当然是随机事件）的概率，即

$$P_n(t_1,t_2) = P(N(t_2) - N(t_1) = n)$$

当 $P_n(t_1,t_2)$ 符合下列三条件时，我们说顾客的到达形成泊松流。

（1）在不相重叠的时间区间上，顾客到达数是相互独立的。我们称该性质为无后

效性。

（2）对充分小的 Δt，在时间区间 $[t,t+\Delta t]$ 内有 1 个顾客到达的概率与 t 无关，而约与区间长 Δt 成正比，即

$$p_1(t,t+\Delta t) = \lambda \Delta t + o(\Delta t)$$

（3）对于充分小的 Δt，在时间区间 $[t,t+\Delta t]$ 内有 2 个或 2 个以上顾客到达的概率极小，以致可以忽略，即

$$\sum_{n=2}^{\infty} P_n(t,t+\Delta t) = o(\Delta t)$$

记 $P_n(0,t)=P_n(t)$ 表示从 0 时刻起到 t 时刻有 n 个顾客到达的概率，也就是长为 t 时间区间上到达 n 个顾客的概率。那么有

$$P_n(t) = \frac{(\lambda t)}{n!} e^{-\lambda t} \quad t>0(\lambda \text{ 是参数})$$

$$P_0(t) = e^{-\lambda t} \quad (n=0,1,2,\cdots) \tag{3.8.1}$$

随机变量 $N(t)$ 服从泊松分布，它的数学期望 $E[N(t)]$ 和方差 $\mathrm{Var}[N(t)]$ 分别是

$$E[N(t)] = \lambda t; \quad \mathrm{Var}[N(t)] = \lambda t$$

分析例题 3.8.1 的船舶到达数，经过检验，可以认为它是符合参数 $\lambda=3.5$ 的泊松分布的。

2）顾客相继到达的时间间隔 T 的分布（负指数分布）

当输入过程是泊松流时，我们研究顾客相继到达的时间间隔 T（为随机变量）的概率分布。

设 T 的分布函数为 $F_T(t)$，那么

$$F_T(t) = \sum_{r=1}^{\infty} P_r(t) \quad (T \leqslant t) \quad r>0$$

$$F_T(t) = 1 - P_0(t) = 1 - e^{-\lambda t}$$

这个概率也是在 $[0,t]$ 区间上至少有一个顾客到达的概率。而概率密度

$$f_T(t) = \frac{\mathrm{d}F_T(t)}{\mathrm{d}t} = \lambda e^{-\lambda t} \quad t>0 \quad \lambda>0 \tag{3.8.2}$$

即到达时间间隔 T 服从负指数分布，T 的数学期望和方差分别为

$$E(T) = \frac{1}{\lambda}; \quad \mathrm{Var}(T) = \frac{1}{\lambda^2}$$

由式（3.8.1）得到单位时间平均到达的顾客数为 λ，故 $\frac{1}{\lambda}$ 表示相继顾客到达的平均间隔时间，这正好和 $E(T)$ 的意义相吻合，此时我们称顾客按泊松（Poisson process）过程到达。

2. 服务时间 S 的分布

1）负指数分布

一个顾客的服务时间也就是在忙期相继离开系统的两顾客的间隔时间，一般也服从负指数分布（图 3.8.4）。设它的分布函数和概率密度分别是

$$F_s(t) = 1 - e^{-\mu t} \quad f_s(t) = \mu e^{-\mu t} \tag{3.8.3}$$

$$E(S) = \frac{1}{\mu} \quad \mathrm{Var}(S) = \frac{1}{\mu^2} \tag{3.8.4}$$

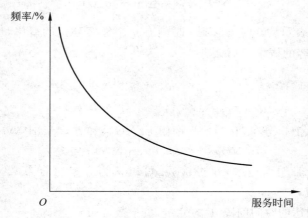

图 3.8.4　服务时间 S 服从负指数分布

其中，μ 表示单位时间能被服务完的顾客数（期望值），称为平均服务率，而 $\frac{1}{\mu} = E(S)$ 表示一个顾客平均服务时间，在排队论中"平均"就是指概率论中的期望值，这里比值

$$\rho = \frac{\lambda}{\mu} \tag{3.8.5}$$

具有重要意义，它是相同时间区间上顾客到达的平均数与被服务的平均数之比。它是刻画服务效率和服务机构利用程度的重要标志，我们称 ρ 为服务强度或服务因子。

2）爱尔朗（Erlang）分布

设 $S_1, S_2, \cdots, S_k$ 是 k 个相互独立的随机变量，服从相同参数 μk 的负指数分布，那么

$$S = S_1 + S_2 + \cdots + S_k$$

的概率密度是

$$b_k(t) = \frac{\mu k (\mu k t)^{k-1}}{(k-1)!} e^{-\mu k t} \quad (t > 0) \tag{3.8.6}$$

我们说 S 服从 k 阶爱尔朗分布，并有

$$E(S) = \frac{1}{\mu} \quad \mathrm{Var}(S) = \frac{1}{(k\mu)^2} \tag{3.8.7}$$

　　例如,假设有 k 个串联的服务台,每台服务时间相互独立,服从相同的负指数分布(参数为 $k\mu$),那么每个顾客走完这 k 个服务台,总共所需要的服务时间就服从上述 k 阶爱尔朗分布。

　　爱尔朗分布比指数分布有更大的适应性。当 $k=1$ 时,爱尔朗分布化为负指数分布,这可看成是完全随机的。当 k 增大时其分布图逐渐变为对称的,当 $k \geqslant 30$ 时,近似于正态分布,当 $k \to \infty$ 时,$\mathrm{Var}(S) \to 0$。因此这时的爱尔朗分布化为确定型分布(图 3.8.5),所以一般的爱尔朗分布可看成完全随机与完全确定型的中间型。

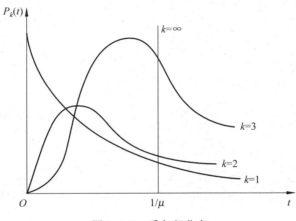

图 3.8.5　爱尔朗分布

3. 排队模型 Kendall 分类

　　根据排队问题的三个主要因素:顾客相继到达的时间间隔分布,服务时间分布,并列服务台的情形,D. G. Kendall 提出了一个分类方法,现在已比较广泛地被采用了,一个服务系统用符号形式

$$X/Y/Z$$

表示,其中:

　　X 表示相继到达时间间隔的分布;

　　Y 表示服务时间的分布;

　　Z 表示并列的服务台的数目。

　　各种分布的符号如下。

　　M——负指数分布(M 是 Markov 字头,负指数分布具有 Markov 无记忆性)。

　　D——确定性(Deterministic)分布。

　　E_k——k 阶爱尔朗(Erlang)分布。

　　GI——一般相互独立(General Independent)的随机分布。

G———一般(General)随机分布。

例如 $M/M/1$ 表示相继到达间隔时间为负指数分布,服务时间为负指数分布,单一服务台(即单通道)的模型;$D/M/C$ 表示确定的到达间隔,服务时间为负指数分布,C 个平行服务台(多通道但顾客是一队)的模型。还有一些没有表示出的特征,将在讨论各问题时具体提出。

第 9 章

算法例题案例

第 1 节　单通道排队模型

1. 标准的 $M/M/1$ 模型

标准的 $M/M/1$ 模型,是指适合于下列条件的服务系统。

(1) 输入过程:客源是无限的,顾客单个到来,相互独立,一定时间的到达数服从泊松分布,到达间隔时间服从负指数分布 $f_T(t) = \lambda e^{\lambda t}\ t > 0$,到达过程是平稳的。

(2) 排队机构:单队,队长没有限制,先到先服务。

(3) 服务机构:单服务台,各顾客的服务时间是相互独立的,服从相同的负指数分布

$$f_s(t) = \mu e^{-\mu t}\quad t > 0$$

记 $\lim_{t \to \infty} P_n(t) = P_n$, $\rho = \dfrac{\lambda}{\mu} < 1$(否则队列将排至无限长),那么有

$$\begin{cases} P_0 = 1 - \rho \\ P_n = (1 - \rho)\rho^n \end{cases} \tag{3.9.1}$$

由此可见,稳定概率只和服务因子有关,而与 λ 和 μ 的绝对数值无关。并可得到

(1) 系统中平均顾客数

$$L_s = \sum_{n=1}^{\infty} n p_n = \frac{\rho}{1 - \rho}\quad 0 < \rho < 1\quad 或\quad L_s = \frac{\lambda}{\mu - \lambda}$$

(2) 在队列中等待的平均顾客数

$$L_q = L_s - \rho = \frac{\rho^2}{1 - \rho}.$$

(3) 系统中顾客逗留时间期望值

$$W_s = \frac{1}{\mu - \lambda}$$

(4) 在队列中顾客等待时间的期望值

$$W_q = W_s - \frac{1}{\mu} = \frac{\rho}{\mu - \lambda}$$

以上四个量的相互关系是

$$
\begin{cases}
L_s = \lambda W_s & L_q = \lambda W_q \\
W_s = W_q + \dfrac{1}{\mu} & L_s = L_q + \dfrac{1}{\mu}
\end{cases}
\qquad (3.9.2)
$$

（5）系统处在空闲状态的概率

$$P_0 = 1 - \rho$$

所以系统处于忙期的概率

$$P(N > 0) = 1 - P_0 = \rho$$

（6）在繁忙状态下队列中顾客平均数

$$L_b = \frac{L_q}{P(N > 0)} = \frac{\lambda}{\mu - \lambda}$$

顾客平均等待时间（即繁忙时顾客必须等待时间）

$$W_b = \frac{W_q}{P(N > 0)} = \frac{1}{\mu - \lambda}$$

（7）各忙期的平均长度

$$\bar{B} = \frac{\rho}{1 - \rho} \cdot \frac{1}{\lambda} = \frac{1}{\mu - \lambda}$$

（8）一个忙期所服务的顾客平均数

$$L_B = \frac{1}{1 - \rho}$$

不同的服务规则（先到先服务、后到先服务、随机服务）的不同点主要反映在等待时间的分布函数不同，只要期望值是相同的，以上公式对三种服务规则均适用（但对有优先权规则不适用）。

此外还可考虑系统容量有限制，客源有限等各种情形。

2. 服务时间为一般随机分布的 $M/G/1$ 模型

$M/G/1$ 模型是指适合于下列条件的服务系统。

（1）到达是随机的，顾客到达间隔时间服从负指数分布。

（2）服务时间为服从一般分布的随机变量，期望值 $E(S)$，方差 $\mathrm{Var}(S)$ 已知。

（3）只有一条通道。

（4）排队规则是单队，队长无限制，先到先服务。

（5）分布是平稳的。

在上述条件下，Pollaczek-Khink chine 得到公式（P－K 公式）

$$L_s = \rho + \frac{\rho^2 + \lambda^2 \mathrm{Var}(S)}{2(1-\rho)} \tag{3.9.3}$$

其中，$\rho = \lambda E(S)$

利用关系式

$$\begin{cases} L_s = L_q + L_{\bar{s}} \\ W_s = W_q + E(S) \\ L_s = \lambda W_s \\ L_q = \lambda W_q \end{cases}$$

其中，$L_{\bar{s}}$ 为服务机构中的顾客数。上面 7 个数中只要知道 3 个就可以把其余的都求出来。

例题 3.9.1　有一汽车冲洗台，前来冲洗的汽车按平均每小时 18 辆的泊松分布到达，冲洗时间为正，根据过去经验为 $E(S) = 0.05$ 小时/辆，方差 $\mathrm{Var}(S) = 0.01$，求各运行指标并对服务机构进行评价。

解：$\lambda = 18$ 辆/小时　$\rho = \lambda E(S) = 18 \times 0.05 = 0.9$

$$L_s = 0.9 + \frac{(0.9)^2 + 18^2 \times 0.01}{2 \times (1-0.9)} = 21.15（辆）\quad L_s = 0.9 + \frac{(0.9)^2 + 18^2 \times 0.05}{2 \times (1-0.9)} = 85.95（辆）$$

$$W_s = 21.15/18 = 1.175（小时）\quad W_s = 85.95/18 = 4.775（小时）$$

$$W_q = 1.175 - 0.05 = 1.125（小时）\quad W_q = 4.775 - 0.05 = 4.725（小时）$$

$$L_q = 18 \times 1.125 = 20.25（辆）\quad L_q = 18 \times 4.725 = 85.05（辆）$$

这些指标表明，这个服务机构是很难会令顾客满意的，因为

$$R = W_q/E(S) = 1.125/0.05 = 22.5 \quad （R 称为损失系数）$$

$$R = W_q/E(S) = 4.725/0.05 = 94.5$$

即平均等待时间是服务时间的 22.5 倍！

3. $G/G/1$ 模型

对 $G/G/1$ 模型，到达的时间间隔分布及服务时间的分布均是一般分布，服务机构只有一个通道，服务方式是先到先服务，分布是平稳的。

设到达时间间隔分布的期望值为 $E(T)$，方差为 $\mathrm{Var}(T)$，服务时间分布的期望值为 $E(S)$，方差为 $\mathrm{Var}(S)$，令

$$\rho = \frac{E(S)}{E(T)}$$

那么应有 $\rho < 1$。

由 P－K 公式可得系统中平均顾客数

$$L_s = \rho + \frac{\rho^2 \cdot \dfrac{\mathrm{Var}(T)}{E^2(T)} + \dfrac{\mathrm{Var}(S)}{E^2(T)}}{2(1-\rho)} \tag{3.9.4}$$

并且有

$$
\begin{cases}
L_s = L_q + L_{se} \\
W_s = W_q + E(S) \\
L_s = \dfrac{W_s}{E(T)} \\
L_q = \dfrac{W_q}{E(T)}
\end{cases}
\tag{3.9.5}
$$

第 2 节　复通道排队模型

1. 标准的 M/M/C 模型

该模型除服务台个数为 C 以外,其他各种特征规定与 $M/M/1$ 相同,其服务系统如图 3.11.1 所示。

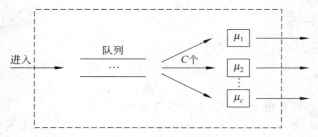

图 3.11.1　$M/M/C$ 服务系统

我们规定服务台的工作是相互独立的,且平均服务率(单位时间服务完的顾客数)相同,即 $\mu_1 = \cdots = \mu_c = \mu$,故整个机构的平均服务率为 C_μ,只有当 $\left[\dfrac{\lambda}{C_\mu}\right] < 1$ 时才不会排成无限长的队列。令

$$
\rho = \frac{\lambda}{\mu}
\tag{3.9.6}
$$

称 $\dfrac{\rho}{C}$ 为这个系统的服务强度或服务台的平均利用率。

对于 $M/M/C$ 系统可以得到下述结论:

(1) 平均队长 $L_s = L_q + \rho$

$$
L_q = \frac{\left(\dfrac{\lambda}{\mu}\right)^c \cdot \lambda \cdot \mu}{(C-1)!\,(C_\mu - \lambda)^2} \cdot p_0
$$

其中,空闲概率

$$p_0 = \left[\sum_{n=0}^{C-1} \frac{\left(\frac{\lambda}{\mu}\right)^n}{n!} + \frac{\left(\frac{\lambda}{\mu}\right)^C \cdot \mu}{(C-1)!(C_\mu - \lambda)} \right]^{-1}$$

$$p_n = \begin{cases} \dfrac{1}{n!}\left(\dfrac{\lambda}{\mu}\right)^n p_0 & n \leqslant C \\[3mm] \dfrac{1}{C!\,C^{n-C}}\left(\dfrac{\lambda}{\mu}\right)^n p_0 & n > C \end{cases} \qquad (3.9.7)$$

（2）平均等待时间和逗留时间为

$$W_q = \frac{L_q}{\lambda}$$

$$W_s = W_q + \frac{1}{\mu} = \frac{L_s}{\lambda} \qquad (3.9.8)$$

例题 3.9.2　某售票处有 3 个窗口,顾客的到达均服从泊松流,平均到达率为每分钟 0.9 个(即 $\lambda = 0.9$ 个/分钟),售票所用时间服从负指数分布,平均服务率为每分钟 0.4 个(即 $\mu = 0.4$ 个/分钟)。现设顾客到达后排成一队,依次向空闲的窗口购票,如图 3.11.2(a)所示,这就是一个 $M/M/C$ 型的系统,其中 $C = 3$, $\frac{\lambda}{\mu} = 2.25$, $\frac{\rho}{C} = \frac{2.25}{3} < 1$,得

（1）整个售票处空闲概率

$$p_0 = 0.074\,8$$

（2）平均队长

$$L_q = \frac{2.25^3 \times 0.9 \times 0.4}{2!(3 \times 0.4 - 0.9)^2} \times 0.074\,8 = 1.70$$

（3）平均逗留时间

$$W_q = \frac{1.70}{0.9} = 1.89（分钟）$$

$$W_s = \frac{1.89 + 1}{0.4} = 4.39（分钟）$$

（4）顾客必须等待(即系统中顾客已有或超过 3 人,各服务台没空闲)的概率

$$P_{(n \geqslant 3)} = P_3 + P_4 + \cdots + P_\infty = \frac{2.25^3}{3!\,\frac{1}{4}} \times 0.074\,8 = 0.57$$

就此例子来说,如果顾客到达后,在每个窗口前排一队,进入队列后,队列保持不变,这就形成了 3 个队列(图 3.11.2(b)),那么,每个队列的平均到达率为

$$\lambda_1 = \lambda_2 = \lambda_3 = \frac{0.9}{3} = 0.3（分钟）$$

这相当于有 3 个 $M/M/1$ 系统。计算结果列于表 3.9.1 中。

表 3.9.1　**M/M/3 型与 3 个 M/M/1 型对比表**

模型 指标	M/M/3 型	（3 个）M/M/1 型
服务台空闲概率	0.074 8	0.25（每个子系统）
顾客必须等待的概率	$P_{(n \geq 3)} = 0.57$	0.75
平均队列长 L_q	1.70	2.25（每个子系统）
平均队长 L_s	3.95	9.00（整个系统）
平均逗留时间 W_s	4.39（分钟）	10（分钟）
平均等待时间	1.89（分钟）	7.5（分钟）

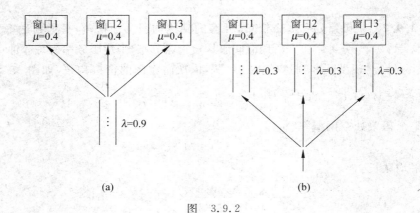

(a)   (b)

图　3.9.2

表 3.9.2　给出了 $M/M/C$ 中不同 C 下的等待时间因子 μL_q

表 3.9.2　**$M/M/C$ 中不同 C 下所对应 μL_q**

服务强度 $\mu L_q \quad \rho/C$	通　道　数					
	$C=1$	$C=2$	$C=3$	$C=4$	$C=5$	$C=10$
0.10	0.111 1	0.010 1	0.001 4	0.000 2	0.000 0	0.000 0
0.20	0.250 0	0.041 7	0.010 3	0.003 0	0.001 0	0.000 0
0.30	0.428 6	0.098 9	0.033 3	0.013 2	0.005 8	0.000 2
0.40	0.666 7	0.190 5	0.078 4	0.037 8	0.019 9	0.001 5
0.50	1.000 0	0.333 3	0.157 9	0.087 0	0.052 1	0.007 2
0.60	1.500 0	0.562 5	0.295 6	0.179 4	0.118 1	0.025 3

续表

服务强度 $\mu L_q \rho / C$	通 道 数					
	$C=1$	$C=2$	$C=3$	$C=4$	$C=5$	$C=10$
0.70	2.333 3	0.960 8	0.547 0	0.357 2	0.251 9	0.073 9
0.80	4.000 0	1.777 8	1.078 7	0.745 5	0.554 1	0.204 6
0.90	9.000 0	4.263 2	2.723 5	1.969 4	1.525 0	0.668 7
0.95	19.000 0	9.256 4	6.046 7	4.457 1	3.511 2	1.651 2

2. $G/G/C$ 模型

此时具有多个通道,且到达时间间隔及服务时间分布都是一般的,这种情形没有精确的数字公式,但当系统的服务强度很大(ρ 接近 100%)时有较精确的近似公式(其他情形下误差较大),它是用 $M/M/C$ 的结果进行调整得到的。

设到达间隔时间期望值 $E(T)$,方差 $\mathrm{Var}(T)$,服务时间的期望值 $E(S)$ 及方差 $\mathrm{Var}(S)$ 已知,以及已知用 $M/M/C$ 模型得到平均等待时间为 $W_q(M/M/C)$,那么 $G/G/C$ 的平均等待时间为

$$W_q = W_q(M/M/C) \left[\frac{\dfrac{\mathrm{Var}(T)}{E(T)^2} + \dfrac{\mathrm{Var}(S)}{E(S)^2}}{2} \right] \qquad (3.9.9)$$

队列平均长度为

$$L_q = \frac{W_q}{E(T)}$$

可以看到当到达时间间隔分布及服务时间分布均为负指数分布时,公式(3.9.9)是严格成立的。

最后,我们要指出,上述模型中,我们还可考虑系统容量 N 有限制以及顾客源有限的情形,有兴趣的读者可参阅有关书籍。

第3节　服务系统的经济分析

损失制系统是指当到达的顾客发现 C 个服务台全忙时,就离开系统,而不再接受服务,从而使该服务系统丢失部分工作机会。

考虑到达时间间隔 T 为负指数分布,服务时间 S 为一般分布,有 C 个服务台的情形,令服务强度 $\dfrac{\rho}{C} = \dfrac{E(S)}{CE(T)}$,那么损失率 P_c 为

$$P_C = \frac{\dfrac{(\rho)^C}{C!}}{\sum\limits_{k=0}^{C} \dfrac{(\rho)^k}{k!}} \qquad (3.9.10)$$

称为爱尔朗损失公式,可改写成

$$P_C = \frac{(\rho)^C}{C!} e^{-\rho} \left[\sum_{k=0}^{C} \frac{(\rho)^k}{k!} e^{-\rho} \right]^{-1} \qquad (3.9.11)$$

该式的优点在于可以利用泊松分布表来求 P_C:

服务台的平均占用个数为

$$N = \rho(1 - P_C)$$

当 $C=1$ 时(单通道)有

$$P_1 = \frac{\rho}{(1+\rho)}$$

当 $C=2$ 时

$$P_2 = \frac{\rho^2}{2 + 2\rho + \rho^2}$$

若 $C=1$, $\rho=1.50$, $P_1=0.60$;当 $C=2$ 时, $P_2=0.310$。

这说明增加一个服务台设施可以少损失 30% 左右的工作。

例题 3.9.3 某收费电话咨询台,输入过程为泊松过程,到达率为每小时 12 次,交谈的时间服从负指数分布,平均交谈时间为 5 分钟,若要使打不通电话的概率小于 0.05,问至少要设置几部电话机?

解:取时间单位为分钟,则有

$$\lambda = 12/60 = 0.2(次 / 分钟)$$
$$\mu = 1/5 = 0.2(次 / 分钟)$$
$$\rho = \frac{\lambda}{\mu} = 1$$

(注意在损失制中,由于系统不可能有等待,故不需要对 λ 和 μ 的取值加以限制。)

由式(3.9.11)求得

$$P_C = \frac{e^{-1}}{C!} \left[\sum_{k=0}^{C} \frac{e^{-1}}{k!} \right] < 0.05$$

取 $C=3$, $C=4$ 算出

$$P_4 = \frac{0.017}{0.996} = 0.017\ 1$$

$$P_3 = \frac{0.061}{0.981} = 0.062$$

故

$$P_4 < 0.05 < P_3$$

因此该咨询处至少要装四部电话才能使打不通电话的概率小于 0.05,此时平均占有电话机台数为

$$N = \rho(1 - P_C) = 1 - P_4 = 0.983(台)$$

第 4 节　案　例　题

银行窗口数量的优化

某银行现有窗口服务人员 4 名,经过统计分析每人平均 6 分钟可接待一位顾客,平均每 3 分钟有一位顾客到达。

则此排队模型的基本参数如下。

服务线数：$k = 4$。

到达率：$\lambda = 20$(人/小时)。

服务率(每线)：$\mu = 10$(人/小时)。

服务因子(每线)：$\rho = \dfrac{\lambda}{\mu} = 2$。

整个系统的服务因子：$\rho^* = \dfrac{\rho}{k} = 1/2$。

该行顾客的平均人数 T 可计算如下：

$$
\begin{aligned}
T &= 0 \times p_0 + 1 \times p_1 + 2 \times p_2 + 3 \times p_3 + \cdots \\
&= 0 \times 0.13 + 1 \times 0.26 + 2 \times 0.26 + 3 \times 0.18 + \cdots \\
&= 1.92(人)
\end{aligned}
$$

等候接待的顾客的平均人数

$$
\begin{aligned}
Q &= 1 \times p_5 + 2 \times p_6 + \cdots \\
&= 0.045 + 0.045 + \cdots \\
&= 0.17(人)
\end{aligned}
$$

由此可见,正在被服务的顾客人数

$$S = T - Q = 1.75(人)$$

每一顾客的平均等候时间

$$
\begin{aligned}
W &= 0 \times (p_0 + \cdots + p_3) + \left(\frac{1}{\mu}\right) p_1 + \frac{1}{\mu} p_5 + \cdots \\
&= 0.1 \times 0.09 + 0.2 \times 0.045 + \cdots \\
&= 0.037(小时)(2.22 分钟)
\end{aligned}
$$

必须等候的顾客平均等候时间为

$$W^* = \frac{W}{[1-(p_0+p_1+p_2+p_3)]}$$
$$= \frac{2.22}{0.17}$$
$$= 13.1(分钟)$$

这一等候系统运算参数在这类应用中是很重要的。因为顾客会因不耐久候而到别家铺子去,以致营业受到损失。

在许多场合,作业分析(OR)是在商店/政府机关正式对外开张/办公和选择职员确定之前要考虑的问题。作为全局决策过程的一个侧面,在上述例子中,假定有三个可能的方案可供权衡:

(1)保留原有 4 名职员;

(2)换成能力加倍的两名职员;

(3)换成能力减半的 8 名职员。

你的意见如何?

则第二个排队模型的基本参数如下。

服务线数:$k=2$。

到达率:$\lambda=20$(人/小时)。

服务率(每线):$\mu=20$(人/小时)。

服务因子(每线):$\rho=\dfrac{\lambda}{\mu}=1$。

整个系统服务因子:$\rho^*=\dfrac{\rho}{k}=1/2$。

那么,稳态概率可计算如下:

$$p_0 = 0.33 \quad p_1 = 1 \times p_0 = 1 \times 0.33 = 0.33$$
$$p_2 = (1/2) \times p_1 = (1/2) \times 0.33 = 0.17$$
$$p_3 = (1/2) \times p_2 = (1/2) \times 0.17 = 0.08$$
$$p_4 = (1/2) \times p_3 = (1/2) \times 0.08 = 0.04$$
$$\cdots$$

商店里顾客的平均数可计算为

$$T = 0 \times 0.33 + 1 \times 0.33 + 2 \times 0.17 + \cdots$$
$$= 1.36(人)$$

等候接待的顾客的平均人数将是

$$Q = 1 \times p_2 + 2 \times p_3 + 3 \times p_4 + \cdots$$
$$= 0.17 + 0.17 + 0.12 + \cdots$$
$$= 0.67(人)$$

虽然,总的拥挤情况好了一些,但顾客等候的平均人数却有所增加。每一顾客平均等候时间

$$W = 0 \times (p_0 + p_1) + \left(\frac{1}{\mu}\right) \times p_2 + \left(\frac{2}{\mu}\right) \times p_3 + \cdots$$
$$= 0.05 \times 0.17 + 0.10 \times 0.08 + 0.15 \times 0.04 + \cdots$$
$$= 0.043(小时)(2.6 分钟)$$

比"4 线服务系统"增加了 20%。

但是,必须等候的顾客平均等候时间是

$$W^* = \frac{W}{1 - (p_0 + p_1)}$$
$$= \frac{2.0}{0.33}$$
$$= 6.0(分钟)$$

分析:这比"4 线服务系统"大大缩短了。虽然,一个顾客在"2 线服务系统"中有更多的等候机会,但是他的平均等候时间却可缩短一半以上(6.0 分钟对比 13.1 分钟)。

以上两种方案可供选择,是以各个运算参数作为经济分析和经理部门决策性评价的依据。

而这种决定在很大程度上取决于有经验的营业员的工资比没有经验的营业员的工资多多少、整个拥挤情况改善后的利弊、必须等候的顾客的等候时间等因素。

上述单线等候系统的限制条件是稳定状态,而且在任何时候顾客的平均人数是固定的。但是,在现实情况中,这些条件不是普遍存在的。

例如,新设备的使用、新产品的推销等,则都是属于转化状态。有的系统虽然经过很长的时间,但永远不能达到稳定状态。

另外,上述各例都是当服务设施忙碌时,顾客平均到达率小于设施的平均服务率(即 $\lambda < \mu$)。但是,当 $\lambda > \mu$ 时,时间长久以后,理论上系统内顾客人数似乎会变成无穷大,而实际上,等候线到了一定的长度不可能再扩大,因为顾客是不耐久候的,也就是说,系统会被截断。因此,即使 $\lambda > \mu$,等候系统仍可以是稳定状态的。

第 5 节　练　习　题

1. 某医院手术室,根据病人来诊和完成手术时间的记录,任意抽查 100 个工作小时,如表 3.9.3 所示,又任意抽查了 100 个完成手术的病历所用时间 v(小时)出现的次数,如表 3.9.4 所示,计算:

（1）病人平均到达率及每次手术平均时间；

（2）病房中病人数；

（3）排队等待的病人数；

（4）病人在病房中逗留时间；

（5）病人排队等待的时间；

（6）系统中有 0,1,2,3,4,5 个病人的概率；

（7）如果医院管理人员认为使病人在医院平均耗费时间超过 2 个小时是不允许的，计算此时的平均服务率；

（8）如果 λ 保持不变，试确定 μ，使顾客损失率小于 4。

表 3.9.3   来诊病人数目

到达的病人数 n	出现次数 f_m	到达的病人数 n	出现次数 f_m
0	10	4	10
1	28	5	6
2	29	6 以上	1
3	16	合计	100

表 3.9.4   病人完成手术时间

为病人完成手术时间（小时）	出现次数	为病人完成手术时间（小时）	出现次数
0～0.2	38	0.8～1.0	6
0.2～0.4	25	1.0～1.2	5
0.4～0.6	17	1.2 以上	0
0.6～0.8	9	合计	100

2. 使用某银行取款机的人随机到来，平均到达速率为每小时 30 人。如果取款机的平均服务时间为每人 0.5 分钟，取款机前会排多长的队？如果平均服务时间变为 1.0、1.5 或 2.0 分钟，情况会是怎样？顾客平均在系统中花费多长时间？

3. 在一个火车站，顾客随机到来，平均每小时 20 人。单一的咨询处服务台服务每一顾客需要 2 分钟。求解这一排队问题的运行特征。

4. 在一个洗车中心，顾客随机到来，平均为每小时 25 个。该中心有 3 个洗车间，每间平均每小时可以为 10 个顾客提供服务。求解这一排队问题的运行特征。

第 4 篇

Part 4

模 拟 理 论

传说在 1 700 多年前的东汉时期,有人送给曹操一头大象。如何测定一头大象的重量呢? 有人建议要做一杆秤,说是砍一棵大树,但没有找到一棵那样的大树! 有人建议将大象杀掉,把它分割开来,以便称出它的重量。这时曹操仅 7 岁的儿子曹冲站了出来,令人把大象装在一只船上,并在船的外舷划一标志表明船下沉的水平,然后卸去大象,再用石块装上船,直到船下沉到原先的水平,这样,只要分批称石块的总重,就可求得大象的体重! 曹冲利用浮力原理用石块代替大象,这是一种模拟技巧。

模拟法除了经典式的方法以外,又发展了与电子计算机密切联系的计算机模拟,在内容、方法、理论,以至应用范围上发生了巨大的变化。对于现代管理学来说,模拟是属于数学计算的一种技巧,它是一种用模型(通常用数学模型)来简化问题或问题系统,来确认基本组成部分,并通过测试来寻求一个合理的(不一定是最好的)答案的方法。

第10章
数学定义和基本定理

模拟法由来已久,不是什么新的概念。它是用一个系统来表示另一个系统的某些功能的一种技巧,或者说是以试验的方式在所有可能替代物中进行选择的一种技巧。

模拟方法具有以下特点。

(1) 用模拟方法不是寻找问题的最优解,而是确定系统的运行情况。

(2) 模拟是要对系统的运行及其物资、财务情况的全过程进行研究。

(3) 模拟模型中有随机和概率分析,它包含了排队系统、投资系统以及风险分析模型。

在很多情形下,系统的不确定性起了关键作用。这使我们在模型中必须考虑随机性。例如,排队问题就带有随机性。排队问题通常可以用数学模型求解,但对于复杂的排队问题就需要用模拟方法去解决了。

通过和线性规划模型的比较可以看出两种模型的区别。考虑一个生产多种产品的工厂,应用线性规划方法是要得到一个最优生产安排,而模拟方法涉及的可能是工厂应如何运作才能完成所要求的生产计划。通过模拟要了解机器开动时间、等待时间和其他线性规划中得不到的详细过程。

第11章

算法例题案例

第1节　随机模拟——蒙特卡罗方法

模拟法包括:类似模拟、数字模拟、类似—数字混合模拟和蒙特卡罗法。在此简要介绍蒙特卡罗法。蒙特卡罗法是指依照某种预定概率分布而随机抽样的一种模拟技巧。这是美籍匈牙利科学家冯·诺依曼(J. Von Neumann,1903—1957)等在第二次世界大战中,为帮助物理学家解决中子动态问题时,所提议的一种求解方法。

蒙特卡罗法又称随机模拟法或统计试验法。它是现代数值方法中的一种重要方法。该法把问题化成一个概率模型(例如,随机向量、随机过程),使模型的若干数字特征(例如,数学期望等)与所要计算的量相重合,然后用抽样试验和统计方法求这些数字特征的估值,去近似地代替所求的量,并估计其误差或方差。

蒙特卡罗法解题的主要步骤如下:

(1) 对原求解问题建立简单而易于实现的概率模型;

(2) 产生所用的各种随机变量的抽样值;

(3) 进行模拟计算并估计其方差;

(4) 根据计算实践,进一步改进模型,设计降低方差的方法,加速模拟结果的收敛。

由于概率论的进展,随机抽样有了牢固的理论基础,又有了大功效高速计算机在模拟过程中可以迅速地进行随机选择,在决定样本量方面也有了改善,使蒙特卡罗法增进了可靠性。

例题 4.11.1　考虑下面问题:有一个用于卸货的仓库,货车晚上到达,白天卸货,每辆车卸货需半天。一天中如有超过两辆车需要卸货,那么就要延迟到下一天完成。晚上到达的货车数量的频率列于表 4.11.1 中,到达的车辆数是独立的。我们要了解延误卸货情形。

这是一个通道的排队问题。平均服务率是 2 辆/天,平均到达率是 1.5 辆/天。但到达不是泊松分布,因而没有一个标准的排队模型可以应用,只能应用模拟方法。

表 4.11.1　某仓库晚上到达货车的数量

车辆到达数	相对频率
0	0.23
1	0.30
2	0.30
3	0.10
4	0.05
5	0.02
6 及以上	0.00

平均＝1.5 辆/晚

　　模拟该排队问题的第一步是产生一个到达数的时间序列。这可以由蒙特卡罗过程产生。其中一个方法是做 100 个卡片,其中 23 个写 0,30 个写 1,30 个写 2 等。与表 4.11.1 上的频率对应,然后将这些卡片放在帽子里,从中抽取一张,得到的数字,就是本次模拟中到达的车辆数。不断地进行可以得到一个车辆到达的随机数序列。我们还可以用 00～99 这 100 个两位数产生一个随机数字表(表 4.11.2),然后用前 23 个数字(00～22)表示没有车辆到达,用 30 个数字(23～52)表示有 1 辆车到达,用后 30 个数字(53～82)表示有 2 辆车到达,如此等等,最后用两个数字(98,99)表示有 5 辆车到达。这样没有车到达的概率为 $\frac{23}{100}$,即 0.23 ,有一辆车到达的概率为 $\frac{30}{100}$,即 0.30 等,满足了我们所要求的频率(表 4.11.1)。

表 4.11.2　随机数字表

97	02	80	66	96	55	50	29	58	51	04	86	24	39	47	60	65	44	93	20
86	12	42	29	36	01	41	54	68	21	53	91	48	36	55	70	38	36	98	50
95	92	67	24	76	64	02	53	16	11	55	54	23	36	44	71	88	74	10	46
54	88	00	98	63	77	69	40	03	31	64	66	72	21	95	27	13	80	10	54
12	75	14	72	20	82	74	08	01	69	30	35	52	99	41	41	48	11	95	36
24	12	50	81	02	82	43	76	82	77	54	21	74	47	24	01	66	25	91	29…

表 4.11.3　到达车辆数与随机数

到达车辆数	随机数字	相对频率
0	00～22	0.23
1	23～52	0.30
2	53～82	0.30

续表

到达车辆数	随机数字	相对频率
3	83～92	0.10
4	93～97	0.05
5	98,99	0.02
		1.00

现在我们可以用表 4.11.2 和表 4.11.3 开始模拟排队系统了。前三天是用来启动过程的(用记号 X 表示),这时,假设仓库没有车。第一天,随机数为 97,相应于表 4.11.3 上有 4 辆车到达,在表 4.11.4 的第 3 列上记 4,当天有 2 辆车未卸货。第 2 天的随机数为 02(见表 4.11.2),这意味着没有车到达,故前一天两辆未卸货的车就卸货了。类似地进行下去,前 3 天为初始过程,由此可以得到最后稳定状态。这里我们认为初始状态是没有车。

表 4.11.4 给出了 50 天的运行(另加前 3 天)情况。在大部分时间里延误卸货的数量很小,第 36 天以后延误较多。每天平均到达车数为 1.58 辆,延误卸货车平均数为 0.9 辆。要得到更可靠的结果,就必须进行更长时间的模拟。

根据模拟结果,我们可以对等待时间与所需费用进行比较。从而决定是否需要增加一个卸货通道等。

表 4.11.4　排队系统模拟

天数编号	随机数	到达车辆	要卸货车总数	卸货数	延误到下一天的车数
X	97	4	4	2	2
X	02	0	2	2	0
X	80	2	2	2	0
1	66	2	2	2	0
2	96	4	4	2	2
3	55	2	4	2	2
4	50	1	3	2	1
5	29	1	2	2	0
6	58	2	2	2	0
7	51	1	1	1	0

续表

天数编号	随机数	到达车辆	要卸货车总数	卸货数	延误到下一天的车数
8	04	0	0	0	0
9	86	3	3	2	1
10	24	1	2	2	0
11	39	1	1	1	0
12	47	1	1	1	0
13	60	2	2	2	0
14	65	2	2	2	0
15	44	1	1	1	0
16	93	4	4	2	2
17	20	0	2	2	0
18	86	3	3	2	1
19	12	0	1	1	0
20	42	1	1	1	0
21	29	1	1	1	0
22	36	1	1	1	0
23	01	0	0	0	0
24	41	1	1	1	0
25	54	2	2	2	0
26	68	2	2	2	0
27	27	0	0	0	0
28	53	2	2	2	0
29	91	3	3	2	1
30	48	1	1	1	0
31	36	1	1	1	0
32	55	2	2	2	0
33	70	2	2	2	0
34	38	1	1	1	0

续表

天数编号	随机数	到达车辆	要卸货车总数	卸货数	延误到下一天的车数
35	36	1	1	1	0
36	98	5	5	2	3
37	50	1	4	2	2
38	95	4	6	2	4
39	92	3	7	2	5
40	67	2	7	2	5
41	24	1	6	2	4
42	76	2	6	2	4
43	64	2	6	2	4
44	02	0	4	2	2
45	53	2	4	2	2
46	16	0	2	2	0
47	16	0	0	0	0
48	55	2	2	2	0
49	54	2	2	2	0
50	23	1	1	1	0
总计		79			45
平均		1.58			0.90

例题 4.11.2　某生产线每 2 分钟生产一个产品,产品进入系统后首先到检查点,检查不占用时间,但会拒绝 50％的产品,即只有 50％的产品会通过检查点进入系统,继续到下一个工序加工。每件产品在这一工序要花 3 分钟时间,现在我们要了解:

(1) 每件产品在系统中停留多久?

(2) 加工工序的利用率是多少?

上述问题可以用排队论方法求解,但因为产品的通过是随机的,用模拟方法可以更好地解决。图 4.11.1 是产品的实际运行图。我们可以观察实际过程,记录整个过程,直到得到一个客观可靠的认识,从而得到我们所需要的信息。但这种观察受时间影响,有局限性和片面性。并且观察本身也可能引起系统行为的改变(例如,工作人员可能不欢迎这种观察)。而通过模拟模仿出实际过程,就可以避免这种不足,无须实际观察就可以

图 4.11.1　产品实际运行图

做出观察值表。

　　本例中唯一不确定的因素是一件产品到底是被接受还是被拒绝。这就需要用随机数来作出决策，并要保证接受和被拒绝的概率各为 50%。一个最明显的办法是通过抛硬币来决定。比如，正面向上便接受，正面向下就拒绝。更为正式的方法是利用随机数字。在帽子里放 0～9 这 10 数字，每次任意抽取一个，得到一串随机数字(不是唯一的)：

$$52847780169413567564547930177149431790465852\cdots$$

我们用偶数(包括 0)代表接受，用奇数代表拒绝。进入第一件产品的随机数字为 5，故被拒绝，第 2 件产品的随机数字为 2 故被接受，如此等等。利用上述随机数字得到的结果列于表 4.11.5 上。

表 4.11.5　随 机 数 表　　　　　　　　　单位：分钟

1	2	3	4	5	6	7	8	9	10
产品	到达	随机	接受或	加入排	队中	加工开	排队的	加工完	在系统中
编号	时间	数字	拒绝	队时间	件数	始时间	时间	成时间	的时间
1	0	5	拒绝	—	—	—	—	—	0
2	2	2	接受	2	0	2	0	5	3
3	4	8	接受	4	0	5	1	8	4
4	6	4	接受	6	0	8	2	11	5
5	8	7	拒绝	—	—	—	—	—	0
6	10	7	拒绝	—	—	—	—	—	0
7	12	8	接受	12	0	12	0	15	3
8	14	0	接受	14	0	15	1	18	4
9	16	1	拒绝	—	—	—	—	—	0
10	18	6	接受	18	0	18	0	21	3

　　被接受的产品在到达时间(第一件产品到达时间为 0)加入等待加工的行列。如果已有产品在接受加工，就会形成排队，如果没有产品正在接受加工，被接受产品就可立即接

受加工。排队时间为开始加工时间与到达时间的差,第 10 列为产品在系统中的总时间,等于加工完成时间与到达时间的差。经过表 4.11.5 上 10 件产品的模拟,可以得到以下有用的结论:

(1) 被接受的产品为 6 件(在长期模拟中这将是产品的 50%);

(2) 被拒绝的产品为 4 件(在长期模拟中这将是产品的 50%);

(3) 最长排队时间为 2 分钟;

(4) 产品平均排队时间为 $\frac{4}{6}$ 分＝40(秒);

(5) 在系统中最长停留时间为 5 分钟;

(6) 在系统中平均时间为 $\frac{22}{6}$ ＝3.67(分钟);

(7) 包括被拒绝产品在内,在系统中的平均时间为 $\frac{22}{10}$ ＝2.2(分钟);

(8) 加工设备忙了 18 分钟;

(9) 加工设备的利用率为 $\frac{18}{21}$ ＝86%。

现在我们再来考虑一下模拟的可靠性。模拟的确反映了系统在一段时间内的运行情况,但我们只用了很少的观察值,从这样小的样本中得出的结论是不太可能非常准确的,也不太可能代表长期运行的情况。如果我们用足够长的模拟时间,那么其结果应该是客观情况的反映。当然由于过程包括一个随机因素,即便是几千次的模拟,我们也不能说结论是完全正确的。

计算机模拟现在已被广泛应用。有很多模拟软件可用来处理各种复杂的模型。它可以产生各种分布的随机数字,并进行统计分析得出综合结果。有些软件还能给出生动形象的画面,使管理者能观察模拟的全过程。还可以用电子表格进行计算。

大量的试验是模拟得到可靠结果的依据。由于做几千次的模拟需要大量样本及重复的运算,所以真正的模拟总是通过计算机来完成的。计算机模拟对于处理排队问题、存储问题以及投资风险分析等问题是特别有用的。

第 2 节 投资控制模拟及风险分析

投资收益受多种不确定因素的影响。例如,考虑对某种新产品作投资,其收益就涉及产品的总体市场估计、公司可能占领的市场份额、市场增长情况、产品价格以及生产所需的设备等。这些因素都是不确定的。常规方法只是用一个数字——最可能的收益估计表示。但这种方法有以下两个缺点:①这种最可能估计给出的收益期望值是无法保证的；②这种估计无法测量投资风险。实际上投资者无法确定获利或亏本的概率。

用模拟方法进行风险分析可以避免上述两个缺点。其方法是给出每个不确定因素的概率分布，然后用蒙特卡罗方法进行模拟，得到整体概率。我们用下面的简单例子来说明这一点。

例题 4.11.3　假定我们考虑销售一种新产品，所需投资为 500 万元。这种投资有三个不确定的因素：销售价格、可变成本和年销售量。假设产品只有一年的销售寿命。表 4.11.6 上列出各种因素的可能水平以及它们的概率。这里假定这些因素是统计独立的（这一点很重要，否则就需要修改模型）。

这是一个十分简单的问题，可以用决策树方法来解决，算出 25 种可能收益。但在比较复杂的问题中，例如，有好几个因素，每个因素都有 $10 \sim 20$ 个不同水平，那么就有可能得到上万个结果。在这种情况下，用模拟方法确定平均收益以及各种收益的风险度就很有用了。这里我们仍来讨论这个简单问题的模拟过程。

首先在表 4.11.6 上列出各个因素的各种水平的概率，取 $0 \sim 9$ 作为随机数。表上列出了相应的随机数。

表 4.11.6　各因素不同水平的概率和随机数

售价（元）	概率	随机数	可变成本（元）	概率	随机数	销售量（百万件单位）	概率	随机数
4	0.3	$0 \sim 2$	2	0.1	0	3.0	0.2	0,1
5	0.5	$3 \sim 7$	3	0.6	$1 \sim 6$	4.0	0.4	$2 \sim 5$
6	0.2	8,9	4	0.3	$7 \sim 9$	5.0	0.4	$6 \sim 9$

接着开始模拟，产生随机数字，由此得到相应的价格、成本和销售量。表 4.11.7 上列出了 25 次的模拟结果。这里每一次都是独立的，并且不需要初始值。所用的计算收益的公式为

$$收益（百万元） = （售价 - 成本） \times 销售量 - 5.0$$

表 4.11.7　风险分析模拟

编号	随机数	价格（元）	随机数	成本（元）	随机数	销售量（百万件）	收益（百万元）
1	8	6	0	2	6	5	15
2	0	4	4	3	3	4	−1
3	6	5	3	3	3	4	3
4	1	4	4	3	0	3	−2
5	3	5	6	3	0	3	1

续表

编号	随机数	价格(元)	随机数	成本(元)	随机数	销售量(百万件)	收益(百万元)
6	5	5	6	3	9	5	5
7	1	4	6	3	7	5	0
8	3	5	8	4	6	5	0
9	2	4	8	4	8	5	−5
10	1	4	6	3	1	3	−2
11	5	5	7	4	3	4	−1
12	9	6	9	4	6	5	5
13	4	5	9	4	7	5	0
14	7	5	2	3	6	5	5
15	9	6	5	3	3	4	7
16	0	4	5	3	0	3	−2
17	1	4	1	3	8	5	0
18	0	4	6	3	4	4	−1
19	8	6	8	4	6	5	5
20	9	6	2	3	4	4	7
21	0	4	7	4	7	5	5
22	0	4	0	2	8	5	5
23	4	5	0	2	1	3	4
24	6	5	5	3	8	5	5
25	4	5	0	2	1	3	4
							平均 = 2.08

　　25 次计算是不足以精确地估计平均收益的。用计算机可以容易地进行 1 000 次以上的模拟。25 次模拟得到的平均收益为 2.08(百万元),而用一个数字估计的最可能收益为

$$最可能收益 = (5-3) \times 4.0 - 5.0 = 3.00(百万元)$$

明显大于模拟得到的平均收益。用决策树方法得到的期望收益为 2.14(百万元)。这两种方法都不能给出投资风险,而用模拟方法得到的负值就表示损失,它清楚地指出了亏本的可能性。

可以用一个风险图清楚地表示上面的风险分析(图 4.11.2)。其纵坐标为得到大于或等于该收益的概率。从图上看出有 68% 的机会获得 0 或 0 以上的可能性,有 36% 的机会获得 5(百万元)或 5(百万元)以上的收益。当模拟次数增加时,风险曲线会逐渐光滑。

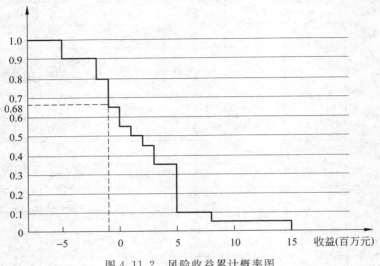

图 4.11.2 风险收益累计概率图

风险分析模拟方法是在投资评估方面的重要应用,将不确定因素的概率分析结合蒙特卡罗方法可获得投资项目收益的概率分布。

第 3 节 概率分布的随机模拟

上面在模拟中产生的随机数都是离散的。在很多情况下,我们要用到的随机数来自连续概率分布,例如,在风险分析中,每年的销售量就服从正态分布,那么如何产生模拟中用到的销售量的随机数字呢?下面简单介绍几种概率分布的随机数产生方法。

1. 泊松分布

假设模拟过程服从泊松分布,其均值为 1.0,查泊松分布表得出每一数字代表的概率为

$$p(0) = 0.367\ 9, \quad p(1) = 0.367\ 9, \quad p(2) = 0.183\ 9, \quad p(3) = 0.061\ 3,$$
$$p(4) = 0.015\ 3, \quad p(5) = 0.003\ 1, \quad p(6) = 0.000\ 5, \quad p(7) = 0.000\ 1.$$

利用一位随机数:

528477801694135675645479301771494317904 65825…

将随机数字 4 个为一组,得到随机数:

　　　　　5 284　7 780　1 694　1 356　7 564　5 479　3 017…

这些数字共有 10 000 个。

　　令前 3 679 个数,即从 0000 到 3 678,代表事件 0;

　　随后 3 680 个数,即从 3 679 到 7 358,代表事件 1;

　　随后 1 838 个数,即从 7 359 到 9 196,代表事件 2;

　　随后 613 个数,即从 9 197 到 9 809,代表事件 3;

　　随后 153 个数,即从 9 810 到 9 962,代表事件 4;

　　随后 31 个数,即从 9 963 到 9 993,代表事件 5;

　　随后 5 个数,即从 9 994 到 9 998,代表事件 6;

　　随后 1 个数,即 9 999,代表事件 7。

　　于是,上述数字串顺序代表了事件 1、2、0、0、2。

2. 连续概率(正态)分布模拟

　　由连续分布产生随机数字的一种方法是作出累积分布函数图,对于正态分布其累积分布函数如图 4.11.3 所示。

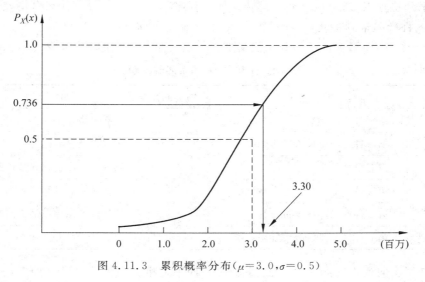

图 4.11.3　累积概率分布($\mu=3.0,\sigma=0.5$)

　　要利用累积分布函数,首先利用随机数字表产生 0 到 1 的随机数字,从随机数字表中连续取出 3 个随机数,组成一个数字,在它前面加上小数点,例如,取出的是 7,3,6,那么相应的小数就是 0.736,在累积分布图的纵轴上取 0.736 作水平线与曲线相交处的横坐标为 3.30,此值即为所产生的随机数。例如,对于 $\mu=3.0,\sigma=0.5$ 的正态分布的销售量,当 $\rho=0.736$ 时,其销售量为 3.30(百万件)。

对于标准正态分布,上述过程可以用标准正态表完成。用随机小数 0.736 查表得相应 $Z=0.63$,那么销售量的随机数就是 $\mu+Z\sigma=3.0+0.63\times0.5=3.315$(百万)。

第 4 节　模拟流程图

迄今为止我们所考虑的问题都是相对简单的,我们还可以通过模拟结果来跟踪相应的变化。但对更为复杂的问题就很难这样做。所以我们还需要一种能反映各步逻辑变化的方法。为此,我们要用到流程图(flow charts)。

我们模拟的第 2 个例题是对生产线的检查,如图 4.11.1 所示,表 4.11.5 列出了模拟的结果。因为我们描述了一段时间中的一系列事件,所以,这种方法被称为离散事件模拟(discrete event simulation)。

设想我们从时间 0 开始启动一个时钟,以 1 分钟为周期对系统进行一系列观察。在时间 0,第一件产品来到检查点,被拒绝了。在时间 1,没有什么事情发生。在时间 2,第 2 件产品来到检查点,通过检查并继续转向加工程序。在时间 3,没有什么事情发生。在时间 4,第 3 件产品来到检查点,通过检查以后,排队等候加工。在时间 5,第 2 件产品加工完成,离开系统,而第 3 件产品开始接受加工。所以事件发生的时间如表 4.11.8 所示。

表 4.11.8　事件发生的时间表

时　间	事　　件	时　间	事　　件
0	第一件产品到达	3	没有事情发生
	第一件产品经检查被拒绝		第 3 件产品到达
1	没有事情发生	4	第 3 件产品经检查被接受
	第 2 件产品到达		第 3 件产品排队等候加工
2	第 2 件产品经检查被接受	5	第 2 件产品完成加工离开系统
	第 2 件产品排队等候加工		第 3 件产品开始加工

时钟每次向前走一期,我们就记下相应一期中发生的各种事情。这种方法有时也被称为"下一时间模拟"(next time simulation)。我们将有关的逻辑关系反映在一种流程图中,如图 4.11.4 所示。

有了反映整个过程的详细的流程图,我们就可以将它转换并输入到计算机中。为此我们可以使用普通的编程语言,例如 Pascal、C、Visual Basic 或 Fortran,也可以使用一种专用的模拟语言,这类语言有许多种,例如,Siman、Simscript 以及 Slam。

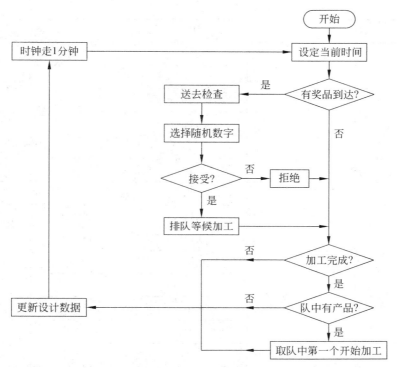

图 4.11.4　生产线检查例子的流程图

第 5 节　案　例　题

　　某气田投资项目的投资、寿命期、残值、各年的收入、支出,以及应付税金的税率、项目的资本成本等都是独立的随机变量,它们的概率密度函数如表 4.11.9 所示。

表 4.11.9　各变量对应概率密度函数表

1	A	B	C	D
2		概率	对应的随机数	可能值
3		0.2	0	450
4	投资 Yo	0.5	0	6
5		0.3	70	550

续表

1	A	B	C	D
6		0.50	0	6
7	寿命 N	0.30	50	7
8		0.20	80	8
9		0.25	0	40
10	残值 F	0.50	25	50
11		0.25	75	60
12		0.20	0	45
13	税率 Te	0.50	20	48
14		0.30	15	750
15		0.15	0	700
16		0.30	15	750
17	年收入 R	0.40	45	800
18		0.15	85	850
19		0.20	0	100
20	年支出 C	0.40	20	150
21		0.30	60	200
22		0.10	90	250
23		0.10	0	10
24		0.20	10	12
25	资本成本 i	0.40	30	14
26		0.20	70	16
27		0.10	90	18

用 Excel 2007 软件对该项目进行模拟如下。

(1) 在 A32 单元格(投资 Yo 模拟：随机数)输入：＝RANDBTWEEN(0,99)；在 B32 单元格(投资 Yo 模拟：投资)输入：＝VLOOKUP(A32,＄C＄3：＄D＄5,2)。

(2) 在 C32 单元格(寿命 N 模拟：随机数)输入：＝RANDBTWEEN(0,99)；在 D32 单元格(寿命 N 模拟：寿命)输入：＝VLOOKUP(C32,＄C＄6：＄D＄8,2)。

(3) 在 E32，G32，I32，K32，M32 单元格分别输入：＝RANDBTWEEN(0,99)。

F32＝VLOOKUP(E32，C9：D11,2)；H32＝VLOOKUP(G32，C12：D14,2)；J32＝VLOOKUP(I32，C15：D18,2)；L32＝VLOOKUP(K32，C19：D22,2)；N32＝VLOOKUP(M32，C23：D27,2)。

(4) O32＝(B32－F32)/D32，P32＝(J32－L32－O32)3(1－H32/100)＋O32，Q32＝PV(N32/100,D32,－P32)－B32。

(5) H3＝AVERAGE(Q32,Q5031)，H4＝STDEV(Q32,Q5031)，H5＝MAX(Q32,Q5031)，H6＝MIN(Q32,Q5031)，H7＝H4/H3，H8＝COUNTIF(Q32：Q5031,"<0")/COUNT(Q32,Q5031)。

在 Excel 工具表中模拟 5 000 次,结果输出如表 4.11.10～表 4.11.12 所示。

表 4.11.10　结果输出表(1)

	A	B	C	D	E	F	G	H
	投资 Yo 模拟		寿命 N 模拟		残值 F 模拟		税率 Te 模拟	
	随机数	投资	随机数	寿命	随机数	残值	随机数	税率
32	17	450	78	7	51	50	2	45
33	31	500	84	8	87	60	67	48
34	22	500	63	7	97	60	88	51
35	95	550	70	7	40	50	81	51
36	31	500	96	8	20	40	12	45
37	16	450	1	6	41	50	66	48
38	79	550	33	6	87	60	51	48
39	0	450	97	8	78	60	17	45
40	35	500	43	6	22	50	87	51
41	3	450	70	7	52	50	87	51
42	78	550	39	6	69	50	30	48
43	20	500	36	6	90	60	2	45
44	96	550	5	6	92	60	20	48
45	51	500	36	6	90	60	20	48
46	58	500	39	6	1	40	11	45
47	4	450	79	7	22	40	29	48
48	83	550	36	6	40	50	62	48
…	…	…	…	…	…	…	…	…

表 4.11.11　结果输出表(2)

	I	J	K	L	M	N
	年收入 R 模拟		年支出 C 模拟		资本成本 i 模拟	
	随机数	年收入	随机数	年支出	随机数	资本成本
32	12	700	88	200	4	10
33	11	400	88	200	59	14
34	3	700	79	200	7	10
35	68	800	20	150	77	16
36	23	750	21	150	53	14
37	98	850	73	200	40	14
38	37	750	23	150	99	18
39	72	800	92	250	16	12
40	81	800	96	250	46	14
41	32	750	17	100	74	16
42	70	800	73	200	68	14
43	39	750	78	200	68	14
44	12	700	46	150	92	18
45	79	800	75	200	15	12
46	10	700	52	150	54	14
47	45	800	1	100	87	16
48	75	800	47	150	4	10
…	…	…	…	…	…	…

表 4.11.12　结果输出表(3)

	O	P	Q
	折旧 Dt	各年现金流量 Yt	NPV
32	75	307.75	840.331 480 3
33	76.666 67	348.18	856.136 722 98
34	64.285 71	342.85 71	1 064.716 528

续表

	O	P	Q
35	75	374	878.091 229 7
36	55.714 29	364.74 29	1 114.128 559
37	62.185 714	368.171 4	98 618 844 068
38	73.333 33	355.9	883.976 769 1
39	58.571 43	299.371 4	1 007.465 496
40	83.333 33	336.5	689.913 633 2
41	83.333 33	326	717.705 610 4
42	66.666 67	344	964.324 119 3
43	85	352.8	749.974 828 5
44	57.142 86	347.642 9	1 040.798 547
45	64.285 71	276.428 6	761.552 700 4
46	76.166 667	348.8	785.235 884 8
47	48.75	335.4	1 105.874 95
48	57.5	391.6	1 200.950 194
…	…	…	…

所得结果如表 4.11.13 和表 4.11.14 所示。

表 4.11.13 净现值模拟计算结果表

	F	G	H
2	净现值模拟计算结果		
3	净现值期望值		952.130 17
4	净现值标准差		198.905 01
5	净现值最大值		1 726.983 3
6	净现值最小值		405.545 02
7	变异系数		0.120 890 53
8	净现值为负的概率		0

表 4.11.14　净现值概率分布统计表

净现值概率分布统计

系统分组	分布区间	概　率	累计概率
300	3	0	0
400	3～4	0	0
500	4～5	0.003 6	0.003 6
600	5～6	0.024 4	0.028
700	6～7	0.062 010 9	0.090
800	7～8	0.132 2	0.222 2
900	8～9	0.189 8	0.412
1000	9～10	0.199 2	0.611 2
1100	10～11	0.162 8	0.774
1200	11～12	0.116 2	0.890 2
1300	12～13	0.054 8	0.945
1400	13～14	0.033 8	0.978 8
1500	14～15	0.013 2	0.992
1600	15～16	0.005	0.997
1700	17 以上	0.001 2	1

　　从分析结果得出,虽然此项目未来的不确定性很大,但由表 4.11.14 可知,此气田开发项目服从正态分布,模拟 5 000 次的结果是净现值为负的概率为零,并且项目的期望净现值为 952.130 17 万元,说明项目值得开发。

　　由以上的案例分析可知,基于蒙特卡罗模拟的风险分析,对于工程实际应用具有较强的参考价值。随机模拟 5 000 次,如果仅靠人的大脑进行计算,这在现实世界中是不可能的,但考虑到系统决策支持功能,算法设计为使用者自己设计方案,采用人机交互,这样可以发挥使用者的经验判断;系统实现模拟运算——系统对每一个设定的投资项目期投资、寿命期、残值、各年的收入、支出,以及应付税金的税率、项目的资本成本等随机变量及它们的概率密度函数,通过蒙特卡罗模拟方法,得出了项目在不同概率发生的情况下净现值模拟计算结果。为人们解决不确定性项目的决策提供了简单的方法,节约了人们的工作量和时间。但是利用蒙特卡罗模型分析问题时,收集数据是非常关键的。

第 6 节　练　习　题

1. 设某接待系统每过 8 分钟有一个顾客按预约来到接待桌 A 前。在这里,顾客将回答一些标准问题,花费时间为 2 分钟。然后顾客将被分到 B 和 C 两个房间之一。50％的顾客被分到 B 房间,在 B 房间每个顾客将花费 5 分钟时间;50％的顾客将被分到 C 房间,在 C 房间,每个顾客将花费 10 分钟时间。最后,所有顾客都将到 D 房间,用 6 分钟时间填好一张表,然后离开。对这一系统做 10 个顾客的模拟,求出每个房间的利用率。假设随便选取的 10 个连续的随机数字是 6,4,5,4,7,9,3,0,1,7。

2. 用以下随机数字为一个均值为 20、标准差为 5 的正态分布生成随机数列。

52847780169413567564547930177

第 5 篇

Part 5

计划评审技术

网络技术是以网络图为基本工具的一种科学的计划方法,是运筹学的一个重要分支。20世纪50年代后期,在建筑、制造、研究与发展以及其他许多领域里出现了越来越多的庞大复杂、多工序的工程项目。

对于这类问题若总用线性规划单纯形法求解,不仅需要花费很长时间,而且费用昂贵。如何把所动员的大量人力、物力、资源有效地组织起来,使之相互协调、有条不紊,在资源的约束下,以最短的时间和最省的费用完成整个项目,这是当时管理人员面临的重大课题。

网络技术就是在这种情况下于1956—1958年间从实践中发展起来的。美国杜邦化工企业公司和美国海军部独立地同时首先使用"关键路线法(CPM)"和"计划协调技术(PERT)"。计划协调技术,又称计划评审技术。它是网络技术中除关键路线法外另一种应用最广的技术,同关键路线法同时独立地公开发表。许多事例证明,对于合适的工程,网络技术是非常有效的一种特殊计划方法。

1958年美国海军部首先成功地将PERT应用于北极星核潜艇的制造工程。该项工程涉及250家大的承包合约厂商和9 000家小的承包合约厂商,工作千头万绪,最容易出现脱节、停工、窝工等现象。当时PERT就抓住时间这个因素(即PERT/time),使各个环节环环相扣,结果工程提前两年完成。美国海军部在研制北极星核潜艇时创造并采用此项技术,使工期缩短了2年!北极星核潜艇导弹计划时间节省情况:周期缩短18%、节省投资13%。

杜邦公司由Eleuthere Irenee du Pont于1802年在美国特拉华州创立。200年不断的科技飞跃,使杜邦发展成为如今世界上历史最悠久,业务最多的跨国科技企业之一。在《财富》全球500强大企业中名列前茅,并位居化工行业之首。杜邦及其附属机构在全球拥有92 000名员工,180余家生产设施遍布近70个国家和地区。服务于全球市场的食品与营养、健康保健、农业服装和服饰、家具和建筑、电子、运输等领域。杜邦公司在首次日常维修工程中,由于采用了网络技术,工期缩短了37%。杜邦公司采用项目管理后费用节省情况:节省开发周期22%、投资15%。

1977年初,山西大同的口泉车站本来是个卡脖子的地方,通过统筹方法的应用,就解决了"瓶子口"问题,使日装车由原来的700车提高到1 000车以上,超过历史的最高水平。上海电机厂对12.5万千瓦汽轮发电机的生产运用统筹法后,生产周期从原来的108天缩短到20天。

目前,网络技术已经被推广到几乎所有的庞大复杂工程项目和大型企业的经营管理中,并不断有新的发展。

第12章
数学定义和基本定理

PERT 网络是一种类似流程图的箭线图,它描绘出项目包含的各种活动的先后顺序,标明每项活动的时间或相关的成本。对于 PERT 网络,项目管理者必须考虑要做哪些工作,确定时间之间的依赖关系,辨认出潜在的可能出问题的环节,借助 PERT 还可以方便地比较不同行动方案在进度和成本方面的效果。

开发一个 PERT 网络要求管理者确定完成项目所需的所有关键活动,按照活动之间的依赖关系排列它们之间的先后次序,以及估计完成每项活动的时间。

这些工作可以归纳为 5 个步骤:

(1) 确定完成项目必须进行的每一项有意义的活动;

(2) 确定活动完成的先后次序;

(3) 绘制活动流程从起点到终点的图形,明确表示出每项活动及其他活动的关系,有两种方法可采用,第一种方法是用圆圈表示活动,用箭线表示活动过程,结果得到一幅箭线流程图,我们称之为 PERT 网络;

(4) 估计和计算每项活动的完成时间;

(5) 借助包含活动时间估计的网络图,制订出包括每项活动开始和结束日期的全部项目的日程计划。了解哪些活动可适当延迟,而在关键路线上的活动没有松弛时间,沿关键路线的任何延迟都直接延迟整个项目的完成期限。

第13章

算法例题案例

第 1 节　PERT 的基本系统

1. PERT 网络图

PERT 是一种图表技术，它利用图表说明一个项目或一个计划。PERT 基本系统只有两种符号：一个圆圈（即节点）代表一个活动，圈中数字表示完成该项活动所需时间；一个箭头表示活动的先后次序（也有用圆圈表示事件，用箭头表示活动的，本书采用前一种表示法）。

箭头的起点表示上一项活动的结束，其末端表示下一项活动的开始，这样就把一些有关联的活动在 PERT 图上排成了串列形式，组成了路径，一条路径可能包括很多活动，各种路径构成了项目的网络图。

例题 5.13.1　一位园艺师要建设一个温室，这一项目包括三部分工作：A、整理地面，需要 3 天；B、搭建框架，需要 2 天；C、安装玻璃，需要 1 天。作出项目的网络图。

首先，我们通过一个关系表来描述各项活动的次序，表 5.13.1 上列出了各项活动的次序。

表 5.13.1　各项活动的次序表

活动	所需天数	活动说明	紧前(直接前项)活动
A	3	整理地面	—
B	2	搭建框架	A
C	1	安装玻璃	B

现在可以根据表 5.13.1 画出网络图，如图 5.13.1 所示。

由图可知，整个项目可以在第 6 天结束时完成。

例题 5.13.2　假定某项目由 A、B、C、D、E、F 6 个活动组成，表 5.13.2 上列出了每项活动所需时间及其紧前活动。项目网络图如图 5.13.2 所示。

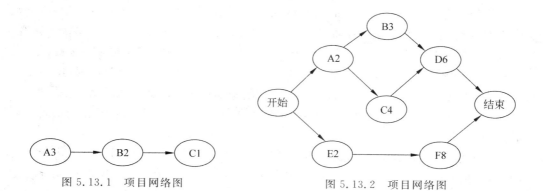

图 5.13.1　项目网络图　　　　　　　图 5.13.2　项目网络图

表 5.13.2　某项目各项活动所需时间

活动	时间	紧前活动	活动	时间	紧前活动
A	2	—	D	6	B、C
B	3	A	E	2	—
C	4	A	F	8	E

从网络图 5.13.2 上可以看出各个活动的先后关系。A 和 E 没有直接前项活动,可以在任何适当的时间开始,一旦活动 A 完成,活动 B 和 C 都可以开始,而 E 一完成 F 就可以开始,当 D 和 F 均完成后,项目就完成了。

图 5.13.2 中还可看出,项目是从活动 A 和 E 开始的,但这并不意味这两项活动必须在同一时间开始,而仅仅是它们应该尽快在方便的时间开始,并且必须在所有后续活动开始以前完成。另一方面,活动 D 必须在活动 B、C 完成后开始,但这也不意味着 B、C 必须同时完成,仅仅要求它们必须在 D 开始以前完成。

整个项目从开始到结束有 3 条路径:

A—B—D　需 11 天;

A—C—D　需 12 天;

E—F　　　需 10 天。

路径 A—C—D 的完成时间决定了整个项目的完成时间。

2. 关键路径和松弛路径

从例 5.13.2 的分析中,我们可以看出,路径 A—C—D 所需时间最长,如果希望能在较短时间内完成给定的项目,那么就应设法减少这条路径上某些活动的时间,显然缩短 A、C、D 中任何一个活动都可以使项目提前完成,而缩短其他路径上的活动,例如,活动 B、E 或 F,都不会影响整个项目所需的时间。因此路径 A—C—D 称为关键路径。

关键路径是网络图上所需时间最长的路径,关键路径上的活动称为关键活动,它们必须按时完成,关键路径所需时间决定了整个项目的周期,非关键路径也称松弛路径。完成关键路径和松弛路径所需时间的差值称为松弛(浮动)时间,它决定了松弛路径上的活动可以允许耽误多久而不至于影响整个项目的进度。例如,路径 A—B—D 的松弛时间是 1 天,所以活动 B 可耽误 1 天;路径 E—F 的松弛时间为 2 天,活动 E 和 F 总计可耽误 2 天;路径 A—C—D 是关键路径,其上的活动 A、C、D 的松弛时间为 0,它们都是不允许耽误的。

为提前完成项目,我们就应该对关键路径上的活动增加人力、材料和设备等额外资源的投入,减少松弛路径上的活动所需资源,这就是所谓的向关键路径要时间,向非关键路径要资源的含义。当然当我们对关键路径增加额外的资源时,必须十分小心,以免无意中将非关键路径变为关键路径,对于一个项目来说,一般只有一条关键路径,但偶尔也可能有两条或两条以上关键路径。

第 2 节　项目的时间安排——关键路径法

我们知道,关键路径确定了完成项目所需的最短时间,除非关键路径上某些活动缩短时间,整个项目不可能提前完成。

对简单问题而言,可以直接检查网络图的每一条路径所需时间,然后确定关键路径。但 PERT 主要用于大型项目的规划与管理,此时常有几百个活动和几十条路径,因此必须用系统的方法来确定关键路径。

1. 活动的最早(可能)开始时间 *ES* 和最早(可能)结束时间 *EF*

如果假定整个项目的开始时间为 0,就可以依次找出每个活动的最早(可能)开始时间 *ES* 和最早(可能)结束时间 *EF*。在例 5.13.2 中,活动 A 最早(可能)开始时间是 0,活动 A 所需时间为 2 天,故其最早可能结束时间为第 2 天末;活动 B、C 只有在活动 A 结束后才能开始,故其最早可能开始时间为第 2 天末,活动 B 的最早可能结束时间是 5(以下所标时间均指该天末),活动 C 的最早可能结束时间是 6;活动 D 必须在活动 B、C 均完成后才能开始,故其最早可能开始时间为两者均能完成的最早时间,即为 6,最早可能结束时间为 12;用同样的分析可得到,活动 E 和 F 的最早可能开始时间和最早可能结束时间分别为 0,2 和 2,10。由此可以得到结论:一个活动的最早可能开始时间是其所有的前项活动都可以完成的最早时间,它们的关系是:

$$ES_i = 0$$
$$EF_i = ES_i + T_i$$

$$ES_i = \max_j EF_j$$

其中,T_i 为活动 i 所需时间 ,活动 i 是活动 j 的紧前活动。

2. 活动的(允许)最晚开始时间 LS 和(允许)最晚结束时间 LF

应用上述类似的分析,我们也可以确定出每个活动的(允许)最晚开始时间和最晚结束时间。其过程正好与确定最早时间相反。我们先从项目结束处得到整个项目应完成的时间(一般就是项目的最早结束时间),例如,例 5.13.2 中,最后一个活动 D 的最晚结束时间就是第 12 天末,要使活动 D 在第 12 天末结束,那么活动 B 必须在 6 天以前结束,即在第 6 天末结束,故它最晚在第 3 天必须开始,同样地可以得到,活动 C 的最晚开始和结束的时间分别为 2 和 6,现在再看活动 A,要保证活动 B 和 C 都能及时开始,它必须在第 2 天末前结束,故它的最晚开始和结束时间分别为 0 和 2,由此可以得到结论:一个活动的(允许)最晚开始时间 LS 为允许所有后续活动都能及时开始的最晚时间,它们的关系是:

$$LF_i = LS_i + T_i$$
$$LS_i = \min_j LF_j$$
$$LF_n = EF_n$$

其中,i 表示活动 i,n 是最后一个活动,活动 j 是活动 i 的紧后活动,T_i 是活动 i 所需时间。图 5.13.3 上标出了例 5.13.2 的各个活动的最早和最晚开始和结束时间。

3. 松弛时间

从上面分析可以看出,有些活动在时间上有一定弹性,例如,活动 B 可以在第 2 天或第 3 天之间任何时间开始,活动 E 可以在第 0 天和第 2 天之间任何时间开始,但有些活动的时间是固定的,例如,活动 C 必须在第 2 天开始,如表 5.13.3 所示。一个活动在时间上可以前后变动的范围称为松弛(slack)时间,它是指在不影响整个项目进度下,某个活动允许推迟或延误的时间,对于活动 i 来说,松弛时间 t_i 为

$$t_i = LS_i - ES_i = LF_i - EF_i$$

例如,对于活动 A、C、D 而言,$t_A = t_C = t_D = 0$,这些活动是一点都不允许耽搁的,而 $t_B = 6 - 5 = 1$,$t_E = 2$,$t_F = 2$,它们都有一定的可延误时间。

要注意的是,松弛时间是对一条路径而言的,同一条路径上的活动只能分享同一松弛时间,例如,如果活动 E 已经耽误了两天了,那么活动 F 就不能再耽误了。

4. 关键路径

从表 5.13.3 可以看出,有些活动在时间上有一定弹性,有些活动在时间上没有自由,那些必须在固定时间完成的活动称为关键活动(工序),这些关键活动形成网络中的连续路径决定了整个项目的周期,这样可以得到例 5.13.2 的关键路径 A—C—D。

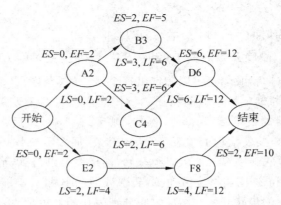

图 5.13.3　PERT 网络图

表 5.13.3　不同路径的松弛时间

活动	LS	ES	LF	EF	松弛时间 t
A	0	0	2	2	0
B	3	2	6	5	1
C	2	2	6	6	0
D	6	6	12	12	0
E	2	0	4	2	2
F	4	2	12	10	2

例题 5.13.3　建筑办公楼的 PERT 网络。

建筑办公楼的活动如表 5.13.4 所示。试作出网络图并求出关键路径。

表 5.13.4　建筑办公楼各项目所需时间

活　　动	所需时间(天)	紧前活动
A 审查设计和批准动工	10	—
B 挖地基	6	A
C 立屋架和砌墙	14	B
D 建造楼板	6	C
E 安装窗户	3	C
F 搭屋顶	3	C
G 室内布线	5	D、E、F

续表

活 动	所需时间（天）	紧前活动
H 安装电梯	5	G
I 铺地板和嵌墙板	4	D
J 安装门和内部装饰	3	I、H
K 验收和交接	1	J

PERT 网络图如图 5.13.4 所示。表 5.13.5 上列出了各种时间。

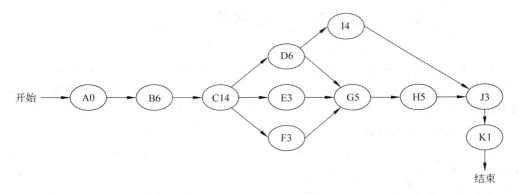

图 5.13.4 PERT 网络图

表 5.13.5 最 终 结 果

活动	所需时间（天）	开始、结束时间				松弛时间 t
		ES	EF	LS	LF	
A	10	0	10	0	10	0
B	6	10	16	10	16	0
C	14	16	30	16	30	0
D	6	30	36	30	36	0
E	3	30	33	33	36	3
F	3	30	33	33	36	3
G	5	36	41	36	41	0
H	5	41	46	41	46	0
I	4	36	41	42	46	5

续表

活动	所需时间(天)	开始、结束时间				松弛时间 t
		ES	EF	LS	LF	
J	3	46	49	46	49	0
K	1	49	50	49	50	0

得到该网络的关键路径为 A—B—C—D—G—H—J—K。完成项目需要 50 天时间。

第3节　项目时间的调整

在分析一个项目的时间时,我们可能希望做出某些调整。例如也许我们会觉得项目花费的时间太长了;或者,在实际执行中,一项活动比原计划占用了更长的时间,因而不得不做时间上的调整。下面我们来考虑与活动时间的调整有关的某些问题。

1. 项目的延误和提前

增加或减少一个关键活动的时间会使项目的完成时间延长或缩短同样长的时间。如果一项关键活动比预期的完成时间延长 2 周,整个项目的完成就要拖后 2 周。但是一个非关键活动的延误或提前会发生什么呢? 我们仍来分析第 2 节的例 5.13.2 的情形。首先我们列出各条路径的长度:

A—B—D　　11 天;

A—C—D　　12 天;

E—F　　　　10 天;

其中关键路径是 A—C—D,项目所需的时间是 12 天。现在假设项目管理人认为 12 天太长,需要调整,那么应当缩短哪些活动呢? 我们可以根据需要缩短的时间分几种情形进行讨论:

(1) 要求项目完成时间在 11,12 天之间,此时关键路径是 A—C—D,所以只有缩短 A 或 C 或 D 才能缩短时间,缩短其他活动的时间都不起作用;

(2) 要求项目在 10,11 天内(第 11 天以前)完成,此时的关键路径为 A—C—D 和 A—B—D,它们的公共活动是 A 和 D,所以只能缩短 A、C 或 D 达到目的,而缩短 B、E、F 都不起作用;

(3) 当要求项目在小于 10 天内完成时,A—C—D,A—B—D,E—F 都成为关键路径,必须同时缩短各条路径上的活动时间,才能满足要求。

2. 压缩项目时间与费用的关系

一个项目的费用由直接成本(如人工和材料费用)、间接成本(如管理和资金费用)和处罚成本(如果在规定日期项目没有完成)组成,即

$$总成本＝直接成本＋间接成本＋处罚成本$$

所有这些成本都受项目周期的影响。如果项目按期完成,就没有处罚成本,但也许为此要投入更多的资源,因而就增加了直接成本。有时项目可能会提前完成,但为此要发放奖金,这同样是追加投入资源,从而增加直接成本。所以我们往往要在项目周期和总成本之间作出权衡和取舍。我们可以运用下面两种数字求得两者之间的平衡:

正常时间(normal time)——完成一项活动的期望时间,与正常成本(normal costs)相联系。

加急时间(crashed time)——提前完成一项活动所需的时间(应是可能的)。在这一时间内完成活动,会花费更高的成本,称为加急成本(crashed costs)。

$$单位时间加急成本＝\frac{加急成本－正常成本}{正常时间－加急时间}$$

用该公式可以求得一个项目最小总成本,我们可以先假定所有的活动都在正常时间按正常成本完成,然后系统地压缩关键活动的周期。开始,这种压缩会使项目的总成本下降,但当我们进一步压缩活动时间时,就会达到一个点,在这一点之后,压缩活动周期反而会使项目总成本开始上升,这时我们就可以找到项目的最低成本。

例题 5.13.4　表 5.13.6 上列出了第 2 节例 5.13.2 在正常状态下完成各项活动所需的时间及费用以及加急所需的时间和费用。从表 5.13.6 上看,正常完成时间为 12 天,所需费用为 2 280 美元,现在管理人员认为 12 天太长,需要缩短,那么哪些活动必须缩短,如何使加急成本最低?应加急哪些活动?

表 5.13.6　例 5.13.2 中正常加急状态下完成各项活动所需的时间及费用

单位:美元

活动	所需天数		每缩短一天所需费用	加急缩短天数	加急增加费用	费用	
	正常	加急				正常	加急
A	2	1.5	100	0.5	50	100	150
B	3	2	50	1	50	200	250
C	4	3	75	1	75	300	375
D	6	4.5	160	1.5	240	500	740
E	2	1.5	60	0.5	30	180	210
F	8	5.5	80	2.5	200	1 000	1 200
					$\Sigma=2\,280$		

（1）若加急后项目总时间不低于 11 天，

当总完成天数 $T=11.5$ 天时，则应加急活动 A，此时总费用 $M=2\,280+50=$ $\$\,2\,330$；

当 $T=11$ 天时，则应加急活动 C，此时总费用 $M=2\,280+75=\$\,2\,355$；

（2）若 $T=11,10$ 天，

当 $T=10.5$ 天时，可以缩短活动 A、C 或 D，但缩短前者需费用 $\$\,125$，缩短后者需费用 $\$\,240$，故应缩短活动 A、C 需总费用 $\$\,2\,405$；

当 $T=10$ 天时，只能缩短活动 A、D，所需费用为 $\$\,2\,570$；

（3）当 $T<10$ 天，此时 A—C—D，A—B—D，E—F 都成为关键路径，必须同时缩短，考虑到 E—F 上缩短活动 E 的费用较少，故应先考虑缩短活动 E。

例如，当 $T=9.5$ 时，应缩短活动 A、C、E，总费用 $M=2\,280+75+240+30=$ $\$\,2\,625$。

最后，作出项目费用—时间关系曲线（图 5.13.5）。

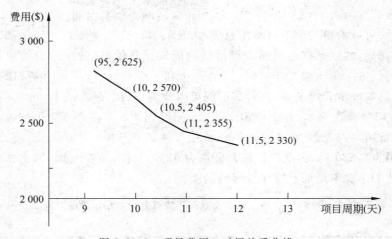

图 5.13.5　项目费用—时间关系曲线

第 4 节　甘特图和资源平整

当项目处于执行阶段，经理必须经常检查进度，以确保各项活动及时完成。但是在网络图上查看进度不太方便，而运用甘特图（Gantt chart）控制进度就方便多了。

甘特图是另一种表示项目的方法，它所强调的是活动的时间。图的底部有时间刻度，各项活动从左向右排列，如果每项活动都尽早开始，可用实线条块表示活动所需的时间。每一活动的总浮动加在实线条块之后,以阴线条块表示。只要各项活动都保证在阴线条块结束之前完成,就可以保证项目按计划进行。但如果有某项活动没有在阴线条块之前完成,项目就会被延误。图 5.13.6 是第 2 节中例 5.13.2 的甘特图。

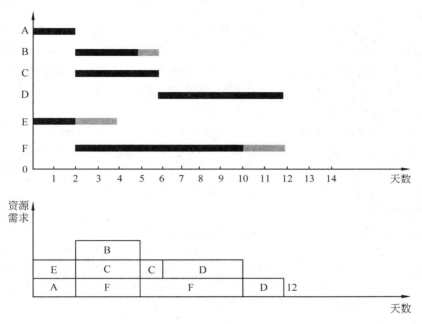

图 5.13.6　甘特图和资源使用分配

甘特图表明任何时间每一项活动应该的位置所在,包括将要开始、已经开始以及已经完成的活动。甘特图对于计划和资源分配也很有用处。为简化分析,在图 5.13.6 中,假定每项活动使用某一特定的资源 1 个单位,例如一台机器,一个工作小组等。如果所有的活动都是尽早开始,我们可以用一个竖向图(活动所用时间用横向条块表示)表示项目所需资源情况。项目从 A 和 E 开始,所以需要 2 个资源。从第 3 天开始,活动 B、C、F 开始了,故需要 3 个资源,继续这样下去,就可以得到图 5.13.6 的资源图(graph of resources)。

如果在项目进行的绝大多数时间里,资源的使用量都是稳定的,只在项目将要结束的时候才开始减少,那么这种资源使用的格局有利于资源最有效的使用。然而,在实际中,通常都有一系列的资源使用的高峰和低谷,我们需要采用某些方法使其平滑。关键活动的时间已经固定,所以任何平整(leveling)都应该通过调整非关键活动的时间来实现,经常采用的是推迟那些有很大浮动的活动。这也就是所谓向非关键活动要资源的含义。

第5节　随机网络和项目评审技术

上面我们在讨论中假定每个活动的周期是严格已知的。这一方法被称为关键路径法。但是，常见的情况是我们并不知道一项活动到底需要多长时间。也许会遇到意外的问题，从而相应的活动周期比预期的要长，还有可能事情的进展比预期顺利，相应的活动提前完成了。将这类不确定性加入我们的分析是有实际意义的，这种在时间上具有一定随机性的技术称为随机网络技术，也称为项目评审技术。

经验表明，一项活动的周期往往可以用 β 分布来描述。这种分布看上去是一个偏斜的正态分布，具备一种很有用的特性——其均值和方差可以通过估算三种周期求得。具体为

乐观时间(O)，是在所有的事情都进展顺利，没遇到什么困难的情况下，一项活动所需的最短时间；

最可能周期(M)，是在正常情况下，一项活动的周期；

悲观周期(P)，是在出现很大问题和延误的情形下，一项活动所需的时间。

活动周期的期望值和方差都可根据六分之一的原则（rule of sixths）求得：

$$活动的期望时间 = \frac{O+4M+P}{6}$$

$$活动时间的方差 = \frac{(P-O)^2}{36}$$

假设一项活动的乐观周期为 4 天，最可能周期为 5 天，悲观周期为 12 天，假定该周期符合 β 分布，如图 5.13.7 所示。

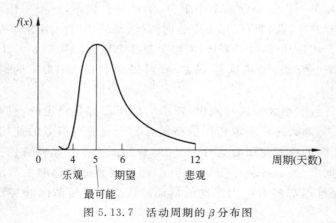

图 5.13.7　活动周期的 β 分布图

期望周期 6 可以用于网络中的时间分析,其方法和 CPM 中的单一估计一样。关键路径的长度组成该路径所有活动周期之和。当该路径上的每一活动周期都与其他活动的周期不相关时,整个项目的周期就服从正态分布,并且,其均值为关键路径上所有活动的期望周期之和,其方差为关键路径上所有活动周期方差之和。

例题 5.13.5　一个项目包括 9 项活动,其依存关系及活动周期如表 5.13.7 所示。估计整个项目的周期,并计算出该项目在第 26 天和第 20 天之前完成的概率各为多少?

解:

表 5.13.7　依存关系及活动周期　　　　　单位:天

活动	直接前项活动	周　　期			期望周期	方差
		乐观	最可能	悲观		
A	—	2	3	10	4	1.78
B	—	4	5	12	6	1.78
C	—	8	10	12	10	0.44
D	A、G	4	4	4	4	0
E	B	3	4	15	7	4.00
F	B	2	5	8	5	1.00
G	B	6	6	6	6	0
H	C、F	5	7	15	8	2.78
I	D、E	6	8	10	8	0.44

用六分之一的原则可以得到各活动的期望周期与方差,列于表 5.13.7 后面两栏上。表 5.13.8 上列出了各活动的浮动时间以及关键路径。项目网络图如图 5.13.8 所示。

表 5.13.8　各活动的浮动时间以及关键路径　　　　　单位:天

活动	期望周期	ES	EF	LS	LF	浮动时间
A	4	0	4	8	12	8
B	6	0	6	0	6	0
C	10	0	10	6	16	6
D	4	12	16	12	16	0
E	7	6	13	9	16	3
F	5	6	11	11	16	5
G	6	6	12	6	12	0
H	8	11	19	16	24	5
I	8	16	24	16	24	0

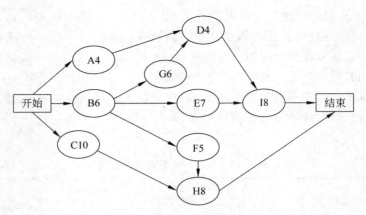

图 5.13.8　项目网络图

其关键路径是 B—G—D—I,期望周期分别为 6、6、4 和 8,方差分别为 1.78、0、0 和 0.44。尽管关键路径上的活动数不多,我们仍然可以假定整个项目的周期符合正态分布。于是,期望周期的均值为

$$6+6+4+8=24$$

方差为

$$1.78+0+0+0.44=2.22$$

所以,标准差为

$$\sqrt{2.22}=1.49$$

利用正态分布表,查出项目在第 26 天前不能完成的概率。Z 值为考察点离开均值的标准差个数:

$$Z=\frac{26-24}{1.49}=1.3 \text{ 个标准差}$$

正态分布表显示这一点的相应概率为 0.090 1。所以在这一点之前即 26 天前项目会完成的概率为

$$1-0.090 1=0.909 9$$

即几乎为 91%。同样,要在第 20 天前完成项目:

$$Z=\frac{24-20}{1.49}=2.68$$

正态分布表显示出相应的概率为 0.003 7,如图 5.13.9 所示。即 20 天前完成项目的概率为 0.37%。

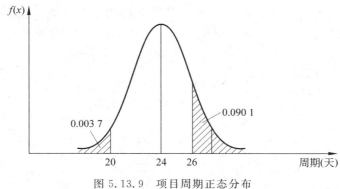

图 5.13.9　项目周期正态分布

第 6 节　案　例　题

某工程的工期计划

某工程的网络计划如图 5.13.10 所示。各工作的历时估计如表 5.13.9 所示。

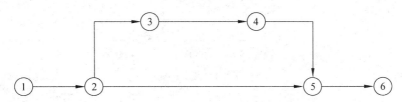

图 5.13.10　工程网络图

表 5.13.9　工作时间表

工作	节点代号	乐观估计时间/天	最可能估计时间/天	悲观估计时间/天	期望历时/天	方差
A	1—2	10	10	10	10	0
B	2—3	18	20	22	20	0.44
C	3—4	6	7	14	8	1.77
D	4—5	20	25	60	30	44.44
E	2—5	20	40	120	50	277.78
F	5—6	18	20	46	24	21.77

（1）在要求完工期为 80 天、92 天、100 天三种情况下,分别确定完工概率。

（2）在规定完工概率为 80％、90％两种情况下，分别确定计划工期。

首先，采用三点估计法，客观地估计出下列三种情况下的可能完成时间。

（1）乐观估计时间 t_o。

（2）悲观估计时间 t_p。

（3）最可能估计时间 t_m。

计算期望历时：

$$t_e = \frac{t_o + 4t_m + t_p}{6}$$

如本题中工作 2－5 的期望历时为

$$t_e = \frac{20 + 4 \times 40 + 120}{6} = 50（天）$$

计算工作历时估计方差为

$$v_t = \frac{(t_p - t_o)^2}{36}$$

本题中工作 2－5 的方差为

$$v_t = \frac{(120 - 20)^2}{36} = 277.78$$

接着，计算节点的最早、最迟时间的期望值，如图 5.13.11 所示。

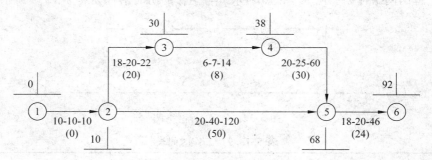

图 5.13.11　各节点最早时间的期望值

计算节点的最早时间的同时，计算节点的方差。

计算过程如下：

节点 1 的最早时间为 0，其方差为 0；

节点 2 的最早时间为 10，其方差为 0（节点 2 的方差＝节点 1 的方差＋工作 1－2 的方差）；

节点 3 的方差 ＝ 节点 2 的方差 ＋ 工作 2－3 的方差 ＝ 0＋0.44 ＝ 0.44

节点 4 的方差 ＝ 节点 3 的方差 ＋ 工作 3－4 的方差 ＝ 0.44＋1.77 ＝ 2.21

节点 5 的方差 ＝ 节点 4 的方差 ＋ 工作 4－5 的方差 ＝ 2.21＋44.44 ＝ 46.65

节点 6 的方差 ＝ 节点 5 的方差 ＋ 工作 5－6 的方差 ＝ 46.65＋21.77＝68.42

计算节点的最迟时间。

（1）要求完工时间为 80 天的情况下，如图 5.13.12 所示。

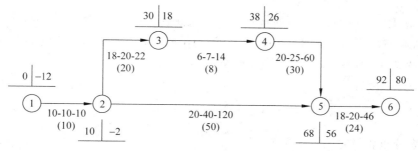

图 5.13.12　各节点最迟完成时间（一）

（2）要求完工时间为 92 天的情况下，如图 5.13.13 所示。

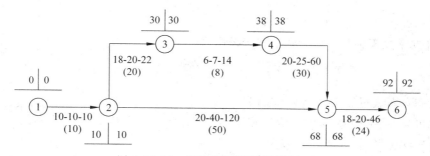

图 5.13.13　各节点最迟完成时间（二）

（3）要求完工时间为 100 天的情况下，如图 5.13.14 所示。

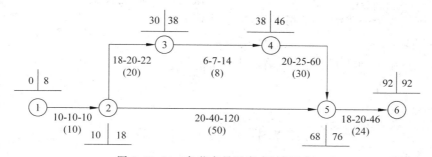

图 5.13.14　各节点最迟完成时间（三）

随后，分别计算在要求完工期为 80 天、92 天、100 天三种情况下的完工概率。

（1）计算概率系数

$$\lambda = \frac{t_s - t_e}{\sigma_t}$$

式中，t_s 为要求完工时间；t_e 为计算的期望完工时间；σ_t 为终点节点的标准离差。

（2）根据概率系数查标准正态分布表，得到在规定完工时间的完工概率。

①在要求完工期为 80 天时的完工概率：

$$\text{概率系数} \ \lambda = \frac{t_s - t_e}{\sigma_t} = \frac{80 - 92}{\sqrt{68.42}} = -1.45$$

查标准正态分布表得完工概率为 7.4%。

②在要求完工期为 92 天时的完工概率：

$$\text{概率系数} \ \lambda = \frac{t_s - t_e}{\sigma_t} = \frac{92 - 92}{\sqrt{68.42}} = 0$$

查标准正态分布表得完工概率为 50%。

③在要求完工期为 100 天时的完工概率：

$$\text{概率系数} \ \lambda = \frac{t_s - t_e}{\sigma_t} = \frac{100 - 92}{\sqrt{68.42}} = 0.834$$

查标准正态分布表得完工概率为 83.4%。

由此可见，完工期要求越短，完工概率越小；完工期要求越长，完工概率越大；当完工期规定为期望工期时，完工概率为 50%。

最后，在规定完工概率情况下，确定计划工期

$$t_s = t_e + \lambda \sigma_t$$

式中，t_s 为计划工期；t_e 为计算的期望完工时间；λ 为概率系数；σ_t 为终点节点标准差。

在规定完工概率为 80% 的情况下，确定计划工期

$$t_s = t_e + \lambda \sigma_t = 92 + 0.788\,1 \times \sqrt{68.42} = 98.5\,(\text{天})$$

在规定完工概率为 90% 的情况下，确定计划工期

$$t_s = t_e + \lambda \sigma_t = 92 + 0.815\,9 \times \sqrt{68.42} = 98.72\,(\text{天})$$

第 7 节　练　习　题

1. 建立某电话插转中心共有 10 项主要活动，估计所需天数和活动之间的关系如表 5.13.10。画出这一项目的网络图，求出整个项目完成的时间、关键路径以及每项活动的

松弛时间,作出甘特图。

表 5.13.10　估计所需天数和活动之间的关系

活动	说　明	时　间/天	直接前项活动
A	设计内部设备	10	—
B	设计程控大楼	5	A
C	订购设备	3	A
D	订购建筑材料	2	B
E	等待设备	15	C
F	等待建筑材料	10	D
G	聘请设备装配人员	5	A
H	聘请建筑工人	4	B
I	安装设备	20	E、G、J
J	建成大楼	30	F、H

2. 某项目包括 12 项活动,其关系及活动所需(随机)时间如表 5.13.11 所示,试画出网络图,找出关键路径,完成项目的期望时间并求出:

(1) 项目在时间 17 天之前完成的概率;

(2) 在什么时间之前项目将有 95% 的概率会完成。

表 5.13.11　关系及活动所需(随机)时间　　　　　单位:天

活动	直接前项活动	乐观	最可能	悲观	活动	直接前项活动	乐观	最可能	悲观
A	—	1	2	3	G	F	2	3	5
B	A	1	3	6	H	D	7	9	11
C	B	4	6	10	I	A	0	1	4
D	C	1	1	1	J	I	2	3	4
E	D	1	2	2	K	H、J	3	4	7
F	E	3	4	8	L	C、G、K	1	2	7

3. 表 5.13.12 是一个项目的详细情况。时间单位为周,成本单位为千元。如果项目到 18 周还没有完成,每拖延一周处罚成本为 3 500 元。为使成本最低,什么时间应该完成该项目?

表 5.13.12　一个项目正常、加急状态下的时间与成本

活动	直接前项活动	正常		加急	
		时　间	成　本	时　间	成　本
A	—	5	13	2	15
B	A	7	25	4	28
C	B	5	16	4	19
D	C	5	12	3	24
E	—	8	32	5	38
F	E	6	20	4	30
G	F	8	30	6	35
H	—	12	41	7	45
I	H	6	25	3	30
J	D、G、I	2	7	1	14

第6篇

Part 6

图和网络

图论是一门起源于游戏的学科，它起源于欧拉关于哥尼斯堡七桥问题的研究。哥尼斯堡是东普鲁士首府，普莱格尔河横贯其中，上有 7 座桥将河中的两个岛和河岸连接，一个散步者怎样才能走遍 7 座桥而每座桥只经过一次？当时大多数人都把这当作有趣的娱乐，但是欧拉发现这个问题可以导向一个另外的契机，他抓住了这个契机并加以发展。

　　瑞士人欧拉是 18 世纪最杰出的数学家之一，他不但在数学上做出了伟大贡献，而且把数学成功地应用到了其他领域。欧拉一生著书颇丰，其中有许多成为数学中的经典。由于长期大量写作，加上生活条件不良，他于 1735 年患眼疾致右眼失明，并且于 1771 年左眼也完全失明。但他凭着惊人的记忆力和心算能力，通过与助手们讨论以及直接口授等方式，又完成了大量的科学著作，直至生命的最后一刻。欧拉在数学上的建树很多，对著名的哥尼斯堡七桥问题的解答开创了图论的研究。

　　图论是一门很有实用价值的学科，它在自然科学、社会科学的许多方面均有很大应用，近年来它发展迅速，应用广泛，已渗透到诸如语言学、逻辑学、物理学、化学、电信、计算机科学、运筹学以及数学的其他分支中，在工程和交通运输中亦获得了重要应用。

第14章

数学定义和基本定理

第1节 图的基本概念

1. 基本概念

什么叫图？一个图可以用图形表示，它由两部分组成：一些我们称为结点的点（如欧拉图中的 A、B、C、D）以及连结这些点的线，我们称这些线为边。如欧拉图中的 $l_1, l_2, l_3, \cdots, l_7$。

一个图的边与图的结点对相联系，如欧拉图 6.14.2 中 l_1 与结点对（A，C）相联系；l_5 与（A，D）相联系，一个结点对有时可对应几条边，但为了方便起见，我们这里定义的图先规定每个结点对最多只对应一条边，至于有多条边的情形，将在后面予以推广。

定义 6.14.1 图 G 由非空结点集合 $V = \{v_1, v_2, \cdots, v_n\}$ 以及边集合 $E = \{l_1, l_2, \cdots, l_m\}$ 所组成，其中每条边可用一个结点对表示，即

$$l_i = (v_{i1}, v_{i2}) \quad (i = 1, 2, \cdots, m)$$

这样的一个图 G 可用 $G = \langle V, E \rangle$ 表示。

例题 6.14.1 有 4 个城市 v_1, v_2, v_3, v_4，其中 v_1 与 v_2 间，v_1 与 v_4 间，v_2 与 v_3 间有直达长话线路相连，将此事实用图的方法表示。

解：图中结点集为

$$V = \{v_1, v_2, v_3, v_4\}$$

图中边集为

$$E = \{l_1, l_2, l_3\}$$

其中 $l_1 = (v_1, v_2), l_2 = (v_1, v_4), l_3 = (v_2, v_3)$。

这个图可表示为 $G = \langle V, E \rangle$ 如图 6.14.1(a)所示。

例题 6.14.2 设有 4 个程序 P_1, P_2, P_3, P_4，它们之间的调用关系是 P_1 能调用 P_2，P_2 能调用 P_3，P_2 能调用 P_4，将此事实用图的方法表示。

解：图中结点集

$$V = \{P_1, P_2, P_3, P_4\}$$

图中边集为

$$E = \{C_1, C_2, C_3\}$$

其中 $C_1 = (P_1, P_2), C_2 = (P_2, P_3), C_3 = (P_2, P_4)$，这个图可用图 $G = \langle V, E \rangle$ 表示，如图 6.14.1(b)所示。

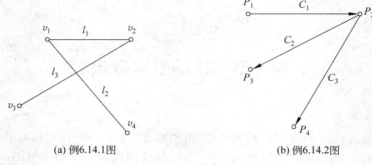

(a) 例6.14.1图   (b) 例6.14.2图

图 6.14.1 图形的表示

从上面两个例子可以看出，关于结点对的概念有两种不同的含义，例 6.14.1 中两城市的长话线是双向的，这就表示 (v_1, v_2) 与 (v_2, v_1) 有相同含义，即结点对与其次序无关，这种结点对叫无序结点对。例题 6.14.2 中的调用关系是单向的，即结点对与次序有关，称为有序结点对。在作图时要将它们区别开来，我们用带箭头的边表示有序结点对，它所对应的边称为有向边，而用不带箭头的边表示无序结点对，它所对应的边称为无向边。这样利用图中边有无方向可将图分成两种类型。

定义 6.14.2 图中所有边均为有向边的图称为有向图，图中所有边均为无向边的图称为无向图。

图 6.14.1(a)是无向图，图 6.14.1(b)是有向图。

有向边 $l_k = (v_i, v_j)$ 中 v_i 称为 l_k 的起点，v_j 称为 l_k 的终点。而不管 l_k 为有向还是无向，我们均称边与结点 v_i, v_j 相关联。当 v_i, v_j 有边相连时，我们称 v_i 与 v_j 是邻接的或称是相邻的，若干条边若关联于同一个结点，则这些边称为是邻接边或相邻边。如图 6.14.1(b)中 C_1, C_2, C_3 均关联于结点 P_2。

定义 6.14.3 两端点重合为一点的边称为环。即环是具有 (v_i, v_j) 状之边。图 6.14.2 中边 $l_2 = (v_1, v_1)$ 即为环。

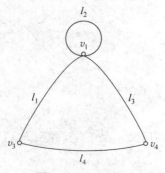

图 6.14.2 环与孤立点

定义 6.14.4　不与任何结点相邻的结点称为孤立点。

图 6.14.2 上结点 a 就是一个孤立点。

定义 6.14.5　图 $G=\langle V,E\rangle$ 与 $G'=\langle V',E'\rangle$ 间,如果有 $V'\subseteq V,E'\subseteq E$,则称 G' 是 G 的子图,如果进一步有 $E'\subset E$,则称 G' 是 G 的真子图。若有 $V'=V,E'\subseteq E$,则称 G' 是 G 的生成子图。

图 6.14.3 中(b),(c)均是(a)的真子图,(c)是(a)的一个生成子图。

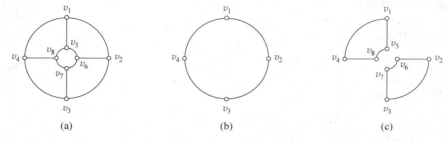

图 6.14.3　图与子图

一个具有 n 个结点,m 条边所组成的图称为(n,m)图。一个图 G 若是一个$(n,0)$图,则称此图为零图,即零图是由孤立点所组成的。如果 G 是一个$(1,0)$图,则称此零图为平凡图,亦即平凡图是由一个孤立点组成的。图 6.14.4 上(a)是零图,(b)是平凡图。

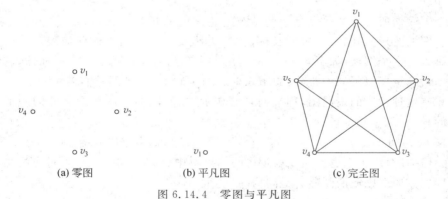

图 6.14.4　零图与平凡图

定义 6.14.6　一个(n,m)图 G,如果其 n 个结点$(n\geqslant 2)$中每一个结点均与其他 $n-1$ 个结点邻接,则称此图为完全图,如图 6.14.4(c)所示。

定理 6.14.1　一个(n,m)完全图有 $\dfrac{1}{2}n(n-1)$ 条边。

证：图中每一点均与$(n-1)$条边相邻接,与所有结点邻接的边的总和为 $n(n-1)$,考虑到每条边与两个结点相关联,那么总的边数应该有$\frac{1}{2}(n-1)$条。

图 6.14.4(c)上是一个 $n=5$ 的完全图。

定义 6.14.7　若 G_i 是 G 的子图,则从 G 中去掉 G_i 中所有边以及删除去掉这些边时所出现的孤立点后得到的 G 的子图叫作 G 中 G_i 的补图,用 $\bar{G}_i$ 表示。

例如图 6.14.5 中(a)是图 6.14.4(c)的子图 G_1,而 6.14.5 中(b)是 G_1 的补图。一个图的补图的补图就是它自己。

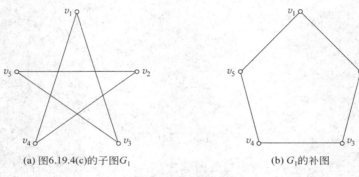

(a) 图6.19.4(c)的子图 G_1　　　　　　(b) G_1 的补图

图 6.14.5　图与补图

2. 图的同构

一个图我们所关心的仅仅是它的结点与边之间的相互关系,而不是它的几何外观,故对一个图的图形,其结点与边的长度、位置大小及形状等均不作任何限制与规定。即一个图可以有多个图形,如图 6.14.6 上给出了一个图的 4 种图形。不但如此,有时它们的结点与边还可标以不同的符号,如图 6.14.6(d)所示。这种图它们表面上不同,实质上相同。具有这种性质的不同图,称它们是同构的,当然同构的两个图它们的图形也可以是相同的。

定义 6.14.8　设有图 $G=\langle V,E\rangle$ 与 $G'=\langle V',E'\rangle$,如果它们的结点间存在 1—1 对应关系,而且这种对应关系也反映在表示边的结点对中(如果是有向边,则对应的结点对还保持相同的方向),则此两图称为是同构的,记作 $G\cong G'$。

图 6.14.7(a)与(b)分别表示图 $G=\langle V,E\rangle$ 及 $G'=\langle V',E'\rangle$,那么它们的元素存在 1—1 对应关系:

$$v_1-b,\quad v_2-f,\quad v_3-d,\quad v_4-c,\quad v_5-a,v_6-e;$$
$$(v_1,v_4)-(b,c),\quad (v_1,v_5)-(b,a),\quad (v_1,v_6)-(b,e);$$
$$(v_2,v_4)-(f,c),\quad (v_2,v_5)-(f,a),\quad (v_2,v_6)-(f,e);$$
$$(v_3,v_4)-(d,c),\quad (v_3,v_5)-(d,a),\quad (v_3,v_6)-(d,e).$$

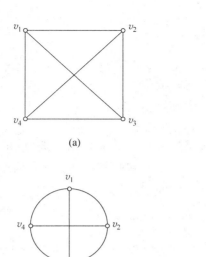

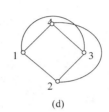

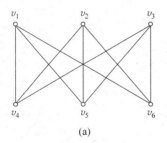

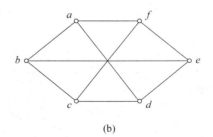

图 6.14.6　一个图的 4 种不同图形

故这两个图是同构的。而图 6.14.8 上(a),(b)所示的图不同构。

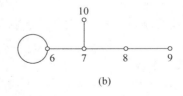

图 6.14.7　两种同构图

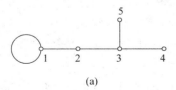

图 6.14.8　不同构的两个图

3. 图中结点的次数

定义 6.14.9　v 是有向图中的一个结点,以 v 为起点的边的条数叫 v 的引出次数,记

作
$$\overleftarrow{\deg}(v)$$
以 v 为终点的边的条数叫 v 的引入次数,记为
$$\overrightarrow{\deg}(v)$$
v 的引入次数与引出次数的和称为 v 的次数或全次数,记为
$$\deg(v)$$

在无向图中,结点 v 的次数或全次数是与 v 相关联的边的总数,也用 $\deg(v)$ 表示。若 $\deg(v)$ 是奇数,则 v 称为奇点;若 $\deg(v)$ 为偶数(包括零),则 v 称为偶点。

定理 6.14.2   图 $G=\langle V,E\rangle$ 是一个 (n,m) 图,其中 $V=\{v_1,v_2,\cdots,v_n\}$ 那么有

$$\sum_{i=1}^{n}\deg(v_i)=2m$$

定理的证明是显然的,这是因为每条边总是和两个结点相关联的。同时不难证明:

定理 6.14.3   一个图中奇点的数目总是偶数。

所有结点均有相同次数 d 的图称为 d 次正则图。如图 6.14.9(a)(b)均为 3 次正则图。

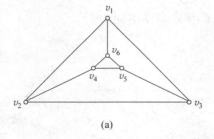

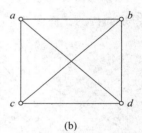

(a)　　　　　　　　　　(b)

图 6.14.9   3 次正则图

4. 多重图与带权图

在无向图中,一般一个无序结点对都只对应一条边,在有向图中一般一个有序结点对也只对应一条边(注意方向相反的两条边可看成与两个不同结点对对应)。

定义 6.14.10   若一个结点对对应若干条边,则这种边称为多重边,包含多重边的图称为多重图,不包含多重边的图则称为简单图。

图 6.14.2 上的欧拉图就是一个多重图,而图 6.14.9 上的(a),(b)均为简单图。图 6.14.10 上的图看似多是重图但实际上是简单图。

定义 6.14.11   在一个图的边上若附加一些数字以刻画此边的某些数量特征,这些数字叫作边的权,此边称为有权边。具有有权边的图称为有权图,而没有权边的图称为无权图。

有权图有时是很有用的,例如,用图描述连接各城市的公路网时,为表示这些公路的特征(如路长、路宽),可在相应边上用权数刻画之,如图 6.14.11 所示。

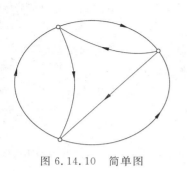

图 6.14.10　简单图

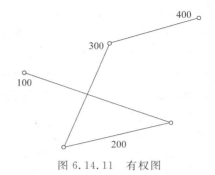

图 6.14.11　有权图

第 2 节　通路、回路与连通性

1. 通路与回路

我们先讨论有向图的通路与回路,然后再将其推广到无向图上。

有向图 $G=<V,E>$,考虑 G 中边的序列

$$(v_{i1},v_{i2}),(v_{i2},v_{i3}),\cdots,(v_{ik-1},v_{ik})$$

它由 v_{i1} 开始到 v_{ik} 结束,每条边的终点是下一条边的起点,这样的序列可简写成 $(v_{i1}, v_{i2},\cdots,v_{ik})$,其中允许多次出现相同的结点与边。在此序列中除 v_{i1} 与 v_{ik} 外,中间每个结点均与其前后结点相邻接,这种边的序列叫图的通路。v_{i1} 与 v_{ik} 分别称为通路的起始结点与终止结点。通路中边的数目叫通路的长度。例如,图 6.14.12 中开始于结点 1 结束于结点 3 的通路是 P_1:$(1,2,3)$;P_2:$(1,4,3)$,P_3:$(1,2,4,3)$;P_4:$(1,2,4,1,2,3)$;P_5:$(1,2,4,1,4,3)$;P_6:$(1,1,1,2,3)$。

图中一条通路若其起始结点与终止结点相同,则此通路称为回路。

定义 6.14.12　有向图中各边全不同的通路(回路)称为简单通路(回路),各点全不同的通路(回路)称为基本通路(回路)。

显然,一条基本通路一定是简单通路,但简单通路不一定是基本通路。

上面图 6.14.12 中 P_1,P_2,P_3 均为基本通路,P_5 是简单通路但不是基本通路,P_4、P_6 则既

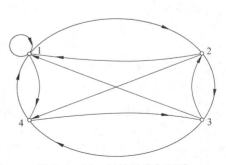

图 6.14.12　图的通路与回路

非基本通路又非简单通路。

图 6.14.12 上还有回路 C_1：$(1,1)$；C_2：$(1,2,1)$；$C_3(1,2,3,1)$；$C_4(1,4,3,1)$；C_5：$(1,2,3,2,1)$；C_6：$(1,2,3,2,3,1)$ 等，其中 C_1,C_2,C_3,C_4 为基本回路，C_5 为简单回路但非基本回路，C_6 既非基本回路又非简单回路。

任一通路中删去所有回路则必得基本通路。如从 P_5 中删去回路 $(1,2,4,1)$ 就可得通路 P_2。同理，从任一回路中删去其中间所有回路必得基本回路。

定理 6.14.4 一个有向 (n,m) 图中任何基本通路长度均小于或等于 $n-1$，而任何基本回路长度均小于或等于 n。

定理的证明是显然的。

利用通路和回路的概念可以研究很多科学问题，如资源分配、递归调用问题。我们进一步还可引出可达性概念。

定义 6.14.13 从一个有向图的结点 v_i 到另一个结点 v_j 间如果存在一条通路，则称从 v_i 到 v_j 是可达的。

当然从 v_i 到 v_j 是可达的，不一定表示它们间只有一条通路。这些通路也可以有不同长度。不过我们最感兴趣的是它们间长度最短的通路，这种通路我们称为短程线，而短程线的长度则称为从 v_i 到 v_j 的距离，可用 $d(v_i,v_j)$ 表示。如图 6.14.12 上从结点 1 到结点 3 的最短通路为 P_1：$(1,2,3)$ 和 P_2：$(1,4,3)$，故 P_1、P_2 为从 1 到 3 的短程线，而其距离为 $d(1,3)=2$。

将上述关于通路、回路和可达性的概念推广至无向图。在无向图中一条边 L_k 对应于无序结点对 (v_i,v_j)，此无序结点对可看成两个有序结点对 (v_i,v_j) 和 (v_j,v_i)，由此可用方向相反的两条有向边取代一条无向边。这样，一个无向图就转换成有向图了。于是通路、回路及可达性概念及有关定理，均可应用到无向图上了。上述概念和定理同时也容易推广到多重图上。

2. 连通性

定义 6.14.14 一个无向图 G，如果它的任何两结点间均是可达的，则称图 G 为连通图，否则称为非连通图。

定义 6.14.15 一个有向图，如果忽略其边的方向后得到的无向图是连通的，则称此有向图为连通的，否则称为非连通的。

关于有向图的连通性，我们还可以进一步分为三类。

定义 6.14.16 一个有向连通图 G，如果其任何两结点间均是互相可达的，则称图 G 是强连通的；如果其任何两结点间至少有一向是可达的，则称图 G 是单向连通的；如果忽略边的方向后其无向图是连通的，则称图 G 是弱连通的。

显然，在有向连通图中，强连通的必是单向连通的也是弱连通的，同样一个单向连通图也必是弱连通的,但反之则不然。图 6.14.13(a)是强连通的,(b)是单向连通的,(c)是弱连通的,而(d)则是非连通的。

(a)　　　　　(b)　　　　　(c)　　　　　(d)

图 6.14.13　强连通图、单向连通图、弱连通图及非连通图

3. 欧拉图

现在我们再回来讨论本章开始时提出的欧拉图。

定义 6.14.17　图 G 的一个回路,若它通过 G 中每条边一次,这样的回路称为欧拉回路,具有这种回路的图叫作欧拉图。

由定义可知,欧拉回路是简单回路。

定理 6.14.5　无向连通图 G 是欧拉图的充分必要条件是 G 的每个结点均有偶数次。

事实上,每条欧拉回路,通过一个结点时,该点的结点次数就要加 2,而由于每条边仅出现一次,故与每个结点关联的边的条数必是偶数,故结点均具有偶数次,定理详细证明略。

这个定理给出了判别欧拉图的一个简单有效的方法。我们很容易判断哥尼斯堡桥问题是没有解的,因为它所对应的图(图 6.18.2)其每个结点的次数均为奇数。

下面再举一个应用欧拉图原理的例子。

例题 6.14.3　邮递员从邮局 v_1 出发沿邮路投递信件,其邮路图如图 6.14.14 所示,试问是否存在一条投递路线使邮递员从邮局出发通过所有路线而不重复且最后回到邮局?

解：由于 6.14.14 中的每个结点均为偶数次,故由定理 6.14.5 知,这样的投递路线是存在的,其中一条路线是

$G(v_1, v_5, v_{11}, v_7, v_{12}, v_8, v_{10}, v_6, v_9, v_{11}, v_{12},$

$v_{10}, v_9, v_5, v_2, v_6, v_4, v_8, v_3, v_7, v_1)$

定义 6.14.18　通过图 G 中每条边一次的通路(非回路)称为欧拉通路。

关于欧拉通路,我们有下面的定理。

定理 6.14.6　无向连通图 G 中结点 v_i 与 v_j 间存在欧拉通路的充分必要条件是 G 中 v_i 与 v_j 的次

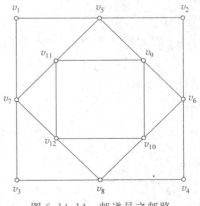

图 6.14.14　邮递员之邮路

数均为奇数,而其他结点的次数为偶数。

证:在图 G 中附加一条边 (v_i,v_j) 从而形成一个新图 G',而 G 有一条 v_i 到 v_j 的欧拉通路,当且仅当 G' 有一条欧拉回路,而 G' 的所有结点都有偶数次,或当且仅当 G 中 v_i,v_j 是奇数次,而其他结点均为偶数次。

4. 哈密顿图

哈密顿回路起源于一种名叫周游世界的游戏,由英国数学家哈密顿(Hamiltion)于 1859 年提出。它用每面都是正五边形的一个正十二面体的 20 个顶点代表 20 个大城市(图 6.14.15(a)),它同构于一个平面图(图 6.14.15(b)),要求沿着十二面体的棱从一个城市出发,经过每个城市恰好一次,然后回到出发点。这个图称为哈密顿圈,它有若干个解。

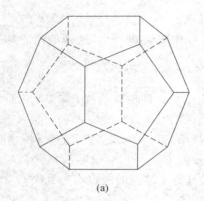
(a)

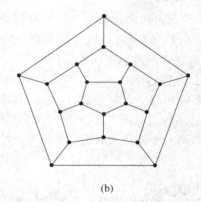
(b)

图 6.14.15　周游世界游戏图

定义 6.14.19　图 G 的一个回路,若它通过 G 中每个点一次,这样的回路称为哈密顿回路,具有这样回路的图称为哈密顿图。通过图 G 中每结点一次的通路(非回路)称为哈密顿通路。

哈密顿回路(通路)是基本回路(通路)。

遗憾的是,哈密顿回路与通路至今尚未找到一个判别它存在的充分必要条件。在大多数情形下仍采用尝试的方法解决。

第 3 节　图的矩阵表示

将矩阵工具应用于图的研究,不仅可以使图的表示更简单,还可使图的问题变成为数学计算问题,从而借助于计算机,使问题得到完美的解决。

1. 有向图的邻接矩阵

定义 6.14.20　设有有向图 $G = \langle V, E \rangle$，其中 $V = \{v_1, v_2, \cdots, v_n\}$，$E = \{l_1, l_2, \cdots, l_n\}$，假设结点按一定顺序排列（这里不妨设按结点编码顺序从小到大排列），于是可以构成一矩阵

$$A = (a_{ij})_{n \times n}$$

其中

$$a_{ij} = \begin{cases} 1 & \text{当} (v_1, v_j) \in E \\ 0 & \text{当} (v_1, v_j) \notin E \end{cases}$$

此矩阵称为图 G 的邻接矩阵。

一个图的邻接矩阵完整地刻画了图中各结点的邻接关系。并可从它辨认出对应图的一些特性。

（1）从矩阵对角线元素是否为 1 辨认出其对应图是否有环，对角元素中 1 的个数，即为图上环的个数。

（2）容易辨认对应图是否为完全图或零图，邻接矩阵元素全为零，则对应的图为零图。一个矩阵的元素除对角元素为零外全为 1，则其对应的图为完全图。

此外还可以通过对矩阵元素的一些运算，获得对应图的某些数量特征。

（1）结点 v_j 的引出次数为

$$\overleftarrow{\deg}(v_i) = \sum_{k=1}^{n} a_{ik}$$

结点 v_i 的引入次数

$$\overrightarrow{\deg}(v_i) = \sum_{k=1}^{n} a_{ki}$$

结点 v_i 的全次数

$$\deg(v_i) = \sum_{k=1}^{n} (a_{ik} + a_{ki})$$

（2）令 $B = A^2$，即 $b_{ij} = \sum_{k=1}^{n} a_{ik} \cdot a_{kj}$，那么 b_{ij} 表示从 v_i 到 v_j 长度为 2 的通路数目，当 $b_{ij} = 0$ 时表示没有长度为 2 的通路。而 b_{ii} 给出了经过 v_i 的长度为 2 的回路数目。

令 $C = A^l$，则 c_{ij} 表示从 v_i 到 v_j 的长度为 l 的通路数目，而 c_{ii} 给出了从 v_i 出发的长度为 l 的回路数，当 $c_{ij} = 0$ 时表示没有从 v_i 到 v_j 的长度为 l 的通路。

2. 可达性矩阵

有向 (n, m) 图 G 中从 v_i 到 v_j 的可达性问题可通过矩阵运算得到。计算矩阵

$$R_n = (r_{ij})_{n \times m}$$

$$R_n = A + A^2 + A^3 + \cdots + A^n$$

那么 r_{ij} 给出 v_i 到 v_j 的所有长度为 1 到 n 的通路数目,由前面定理 6.14.3 知,有向图中基本通路与基本回路长度均不超过 n,故若 $r_{ij}=0$,则表示 v_i 不可到达 v_j,反之则是可达的。

由于讨论可达性时,我们感兴趣的仅仅是从 v_i 到 v_j 是否可达,而并不关心通路的长度,由此可用矩阵 R_n 构造出可达性矩阵。

定义 6.14.21 设矩阵 $P=(p_{ij})_{n \times n}$,其中

$$p_{ij} = \begin{cases} 1 & \text{当 } r_{ij} \neq 0 \text{ 时} \\ 0 & \text{当 } r_{ij} = 0 \text{ 时} \end{cases}$$

矩阵 P 反映了图 G 各结点间的可达性,称为可达性矩阵(或通路矩阵)。

例题 6.14.4 求图 6.14.16 上图 $G = \langle V, E \rangle$ 的可达性矩阵,其中

$V = \{v_1, v_2, v_3, v_4\}$

$E = \{(v_1, v_2), (v_2, v_3), (v_2, v_4), (v_3, v_2), (v_3, v_4), (v_3, v_1), (v_4, v_1), (v_1, v_4)\}$

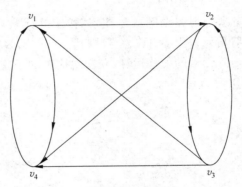

图 6.14.16 可达性矩阵算例

解:图 G 的邻接矩阵为

$$A = \begin{pmatrix} 0 & 1 & 0 & 1 \\ 0 & 0 & 1 & 1 \\ 1 & 1 & 0 & 1 \\ 1 & 0 & 0 & 0 \end{pmatrix}$$

得到

$$A^2 = \begin{pmatrix} 1 & 0 & 1 & 1 \\ 2 & 1 & 0 & 1 \\ 1 & 1 & 1 & 2 \\ 0 & 1 & 0 & 1 \end{pmatrix} \quad A^3 = \begin{pmatrix} 2 & 2 & 0 & 2 \\ 1 & 2 & 1 & 3 \\ 3 & 2 & 1 & 3 \\ 1 & 0 & 1 & 1 \end{pmatrix} \quad A^4 = \begin{pmatrix} 2 & 2 & 2 & 4 \\ 4 & 2 & 2 & 4 \\ 4 & 4 & 2 & 6 \\ 2 & 2 & 0 & 2 \end{pmatrix}$$

$$R_1 = \begin{pmatrix} 5 & 5 & 3 & 8 \\ 7 & 5 & 4 & 6 \\ 9 & 8 & 4 & 12 \\ 4 & 3 & 1 & 4 \end{pmatrix} \quad P = \begin{pmatrix} 1 & 1 & 1 & 1 \\ 1 & 1 & 1 & 1 \\ 1 & 1 & 1 & 1 \\ 1 & 1 & 1 & 1 \end{pmatrix}$$

由此可知,图 G 的之任意两点间均可达到,并且每个结点均有回路通过。

这里 R_n 的计算比较繁复,一种比较简单的方法是用布尔矩阵运算替代普通矩阵运算,详细方法可参阅有关书籍。

3. 无向图、多重图及有权图的矩阵表示法

将无向图中的无向边用两条方向相反的有向边替代,使无向图转换成有向图,这样有向图的邻接矩阵、可达性矩阵等均适用于无向图。

可以用类似于简单有向图的矩阵方法表示多重图。

对有向 (n,m) 多重图 G,其邻接矩阵 $A = (a_{ij})_{n \times n}$ 的元素为

$$a_{ij} = \begin{cases} 0 & \text{当从 } v_i \text{ 到 } v_j \text{ 无有向边相连} \\ k & \text{当从 } v_i \text{ 到 } v_j \text{ 有 } k \text{ 条有向边相连} \end{cases}$$

对于有向有权图,可定义

$$a_{ij} = \begin{cases} 0 & \text{当从 } v_i \text{ 到 } v_j \text{ 无有向边相连} \\ w & \text{当从 } v_i \text{ 到 } v_j \text{ 有有向边相连,且此边权数为 } w \end{cases}$$

它们都可用类似于简单有向图的方法得到可达性矩阵。

4. 矩阵与图的连通性

可用矩阵方法判断一个图的连通性。

定理 6.14.7　有向图为强连通的充分必要条件是图 G 的可达性矩阵除对角元素外,其余元素均为 1。

定理 6.14.8　有向图为单向连通的充分必要条件是图 G 的可达性矩阵 P 及其转置矩阵 P^{T} 经下列运算所组成的矩阵

$$P' = P \oplus P^{\mathrm{T}}$$

中除对角元素外其余元素均为 1,这里 $\oplus$ 表示布尔加。

定理 6.14.9　有向图为弱连通的充分必要条件是图 G 的邻接矩阵及其转置矩阵 A^{T} 经下列运算所组成的矩阵

$$A' = A \oplus A^{\mathrm{T}}$$

的可达性矩阵中除对角元素外所有元素均为 1。

第15章

算法例题案例

第1节 树及其性质

1. 树的概念

我们先从无向图谈起。

定义 6.15.1 树是不包含回路的连通图。

图 6.15.1(a)是树,(b)和(c)均不是树。图 6.15.2 是一棵典型的树。

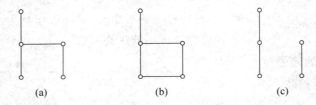

$$(a) \qquad\qquad (b) \qquad\qquad (c)$$

图 6.15.1 树与非树[①]

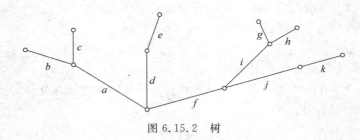

图 6.15.2 树

树中任一边称为树的树枝,若树枝的两个端点的次数都大于或等于 2,则该树枝称为树干(如图 6.15.2 上边 a),与悬挂点相关联的树枝称为树尖(如边 b),悬挂点,即次数为 1 的点称为树叶,次数大于 1 的结点称为分支结点。如果树中有一点与其他点不同,该点称为树根。有根的树称为根树,无根的树称为无根树也称自由树。

树有以下性质。

定理 6.15.1　在一棵树中,每对结点间有且只有一条路径。

定理 6.15.2　有 n 个结点的树必有 $n-1$ 条边。

定理 6.15.3　具有两个结点以上的树必至少有两片叶。

定义 6.15.2　设 G 是一个连通图,如果从 G 中去掉任何一边后会使图分离,则 G 称为最小连通图。

定理 6.15.4　每棵树都是一个最小连通图。

2. 有向树

定义 6.15.3　在有向图中,如不考虑边的方向可构成树,则此有向图为有向树。

例如图 6.15.3(a)的有向图为有向树,而(b)则不是,因为当忽略其方向时,该图存在回路。

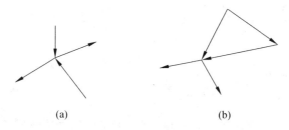

(a)　　　　　　　　　　(b)

图 6.15.3　有向树及非有向树

常用的有向树有外向树及内向树。

定义 6.15.4　满足下列条件的有向树 T 称为外向树:

(1) T 有一个结点(也仅有一个)的引入次数为零,该结点是 T 的根;

(2) T 的其他结点的引入次数均为 1,并且有些结点的引出次数为 0,这些结点是 T 的叶。

图 6.15.4(a)就是一棵外向树。

定义 6.15.5　由外向树的根到结点 v_i 的通路长度,称为结点 v_i 的级。

图 6.15.4(a)上 v_1 的级为 0;v_2,v_3 的级为 1,它们是同级的;v_4,v_5,v_6,v_7 的级为 2;v_8,v_9 的级为 3。

许多实际问题均可用外向树表示。利用外向树表示家属关系是外向树的一个典型例子。

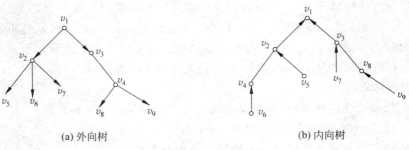

(a) 外向树   (b) 内向树

图 6.15.4   外向树和内向树

设有某祖宗 a 生有两个儿子：b 及 c。b 与 c 又分别有三个儿子 d,e,f 及 g,h,i；而 d 与 g 又分别有一个儿子 j 与 k，这样的家属关系可用图 6.15.5(a) 的外向树表示，称为家属树。

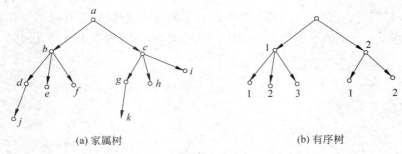

(a) 家属树   (b) 有序树

图 6.15.5   家属树及有序树

由于可用外向树表示家属关系，故可用家属关系中的术语称呼外向树中各结点间的关系，如 a 到 b 有一条边故可称 b 是 a 的子结点，称 a 是 b 的母结点。从 a 到 b,c 均有一条边，则可称 b,c 为兄弟。从 a 到 f 有一条通路则称 f 是 a 的子孙，而 a 是 f 的祖先等。此外在家属树中，兄弟之间顺序是不能颠倒的，这时就需要在外向树中对每个结点顺序编号，编号从左到右进行，这样的外向树称为有序树如图 6.15.5(b) 所示。

我们还可以类似地定义内向树。

定义 6.15.6   满足下列条件的有向树 T 称为内向树：

（1）T 有一个结点（也仅有一个结点）的引出次数为 0，该结点是 T 的根；

（2）T 的其他结点的引出次数均为 1，并且有一些结点的引入次数为 0，这些结点是 T 的叶。

图 6.15.4(b) 是一棵内向树。

3. 二元树

定义 6.15.7 如果有一棵树,其中只有一个点的次数为 2,而其他各点的次数为 1 或 3,则该树称为二元树。

如图 6.15.6 所示,只有结点 1 的次数为 2,与其他各点均不同,它是根。

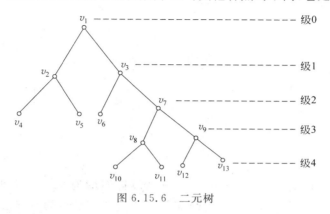

图 6.15.6 二元树

二元树有以下特点。

(1) 二元树的点数 n 总是奇数的。

(2) 设 p 为二元树 T 的悬挂点数,那么 $n-p-1$ 是次数为 3 的点数,树的边数为 $n-1$,故有

$$1 \times p + 3 \times (n-p-1) + 2 \times 1 = 3n - 2p - 1 = 2(n-1)$$

即

$$p = \frac{n+1}{2}$$

除悬挂点外,内部点数目为 $n-p = p-1$,故在二元树中内部点数总比悬挂点数少 1。

(3) 任何一棵二元树,级 0 上的点只能有一个,级 1 上的点至多有两个,级 2 上的点至多有 4 个,那么 k 级二元树,最多可能有的点数 n 满足

$$2^0 + 2^1 + 2^2 + \cdots + 2^k \geqslant n$$

其中 n 为此二元树的点数。

(4) 一棵二元树的最大级 $L_{\max}$ 称为树的高度,则 n 个结点的最低可能高度 $\min L_{\max}$ 为

$$\min L_{\max} = \lceil \log_2(n+1) - 1 \rceil$$

其中 $\lceil * \rceil$ 表示大于或等于 $*$ 的最小整数。而其最高可能高度为

$$\max L_{\max} = \frac{n-1}{2}$$

4. 生成树

定义 6.15.8 如果一棵树 T 是连通图 G 的子图,且包括 G 中所有的点,则称该图为

G 的生成树图 6.15.7(a)所示。

图 6.15.7(b),(c)上的树 T_1,T_2 是(a)上连通图 G 的两棵不同的生成树。由于 G 上各点都在生成树上,所以 G 的生成树也称为 G 的支撑树。显然连通图 G 的生成树不是唯一的。

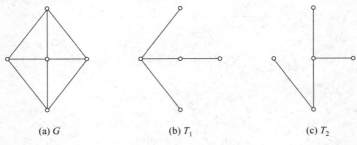

(a) G　　　　　(b) T_1　　　　　(c) T_2

图 6.15.7　生成树

例题 6.20.1　设有 6 个城市 v_1,v_2,$\cdots$,v_6,它们间有输油管连通,其布置图如图 6.15.8(a)。为保卫油管,在每段间需派一连士兵看守,为保证正常供应最少需要多少连士兵看守?他们应驻于哪些油管处?

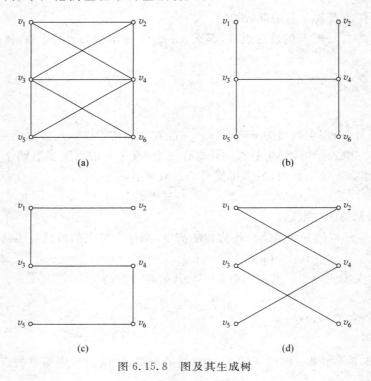

(a)　　　　　　　　　　　(b)

(c)　　　　　　　　　　　(d)

图 6.15.8　图及其生成树

解：此问题即为寻找图 6.15.8 的生成树问题。此图 $n=6$，$m=11$，故生成树的边为 5。亦即只需有五连士兵看守。各连士兵守卫于图(b)上各线段处，这里(c)，(d)也都是(a)的生成图。

一个连通图可以有很多生成图，这样就有了选择的余地，在上面问题中，要选择的生成树希望它的总长度最短，这个问题就是最短树问题。

第 2 节　最小生成树及其算法

1. 最小生成树

定义 6.15.9　加权图 G 中一棵生成树 T 的权是 T 中各边的权的和，G 的所有生成树中，权最小的那棵生成树称为 G 的最小生成树，或称为 G 的最短生成树。

最小生成树有广泛实际意义，例如，若干城市间最小费用通信网的设计，最佳邮路选择都与此有关。寻找一个图的最小生成树的算法很多，这里介绍两种常用算法。

2. Kruskal 算法（避圈法）

我们以图 6.15.8(a)说明这一方法。首先在图上每条边上赋以一个权（这里即为两城市间距离（图 6.15.9(a)），对每条边按距离长短顺序排列（若有两条以上边的权相等，则这些边的次序可任意）得表 6.15.1，然后按表 6.15.1 排定的次序将边依次加入仅有 6 个结点的图中，如果出现回路则删去回路中权最大的一条边。这样加入 $n-1$ 条边后就给出了最小生成树。

表 6.15.1　边的权与次序数

次序	1	2	3	4	5	6	7	8	9	10	11
边	S_2	S_6	S_1	S_3	S_7	S_9	S_8	S_4	S_{10}	S_{11}	S_5
权	1	1	2	2	2	2	3	4	4	4	5

图 6.15.9 给出了选择最小生成树的过程，(g)即为最小生成树。

3. Prim 法

设图 G 为 n 个点的简单图，构造相应的 $n \times m$ 阶矩阵，其行和列都对应 G 上的点，把图中点 i 和 j 之间的边权填于矩阵中相应位置上，此为对称矩阵，而主对角空白。如果 i 和 j 之间没有边，则 i 和 j 之间的权记为无穷大（∞）。

运算由点 1 开始，在行 1 中找出最小元素值（若在该行中最小元素值不止一个，则任取其一）设为 $(1,k)$ 并在图中用粗线连接点 1 与 k。接着从矩阵的行 1 和行 k 中找出除 1 列和 k 列以外（即划去第 1 列和第 k 列）的最小元素值 (k,l)，再用粗线连接点 k 及 l，如此

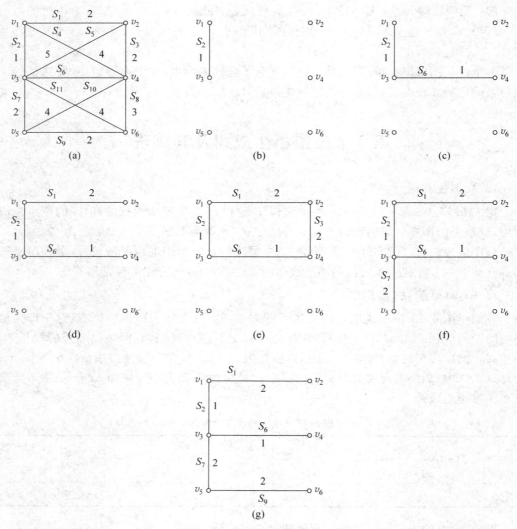

图 6.15.9　最小生成树的寻找过程

等等,一直到得到 G 的一棵最小生成树。

我们仍以图 6.15.9(a)为例说明,首先构成矩阵

然后由 v_i 开始,找到(1,3)为最小,连接 v_1,v_3,划去矩阵第 1,3 列,在第 1,3 行上找出最小元素(3,4)连接 v_3,v_4 划去第 4 列。在 3,4 行上找出最小元素(3,5),连接 v_3,v_5,划去第 5 列,在 3,5 行上找出最小元素(5,6),连接 v_6,v_5,划去第 6 列,最后剩下第 2 列还没有元素,选择其中最小元素(1,2),连接 v_1,v_2,找去第 2 列。现在所有列均已划去,得

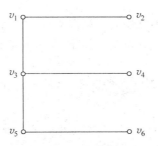

图 6.15.10　用 Prim 法生成最小生成树

到了图 6.15.10 上的最小生成树。

第 3 节　图论模型介绍

1. 中国邮递员问题

一个邮递员从邮局出发,走遍由他负责送信的所有街道,再回到邮局,在这个前提下,如何选择递送路线,以便走尽可能少的路程,这个问题是由我国数学家管梅谷教授在1960 年首先提出的,因此被称为中国邮递员问题。

假设把投递区的街道用边表示,街道距离用权表示,邮局及街道交叉路口用点表示,那么一个投递区就构成一个加权连通图 G。因此,中国邮递员问题,用图论术语来描述就是在加权图 G 中,找一条包含 G 的每条边至少一次,且边权总和最小的闭边序列。这条路程最短的邮递路线称为最佳邮递路线。

如果图 G 恰是一个连通欧拉图,则从邮局出发,每边恰好走一次可回到邮局,这时总权必定最小。

如果图 G 是含有奇点(其个数必为偶数个)的连通图,则邮递路线中必定有重复边,我们要求重复走过的边的总长最小。我们可以用奇偶点图上作业法来解决这个问题。其计算步骤如下。

（1）找出图 G 中所有奇点，即 $\deg(v)$ 为奇数的点（必有偶数个），将它们两两配对。将每对奇顶点间的通路（必存在）P 上所有边都重复一次加到图 G 中，使所得到的新图中的顶点全为偶点。

（2）如果边 $e=(v_i,v_j)$ 上重复的边数多于一条，则可从 e 的重复边中去掉偶数条，这时图中各点仍为偶点。

（3）检查图中每个圈，如果每个圈的重复边的总长均不大于该圈总长的一半，则已求得最优方案。

如果存在一个圈，重复边的总长大于该圈总长的一半时，就进行调整，将这个圈中的重复边去掉，而将该圈中原来没有重复边的各边加上重复边，其他各圈的边不变再返回步骤（2）。

以上过程可以总结为口诀：先分奇偶点，奇点对对连，连线不重叠，重叠需改变，圈上连线长，不得过半圈。

例题 6.20.2 图 6.15.11(a) 是一个邮递区。A 为邮局，各边长标于图上，求最优投递路线。

解：图中的奇顶点有 v_1,v_2,v_5,v_6，将 v_1,v_5 配成一对，v_2,v_6 配成一对。从图中直接求得 v_1-v_5 的通路 $v_1v_6v_5$，v_2-v_6 通路 $v_2v_1v_6$，并将通路上各边都重复一次得 6.20.11(b)。

图 6.15.11(b) 中边 (v_1,v_6) 的重复边多于一条，去掉偶数条重复边，得图 6.15.11(c)。此图中共有 6 个圈，逐个检查，在圈 $v_2v_5v_6v_1v_2$ 中重复边总长为 $4+4=8$，该圈总长为 $3+4+3+4=14$，$8>\left(\dfrac{14}{2}\right)$，需进行调整，去掉该圈重复边，将圈中没有重复边的加上重复边得到图 6.15.11(d)。然后再进行检查，此即为最优路线。图 6.15.11(e) 即为具体行走路线。

2. 时间（工序）安排问题

设有一部机器要加工零件 $B_1,B_2,\cdots,B_m$。如果加工完零件 B_i 后再加工零件 B_j 则必须调整机器，调整所需时间为 t_{ij}，那么该怎样安排零件的加工顺序，使得总的调整时间最少？我们用点表示零件，用有向边表示加工顺序，这样问题就化为，在有向完全图 G 中求一条总权最小的单向哈密顿通路。已经证明排序问题必定有解，但目前还没有一个有效算法，下面仅通过例题来说明如何求出一个较优的排序。

例题 6.20.3 设有 6 个零件要加工，其调整矩阵 $T=(t_{ij})_{6\times6}$ 为

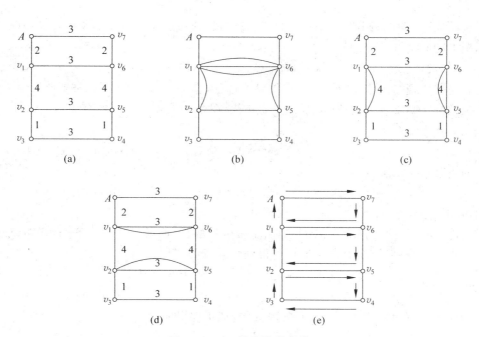

图 6.15.11　最优投递路线

$$
\begin{array}{c}
\quad\ \ B_1\ \ B_2\ \ B_3\ \ B_4\ \ B_5\ \ B_6 \\
\begin{array}{c}
B_1 \\ B_2 \\ B_3 \\ B_4 \\ B_5 \\ B_6
\end{array}
\left[
\begin{array}{cccccc}
0 & 5 & 3 & 4 & 2 & \\
1 & 0 & ① & 2 & 3 & 2 \\
2 & 5 & 0 & ① & 2 & 3 \\
① & 4 & 4 & 0 & 1 & 2 \\
1 & 3 & 4 & 5 & 0 & 5 \\
4 & 4 & 2 & 3 & ① & 0
\end{array}
\right]
\end{array}
$$

其中 $t_{ij}(i,j=1,2,\cdots,6)$ 表示加工完零件 B_i 后再加工零件 B_j 所需要的调整机器时间。

首先作出有向图 6.15.12。然后求出有向图上所有单向哈密顿通路,取其中总权重最小的就得到一个较好的排序。

求单向哈密顿通路(称为 H-通路),可以按下面步骤进行。

先任取一条单向通路 $P_0=v_{i1},v_{i2},\cdots,v_{ik}$,如果

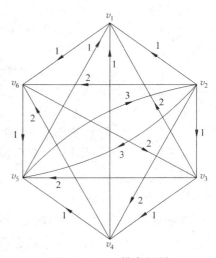

图 6.15.12　排序问题

它不是单向 H-通路,则必可在图 G 的其余点中找到一点 v 使 (v_{ir},v) 及 (v,v_{ir+1}) $(1 \leqslant r \leqslant k)$ 是图上的有向线。令通路

$$P_1 = P_0 - (v_{ir},v_{ir+1}) + (v_{rr},v) + (v,v_{ir+1})$$

则使新通路中通过的点增加了 v。重复以上过程,直至求出一条单向 H-通路。

在图 6.15.12 中如果先取 $P_0 = v_4 v_6 v_5 v_1$,在余下的点 v_2,v_3 中有 $(v_6,v_3) \in G$,$(v_3,v_5) \in G$,则令

$$P_1 = P_0 - (v_6,v_5) + (v_6,v_3) + (v_3,v_5) = v_4 v_6 v_3 v_5 v_1$$

余下的点是 v_2,又有 $(v_5,v_2) \in G$,$(v_2,v_1) \in G$,令

$$P_2 = P_1 - (v_5,v_1) + (v_5,v_2) + (v_2,v_1) = v_4 v_6 v_3 v_5 v_2 v_1$$

从而得到一条单向 H-通路,且其总权重 $W(P_2) 2+2+2+3+1=10$。

可以想象,要求出所有单向 H-通路是很麻烦的,但如果仅求出一条 H-通路,显然会与最优排序差很多,再多算几条通路可得到较满意的结果。例如

$$P_3 = v_1 v_6 v_5 v_2 v_3 v_4 \qquad W(P_3) = 7$$
$$P_4 = v_2 v_3 v_1 v_1 v_6 v_5 \qquad W(P_4) = 5$$

由于每条边的权至少为 1,故 P_4 必为最优解,加工顺序应为

$$B_2 \rightarrow B_3 \rightarrow B_4 \rightarrow B_1 \rightarrow B_6 \rightarrow B_5$$

第 4 节   网络及其应用

由一站传输信息、能量或物质等到另一些站的中介物常构成网,例如通信网、电力网、运输网、物流网等。它们可以表示为图,其中点代表站,边代表传输信息或物质的中介物。

网络的理论与算法近年来发展十分迅速,它涉及运输、工程规划、计算机辅助设计等。本节我们介绍最短路径和最大流等网络最优化问题。

定义 6.15.10　设 $D = \langle V,E \rangle$ 是一个有向图,如果在 V 中有两个不相交的非空子集 X 和 Y,且在边集 E 上定义了一个非负权值 W,则 D 就是一个网络。

X 中的点称为起点,Y 中的点称为终点。网络中既不是起点又不是终点的点,称为中间点。

1. 最短路径问题

在加权图 $G = \langle V,E \rangle$ 中,指定一对点 v_i 和 v_j,所谓最短路径问题就是在 (v_i,v_j) 的路径集 $\{P(v_i,v_j)\}$ 中寻找一条加权和最小的路径。

最短路径问题有着大量的生产实际背景。例如,线路的布设、运输安排、运输网络的

最少费用问题等,均可用最短路径问题解决。

例题 6.20.4　某公司使用一种设备,这种设备在一定年限内随着时间推移逐渐损坏。所以保留这种设备时间越长,每年的维修费用就越大。现在我们假设该公司在第一年开始时必须购置一台这种设备。为简单起见,假设计划使用这台设备的时间为 5 年,估计这台设备的购置费用和维修费如表 6.15.2 及表 6.15.3 表示。这家公司要确定应在哪一年购买一台新设备,使得维护费和新设备的购置费总和最小。

表 6.15.2　设备的购置费用　　　　　单位:万元

年　号	1	2	3	4	5
设备价格	20	20	22	22	23

表 6.15.3　设备的维修费用　　　　　单位:万元

使用年龄	0—1	1—2	2—3	3—4	4—5
维修费	5	7	12	18	25

这个问题可以化为图的问题:考虑六个点 $v_1, v_2, v_3, v_4, v_5, v_6$,其中 $v_i(i=1,\cdots,5)$ 表示在第 i 年初要购买新设备。v_6 是虚设点,表示第 5 年底才购置。再从点 $v_i(i=1,\cdots,5)$ 引出指向点 $v_{i+1}, v_{i+2}, \cdots, v_6$ 的弧,弧 (v_i, v_j) 表示第 i 年初购进新设备一直要使用到第 j 年($j=2,\cdots,6$)的年初。弧 (v_i, v_j) 上所赋的权为第 i 年购置费加上从第 i 年初使用到第 j 年初这段时间的维修总费用。例如,弧 (v_1, v_4) 上所赋的权 $W(v_1, v_4)=20+(5+7+12)=44$(万元),等等。这样我们就得到了一个有向有权图 6.15.13,问题就变成在这个有向有权图中求一条总权最小的从起点 v_i 到终点 v_6 的单向通路问题。这样的问题就是最短通路问题。

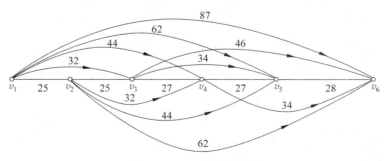

图 6.15.13　有向有权图

下面介绍迪科斯于 1959 年提出的算法,它不但给出了从起点到终点的最短通路,还可以给出从起点到其他各点的最短通路。

在有向有权图上,所有权均非负,若$(v_i,v_j) \notin E$,则令权$W(v_i,v_j) = +\infty$,将权$W(v_i,v_j)$看成边(v_i,v_j)的长,现在我们要求$v_1 \to v_p$的一条通路P使$\sum\limits_{a \in p} W(a)$最小。为简便起见我们将$v_1$到$v_k$的最短通路的长记为$d(v_i,v_k)$或$d_k$。

该起点集X_1是V的真子集,并且$v_1 \in X_1$,终点集为$Y_1 = V | X_1$,如果$P = v_1,v_2,\cdots,v_k$是从v_1到$y_1 y_1 \in Y_1$的最短通路,其长度表示为$d(v_1,y_1)$,并且P上的通路$v_1,v_2,\cdots,v_k$必定是$v_1 - v_k$的最短通路。

所以

$$d(v_1,v) = d(v_1,v_k) + W(v_k,v)$$
$$d(v_1,y_1) = \min_{\substack{u \in X_1 \\ v \in Y_1}} \{d(v_1,u) + W(u,v)\}$$

根据上式,得到下面的标号算法(起点v_i,终点v_p)。

(1) 开始给顶点v_1标上(永久标号)标号$d_1 = 0$,其他各点标上临时标号$d_k^{(1)} = W(v_1,v_k)(k = 2,\cdots,p)$。令$X_1 = \{v_1\}$,$Y_1 = \{v_2,v_3,\cdots,v_p\}$。如果$\min\limits_k \{W(v_1,v_k)\} = W(v_1,v_2)$,则$v_2$是与$v_1$距离最近的点,即已求出$v_1 - v_2$最短通路,其长度记为$d_2$,这时$v_2$获永久标号$d_2$。

令$X_2 = \{v_1,v_2\}$,$Y_2 = \{v_3,\cdots,v_p\} = Y_1 | \{v_2\}$。用$X_m$表示已得到永久标号的结点集,$Y_m$为得到临时标号的结点集。

(2) 一般地若已有$X_m \subset V$,$Y_m = V | X_m$,在Y_m中求一点V_k,使

$$d_k = d_k^{(m)} = \min_{j \in y_m} \{d_j^{(m)}\}$$

若$d_k = +\infty$,则说明不存在v_1到v_k的最短通路(即无通路),否则令

$$X_{m+1} = X_m \bigcup \{v_k\}, \quad Y_{m+1} = Y_m | \{v_k\}$$

(3) 修改临时标号:对Y_{m+1}中的每点v_j令$d_j^{(m+1)} = \min\{d_j^{(m)},d_k + W_{kj}\}$,其中$d_k$是在(2)中已经求出的。

再返回步骤(2),直到$m = p - 1$为止。

例题 6.20.5 设$D = \langle V,E \rangle$,其中$V = \{v_1,\cdots,v_6\}$,其长度(加权)矩阵为W

$$W = \begin{bmatrix} 0 & 1 & \infty & 2 & \infty & \infty \\ \infty & 0 & 3 & 4 & \infty & \infty \\ \infty & 2 & 0 & 5 & 1 & \infty \\ \infty & 4 & \infty & 0 & 4 & \infty \\ \infty & \infty & 2 & 3 & 0 & \infty \\ \infty & \infty & 2 & \infty & 2 & 0 \end{bmatrix}$$

其中$W_{ij}(i,j = 1,2,\cdots,6)$表示$(v_i,v_j)$的长(权),当$W_{ij} = \infty$时,则表示没有从$v_i$到$v_j$的

边。其图形如 6.20.14 所示。要求 v_i 到其他各点的最短通路。

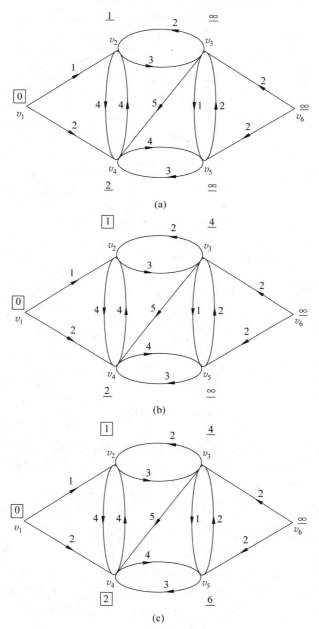

图 6.15.14 求最短通路的过程

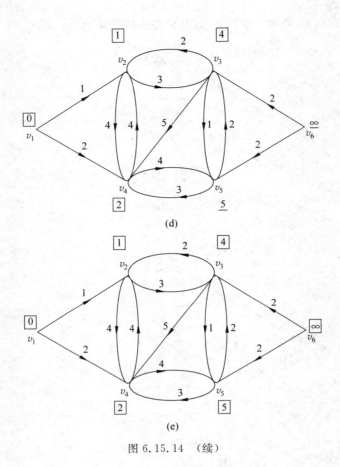

图 6.15.14 （续）

首先给 v_i 以永久标号 $d_1=0$，其他顶点 v_j 标上临时标号 $d_j^{(1)}=w_{ij}(j=2,\cdots,6)$，如图 6.15.14(a)所示。图中永久标号用顶点旁边的□中数字表示，临时标号用顶点旁边的＿上的数字表示，这时 $X_1=\{v_1\}$，$Y_=\{v_2,\cdots,v_i\}$。

然后，我们求得 $\min\limits_{v_j\in Y_1} d_j^{(1)}=d_2^{(2)}=1$，于是 v_2 得到永久标号 $d_2=d_2^{(1)}=1$。再修改其他顶点的临时标号。例如，$d_3^{(2)}=\min=\{d_3^{(1)},d_2+W_{23}\}=\min\{\infty,1+3\}=4$，类似地修改其他标号，得到图 6.15.14(b)，重复以上过程，逐步求解，得图 6.15.14(a)～图 6.15.14(e)。

最后得到从 v_1 到 v_2,v_3,v_4,v_5 的最短通路长分别为 $1,4,2,5$，到 v_6 无单向通路。

如果还需要求出具体的最短路径，只要在各点在得到永久标号的同时，记录其先前的点，就可得到最短通路了，例如，从 v_1 到 v_5 的最短通路为 $v_1v_2v_3v_5$。

2. 运输网络的最大流问题

对于运输网络来说，我们的目的之一是求出一个从起点运输到终点的物资最多的运输方案。

前面已经提到,在运输网络中我们总是指定两类结点集:起点集 X 和终点集 Y,既不是起点集又不是终点集的点称为中间点。并且对每条有向边,指定一个非负数 c_{ij} 称为边 (i,j) 的容量。一般地 $c_{ij} \neq c_{ji}$。一条边容量代表边的"最大通过能力"。

定义 6.15.11　设 $D = \langle V, E \rangle$ 是一个网络,又设它的每条边对应一个数 f_{ij},如果 f_{ij} 满足下列条件:

(1) 对于所有的边 (i,j),有 $f_{ij} \geqslant 0$ 和 $f_{ij} \leqslant c_{ij}$;

(2) 对于所有中间点 v_k,指向 v_k 的所有边上的 f_{ik} 之和等于由 v_k 发出的所有边上的 f_{kj} 之和。那么称所有 f_{ij} 的集合为网络 D 的一个流,用字母 f 代表一个流。每条边 (i,j) 所对应的 f_{ij} 称为流 f 在边 (i,j) 上的流量。

对于网络中的每一点,从这点流出的流量总和与流入的流量总和之差,叫作该点的净流出量,简称该点的流量。中间点只起转运作用,其流量为零。

设 f 是网络 D 的一个流,则称从起点 s 发出的净流量为 f 的值。D 的所有流中,值最大的流称为最大流。一个流代表一个运输方案,而最大流代表的就是从 s 运到终点 t 的物质最多的一个方案。

在一个运输网络 D 中,一个可行流需满足下列条件:

(1) 对每个有向边 (i,j) 有 $f_{ij} \leqslant c_{ij}$(容限条件);

(2) 对起点 s 有 $\sum_i f_{si} - \sum_i f_{is} = W$;

其中 $\sum$ 是对图中所有点求和,W 是流的值。

(3) 对终点 t,有 $\sum_i f_{ti} - \sum_i f_{it} = -W$;

(4) 对所有中间点 j,有 $\sum_i f_{ji} - \sum_i f_{ij} = 0$(平衡条件)。

当 $f_{ij} = c_{ij}$ 时便称边 (i,j) 为饱和边,否则就是非饱和边。所谓最大流问题就是在满足上述条件下求 $\max W$。

对于一个网络,可行流总是存在的,因为对于所有的边由 $f_{ij} = 0$ 所定义的函数 f 显然也满足上述条件,这一流称为零流。

为了求最大流先介绍割的概念。

定义 6.15.12　设 $D = \langle V, E \rangle$ 是具有单一起点 s 和单一终点 t 的运输网络,P 是 V 的一个子集,满足 $s \in P$,令 $\bar{P} = V \backslash P$(即 $\bar{P}$ 为 V 中 P 的补集),$t \in \bar{P}$,对于一个端点在 P,另一个端点在 $\bar{P}$ 的所有边的集合称为"割",用 $(P, \bar{P})$ 表示,从 P 到 $\bar{P}$ 的边的容量之和称为割的容量,简称割量,用 $C(P, \bar{P})$ 表示,即

$$\sum_{\substack{i \in P \\ j \in \bar{P}}} C_{ij} = C(P, \bar{P})$$

割中的有向边是从 s 到 t 实现运输的必经之路,如果把一个割从图中删除,则从 s 到 t 就没有有向路径了,但 D 不一定被分离为两部分。如图 6.15.15 的网络中,虚线表示一个割,$P=\{s,a,b\}$,$\bar{P}=\{c,d,t,\}$,$C\{P,\bar{P}\}=C_{ac}+C_{bd}=4+2=6$(图上每个边有两个数字,前一个表示容量 C_{ij},方框中的数字表示流量 f_{ij})

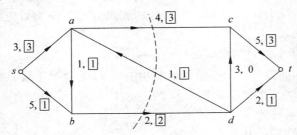

图 6.15.15 割及割量

定理 6.15.5 在运输网络中,从起始点 s 到终点 t 的流量(即流的值)W,小于或等于任何一个 s 和 t 之间的割的割量,即

$$\max W \leqslant \min C(P,\bar{P})$$

定理 6.15.6(福特—付克逊定理) 在已给的运输网络 D 中,从 s 到 t 的最大流值等于 D 中 s 和 t 之间的割量的最小值,即

$$\max W = \min C(P,\bar{P})$$

因此,如果运输网络中有一个流值等于某个割量,那么,这个流就是最大流。

设运输网络中有一条从 s 到 t 的网络流无向通路,规定通路的方向是 s 到 t,那么通路上与此方向一致的边称为前向边,反之称为后向边,如图 6.15.16 所示。

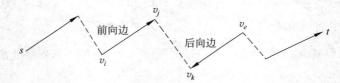

图 6.15.16 前向边与后向边

定义 6.15.13 设 f_{ij} 是网络 D 的一个可行流,如果存在一条从起点 s 到终点 t 的(无向)通路,满足

(1) 在所有前向边上 $f_{ij} < c_{ij}$;

(2) 在所有后向边上 $f_{ij} > 0$,

则称该通路是一条关于 $\{f_{ij}\}$ 的可扩充路径。

例如图 6.15.17 上路径 $v_1 v_2 v_5 v_4 v_6$ 中,(v_1,v_2),(v_2,v_5),(v_4,v_6) 是前向边,由于 $f_{12}=3<9=C_{12}$,$f_{25}=3<5=C_{25}$,$f_{46}=2<8=C_{46}$,同时后向边上 $f_{45}=1>0$,所以此通路是一条可扩充路,类似地可验证通路 $v_1 v_2 v_3 v_4 v_6$ 也是一条可扩充路。

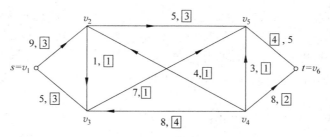

图 6.15.17　可扩充路径 $v_1 v_2 v_5 v_4 v_6$

对于网络 $D = \langle V, E \rangle$ 的一个可行流 $\{f_{ij}\}$，如果能找到可扩充路，我们就可以把 $\{f_{ij}\}$ 调整为流值更大的另一个可行流 $\{\bar{f}_{ij}\}$。方法如下。

令 $\varepsilon_1 = \min\{c_{ij} - f_{ij} \mid (v_i, v_j)$ 是通路 P 上的前向边$\}$，若 P 上无前向边，则令 $\varepsilon_1 = +\infty$。

令 $\varepsilon_2 = \min\{f_{ij} \mid (v_i, v_j)$ 是通路 P 上的后向边$\}$（如果 P 上无后向边，则令 $\varepsilon_2 = +\infty$），求得调整量 $\varepsilon = \min\{\varepsilon_1, \varepsilon_2\} > 0$ 后，定义新的流 $\{\bar{f}_{ij}\}$ 为

$$\bar{f}_{ij} = \begin{cases} f_{ij} & \text{若}(v_i, v_j) \text{ 不在 } P \text{ 上} \\ f_{ij} + \varepsilon & \text{若}(v_i, v_j) \text{ 是 } P \text{ 上前向边} \\ f_{ij} - \varepsilon & \text{若}(v_i, v_j) \text{ 是 } P \text{ 上后向边} \end{cases}$$

容易看出 $\{\bar{f}_{ij}\}$ 仍是可行流，且其流值比 $\{f_{ij}\}$ 大 ε。

例如图 6.15.17 上，可扩充路 $P_1 = v_1 v_2 v_5 v_4 v_6$，可行流 $\{f_{ij}\}$ 的流值 $W(f) = 6$，将 P_1 扩充 $\varepsilon = 1$，得流 $\{\bar{f}_{ij}\}$，此时流值 $W(\bar{f}) = 7$。

反复调整可行流，直到网络中不存在可扩充路，就得到了网络的最大流。

下面介绍的标号法，就是一种系统地寻找可扩充路的方法。其寻找步骤如下。

（1）给起点 $s = v_1$ 以标号 $(0, +)$，v_1 成为已标号但未检查的点。

（2）按下面方法对网络中的各结点进行检查和标号，设 v_i 是已标号而未检查的点，则

① 所有以 v_i 为起点的边 (i, j)，如果有 $f_{ij} < c_{ij}$，并且 v_j 未标号，则给 v_j 以标号 $(i, +)$，v_j 成为已标号未检查的点；

② 所有以 v_i 为终点的边 (k, i)，若 (k, i) 满足 $f_{ki} > 0$ 且 v_k 未标号，则给 v_k 以标号 $(i, -)$，v_k 成已标号未检查的点。

进行完以上两步后，v_i 改为已检查的点，在标号下面画一横线。

（3）检查 $t = v_p$ 是否已得到标号。如果未得标号，则重复进行步骤（2），如果 v_p 已得标号，就转步骤（4）。

（4）用"倒向追踪"的方法找出从 v_i 到 v_p 的可扩充路，设 v_p 的标号为 $(i, +)$，则可扩充路上 v_p 前面的点就是 v_i，边为 (i, p)；一般考虑点 v_i，若其标号为 $(j, +)$，则 v_i 的前面

的点是 v_j，边为 (j,i)，如果 v_i 的标号是 $(j,-)$，则 v_i 前面的一点是 v_j 而边为 (i,j)，如此进行至追踪到出现标号 $(0,+)$ 的结点 $s=v_1$ 为止。这样就得到一条从 v_i 到 v_p 的可扩充路，转步骤(5)，如果找不到 $\{f_{ij}\}$ 的可扩充路，则终止计算。$\{f_{ij}\}$ 已是最大流。

（5）按前面所讲的方法进行调整，得到新的可行流 $(\bar{f}_{ij})$，抹去所有标号，重新返回步骤(1)。

例题 6.20.6 对图 6.15.18 中的可行流开始，求其最大流。

先给 v_1 标号 $(0,+)$，对 v_i 进行检查，得知 v_2，v_3 可得标号 $(1,+)$。v_1 成已检查过的点，取已标号而未检查的点 v_2，知 v_5 可得标号 $(2,+)$，而 v_1 可得标号 $(2,-)$，v_2 成已检查过的点，这时 v_3，v_4，v_5 都成为已标号而未检查的点。

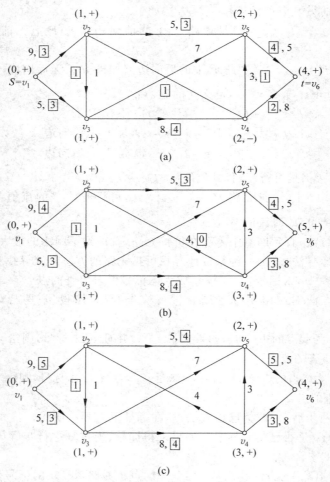

图 6.15.18 最大流标号法计算图

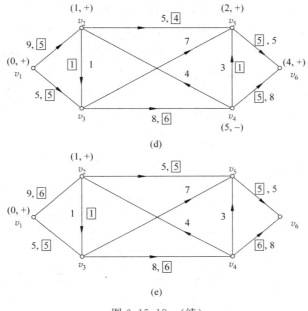

图 6.15.18　（续）

对先得标号的点先检查，v_3 已不能再使其他点获得标号，v_3 成已检查点。再检查 v_4（或 v_5），这时 v_6 获得标号 $(4,+)$。由于终点已获得标号，立即倒向追踪：由 v_6 的标号为 $(4,+)$，而 v_4 的标号为 $(2,-)$，于是得可扩充路 $\{v_1,(1,2),v_2,(4,2),v_4,(4,6),v_6\}$。而

$$\varepsilon_1 = \min\{9-3,8-2\} = 6, \quad \varepsilon_2 = \min\{1\} = 1$$

所以 $\min\{\varepsilon_1,\varepsilon_2\}=1$，进行调整得新可行流（图 6.15.18(b)），抹去旧的标号，对新的可行流再用标号法得可扩充通路

$$P = \{v_1,(1,2),v_2,(2,5),v_5,(5,6),v_6\} \quad \varepsilon = 1$$

调整后得图 6.15.18(c)，进而又可得可扩充通路

$$P = \{v_1,(1,3),v_3,(3,4),v_4,(4,6),v_6\} \quad \varepsilon = 2$$

调整后得图 6.15.18(d)，再重新标号，又可得可扩充通路

$$P = \{v_1,(1,2),v_2,(2,5),v_5,(4,5),v_4,(4,6),v_6\} \quad \varepsilon = 1$$

调整后得图 6.15.18(e)，此时 v_3,v_4,v_5 均已不能再得标号，故 v_6 也不能再得到标号，所以找不到可扩充路了，故图 (e) 中的可行流已是最大流，其流值 $W=11$。

在计算过程中，应注意采用"先标号先检验"的原则，以保证以尽可能少地调整次数求得网络最大流。

案例：急救路线规划

纽约州 Bimghomton 城（简称 B 城）有两所一流医院：位于城南的西部医疗中心和位

于城北的 B 城综合医院。它们担负了全城的主要急救任务。

为了给全城提供最迅速有效的紧急服务,两医院的领导进行了磋商和研究,并成立了一个安排所有紧急呼救的调度中心和一个由两院职工组成的规划设计队伍。最后确定的一个最佳方案是将全城分成 20 个服务区。图 6.15.19 是该城的分区图,用点表示每个区,两点间的边上数字表示两相邻区之间汽车运行时间(分钟),在规划图中,西部医疗中心位于第一区,而 B 城综合医院位于第 20 区。

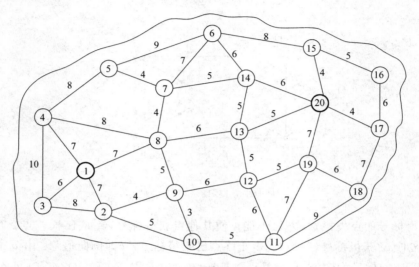

图 6.15.19　急救服务网络图

根据规划,当接到紧急呼救时,首先要确定区号,然后确定与该区最近的医院,该医院将提供急救服务。当该医院已为其他抢救工作占满时,那么就由另一医院提供服务。

为使相应的服务尽可能有效。急救车司机必须熟悉每个区到达医院的最佳运行路线。

以上案例实际就是一个最短路线规划问题。

第 5 节　案　例　题

哥尼斯堡七桥问题

哥尼斯堡城在 18 世纪属东普鲁士,它位于东雷格尔(Pregel)河畔,河中有两个岛,通过七座桥彼此相连(图 6.15.20)。

当时城中居民热衷于这样一个问题:游人从 4 块陆地 A,B,C,D 中任一块出发,按什么样的路线才能做到每座桥通过一次而最后返回原地。问题看来并不复杂,但谁也解

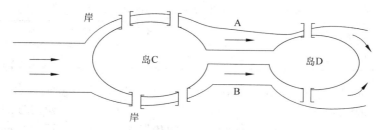

图 6.15.20　哥尼斯堡七桥问题

决不了。

1736 年,当时著名的数学家欧拉(Euler)仔细研究了这个问题,将上述 4 块陆地与 7 座桥间的关系用一个抽象图形描述(图 6.15.2),其中 4 块陆地分别用 4 个点表示,而连接陆地之间的桥则用弧边(或直边)表示。这样要研究的问题就变成了从图中任一点出发,通过每条边一次而返回原点的回路是否存在? 这样问题就显得简洁、广泛、深刻多了。在图 6.15.21 基础上,欧拉找到了存在这样一条回路的充分必要条件,并由此推出哥尼斯堡桥问题是没有解的。欧拉的研究奠定了图论的基础,人们公认他为图论之父,而上述图 6.15.21 亦称为欧拉图。

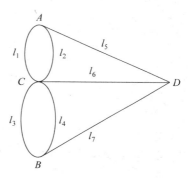

图 6.15.21　欧拉图

设备更新问题

某工厂的某台机器可持续工作 4 年,决策者每年年初都要决定机器是否需要更新。若购置新的,就要支付一定的购置费用;若继续使用,则要支付一定的维修与运行费用,而且随着机器使用年限的增加费用逐年增多。计划期(4 年)中每年年初的购置价格及各个年限内维修与运行费用由表 6.15.4 给出,(1)试制订今后 4 年的机器更新计划,使总的支付费用最少。

表 6.15.4　机器购置费与维修运行费

第 i 年初	1	2	3	4
购置费(万元)	2.5	2.6	2.8	3.1
使用年限	1	2	3	4
每年的维修与运行费(万元)	1	1.5	2	4

(2)又如果已知不同役龄机器年末的处理价格如表 6.15.5 所示,那么在这计划期内机器的最优更新计划又会怎样?

表 6.15.5　不同役龄机器年末的处理价格

年　度	第 1 年末	第 2 年末	第 3 年末	第 4 年末
机器处理价(万元)	2.0	1.6	1.3	1.1

关于第(1)问,把该问题看成一个最短路径问题。设 v_1 和 v_5 分别表示计划期的始点和终点(v_5 可理解为第 4 年年末)。图中各边 (v_i, v_j) 表示在第 i 年初购进的机器使用到第 j 年初(即第 $j-1$ 年底),边旁的数字由表中的数据得到,如图 6.15.22 所示。

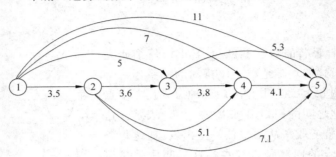

图 6.15.22　最短路径问题(1)

关于第(2)问,类似于第(1)问,可转化为求图 6.15.23 中从 v_1 到 v_5 的最短路径问题。

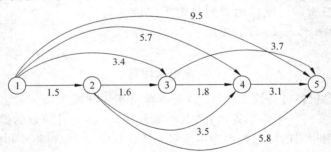

图 6.15.23　最短路径问题(2)

按照最短路径算法可得最短路径 $\{v_1, v_2, v_3, v_5\}$,即计划期内机器更新最优计划为第 1 年、第 3 年初各购进一台新机器,4 年总的支付费用为 6.8 万元。

第 6 节　练　习　题

求图 $G = \langle V, E \rangle$ 的可达性矩阵,其中 $V = \{v_1, v_2, v_3, v_4\}$, $E = \{(v_1, v_2), (v_2, v_4), (v_2, v_3), (v_3, v_2), (v_3, v_4), (v_3, v_1), (v_4, v_1)\}$。

第 7 篇

Part 7

线 性 规 划

线性规划(linear programming,LP)是 19 世纪 40 年代末期开始发展的一门学科,它是由于受到 19 世纪 30 年代关于线性经济模型的讨论的影响和列昂节夫的投入—产出模型的促进,并吸取在第二次世界大战时期美国空军后勤工作的实际经验总结而发展起来的。

在第二次世界大战期间,资源的配置问题成为对战争极有影响的问题。美国空军设立了一个研究小组,专门研究空军的资源配置问题。他们推广了列昂节夫的投入—产出模型,把它应用于空军的资源分配,在此基础上,小组成员乔治·丹齐格逐步总结出线性规划方法。

资源分配问题是很复杂的问题,它不仅与产品品种有关,而且与生产方式也有关。按照传统的经济分析方法,总是要先假定一个生产函数,说明投料与产品产量之间的关系,再假定一个成本函数,说明投料与成本之间的关系,然后应用拉格朗日乘数法则求出成本函数在生产条件约束下的极小值,即求得给定产量下的最低成本,此时的资源配置就是最优配置。这种分析方法虽然从逻辑上讲是正确的,但由于生产产品和生产方式的多样性,这种生产函数实际上是无法得到的。因而以生产函数为起点的分析方法实际上是无法进行的。

线性规划是一种更能反映现实生产状况的方法。它不在于先求出一个总的生产函数,而是同时考虑各种可能(有时是大量的)的生产函数的相互关系,以及各种约束条件,并用目标函数代替成本函数。这样就变成了在约束条件下求目标函数的极大或极小值问题,从而使线性规划问题在合理安排经济工作中获得了广泛而有效的应用。

第16章

线性规划基本概念

第 1 节　问题的提出

在各类经济活动中,经常遇到这样的问题：在生产条件不变的情况下,如何通过统筹安排,改进生产组织或计划,合理安排人力、物力和资金,组织生产过程,使得总的经济效益最好;或是合理地使用有限的人力、物力和资金,达到以最经济的方式,完成生产计划的要求。这样的问题常常可以化成或近似地化成线性规划问题。下面我们举几个线性规划的例子。

1. 生产计划问题

例题 7.16.1　红木家具厂生产桌子和椅子两种家具,桌子售价 50 元/张,椅子售价 30 元/张,生产桌子和椅子都需要木工和油漆工两种工种。生产一张桌子需要木工 4h,油漆工 2h;生产一张椅子需要木工 3h,油漆工 1h。该厂每个月可用木工工时为 120h,油漆工工时为 50h。问该厂如何组织生产才能使每月的销售收入最大？

解：将一个实际问题转化为线性规划模型有以下几个步骤。

(1) 确定决策变量(decision variable)：$x_1 = $ 生产桌子数量,$x_2 = $ 生产椅子数量;

(2) 确定目标函数(objective function)：家具厂的目标是销售收入最大

$$\max Z = 50x_1 + 30x_2$$

(3) 确定约束条件(constraint conditions)：

$$4x_1 + 3x_2 \leqslant 120 \quad (\text{木工工时限制})$$

$$2x_1 + x_2 \leqslant 15 \quad (\text{油漆工工时限制})$$

(4) 变量非负限制(nonnegative constraint)：

一般情况,决策变量只取正值(非负值)：$x_1 \geqslant 0, x_2 \geqslant 0$。

数学模型:

$$\max Z = 50x_1 + 30x_2$$
$$\text{s. t.} \quad 4x_1 + 3x_2 \leqslant 20$$
$$2x_1 + x_2 \leqslant 50$$
$$x_1 \geqslant 0, x_2 \geqslant 0$$

线性规划数学模型一般由决策变量、约束条件、目标函数三个部分组成。

为了得到生产计划问题的一般形式,我们再看一个具体例子。

例题 7.16.2 设有 m 种资源 $A_1, A_2, \cdots, A_m$,拟用来生产 n 种产品 $B_1, B_2, \cdots, B_n$。用 a_{ij} 表示生产第 j 种产品所需要的第 i 种资源的数量。用 b_i 表示第 i 种资源的最大数量,用 c_j 表示销售一个单位的第 j 种产品得到的收入,用 x_j 表示第 j 种产品的生产数量,则 $X = (x_1, \cdots, x_n)^{\mathrm{T}}$ 就代表一个生产计划。我们的问题是要制定一个生产计划,使每种产品都能不低于最低需求,即 $x_j \geqslant e_j, j = 1, 2, \cdots, n$,而使总产值最大。其中 $e_j (j = 1, 2, \cdots, n)$ 为第 j 种产品的最低需求。

解:在这个问题中决策变量为 $x_1, x_2, \cdots, x_n$,设总产值为 Z,那我们的目标就是使目标函数

$$Z = \sum_{j=1}^{n} c_j x_j$$

在约束条件

$$\sum_{j=1}^{n} a_{ij} x_j \leqslant b_j \quad (i = 1, 2, \cdots, n)$$
$$x_j \geqslant e_j \quad (j = 1, 2, \cdots, n)$$

变量非负限制

$$x_j \geqslant 0 \quad (j = 1, 2, \cdots, n)$$

下取得最大值,这样就化为如下的 LP 问题,求解的数学模型为:

$$\max Z = \sum c_j x_j$$
$$\text{s. t.} \quad \sum_{j=1}^{n} a_{ij} x_j \leqslant b_i \quad (i = 1, 2, \cdots, n)$$
$$x_j \geqslant e_j \quad (i = 1, 2, \cdots, n)$$
$$x_j \geqslant 0 \quad (i = 1, 2, \cdots, n)$$

采用向量、矩阵记号,可改写为:

$$\max Z = C^{\mathrm{T}} X$$
$$\text{s. t.} \quad AX \leqslant b$$
$$X \geqslant e$$
$$X \geqslant 0$$

其中 $X=(x_1,x_2,\cdots,x_n)^{\mathrm{T}}, C=(c_1,c_2,\cdots,c_n)^{\mathrm{T}}, b=(b_1,b_2,\cdots,b_m)^{\mathrm{T}}, e=(e_1,e_2,\cdots,e_n)^{\mathrm{T}}, A=(a_{ij})_{m\times n}$。

2. 食谱问题

例题 7.16.3　假定营养师要为学生选配营养餐。已知学生在生长期间需要 m 种营养成分,每人每天第 i 种营养成分最低需求量为 $b_i, i=1,2,\cdots,m$。这些营养要从可采购到的 n 种食品中获得,一个单位的第 j 种食品中含有的第 i 种营养成分的数量为 a_{ij},c_j 表示第 j 种食品的单价,问应当怎样选配食品,才能保证在满足所需要的 m 种营养成分条件下,使营养餐的成本最低?

解:用 x_j 表示第 j 种食品的采购量,Z 表示总采购食品的费用,那么其数学模型为:

$$\min Z\sum_{j=1}^{n}c_jx_j$$

$$\mathrm{s.\,t.}\quad \sum_{j=1}^{n}a_{ij}x_j\geqslant b_i\quad(i=1,2,\cdots,m)$$

$$x_j\geqslant 0\qquad(i=1,2,\cdots,n)$$

其他典型的问题:

(1) 合理下料问题;

(2) 运输问题;

(3) 生产的组织与计划问题;

(4) 投资证券组合问题;

(5) 分派问题;

(6) 生产工艺优化问题等。

第 2 节　线性规划问题的标准形式

1. 线性规划模型

上面我们建立了几个典型的实际问题的数学模型,这些问题的实际意义虽各不相同,但它们的数学模型却都具有相同的数学形式。这就是表示约束条件的数学式子都是决策变量 $x_1,x_2,\cdots,x_n$ 的线性不等式或线性等式:

(1) $\displaystyle\sum_{j=1}^{n}a_{ij}x_j\leqslant b_i\quad(i=1,2,\cdots,l)$

(2) $\displaystyle\sum_{j=1}^{n}a_{ij}x_j=b_i\quad(i=l+1,\cdots,t)$

（3）$\sum\limits_{j=1}^{n} a_{ij}x_j \geqslant b_i$ $(i = t+1, \cdots, m)$

（4）$x_j \geqslant 0$ $(j = 1, 2, \cdots, n)$

表示问题最优化的目标函数都是决策变量的线性函数，即

$$\max Z = \sum_{j=1}^{n} c_j x_j$$

或

$$\min Z = \sum_{j=1}^{n} c_j x_j$$

因为目标函数和约束函数都是线性的，所以把这类问题称为线性规划问题，简记为 LP。

为了求解方便，我们总是把一般的 LP 问题化为如下的统一的标准形式：

$$\min Z = \sum_{j=1}^{n} c_j x_j$$

$$\sum_{j=1}^{n} a_{ij}x_j = b_i \qquad (i = 1, 2, \cdots, m) \tag{7.16.1}$$

$$x_j \geqslant 0 \qquad (j = 1, 2, \cdots, n)$$

写成矩阵形式为：

$$\min Z = C^{\mathrm{T}} X$$
$$\mathrm{s.\,t.} \quad AX = b \tag{7.16.2}$$
$$x \geqslant 0$$

其中 $A = (a_{ij})_{m \times n}$，$X = (x_1, x_2, \cdots, x_n)^{\mathrm{T}}$，$C = (c_1, c_2, \cdots, c_n)$，$b = (b_1, b_2, \cdots, b_m)^{\mathrm{T}}$。

满足式（7.16.1）或（7.16.2）的约束条件的点称为可行解，可行解的全体形成的集合 $R = \{x \mid AX = b, x \geqslant 0\}$ 称为可行解集，即可行域。满足所有约束条件，又使目标函数取得最小值的点 x^* 称为方程（7.16.2）的最优解，相应的目标函数值 $Z^* = C^{\mathrm{T}} x^*$，称为 LP 问题的最优值。

2. 线性规划问题化为标准形的方法

（1）约束方程为线性不等式。

当约束方程为

$$a_{i1}x_1 + a_{i2}x_2 + \cdots + a_{in}x_n \leqslant b_i \tag{7.16.3}$$

时，引入松弛变量 y_i，则式（7.16.3）等价于

$$\begin{cases} a_{i1}x_1 + a_{i2}x_2 + \cdots + a_{in}x_n + y_i = b_i \\ y_i \geqslant 0 \end{cases} \tag{7.16.4}$$

当约束方程为

$$a_{i1}x_1 + a_{i2}x_2 + \cdots + a_{in}x_n \geqslant b_i \qquad (7.16.5)$$

时, 引入剩余变量 y_i, 则式 (7.16.5) 等价于

$$\begin{cases} a_{i1}x_1 + a_{i2}x_2 + \cdots + a_{in}x_n - y_i = b_i \\ y_i \geqslant 0 \end{cases} \qquad (7.16.6)$$

（2）对于目标函数的最大值问题

$$\max Z = \sum_{j=1}^{n} c_j x_j \qquad (7.16.7)$$

可化为

$$\min f = -\sum_{j=1}^{n} c_j x_j \qquad (7.16.8)$$

问题, 方程 (7.16.8) 与 (7.16.7) 有相同的最优解。而目标函数值仅差一符号, 故求出方程 (7.16.8) 的解, 原问题的解也就获得。

（3）关于变量的非负限制条件 $x_j \geqslant 0, j = 1, 2, \cdots, n$。在某些问题中可能有一个或几个变量没有非负限制, 这种变量称为自由变量, 例如问题

$$\min Z = C^T X$$
$$AX = b$$

$x_2, \cdots, x_n \geqslant 0, x_1$ 为自由变量。

此时要引进两个新的变量 $x_1', x_1'', x_1' \geqslant 0, x_1'' \geqslant 0$, 令

$$x_1 = x_1' - x_1''$$

用 x_1', x_1'' 替代 x_1 就化为非负限制的情形了。

按以上方法任何形式的线性规划问题总可以化成标准形式。

例题 7.16.4　将下面的 LP 问题化成标准形式:

$$\max Z = -x_1 + x_2$$
$$\text{s. t.} \quad 2x_1 - x_2 \geqslant -2$$
$$x_1 - 2x_2 \leqslant 2$$
$$x_1 + x_2 \leqslant 5$$
$$x_1 \geqslant 0$$

解: 对自由变量 x_2 用 $x_3 - x_4$ 代替, 对第一个不等式约束添加剩余变量 x_5, 对第二、第三个不等式约束分别添加松弛变量 x_6, x_7, 再用 $f = -Z$ 代替原来的目标函数, 便得到了标准的 LP 问题, 即

$$\max f = x_1 - (x_3 - x_4)$$
$$\text{s. t.} \quad 2x_1 - (x_3 - x_4) - x_5 = -2$$
$$x_1 - 2(x_3 - x_4) + x_6 = 2$$
$$x_1 + (x_3 + x_4) + x_7 = 5$$
$$x_1, x_3, x_4, x_5, x_6, x_7 \geqslant 0$$

第17章
线性规划问题的解

第 1 节　（二维）线性规划问题的图解法

1. 问题提出

当一个线性规划问题只有两个变量时，可以用图解法来求解，虽然在实际应用中这样的问题通常是不会遇到的，但图解法可用来说明解一般线性规划问题的一些基本概念。

例题 7.17.1　用图解法解如下 LP 问题。

$$\max \quad 60x_1 + 50x_2$$
$$\text{s. t.} \quad 4x_1 + 10x_2 \leqslant 100$$
$$2x_1 + x_2 \leqslant 22$$
$$3x_1 + 3x_2 \leqslant 39$$
$$x_1, x_2 \geqslant 0$$

第一步我们应当作出满足约束方程的可行域，非负约束保证了可行区域必在第一象限内，然后把每个约束不等式改作等式，作出每个直线方程，约束 $4x_1 + 10x_2 \leqslant 100$ 说明可行区域 R 位于直线 $4x_1 + 10x_2 = 100$ 的下方，对每个不等式进行分析，得图 7.17.1 的凸多边形 $ABCDE$ 就是可行区域。

第二步作出目标函数的等值线，令目标函数 $60x_1 + 50x_2 = Z_0$，当 Z_0 取不同值时，得到一组互相平行的直线。当 $Z_0 = 0$ 时，直线经过原点，在这些平行线中找出一条既与可行域 R 相交，而又离原点最远的直线，此时的目标函数值 Z_0 最大，而交点 $C(x_1 = 9, x_2 = 4)$ 就是最优解。

从例 7.17.1 可以看出，LP 问题的可行域是一个凸多边形，其顶点称为极点。极点定理指出，如果 LP 问题有最优解，那么它必定在可行解集的一个极点上达到。类似地，对于高维空间，当有最优解时它也必定在高维凸多面体的一个极点上达到。

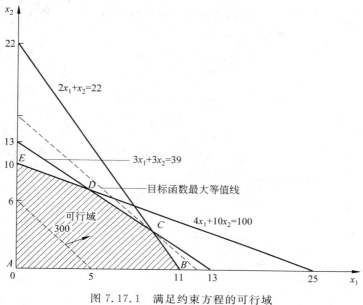

图 7.17.1　满足约束方程的可行域

根据极点理论,只要把凸多面体的所有顶点(即极点)找到,并求出相应的目标函数值,就可找出最优解。图 7.17.2 上列出了各极点的坐标值及相应目标函数值,其中 $C(x^* = 9, x_2^* = 4)$ 是最优解,最优值 $Z^* = 740$。

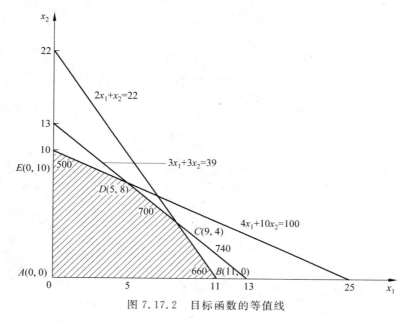

图 7.17.2　目标函数的等值线

除了最优解在一个极点上达到的情形外,还可能出现以下各种解的情形。

(1)可行域是无界的,例如对于问题:

$$\min \quad 0.10x_1 + 0.07x_2$$
$$\text{s.t.} \quad 6x_1 + 2x_2 \geqslant 18$$
$$8x_1 + 10x_2 \geqslant 40$$
$$x_2 \geqslant 1$$
$$x_1, x_2 \geqslant 0$$

此问题的可行域是一个无界区域,图 7.17.2 上作出了它的可行区域并给出了它的最优解 $x_1^* = 2.27$,$x_2^* = 2.19$,最优值 $Z^* = 0.38$。

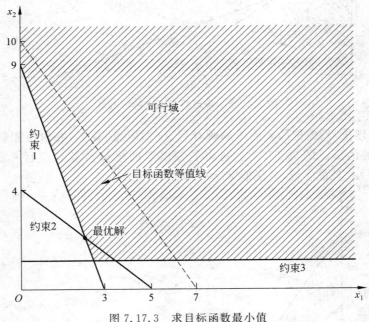

图 7.17.3　求目标函数最小值

(2)极点定理不排除最优解可以在凸多边形的一条边界上(包括两个端点)上达到。当目标函数的等值线与凸多边形的一条边界平行时,就可能出现这种情形。图 7.17.4 表示最优解在边界 CD 上达到即有无穷多最优解。

(3)无可行域情形,约束方程无公共区域时,问题不可行,无解。图 7.17.5 给出了无可行域的情形。

(4)对求最大(小)值问题,目标函数无上(下)界情形,此时也得不到最优解。图 7.17.6 给出了求最大值问题时目标函数可以不断增加无上界的情形。

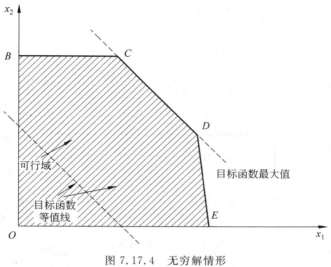

图 7.17.4　无穷解情形

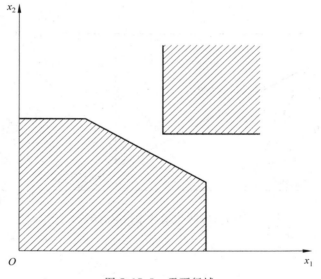

图 7.17.5　无可行域

（5）具有多余约束的情形，某些情形中约束方程不形成可行域的边界，这种约束称为多余约束，去掉这些多余约束不会改变可行域的范围，图 7.17.7 表示了多余约束的情形。

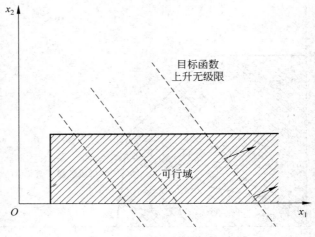

图 7.17.6　目标函数无上界

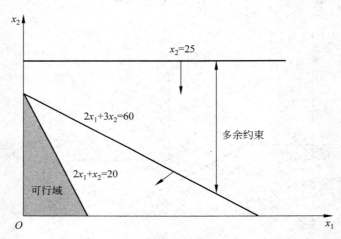

图 7.17.7　具有多余约束的情形

2. 基本理论

（1）凸集

定义 7.17.1　设 $a=(a_1,a_2,\cdots,a_n)^{\mathrm{T}}$，$b=(b_1,b_2,\cdots,b_n)^{\mathrm{T}}$ 是 n 维向量空间 E^n 中任意两个点，所有满足下列条件的点 $X=(x_1,x_2,\cdots,x_n)^{\mathrm{T}}$ 的集合

$$X = \alpha a + (1-\alpha)b \quad (0 \leqslant \alpha \leqslant 1)$$

叫作以 a,b 为端点的线段。a,b 称为该线段的端点，分别对应于 $\alpha=1$ 和 $\alpha=0$。其余的点称为该线段的内点。

定义 7.17.2　设 S 是 E^n 中的一个点集,若对于任意 $X^1 \in S, X^2 \in S$,有 $X = \alpha X^1 + (1-\alpha)X^2 \in S(0 \leqslant \alpha \leqslant 1)$,则称 S 为一个凸集。

换言之,凸集是指这样的集合,其中任意两点 X^1, X^2 连线上的所有点也在这个集合中,例如常见的球体,长方体都是三维空间中的凸集。

定义 7.17.3　设 $\overline{X} \in$ 凸集 S,若 S 中不存在两个不同的点 X^1, X^2,使

$$\overline{X} = \alpha X^1 + (1-\alpha)X^2 \quad (0 < \alpha < 1)$$

则称 $\overline{X}$ 是凸集 S 的极点(顶点)。图 7.17.8 上表示了凸集、非凸集及极点的情形。

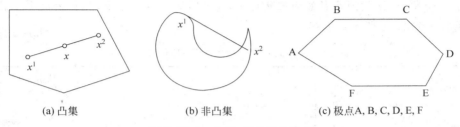

(a) 凸集　　　　　　(b) 非凸集　　　　(c) 极点A, B, C, D, E, F

图 7.17.8　凸集、非凸集及极点

(2) 约束区域的性质

定理 7.17.1　任何一个线性规划的可行解集合(如果不是空集)是一个凸集。

证明　考虑标准问题的可行解集合为 $D = \{x \mid AX = b, x \geqslant 0\}$,若 $X^1 \in D, X^2 \in D$,则对任 $0 \leqslant \alpha \leqslant 1$,令 $X = \alpha X^1 + (1-\alpha)X^2$,则因为 $X^1 \geqslant 0, X^2 \geqslant 0$,故 $X \geqslant 0$ 且

$$AX = A(\alpha X^1 + (1-\alpha)AX^2) = aAX^1 + (1-\alpha)AX^2 = \alpha b + (1-\alpha)b = b$$

所以 $X \in D$,故 D 为凸集。

定理 7.17.2　可行解集 D 中的顶点个数是有限的。

定理 7.17.3　若可行解集 D 有界,则线性规划问题的最优解,必定在 D 的顶点上达到。

说明 1　若可行解 D 无界,则线性规划问题可能有最优解,也可能无最优解。若有最优解,也必在顶点上达到。

说明 2　有时目标函数也可能在多个顶点上达到最优值。这些顶点的凸组合也是最优值(有无穷多最优解)。

第 2 节　线性规划问题的单纯形法

在附录中会详细介绍单纯形法的解题思路和步骤,有兴趣的读者可以参考学习,在此不展开。

第3节　对偶理论与对偶算法

1. 对偶规划的数学形式

例题 7.17.2 原问题：有 n 种食物，每种食物含有 m 种营养成分，第 j 种食物每个单位含有第 i 种营养成分 a_{ij} 个单位，第 j 种食物的单价为 c_j，已知每人每天需要第 i 种营养成分 b_i 个单位，试问消费者如何选购食物，才能既满足营养需要，又花费最少？此问题可列成如表 7.17.1 所示的表格。

表 7.17.1　食物规划问题

		x_1 x_2 $\cdots$ x_n 1　　2　$\cdots$　n	各种营养的 最低要求
w_1	1	a_{11} a_{12} $\cdots$ a_{1n}	b_1
w_2	2	a_{21} a_{22} $\cdots$ a_{2n}	b_2
$\vdots$	$\vdots$	$\vdots$　$\vdots$　　$\vdots$	$\vdots$
w_m	m	a_{m1} a_{m2} $\cdots$ a_{mn}	b_m
食物单价		c_1 c_2 $\cdots$ c_n	

则问题可归结为（参见例题 7.17.3）

$$(L) \begin{cases} \min CX \\ \text{s. t.} \ \ AX \geqslant b \\ \ \ \ \ \ \ X \geqslant 0 \end{cases} \tag{7.17.1}$$

对偶问题：设有一营养师，生产 m 种不同营养剂，用它们配制 n 种与天然食品有相同营养成分的食品去替代天然食品，试问各种营养剂的价格应如何确定，才能获利最大？

我们仍然利用表 7.17.1，设第 i 种营养剂单价为 w_i，并记 $W=(w_1,w_2,\cdots,w_n)$，为了达到畅销的目的，营养剂配成的食品的价格当然不能超过相应的天然食品的价格，即有

$$w_1 a_{1j} + w_2 a_{2j} + \cdots + w_m a_{mj} \leqslant c_j \quad (j=1,2,\cdots,n)$$

于是问题变为

$$(D) \ \ \begin{matrix} \max Wb \\ WA \leqslant C \\ W \geqslant 0 \end{matrix} \tag{7.17.2}$$

定义 7.17.4 称式 (7.17.1)，(7.17.2) 所定义的线性规划问题 (L) 和 (D) 为互为对偶问题，若称其中一个问题为原问题，那么另一个称为原问题的对偶问题。也称它们构成一组对称的对偶规划。

对于标准型线性规划问题

$$\min CX$$
$$(L)\quad \begin{array}{l} AX=b \\ X\geqslant 0 \end{array} \qquad (7.17.3)$$

可以将它的等式约束改为等价方程

$$AX\geqslant b$$
$$AX\leqslant b$$

那么式(7.17.3)可写成形式

$$\min CX$$
$$\begin{pmatrix} AX \\ -AX \end{pmatrix}\geqslant\begin{pmatrix} b \\ -b \end{pmatrix} \qquad (7.17.4)$$
$$X\geqslant 0$$

由对偶性定义 7.17.3 知问题(7.17.4)的对偶规划为

$$\max (W^1,W^2)\begin{pmatrix} b \\ -b \end{pmatrix}$$
$$(D)\quad (W^1,W^2)\begin{pmatrix} A \\ -A \end{pmatrix}\leqslant C \qquad (7.17.5)$$
$$(W^1,W^2)\geqslant 0$$

令 $W=W^1-W^2$，于是式(7.17.4)可写成

$$(D')\quad \begin{array}{l} \max Wb \\ WA\leqslant C \end{array}$$

此即为标准问题(7.17.3)的对偶规划。$(L')(D')$ 也称为非对称规划。

还有一种混合型对偶规划。

原问题：

$$\min(C^1X^1+C^2X^2)$$
$$A_1X\geqslant b^1$$
$$A_2X=b^2$$
$$X^1\geqslant 0,X^2\text{ 无限制}$$

它的对偶规划为

$$\max(W^1b^1+W^2b^2)$$
$$W^1A_1\leqslant C^1$$
$$W^2A_2=C^2$$
$$W^1\geqslant 0,W^2\text{ 无限制}$$

综上所述,构成对偶规划的规则如下:

(1) 把原问题的约束条件的符号统一写成 $\geqslant$ 及 $=$(或 $\leqslant$ 及 $=$);

(2) 原问题一个行约束(第 i 行),对应对偶问题一个变量 W_i,如果行约束是不等式,则 $W_i \geqslant 0$,若行约束为等式,则 W_i 无符号限制。

(3) 原问题每个 x_j 所相应的列向量 $P_j = (a_{1j}, \cdots, a_{mj})^{\mathrm{T}}$ 对应对偶问题的一个行约束(第 i 行约束)。如果 $x_j \geqslant 0$,则行约束为

$$\sum_{i=1}^{m} w_i a_{ij} \leqslant c_j \left(\text{或} \sum_{i=1}^{m} w_i a_{ij} \right)$$

如果 x_j 没有符号限制,那行约束为等式,即

$$\sum_{i=1}^{m} w_i a_{ij} = c_j;$$

(4) 原问题的目标函数若是求极小(或极大)值,则对偶问题是求目标函数 Wb 的极大(或极小)值。

原问题模型与对偶模型之间的对应关系如表 7.17.2 所示。

表 7.17.2 原问题模型与对偶模型之间的对应关系

原问题(或对偶问题)		对偶问题(或原问题)	
目标函数 max z		目标函数 min w	
资源条件(约束右端常数项) 价值系数(目标函数系数)		价值系数(目标函数系数) 资源条件(约束右端常数项)	
变量	n 个变量 $\geqslant 0$ $\leqslant 0$ 无约束	约束条件	n 个约束 $\geqslant$ $\leqslant$ $=$
约束条件	m 个约束 $\leqslant$ $\geqslant$ $=$	变量	m 个变量 $\geqslant 0$ $\leqslant 0$ 无约束

例题 7.17.3 若原问题为:

$$\min Z = 5x_1 - 6x_2 + 7x_3 + 4x_4$$
$$x_1 + 2x_2 - x_3 - x_4 = -7$$
$$6x_1 - 3x_2 + x_3 - 7x_4 \geqslant 14$$
$$28x_1 + 17x_2 - 4x_3 + 2x_4 \geqslant 3$$
$$x_1, x_2 \geqslant 0, x_3, x_4 \text{ 无限制}$$

求相应的对偶规划。

解：相应对偶规划为：

$$\max S = -7w_1 + 14w_2 + 3w_3$$
$$w_1 + 6w_2 + 28w_3 \leqslant 5$$
$$2w_1 - 3w_2 + 17w_3 \leqslant -6$$
$$-w_1 + w_2 - 4w_3 = 7$$
$$-w_1 - 7w_2 + 2w_3 = 4$$
$$w_1 \text{ 无限}; w_2, w_3 \geqslant 0$$

2. 对偶定理

现在来讨论原问题与它的对偶问题之间的关系。

先考虑对称对偶规划问题：

$$\min CX$$
$$(L) \quad AX \geqslant b$$
$$X \geqslant 0$$
$$\max Wb$$
$$(D) \quad WA \leqslant C$$
$$W \geqslant 0$$

定理 7.17.4　(L) 和 (D) 同时有最优解的充要条件是它们同时有可行解。

证明：只需证明充分性。设 (L) 和 (D) 分别有可行解 X^0, W^0，即有

$$AX^0 \geqslant b, \quad X^0 \geqslant 0$$

及

$$W^0 A \leqslant C, \quad W^0 \geqslant 0$$

于是对 (L) 的任一可行解 $\overline{X}$

$$C\overline{X} \geqslant (W^0 A)\overline{X} = W^0 (A\overline{X}) \geqslant W^0 b$$

即 CX 在可行解集有下界 $W^0 b$，所以 (L) 有最优解。同样对 (D) 的任一可行解 $\overline{W}$，有

$$\overline{W}b \leqslant \overline{W}(AX^0) = (\overline{W}A)X^0 \leqslant CX^0$$

故 Wb 在可行解集合上有上界 CX^0，因此 (D) 有最优解。

推论　若 X^0, W^0 分别是 (L) 和 (D) 的可行解且 $CX^0 = W^0 b$，则 X^0, W^0 分别为 (L) 和 (D) 的最优解。

定理 7.17.5　设 (L) 和 (D) 中的一个有最优解，则另一个也一定有最优解，且目标函数值相等。

综合以上定理可得到 (L) 和 (D) 的解有如下关系：

(1) 两个问题都有最优解；

(2) 两个问题都没有可行解；

（3）一个规划问题有可行解，但目标函数在可行解集合上无界，则另一个规划问题无可行解。

以上结论同样适用于非对称对偶问题(L')和(D')。

定理 7.17.6（松紧定理） 考虑非对称对偶规划

$$\min CX$$
$$(L') \quad AX \geqslant b$$
$$X \geqslant 0$$
$$(D') \quad \max Wb$$
$$WA \leqslant C$$

设 X^0，W^0 分别是(L')和(D')的可行解，则 X^0 和 W^0 分别是(L')和(D')的最优解的充要条件为

$$(C - W^0 A)X^0 = 0 \tag{7.17.6}$$

证明：由以上定理知可行解 X^0 和 W^0 同时也是最优解的主要条件是：

$$CX^0 = W^0 b = W^0 AX^0$$

即$(C - W^0 A)X^0 = 0$，故定理得证。

因 $X^0 > 0$ 且 $C - W^0 A \geqslant 0$ 故式（7.17.6）为

$$(c_j - W^0 P_j)x_j^0 = 0 \quad (j = 1, 2, \cdots, n)$$

由此可得以下推论。

推论 若(L')有最优解 X^0，使得对指标 j 满足 $x_j^0 > 0$（称为 j 对(L')是松的），则对(D')的一切最优解 W^0，必有 $W^0 P_j = C_j$（称为 j 对(D')是紧的）；

若(D')有最优解 W^0，使得对指标 j 满足 $W^0 P_j < 0$（称 j 对(D')是松的），则对(L')的一切最优解 X，必有 $x_j = 0$（称 j 对(L')是紧的）。

定理 7.17.7 考虑对称的对偶规则

$$\min CX$$
$$(L) \quad AX \geqslant b$$
$$X \geqslant 0$$
$$\max Wb$$
$$(D) \quad WA \leqslant C$$
$$W \geqslant 0$$

设 X^0，W^0 分别是(L)和(D)的可行解，则 X^0 和 W^0 同时也是(L)和(D)的最优解的充要条件是：

$$(C - W^0 A)X^0 = 0$$
$$W^0(AX^0 - b) = 0 \tag{7.17.7}$$

定理证明略。

若记 $A=(P_1,P_2,\cdots,P_n)=(Q_1,Q_2,\cdots,Q_m)^{\mathrm{T}}(Q_i$ 表示 A 的第 i 个行向量$)$,则松紧关系$(7.17.7)$可表示为:

(1) 若 $x_j^0>0$,则 $W^0P_j=c_j,j=1,2,\cdots,n$;

(2) 若 $W^0P_j<c_j$,则 $x_j^0=0,j=1,2,\cdots,n$;

(3) 若 $W_i^0>0$,则 $Q_iX^0-b_i=0$;

(4) 若 $Q_iX^0-b_i>0$,则 $w_i^0=0$。

对偶松紧定理又称互补松弛条件,除了其理论上的意义外,还可应用于:

(1) 已知对偶问题的最优解,求原问题最优解,反之也一样;

(2) 检验一个可行解是不是原问题的最优解(先假定给定的可行解是最优解,然后运用对偶松紧关系尝试去构造一个对偶最优解,若成功了,则原来假定成立);

(3) 检验有关最优解性质的某些假设(例如,在最优解处,原始的约束条件是否都是严格不等式等)。

3. 对偶问题的经济意义

1) 影子价格

如果把线性规划的约束看成广义资源约束,则右边项代表某种资源的可用量。对偶界的经济含义是资源的单位改变量引起的目标函数值的改变量,通常称为影子价格。影子价格表明对偶解是对系统内部资源的客观估计,又表明它是一种虚拟的价格而不是真实价格。

影子价格的特征如下:

(1) 影子价格是对系统资源的最优估计,只有系统达到最优状态时才可能赋予资源这种价值,因此,它也称为最优价格。

(2) 影子价格的取值与系统的价值取向有关,并受系统状态变化的影响。系统内部资源数量和价格的变化,是一种动态的价格体系。

(3) 对偶解——影子价格的大小客观反映了资源在系统内的稀缺程度。如果某资源在系统内供大于求,尽管它有市场价格,但它的影子价格等于零。增加这种资源的供应不会引起系统目标的任何变化。如果某资源是稀缺资源,其影子价格必须大于零。影子价格越高,这种资源在系统中越稀缺。

(4) 影子价格是一种边际价值,它与经济学中边际成本的概念相同,因而在经济管理中有十分重要的价值。企业管理者可以根据资源在企业内部影子价格的大小决定企业的经营策略。

例题 7.17.4 某企业生产 A,B 两种产品。A 产品需要消耗 2 个单位原料和 1h 人工;B 产品需要消耗 3 个单位原料和 2h 人工;A 产品销售价格为 23 元,B 产品销售为 40 元。该企业每天可利用生产原料为 25 单位和 15 个人工。每单位原料的采购成本为 5

元,每小时人工工资为 10 元。问该企业如何生产才能使销售利润最大?

解:模型一:

目标函数系数直接使用计算好的销售利润,成本数据不直接反映在模型中。设使用原材料为 x_1 个单位,使用人力为 x_2 h,则模型为

$$\max S = 3x_1 + 5x_2$$
$$\text{s. t.} \quad 2x_1 + 3x_2 \leqslant 25$$
$$x_1 + 2x_2 \leqslant 15$$
$$x_1, x_2 \geqslant 0$$

最优解 $X=(5,5)^{\text{T}}$,最优值 $S=40$,对偶解 $Y=(1,1)^{\text{T}}$(解法后面介绍)。

模型二:

目标函数系数直接使用未经处理的数据,成本数据不直接反映在模型中,则模型为

$$\max S = 23x_1 + 40x_2 - 5x_3 - 10x_4$$
$$\text{s. t.} \quad 2x_1 + 3x_2 - x_3 = 0$$
$$x_1 + 2x_2 - x_4 = 0$$
$$x_3 \leqslant 25$$
$$x_4 \leqslant 15$$
$$x_1, x_2, x_3, x_4 \geqslant 0$$

最优解 $X=(5,5,0,0)^{\text{T}}$,最优值 $S=40$,对偶解 $Y=(6,11,1,1)^{\text{T}}$(解法后面介绍)。

一般来讲,如果模型显性地处理所有资源的成本计算(如模型二),则对偶解与影子价格相等,我们按以下原则考虑企业的经营策略:

(1) 如果某资源的影子价格高于市场价格,表明该资源在系统内有获利能力,应买入该资源;

(2) 如果某资源的影子价格低于市场价格,表明该资源在系统内无获利能力,应卖出该资源;

(3) 如果某资源的影子价格等于市场价格,表明该资源在系统内处于平衡状态,既不用买入也不必卖出该资源。

一般来讲,如果模型隐形地处理所有资源的成本计算(如模型一),则影子价格应等于对偶解资源的成本之和,我们按以下原则考虑企业的经营策略:

(1) 如果某资源对偶解大于零,表明该资源在系统内有获利能力,应买入该资源;

(2) 如果某资源对偶解小于零,表明该资源在系统内无获利能力,应卖出该资源;

(3) 如果某资源对偶解等于零,表明该资源在系统内处于平衡状态,既不用买入也不必卖出该资源。

2）灵敏度分析

在大多数线性规划问题中,模型所使用的参数都是一些估计量,在实际问题中很可能有波动。我们关心的是,波动应限制在什么范围内,可以使所得的最优解仍为最优解,而无须从头另作计算,这便是"灵敏度"分析问题。

灵敏度分析主要涉及下面三个问题:

（1）目标函数系数的灵敏度分析;

（2）约束方程常数项的灵敏度分析;

（3）约束方程系数的灵敏度分析。

第 4 节　用 Microsoft Excel 软件求解线性规划问题

通过 Microsoft Excel 软件可以求解数学规划问题,我们先来安装 Excel 软件的"规划求解"功能。打开 Excel 软件,选择"工具"中的"加载宏"命令,如图 7.17.9 所示,在"加载宏"对话框中选中"规划求解"复选框,如图 7.17.10 所示。

图 7.17.9　"加载宏"命令

例题 7.17.5　AB 公司在一周内只生产两种产品:产品 A 和产品 B。产品 A 的价格是每吨 25 美元,产品 B 的价格是每吨 10 美元。其中 A 产品由 60% 的原料 1 和 40% 的原料 2 组成,B 产品由 50% 的原料 1、10% 的原料 2 和 40% 的原料 3 组成。可供这一周使用的三种原料数量如下:原料 1,12 000t;原料 2,4 000t;原料 3,6 000t。问管理部门应决

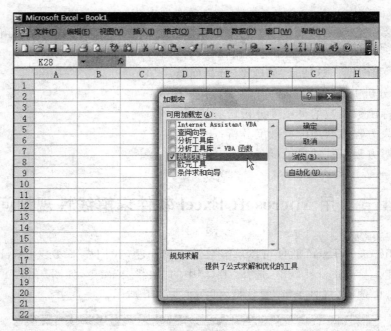

图 7.17.10　"加载宏"对话框

定每种产品生产多少吨才能使收益最好？

解：设产品 A 和产品 B 各生产 x_1, x_2，则数学模型为

$$
\begin{cases}
\max S = 25x_1 + 10x_2 \\
\text{s. t.} \quad 0.6x_1 + 0.5x_2 \leqslant 12\,000 \\
\qquad 0.4x_1 + 0.1x_2 \leqslant 4\,000 \\
\qquad 0.4x_2 \leqslant 6\,000 \\
\qquad x_1, x_2 \geqslant 0
\end{cases}
$$

　　将问题输入电子数据表：C5、C6 分别对应于变量 x_1, x_2，目标函数系数在 B5、B6 单元表示，目标函数在 C3 单元被计算出来（运用公式，目标函数值 C3＝B5＊C5＋B6＊C6），注意决策变量值被初始化为 1，这样通过程序计算得到一个结果，但是可使用其他任何一个初始变量值，如图 7.17.11 所示。约束条件被表示在第 9～11 行，B 列写明了可用资源量，C 列注明了每种资源在当前解的情况下各自的使用量。我们可以用这个电子表，通过改变 C5 和 C6 单元的值来寻找 C3 单元的最大值，同时确保 C9、C10 和 C11 的单元格的值相应地不超过 B9、B10 和 B11。

　　(1) 选择"工具"下拉菜单中的"规划求解"命令，弹出参数表，如图 7.17.12 所示。

　　(2) 选定目标函数类型，输入约束条件，并求解，如图 7.17.13 所示。

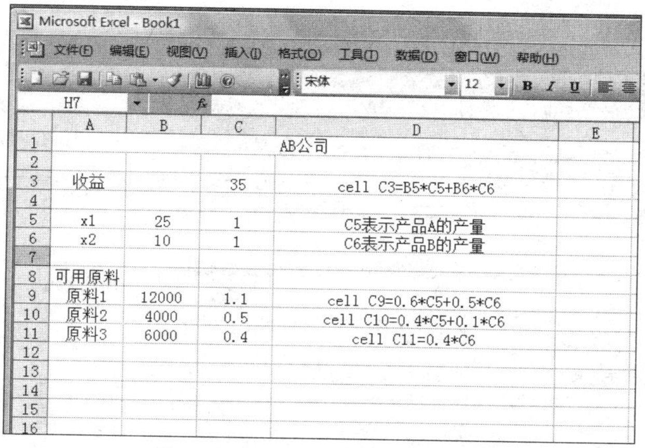

图 7.17.11　用 Excel 软件求解

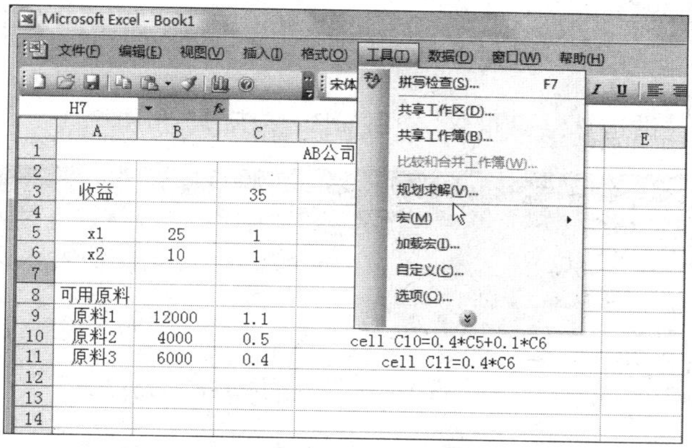

图 7.17.12　"规划求解"命令

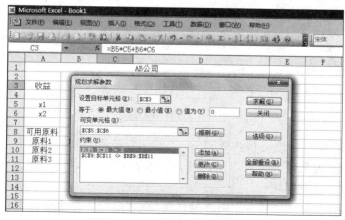

图 7.17.13　"规划求解"对话框

（3）保存方案运算结果，如图 7.17.14 所示。

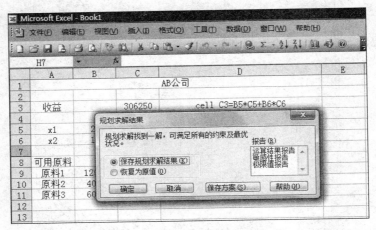

图 7.17.14　保存运算结果

（4）报告可以提供运算结果报告，分别如图 7.17.15 和图 7.17.16 所示。

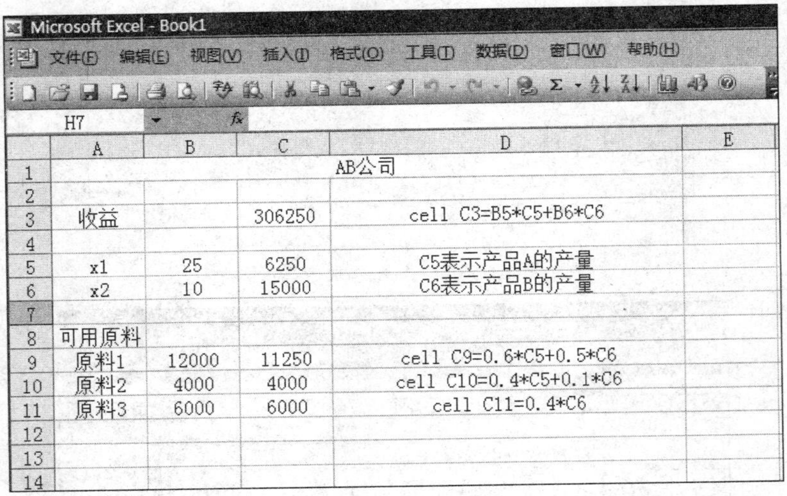

	A	B	C	D	E
				AB公司	
1					
2					
3	收益		306250	cell C3=B5*C5+B6*C6	
4					
5	x1	25	6250	C5表示产品A的产量	
6	x2	10	15000	C6表示产品B的产量	
7					
8	可用原料				
9	原料1	12000	11250	cell C9=0.6*C5+0.5*C6	
10	原料2	4000	4000	cell C10=0.4*C5+0.1*C6	
11	原料3	6000	6000	cell C11=0.4*C6	
12					
13					
14					

图 7.17.15　运算结果报告（一）

（5）报告中还有灵敏度分析报告，如图 7.17.17 和图 7.17.18 所示。

上面的线性规划例题大家可以用这种方法求解，自己可以试一试。

请大家思考下面的问题。

试证明：若线性规划有两个不同的最优解，则它必有无穷个最优解。

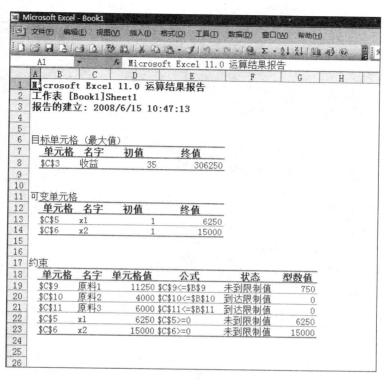

图 7.17.16　运算结果报告(二)

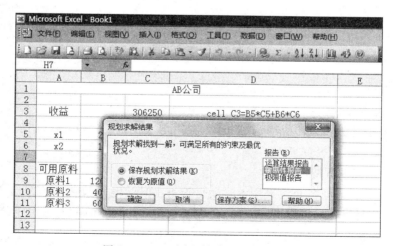

图 7.17.17　选择"敏感性报告"选项

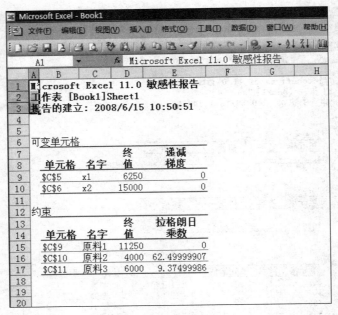

图 7.17.18　灵敏度分析报告

第 5 节　案　例　题

投资方案选择

法国国营企业法国电力公司,为满足供电需要,改变建设发电站。发电站共有 4 种:火力发电、水力发电(包括河流发电、水库发电、水坝发电等)、潮汐发电和核能发电。每种发电站的基建投资和运转费用均不相同,要决定应当建造什么类型的发电站,既可满足供电需要,又可使总投资最小。

第 i 类电站有以下特征:

a_i:保证发电量,即冬日白天用电时期平均每小时的电力供应,单位千千瓦(MW)。

b_i:高峰发电量,即冬日白天四小时高峰用电的平均每小时的电力供应(MW)。

c_i:全年发电量,以百万千瓦小时为单位(GWH)。

d_i:基建投资。

e_i:每年运转费用。

引入剩余变量 x_a, x_b, x_c 及松弛变量 x_d,问题成为

$$\min Z' = \sum_{i=1}^{n} g_i x_i$$

$$a_1 x_1 + a_2 x_2 + \cdots + a_n x_n - x_a = A$$

$$b_1 x_1 + b_2 x_2 + \cdots + b_n x_n - x_b = B$$

$$c_1 x_1 + c_2 x_2 + \cdots + c_n x_n - x_c = C$$

$$c_1 x_1 + c_2 x_2 + \cdots + c_n x_n - x_d = D$$

$$x_i \geqslant 0, i = 1, 2, \cdots, n; \quad x_a, x_b, x_c, x_d \geqslant 0$$

现给出如下供电计划:

A. 保证供电 1692MW;

B. 高峰供电 2307MW;

C. 全年发电量 7200GWH;

D. 由不同政策确定。

以及有关各种发电方式的资料(表 7.17.3)。

表 7.17.3 各种发电方式的资料

	a_i(MW)	b_i(MW)	c_i(GWH)	d_i^*	e_i^*
1. 火力发电	1	1.15	7	97	136
2. 河流发电	1	1.10	12.6	420	56
3. 水库发电	1	1.20	1.3	130	101
4. 水坝发电	1	3.00	7.35	310	104
5. 潮汐发电	1	2.13	5.47	213	79

* 表示以百万法郎为单位。

由此可列出 5 个变量的线性规划问题

$$\min Z' = 136 x_1 + 56 x_2 + 101 x_3 + 104 x_4 + 79 x_5$$

$$x_+ + x_2 + x_3 + x_4 + x_5 - x_a = 1\,692$$

$$1.15 x_1 + 1.01 x_2 + 1.2 x_3 + 3 x_4 + 2.13 x_5 - x_b = 2\,307$$

$$7 x_1 + 12.6 x_2 + 1.3 x_3 + 7.35 x_4 + 5.47 x_5 - x_c = 7\,200$$

$$97 x_1 + 420 x_2 + 130 x_3 + 310 x_4 + 213 x_5 - x_d = D$$

$$x_i \geqslant 0, i = 1, 2, \cdots, 5; \quad x_a, x_b, x_c, x_d \geqslant 0$$

如果选择可行解 $x_2 = x_3 = x_4 = x_5 = x_6 = 0$,即只建造火电站,则最优解为 $x_1 = 2\,006$, $x_a = 314, x_c = 6\,842, x_d = D - 194\,586$。这意味着投资必须超过 1946 亿法郎,如果取 $x_1 = x_3 = x_4 = x_5 = x_6 = 0$,即只考虑水力发电,那么解为

$$x_2 = 2\,097, \quad x_a = 405, \quad x_b = 19\,222, \quad x_d = D - 880\,740$$

这表明投资必须超过 8 807 亿法郎。

可以对各种可行解进行比较,以研究各种方案对 D 值的影响。

第 6 节　练　习　题

1. 对线性规划问题

$$\min z = 2x_1 + 3x_2$$
$$\text{s. t.} \quad x_1 \geqslant 125$$
$$x_1 + x_2 \geqslant 350$$
$$2x_1 + x_2 \leqslant 600$$
$$x_1 \geqslant 0, \quad x_2 \geqslant 0$$

(1) 写出问题的标准形式;

(2) 用图解法找出可行域及最优解、最优值;

(3) 确定松弛变量及剩余变量值。

2. 对线性规划问题

$$\max z = 10x_1 + 9x_2$$
$$\text{s. t.} \quad \frac{7}{10}x_1 + x_2 \leqslant 630$$
$$\frac{1}{2}x_1 + \frac{5}{6}x_2 \leqslant 600$$
$$x_1 + \frac{2}{3}x_2 \leqslant 708$$
$$\frac{1}{10}x_1 + \frac{1}{4}x_2 \leqslant 135$$
$$x_1 \geqslant 0, \quad x_2 \geqslant 0$$

(1) 用图解法求可行域、最优解及最优值;

(2) 从图上分析,当目标函数系数 c_1, c_2 在什么范围内变化时,最优解保持不变? 若保持 $c_2 = 9$ 不变,求出 c_1 可变化的范围。

第 8 篇

Part 8

整 数 规 划

在工程设计和企业管理中常常会遇到决策变量只能取整数值的规划问题。例如安排生产计划时,投入的人力与机器数量必须是整数;选择投资项目时,一般也只能选择整数个投资项目(合资情况除外)。

整数规划就是用于处理这一类问题的数学规划。整数规划在形式上与线性规划类似,只是比线性规划问题增加了一些约束条件,限制全部或部分决策变量取整数值。

第 18 章

数学定义与基本定理

在前面讨论的线性规划问题中，有些最优解可能是分数或小数，但对于某些具体问题，常有要求解答必须是整数的情形（称为整数解）。例如，所求解是机器的台数、完成工作的人数或装货的车数等，分数或小数的解答就不合要求。为了满足整数解的要求，初看起来，似乎只要把已得到的带有分数或小数的解经过"舍入化整"就可以了。但这常常是不行的，因为化整后不见得是可行解；或虽是可行解，但不一定是最优解。因此，对求最优整数解的问题，有必要另行研究。我们称这样的问题为整数规划（Integer Programming），简称 IP。整数规划中如果所有的决策变量都限制为非负整数，就称为纯整数规划或称为全整数规划；如果仅一部分决策变量限制为整数，则称为混合整数规划。整数规划的另外一种特殊情形是 0-1 规划，它的决策变量取值仅限于 0 或 1。

整数规划问题按其决策变量取值规定可分为以下几类：

（1）纯整数规划。全部决策变量都必须取整数；

（2）混合整数规划。部分决策变量必须取整数；

（3）0-1 规划。全部决策变量只能取 0,1 值。

第**19**章

算法例题案例

第 1 节　整数规划模型

1. 生产组织与计划问题

例题 8.19.1　设某工厂用 m 台机床 $A_1, A_2, \cdots, A_m$ 加工 n 种零件 $B_1, B_2, \cdots, B_n$，在一个生产周期内，已知第 i 台机床 $A_i (i=1,2,\cdots,m)$ 只能工作 a_i 个机时，工厂必须完成加工零件 B_j 的数量为 $b_j (j=1,2,\cdots,n)$ 个，加工一个零件 B_j 需要机床 A_i 的机时为 t_{ij}，其费用为 C_{ij} 元/每个 B_j，问在这个生产周期内，应如何安排各机床的生产任务，使在完成加工任务条件下，总的加工成本最小？

该问题的各项描述如表 8.19.1 所示。

表 8.19.1　工厂机床矩阵

机时,费用 零件 机床	B_1　　B_2　$\cdots$　B_n	可工作时间
A_1	$(t_{11},c_{11}),(t_{12},c_{12})\quad\cdots\quad(t_{1n},c_{1n})$	a_1
A_2	$\vdots$	a_2
$\vdots$	(t_{m1},c_{m1})　　　　　　$\cdots$	$\vdots$
A_m	(t_{nm},c_{nm})	a_n
所需零件总数	b_1　　b_2　$\cdots$　b_n	

解：设机床 A_i 在一个生产周期内加工零件 B_j 的个数为 $x_{ij}, i=1,2,\cdots,m; j=1, 2,\cdots,n$。若总的加工成本为 y，则上述问题的数学模型为

$$\min y = \sum_{i=1}^{m} \sum_{j=1}^{n} c_{ij} x_{ij}$$

$$\text{s. t.} \quad \sum_{j=1}^{n} t_{ij} x_{ij} \leqslant a_i \qquad\qquad (i = 1, 2, \cdots, m)$$

$$\sum_{i=1}^{m} x_{ij} \geqslant b_j \qquad\qquad (j = 1, 2, \cdots, n)$$

$$x_{ij} \geqslant 0 \text{ 且 } x_{ij} \in I \quad (i = 1, 2, \cdots, m; \quad j = 1, 2, \cdots, n)$$

其中 $I = \{0, 1, 2, \cdots\}$。

上述问题是一个纯整数规划问题。

2. 工厂选址问题

例题 8.19.2　设对某种产品有 n 个需求点,有 m 个可供选择的(生产该种产品)的建厂地址。每个地址至多可建一个工厂。在第 i 个地址建立工厂的生产能力为 d_i,而经营该工厂时单位时间的固定成本为 a_i(元)。需求点 j 的需求量为 b_j,从厂址 i 到需求点 j 的单位运输费为 c_{ij} 元/吨。问应如何选择厂址和安排运输计划,才能得到经济上花费最少的方案?

解:首先引入布尔变量

$$\begin{cases} y_i = 1, \text{若在 } i \text{ 地址建厂} \\ y_i = 0, \text{若不在 } i \text{ 地址建厂} \end{cases}$$

设在单位时间内,从厂址 i 运往需求点 j 的物资数量为 x_{ij},单位时间的总花费为 S(元),则上述问题可归结为如下数学模型:

$$\min S = \sum_{i=1}^{m} \sum_{j=1}^{n} c_{ij} x_{ij} + \sum_{i=1}^{m} a_i y_i$$

$$\text{s. t.} \quad \sum_{j=1}^{n} x_{ij} \leqslant d_i y_i \qquad\qquad (i = 1, 2, \cdots, m)$$

$$\sum_{i=1}^{m} x_{ij} \geqslant b_j \qquad\qquad (j = 1, 2, \cdots, n)$$

$$x_{ij} \geqslant 0, \quad y_i = 0 \text{ 或 } 1, \qquad (i = 1, 2, \cdots, m)$$

此问题中 x_{ij} 为非负连续变量,y_i 为 $0,1$ 变量。这是一个混合整数规划问题。

3. 分派问题

常常会遇到这样的问题:有 n 项任务要完成,恰好有 n 个人可以分别去完成其中的一项,但是由于任务性质和各人专长不同,因此各人完成不同任务的效率或所花费的时间是不相同的。于是提出如下问题,应当分派哪一个人去完成哪项任务才能使总的效率最高(即花费的总时间最小),这类问题称为分派问题或分配指派问题。

例题 8.19.3   设要分配 m 个人去完成 n 件工作,设第 i 个人完成第 j 项工作所需时间为 t_{ij},问应如何分派,才能使花费的总时间最少?

解:引入布尔变量

$$
\begin{cases}
x_{ij} = 1, & \text{若分派第 } i \text{ 人去做第 } j \text{ 件工作} \\
x_{ij} = 0, & \text{若不分派第 } i \text{ 人去做第 } j \text{ 件工作}
\end{cases}
$$

设完成 n 项工作所花费的总时间为 T,则上述问题化为

$$
\min T = \sum_{i=1}^{n} \sum_{j=1}^{n} t_{ij} x_{ij}
$$

$$
\text{s. t. } \sum_{j=1}^{n} x_{ij} = 1 \qquad (i = 1, 2, \cdots, n)
$$

$$
\sum_{i=1}^{n} x_{ij} = 1 \qquad (j = 1, 2, \cdots, n)
$$

$$
x_{ij} = 0 \text{ 或 } 1
$$

此问题中 x_{ij} 只能取 0 或 1,故称其为 0-1 规划问题。

4. 投资决策问题

例题 8.19.4   设某厂在今后两年内可用于投资的资金总额为 a 万元,有 n 个可以投资的项目,假定每个项目只能投资一次,已知第 j 个项目所需最小投资数为 a_j,所产生的利润为 c_j,那么应如何选择投资项目,才能使总利润最大?

解:令

$$
\begin{cases}
x_j = 1, & \text{对项目 } j \text{ 投资} \\
x_j = 0, & \text{对项目 } j \text{ 不投资}
\end{cases}
\qquad (j = 1, 2, \cdots, n)
$$

设总利润为 Z,则上述问题的数学模型为

$$
\max Z = \sum_{j=1}^{n} c_j x_j
$$

$$
\text{s. t. } \sum_{j=1}^{n} a_j x_j \leqslant a
$$

$$
x_j = 0 \text{ 或 } 1 \quad (j = 1, 2, \cdots, n)
$$

易见这也是一个 0-1 规划问题。

第 2 节　整数规划解法概述

上面所讲的整数规划问题其一般形式均可写成

$$\min Z = C^{\mathrm{T}}X (\text{或} \max)$$
$$\text{s.t. } AX(\leqslant = \geqslant)b \tag{8.19.1}$$
$$X \geqslant 0, x_j \in I, i \in J \subset \{1,2,\cdots,n\}$$

式中 X 为 n 维向量，Z 为 $m \times n$ 矩阵，$I = \{0,1,2,\cdots\}$。若 $J = \{1,2,\cdots,n\}$，则式(8.19.1)为纯整数规划；若 $J \neq \{1,2,\cdots,n\}$，则式(8.19.1)为混合型整数规划；若 $I = \{0,1\}$，则式(8.19.1)为 0-1 规划。

整数规划有着广泛的应用。但其求解比较线性规划要困难得多，大家知道，用单纯形方法解线性规划问题是很有效的，但到目前为止还没有一种能有效地求解所有整数规划的方法。为了求解问题(图 8.19.1)，一个容易想到的方法是先去掉决策变量取整数值的约束：$x_i \in I, i \in J$。求得其对应的线性规划问题(称为松弛问题)的最优解 $\tilde{x}^*$，若对所有的 $i \in J, \tilde{x}^* \in I$，那么 $\tilde{x}$ 就是原来整数规划问题的最优解，但如果所得到的解 $\tilde{x}^* \notin I$，那么怎么办呢？有人也许会认为只要把非整数解按四舍五入取为整数就行了。但严格地说，这样做是不行的。下面我们用两个变量的图解法例子来说明这点。

考虑纯整数规划问题

$$\text{(IP)} \quad \begin{array}{l} \max 6x_1 + 8x_2 \\ 4x_1 + 6x_2 \leqslant 36 \\ 10x_1 + 7x_2 \leqslant 70 \\ x_1, x_2 \geqslant 0, x_1, x_2 \in I \end{array}$$

第一步我们先找出相应的 LP 松弛问题

$$\text{(IP)} \quad \begin{array}{l} \max 6x_1 + 8x_2 \\ 4x_1 + 6x_2 \leqslant 36 \\ 10x_1 + 7x_2 \leqslant 70 \\ x_1, x_2 \geqslant 0 \end{array}$$

的最优解。这可用图解法求得，从图 8.19.1 可得到最优解 $\tilde{x}_1^* = 5.25, \tilde{x}_2^* = 2.50$，最优值 $\tilde{z}^* = 51.50$。如果用四舍五入方法取 $\tilde{x}_1^* = 5, \tilde{x}_2^* = 3$，那么它不在可行域内，与该点最接近的整数点为 $(5,2)$，相应的目标函数值为 46.0，在图上移动等值线，可以看出当 $\tilde{x}_1^* = 4$，$\tilde{x}_2^* = 3$ 时，它才是最优解，此时目标函数 $Z^* = 48.0$ 达到了最大。

由此可见整数规划问题远比线性规划的解要困难。目前用单纯形方法解一个几千

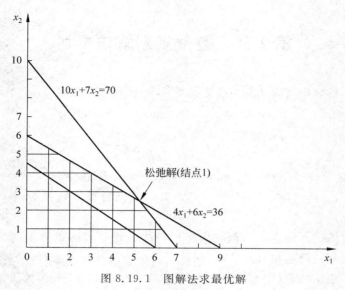

图 8.19.1　图解法求最优解

个变量的 LP 问题往往并不困难,但要解一个几百个变量的 IP 问题,却往往会遇到各种问题。

常用的求解整数规划方法主要有分支定界法和割平面法等。本章主要介绍这两种方法。

解 IP 问题的方法都是在下述思想基础上进行的。

1. 松弛

考察问题

$$(\text{P}) \quad \begin{aligned} &\min Z = CX \\ &AX \leqslant b \\ &X \geqslant 0, x_i \in I, i \in J \subset \{1, 2, \cdots, n\} \\ &I = \{0, 1, 2, \cdots\} \end{aligned}$$

定义 8.19.1　凡是放松原问题(P)的某些约束条件后得到的问题($\tilde{P}$),称为(P)的松弛问题。

我们用 R 表示(P)的可行集,用 X^* 和 Z^* 表示(P)的最优解与最优值;用 $\tilde{R}$ 表示($\tilde{P}$)的可行集,用 $\tilde{X}$ 和 $\tilde{Z}$ 表示($\tilde{P}$)的最优解与最优值,则对于松弛问题($\tilde{P}$)有如下结论。

定理 8.19.1　问题(P)和其松弛问题有如下性质:

(1) $R \subset \tilde{R}$;

(2) 若($\tilde{P}$)没有可行解,则(P)也没有可行解;

(3) $Z^* \geqslant \tilde{Z}^*$(对求最大值问题有 $Z^* \leqslant \tilde{Z}^*$);

（4）若 $\tilde{x}^* \in R$，则 $\tilde{X}^*$ 也是 (P) 的最优解。

通常的松弛方法是去掉决策变量取整数约束： $x_i \in I, i \in J$。

2. 分解

设问题 $(P_1), \cdots, (P_m)$ 是问题 (P) 的子问题， $R(P_i)$ 为问题 (P_i) 的可行集，那么有

定义 8.19.2　用 $R(P)$ 表示问题 (P) 的可行集，若条件

（1） $\bigcup\limits_{i=1}^{m} R(P_i) = R(P)$；

（2） $R(P_i) \bigcap R(P_j) = \phi, (1 \leqslant i \neq j \leqslant m)$；成立，则称问题 (P) 被分解为子问题 (P_1)，$(P_2), \cdots, (P_m)$。

例题 8.19.5　考察问题

$$
(P) \quad
\begin{aligned}
&\max Z = 5x_1 + 8x_2 \\
&x_1 + x_2 \leqslant 6 \\
&5x_1 + 9x_2 \leqslant 45 \\
&x_1, x_2 \geqslant 0, x_1, x_2 \in I
\end{aligned}
$$

去掉约束

$$
x_1, x_2 \in I
$$

得松弛问题 $(\tilde{P})$，其最优解为 $\tilde{X}^* = (2.25, 3.75)^{\mathrm{T}}$，最优值 $\tilde{Z}^* = 41.25$，在 (P) 的原有约束条件上分别增加约束条件 $\begin{cases} 1. & x_2 \geqslant 4 \\ 2. & x_2 \leqslant 3 \end{cases}$。形成两个子问题 (P_1)，(P_2)，可行解集 $R(P)$ 被分割为较小的子集 $R(P_1)$ 及 $R(P_2)$，这种做法称为分解，也即把 (P) 分支为 (P_1)，(P_2)。

第 3 节　分支定界法

分支定界法是求解纯整数规划和混合整数规划的一种方法。它先把 IP 问题松弛为 LP 问题，若得到的 LP 问题的决策变量最优解是原题中规定的整数解，那么它们就是原问题的最优解。但大多数情形中得到的决策变量最优解是非整数。在求最大值问题中，此时得到的 LP 问题的最优值是问题作进一步分析的上界，最优整数解的目标值小于或等于此值。因为在进一步搜索时，将增加约束条件，故不可能获得更高的目标函数值。当得到的是非整数解时，要进行分支，将可行集分成较小的子集，在这些子集上再求最优解，并从获得较大目标值的子问题上进一步分支，并确定每个分支上子问题的上界，直到

求到所要求的整数解为止。

1. 纯整数规划的分支定界法

例题 8.19.6 我们仍以图 8.19.1 上 IP 问题作为例子来说明纯整数分支定界方法。

（1）首先作出包含一个结点的树,在结点上写出在松弛过程中得到的决策变量 $x_1 = 5.25, x_2 = 2.50$ 对应的目标函数值为 51.50（图 8.19.2(a)）。

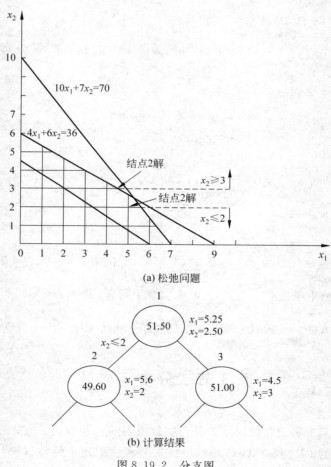

(a) 松弛问题

(b) 计算结果

图 8.19.2　分支图

（2）选择决策变量中具有最大小数部分的那个变量进行分支,这里选 x_2 进行分支：$x_2 \leqslant 2$ 或 $x_2 \geqslant 3$,由于在 2 与 3 之间没有整数值,这样就把可行集分成不相交的两部分（图 8.19.2(b)）得到两个子问题：

对 $x_2 \leqslant 2$(结点 2) 为

$\max Z = 6x_1 + 8x_2$

$4x_1 + 6x_2 \leqslant 36$

$10x_1 + 7x_2 \leqslant 70$

$x_2 \leqslant 2$

$x_1, x_2 \geqslant 0$ 且为整数

←新约束→

对 $x_2 \geqslant 3$(结点 3) 为

$\max Z = 6x_1 + 8x_2$

$4x_1 + 6x_2 \leqslant 36$

$10x_1 + 7x_2 \leqslant 70$

$x_2 \leqslant 3$

$x_1, x_2 \geqslant 0$ 且为整数

将这两个问题松弛,然后解之(图 8.19.2(a))得到

结点 2　最优解 $\begin{cases} x_2 = 2 \\ x_1 = 5.6 \end{cases}$

$Z = 6(5.6) + 8(2) = 49.60$

结点 3　最优解 $\begin{cases} x_2 = 3 \\ x_1 = 4.5 \end{cases}$

$Z = 6(4.5) + 8(3) = 51.00$

图 8.19.3(b)表示了结点 2 和结点 3 的计算结果。

(3) 由于结点 3 的目标值(51.00)大于结点 2 的目标值(49.60),故先对结点 3 分支。

对 $x_1 \leqslant 4$(结点 4)

$\max Z = 6x_1 + 8x_2$

$4x_1 + 6x_2 \leqslant 36$

$10x_1 + 7x_2 \leqslant 70$

$x_2 \geqslant 3$

$x_1 \leqslant 4$

$x_1, x_2 \geqslant 0$ 且为整数

←新约束→

对 $x_1 \leqslant 5$(结点 5)

$\max Z = 6x_1 + 8x_2$

$4x_1 + 6x_2 \leqslant 36$

$10x_1 + 7x_2 \leqslant 70$

$x_2 \geqslant 3$

$x_1 \geqslant 5$

$x_1, x_2 \geqslant 0$ 且为整数

图 8.19.3(a)上表示了这两个子问题松弛后问题的可行集与解,结点 5 由图 8.19.3 可知当 $x_1 \geqslant 5$ 时,无可行解。结点 4 解得 $x_1 = 4, x_2 = 3.33, Z = 50.67$,如图 8.3.3(b)所示。

显然,树越往下,由于所加约束逐渐增多,子问题越来越多。

(4) 进一步将结点 4 分支,对结点 6, $x_2 \leqslant 3$ 但从结点 1 到结点 3 已规定 $x_2 \geqslant 3$,故实际有 $x_2 = 3$,得最优解 $x_2 = 3, x_1 = 4, Z = 48$,而对于结点 7,增加约束为 $x \geqslant 4$ 得最优解 $x_1 = 3, x_2 = 4, Z = 50$,此点即为原来 IP 问题的最优解(图 8.19.4(a),(b))。

结点 6,7 都已是整数变量,这意味着不必再分支,因为往下再分支,目标值已不可能超过结点 7 的值。注意在搜索过程中由于结点 4 的值大于结点 2,故我们选择从结点 4 继续分支,如果结点 2 的值大于结点 4,那么我们就要从结点 2 进一步分支了。

我们将求最大值问题的纯整数分支定界法总结如下。

(1) 忽略任何整数约束,解标准 LP 问题。若 LP 问题没有可行解,则 IP 问题也没有可行解,否则得到 LP 问题的最优解进行下一步。

(2) 若所有要求为整数的变量均已为整数,则此解即为最优解。若有任一个要求为整数的变量为非整数,则此解必不为最优解,计算此时的目标函数值,此值为目标值的上

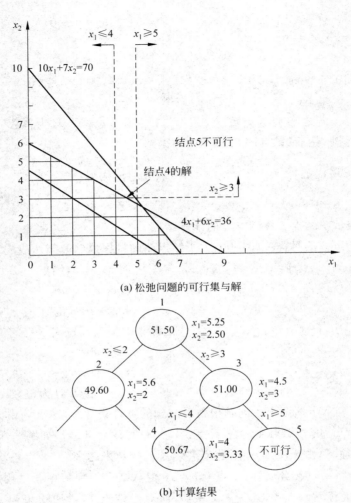

(a) 松弛问题的可行集与解

(b) 计算结果

图 8.19.3 对结点 3 分支

界。其他的可行解不可能超过此值。

（3）对要求为整数的非整数变量检查。选出其中小数部分最大的变量（当有若干个相同时，任取其中之一）。按此变量进行分支，在其上下各取一个整数值进行分支，设所取分支的变量为

$$x_j = b_j$$

那么对两个分支问题，各增加约束条件

① $x_j \leqslant b_j$ 的最大整数；

② $x_j \geqslant b_j$ 的最小整数。

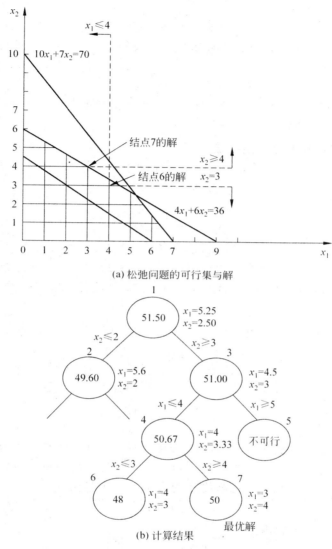

(a) 松弛问题的可行集与解

(b) 计算结果

图 8.19.4　对结点 4 分支

（4）解上述两个子问题，每个子问题都要考虑前面的分支已加上的约束。此时可能出现以下三种情形。

① 所有要求为整数的变量已全为整数，这有可能是最优解了，此时计算该解的目标值，作为该点上界。树在这里不再分支。将新目标值与其他结点相比，若其他结点的上界不超过此目标值，则停止从此结点分支，此点即为最优解。若有某个结点有较高上界

再转步骤(3)。

② 若得到的解不可行,树在这里停止分支。但需考虑其他分支,转步骤(3)。

③ 若有某些要求为整数的变量仍为非整数,计算此结点的上界(即目标值)。若有全为整数变量的结点,则与全整数结点的最大上界值比较,若前者超过后者,则转步骤(3)否则停止此结点分支,再转步骤(3)再检查其他结点。

(5) 当某一结点具有全整数变量,且其他结点不论是否为整数解,其目标值均不超过该点,最优整数解已求得。

2. 混合整数规划的分支定界法

例题 8.19.7 用分支定界法解混合整数问题

$$\max Z = 6x_1 + 8x_2$$
$$4x_1 + 6x_2 \leqslant 36$$
$$10x_1 + 7x_2 \leqslant 70$$
$$x_1, x_2 \geqslant 0 \text{ 且 } x_1 \in I$$

与例 8.19.6 一样,先解相应的松弛后 LP 问题,得到解 $x_1 = 5.25, x_2 = 2.5, Z = 51.50$,见图 8.19.5(a)其上垂直线上的点 x_1 为整数。故最后解应落在垂线上。然后进行分支:$x_1 \leqslant 5$ 及 $x_1 \geqslant 6$,得到

对 $x_1 \leqslant 5$(结点 2)解   对 $x_1 \geqslant 6$(结点 3)解

$$\max Z = 6x_1 + 8x_2 \qquad \max Z = 6x_1 + 8x_2$$
$$4x_1 + 6x_2 \leqslant 36 \qquad 4x_1 + 6x_2 \leqslant 36$$
$$10x_1 + 7x_2 \leqslant 70 \qquad 10x_1 + 7x_2 \leqslant 70$$
$$x_1 \leqslant 5 \qquad x_1 \geqslant 6$$
$$x_1, x_2 \geqslant 0 \text{ 且 } x_1 \in I \qquad x_1, x_2 \geqslant 0 \text{ 且 } x_1 \in I$$

松弛后得结点 2 的解为 $x_1 = 5, x_2 = 2.67, Z = 51.33$,结点 3 的解为 $x_1 = 6, x_2 = 1.43, Z = 47.44$,解题过程示于图 8.19.5(b)上。此时 x_1 已是整数,结点 2 的值已达上界,进一步分支不可能再增加目标函数值,故结点 2 即为最优解。图 8.19.5(c)表示了这个分支过程。

3. 0-1 规划的分支定界法

当变量不多时,可以用穷举方法求出 0-1 规划的最优解。当变量较多时,仍可用分支定界法求解。

例题 8.19.8 用分支定界法解 0-1 规划问题

$$\min Z = 65x_1 + 70x_2 + 40x_3 + 50x_4$$
$$10x_1 + 12x_2 + 6x_3 + 8x_4 \leqslant 30$$
$$3x_1 + x_2 + 2x_3 \leqslant 5$$
$$x_1, x_2, x_3, x_4 \text{ 为 0 或 1}$$

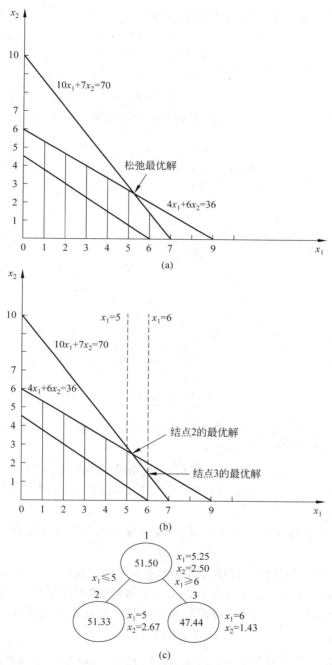

图 8.19.5　混合整数规划的分支定界法

解：先将上述问题松弛，将 0，1 约束松弛为

$$0 \leqslant x_1 \leqslant 1$$
$$0 \leqslant x_2 \leqslant 1$$
$$0 \leqslant x_3 \leqslant 1$$
$$0 \leqslant x_1 \leqslant 1$$

然后得到相应 LP 问题的解，图 8.19.6 是该题的分支过程。

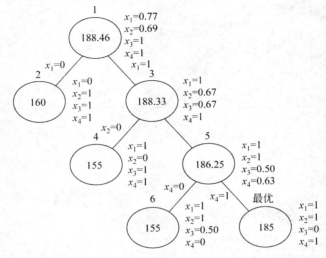

图 8.19.6　0-1 规划的分支定界法

　　结点 1，LP 松弛解得目标函数值为 188.46，各变量不满足 0，1 要求，故非最优解，x_1 的小数部分最大，故对它进行分支。

　　结点 2，解全部是 0，1，有可能是最优解，停止分支，但必须先检查 $x_1 = 1$ 的情形。

　　结点 3，解不是全部 0，1，但其目标值大于结点 2，故应分支，因 x_2，x_3 小数部分相同，选择 x_2 进行分支。

　　结点 4，所有变量均为 0，1，故不再分支，其目标值为 155，小于结点 2 的目标值，故此点不可能是最优解。

　　结点 5，仍非 0，1，但其目标值超过结点 2，故应对 x_1 分支。

　　结点 6，非 0，1 变量，且目标值小于结点 2，故剪枝（即不再分支）。

　　结点 7，已全部为 0，1 变量，且目标值大于结点 2，故此点为最优解。

4. 割平面法

　　此法是由美国数学家拉尔夫·E. 戈莫利（L. E. Gomory）于 1958 年提出的。此法的基本思想是先不考虑整数要求，用单纯形方法求出问题的最优解，若其中每个变量恰好

都取整数值,那么正是所求的解;否则就设法把这个最优极点,连同它的一个邻域,从可行解集中"切除",但保留其中的全部格点(这样的"切除"并不影响问题的结果)。对新的可行集,再求松弛 LP 问题的解,范围逐步缩小,直至找出最优解为止。这里的关键问题是如何实现上述的"切除"。事实上,这将通过增加一个称为割平面的条件来实现,故称为割平面法。其具体做法如下:

设对问题

$$\min Z = CX$$
$$AX = b$$
$$X \geqslant 0$$
$$x_i \in I \quad (i = 1, 2, \cdots, n)$$

按单纯形方法,得到最后最优单纯形表所对应的公式为

$$x_1 + \cdots + b_{1m+1} x_{m+1} + \cdots + b_{1n} x_n = b_{10}$$
$$x_2 + \cdots + b_{2m+1} x_{m+1} + \cdots + b_{2n} x_n = b_{20}$$
$$x_m + b_{mm+1} x_{m+1} + \cdots + b_{mn} x_n = b_{m0} \quad (8.19.2)$$
$$Z = Z_0 + c'_{m+1} x_{m+1} + \cdots + c'_n x_n$$

式中 $b_{i0} \geqslant 0 (i = 1, 2, \cdots, m)$,最优解 $X^0 = (b_{10}, b_{20}, \cdots, b_{m0}, 0, \cdots, 0)$ 作为 IP 问题的第一近似解,于是

(1) 若全部 $b_{i0} (i = 1, 2, \cdots, m)$ 均为整数,则 X^0 即为 IP 的解;

(2) 若存在 $b_{r0} \neq$ 整数,从式(8.19.1)中取出相应方程

$$x_r + \sum_{j=m+1}^{n} b_{rj} x_j = b_{r0} \quad (8.19.3)$$

设符号 $[t]$ 表示不超过 t 的最大整数,那么式(8.19.3)可写成

$$x_r + \sum_{j=m+1}^{n} [b_{rj}] x_j + \sum_{j=m+1}^{n} f_{rj} x_j = [b_{r0}] + f_{r0} \quad (8.19.4)$$

式中 $f_{rj} = b_{rj} - [b_{rj}], 0 \leqslant f_{rj} \leqslant 1, j = m+1, m+2, \cdots, n, f_{r0} = b_{r0} - [b_{r0}], 0 \leqslant f_{r0} \leqslant 1$,由式(8.19.4)得

$$x_r + \sum_{j=m+1}^{n} [b_{rj}] x_j \leqslant [b_{r0}] + f_{r0} \quad (8.19.5)$$

若原问题 IP 有整数解(x_r, x_j 均为整数),则 $f_{r0} = 0$,故应有

$$x_r + \sum_{j=m+1}^{n} [b_{rj}] x_j \leqslant [b_{r0}] \quad (8.19.6)$$

引入松弛变量 $y_r \geqslant 0, y_r$ 为整数,则上式写成

$$x_r + \sum_{j=m+1}^{n} [b_{rj}] x_j + y_j = [b_{r0}] \quad y_r \geqslant 0, y_r \text{ 为整数} \quad (8.19.7)$$

从式(8.19.7)式中减去式(8.19.4)得到

$$y_r - \sum_{j=m+1}^{n} f_{rj} x_j = -f_{r0} \tag{8.19.8}$$

这是在原问题有整数解的假定下导出的新的约束条件,这是一个平面方程,称为割平面方程,而由问题(8.19.4)得到的最优解 x^0 必不在此平面上,即已经被割去了。用来导出式(8.19.8)的方程(8.19.3),也称为诱导方程。增加方程(8.19.8)保留了可行解集合中的所有整数解,但割掉了一部分非整数解。

定理 8.19.2 方程组(8.19.1)的非负整数解与方程组

$$\begin{cases} x_i + \sum_{j=m+1}^{n} b_{rj} x_j = b_{i0} \quad (i = 1, \cdots, m) \\ y_r - \sum_{j=m+1}^{n} f_{rj} x_j = -f_{r0} \\ y_r \geqslant 0, y_r \text{ 为整数} \end{cases}$$

的非负整数解一一对应。

定理证明略。

根据这个定理,可得出结论,原整数规划 IP 问题与整数线性规划问题

$$\min Z = CX$$
$$AX = b$$
$$y_r - \sum_{j=m+1}^{n} f_{rj} x_j = -f_{r0}$$
$$x_i (i = 1, 2, \cdots, m), y_r \text{ 为非负整数}$$

是等价的。

例题 8.19.9 求整数规划问题

$$\max Z = 3x_1 - x_2$$
$$x_1 + 2x_2 \geqslant 1$$
$$x_1 - 2x_2 \leqslant 2$$
$$x_1 + x_2 \leqslant 3$$
$$x_1, x_2 \text{ 为非负整数}$$

引入松弛变量 x_3, x_4, x_5 后用单纯形方法得到最优单纯形表 8.19.2 求得最优解 $X^1 = \left(\dfrac{8}{3}, \dfrac{1}{3} \right)^{\mathrm{T}}$,因 $x_1 = \dfrac{8}{3}$ 不是整数,这里取 $r = 1$,由单纯形表 8.19.2 得到相应方程

$$x_1 + \left(\frac{1}{3} \right) x_4 + \left(\frac{2}{3} \right) x_5 = \frac{8}{3}$$

表 8.19.2　最优单纯形表

	x_1	x_2	x_3	x_4	x_5	b_{i0}
Z	0	0	0	$\dfrac{4}{3}$	$\dfrac{5}{3}$	$\dfrac{23}{3}$
x_1	1	0	0	$\dfrac{1}{3}$	$\dfrac{2}{3}$	$\dfrac{8}{3}$
x_2	0	1	0	$-\dfrac{1}{3}$	$\dfrac{1}{3}$	$\dfrac{1}{3}$
x_3	0	0	1	$-\dfrac{1}{3}$	$\dfrac{4}{3}$	$\dfrac{7}{3}$

作为诱导方程,从而得到割平面方程

$$y_1 = \left(\frac{1}{3}\right)x_4 - \left(\frac{2}{3}\right)x_5 = \frac{2}{3}$$

将此方程添加入表 8.19.2 得到表 8.19.3,再用对偶单纯形法求最优解,如表 8.19.4 所示,此时已得整数最优解:

$$x_1 = 2$$
$$x_2 = x_4 = 0$$
$$x_3 = x_5 = 1$$

表 8.19.3　添公式入最优方程表

	x_1	x_2	x_3	x_4	x_5	y_1	b_{i0}
Z	0	0	0	$\dfrac{4}{3}$	$\dfrac{5}{3}$	0	$\dfrac{23}{3}$
x_1	1	0	0	$\dfrac{1}{3}$	$\dfrac{2}{3}$	0	$\dfrac{8}{3}$
x_2	0	1	0	$-\dfrac{1}{3}$	$\dfrac{1}{3}$	0	$\dfrac{1}{3}$
x_3	0	0	1	$-\dfrac{1}{3}$	$\dfrac{4}{3}$	0	$\dfrac{7}{3}$
y_1	0	0	0	$-\dfrac{1}{3}$	$-\dfrac{2}{3}$	1	$-\dfrac{2}{3}$

表 8.19.4　对偶单纯形求最优解

	x_1	x_2	x_3	x_4	x_5	y_1	b_{i0}
Z	0	0	0	$\dfrac{1}{2}$	0	$\dfrac{5}{2}$	6

续表

	x_1	x_2	x_3	x_4	x_5	y_1	b_{i0}
x_1	1	0	0	0	0	1	2
x_2	0	1	0	$-\dfrac{1}{2}$	0	$\dfrac{1}{2}$	0
x_3	0	0	1	-1	0	2	1
x_5	0	0	0	$\dfrac{1}{2}$	1	$-\dfrac{3}{2}$	1

它就是图 8.19.7 中的格点 C，直线 FC 就代表了所加的割平面。它将原来的最优解（D 点）及其一个邻域 CDF 割去了。

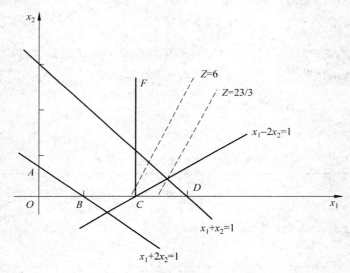

图 8.19.7　割平面法

在此题中 x_1^0, x_2^0 均非整数，我们通常取

$$f_{r0} = \max\{f_{i0}, 1 \leqslant i \leqslant m\}$$

以

$$y_r - \sum_{j=m+1}^{n} f_{rj} x_j = -f_{r0}$$

作为割平面。

第 4 节　案　例　题

确定银行位置

俄亥俄州(Ohio State)信托投资公司长期规划部考虑将它的业务扩大到该州北方 20 个区(图 8.19.9),目前该公司在这 20 个区还没有主商行。根据俄亥俄州的银行法,若一个金融机构要在某一个区建立一个主行(PPB),那么它就可以在该区或其邻区建立分理处。俄亥俄州信托投资公司或者建立新的主行但这需要获得上级主管部门的认可,或者它可以直接收购已有的银行。要使在每个区都能建分行,主行应越少越好。

表 8.19.5 提供了这 20 个区及其周边的地区。从表 8.19.5 可见,Ashtabula 区和 Lake、Greauga 和 Trumbull 区相邻,而 Lake 区与 Ashtabula、Cugahoga 和 Greauga 区相邻等。

此规划的第一步是该投资公司要确立能在 20 个区进行业务所必须的最少的 PPB 数。为此提出了一个 0-1 规划

$$\begin{cases} x_i = 1, & \text{若在第 } i \text{ 个区建立 PPB} \\ x_i = 0, & \text{若在第 } i \text{ 个区不建立 PPB} \end{cases}$$

其目标函数为 $\min x_1 + x_2 + \cdots + x_{20}$。

为了将一个分理处建在一个地区,该区必须有一个 PPB 或者在其邻区有一个 PPB,由此可得一个约束,例如对 Ashtabula 区,应有约束 $x_1 + x_2 + \cdots + x_{16} \geqslant 1$,对每个区都加上这样的约束条件,得到问题

$$\min x_1 + x_2 + \cdots + x_{20}$$
$$x_1 + x_2 + \cdots x_{12} + \cdots + x_{16} \geqslant 1 \qquad \text{Ashtabula}$$
$$x_1 + x_2 + \cdots + x_{12} \geqslant 1 \qquad \text{Lake}$$
$$x_{11} + \cdots + x_{14} + \cdots + x_{19} + x_{20} \geqslant 1 \qquad \text{Carroll}$$
$$x_i = 0 \text{ 或 } 1, \quad i = 1, 2, \cdots, 20$$

这是 20 个变量 20 个约束方程的问题,要用 LINDO/PC 软件求解,表 8.19.5 中给出了最优解及目标函数值,表 8.19.5 中各区以该区名字前 4 个字母表示。结果表明只需在 Ashland、Stark 和 Geauge 三区设立 PPB(在图 8.19.8 中以★表示),就可以在所有 20 个区都建立分理处。

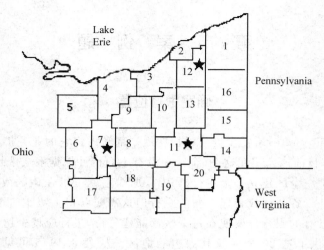

★ PPB 所在区地区

1. Ashtabula 2. Lake 3. Cuyahoga 4. Lorain 5. Huron 6. Richland
7. Ashland 8. Wayne 9. Medina 10. Summit 11. Stark 12. Geauga
13. Portage 14. Columbia 15. Mahoning 16. Trumbull
17. Knox 18. Holmes 19. Tuscarawas 20. Carroll

图 8.19.8 俄亥俄州投资公司 PPB 所在地计算结果

表 8.19.5 20 个区及其周边地区

地　　区	相邻区编号	地　　区	相邻区编号
1. Ashtabula	2,12,16	11. Stark	8,10,13,14,15,18,19,20
2. Lake	1,3,13	12. Geauga	1,2,3,10,13,16
3. Cuyahoga	2,4,9,10,12,13	13. Portage	3,10,11,12,15,16
4. Lorain	3,5,7,9	14. Columbia	11,15,20
5. Huron	4,6,7	15. Mahoning	11,13,14,16
6. Richland	5,7,17	16. Trumbull	1,12,13,15
7. Ashland	4,5,6,8,9,17,18	17. Knox	6,7,18
8. Wayne	7,9,10,11,18	18. Holmes	7,8,11,17,19
9. Medina	3,4,7,8,10	19. Tuscarawas	11,18,20
10. Summit	3,8,9,11,12,13	20. Carroll	11,14,19

第 5 节　练　习　题

1. 用图解法解问题

$$\max \quad z = 3x_1 + 2x_2$$
$$\text{s.t.} \quad 2x_1 + 3x_2 \leqslant 14$$
$$2x_1 + x_2 \leqslant 9$$
$$x_1 \geqslant 0, x_2 \geqslant 0$$
$$x_1, x_2 \in I$$

说明：不能用线性规划方法得到的解用凑整的方法求出它的最优解。

2. 用分支定界法求混合整数规划问题的解。

$$\max \quad z = 6x_1 + 8x_2$$
$$\text{s.t.} \quad 4x_1 + 6x_2 \leqslant 36$$
$$10x_1 + 7x_2 \leqslant 70$$
$$x_1 \geqslant 0, x_2 \geqslant 0$$
$$x_2 \in I$$

3. 用穷举法解 0-1 规划问题

$$\max \quad z = 3x_1 + 2x_2 + 4x_3$$
$$\text{s.t.} \quad 5x_1 + 2x_2 + 3x_3 \geqslant 5$$
$$x_1 + x_2 + 3x_3 \geqslant 2$$
$$x_1, x_2, x_3 \text{ 为 0 或 1}$$

4. 设某队要参加综合比赛，比赛内容有几何、历史、音乐和体育，该队有 A, B, C, D 4 人，每场比赛派出一人，他们的 4 门功课的能力评定矩阵为

	A	B	C	D
几何	8	8	4	9
历史	6	8	5	7
音乐	5	8	5	8
体育	8	9	7	4

（能力值越大越好）试确定各人参加的比赛科目。

第 9 篇

Part 9

非线性规划

非线性规划同线性规划一样，在经济、管理、计划以及军事、生产过程自动化等方面都有重要的应用，本篇只简单介绍非线性规划的必要理论以及最常用算法。

第20章
数学定义与基本定理

1. 非线性规划模型

本节通过几个例子说明非线性规划及其一般数学形式。

例题 9.20.1 某企业生产一种产品,其共有 n 种资源(即生产要素),该种产品的生产函数为 $g(x_1, \cdots, x_n)$,其中 $x_1, \cdots, x_n$ 分别为这 n 种要素的投入量,这里的生产函数 $g(x_1, \cdots, x_n)$ 表示在一定技术条件下,投入量分别为 $x_1, \cdots, x_n$ 时,该产品的产出量。并要求该产品的最低产出量为 a。一般来说,函数 $g(x_1, \cdots, x_n)$ 是关于变量 $x_1, \cdots, x_n$ 的非线性函数,假设每种生产要素的单位费用分别为 $c_1, c_2, \cdots, c_n$,它们的数量分别为 $x_1, \cdots, x_n$。问应如何组织生产使总成本最小?

该问题化为如下规划问题:

$$
\begin{cases}
\min \sum_{i=1}^{n} c_i x_i \\
g(x_1, \cdots, x_n) \geqslant a \\
0 \leqslant x_1 \leqslant b_1, \cdots, 0 \leqslant x_n \leqslant b_n
\end{cases}
$$

这是一个非线性规划问题。

例题 9.20.2 国民经济各部门间资源最优分配模型。

设国民经济由 n 个部门组成,编号分别为 $1, 2, \cdots, n$。已知 a_{ij} 为第 j 部门生产单位价值产品直接消耗第 i 部门产品的价值。那么可得到各部门间的直接消耗系数矩阵为

$$
\boldsymbol{A} = \begin{bmatrix}
a_{11} & a_{12} & \cdots & a_{1n} \\
a_{21} & a_{22} & \cdots & a_{2n} \\
\vdots & & & \\
a_{n1} & a_{n2} & \cdots & a_{nn}
\end{bmatrix}
$$

第 i 部门的生产函数为

$$
x_i = f_i(L_i, K_i) \quad (i = 1, 2, \cdots, n)
$$

式中，x_i 为第 i 部门的总产品价值；K_i 为投入到第 i 部门的资金总额；L_i 为投入到第 i 部门的劳力数。

生产函数 $f_i(i=1,2,\cdots,n)$ 为非线性函数，问应如何对各部门进行资金和劳力投入分配，才能使国民收入最大？

令 y_i＝第 i 部门的最终产品价值$(i=1,2,\cdots,n)$，那么有

$$x_i = \sum_{j=1}^{n} a_{ij}x_j + y_i \quad (i=1,\cdots,n)$$

写成矩阵形式为

$$X = AX + Y$$

其中

$$X = (x_1,x_2,\cdots,x_n)^{\mathrm{T}}$$
$$Y = (y_1,y_2,\cdots,y_n)^{\mathrm{T}}$$

也即

$$(I-A)X = Y$$

劳力和资金约束分别为

$$\sum_{i=1}^{n} L_i \leqslant L$$

$$\sum_{i=1}^{n} K_i \leqslant K$$

L,K 为总劳力及总资金，并要求 x_i,y_i,L_i,K_i 均非负。于是问题化为非线性规划问题

$$\begin{cases} \max \sum_{i=1}^{n} y_i \\ (I-A)X = Y \\ \sum_{i=1}^{n} L_i \leqslant L \\ \sum_{i=1}^{n} K_i \leqslant K \\ x_i \geqslant 0, y_i \geqslant 0, L_i \geqslant 0, K_i \geqslant 0 \quad (i=1,2,\cdots,n) \end{cases}$$

本章只讨论目标函数最小值问题，非线性规划的一般形式为

$$(P) \begin{cases} \min f(x_1,x_2,\cdots,x_n) \\ g_i(x_1,x_2,\cdots,x_n) \geqslant 0 \quad (i=1,2,\cdots,m) \end{cases}$$

和线性规划中一样，称满足约束条件的解 $X=(x_1,x_2,\cdots,x_n)^{\mathrm{T}}$ 为可行解全体构成的集合

$$R = \{X \mid g_i(x_1,x_2,\cdots,x_n) \geqslant 0, i=1,2,\cdots,m\}$$

为可行解集或约束集合。在约束集合中使目标函数达到最小的 X 称为问题(P)的最

优解。

2. 基本概念

本小节介绍非线性规划的一些基本概念和预备知识。

1）凸集

设 S 是 E_n 中点的集合。若对于任意两点 $x,y \in S$，以及实数 $\lambda \in [0,1]$ 都有

$$\lambda x + (1-\lambda)y \in S$$

则称 S 为凸集，也即凸集 S 中任意两点的连线都在 S 中。

2）凸函数

定义 9.20.1　若对任意 $x^0,y^0(x^0 \neq y^0)$，及 $\lambda \in (0,1)$ 都有

$$f[\lambda x^0 + (1-\lambda)y^0] \leqslant \lambda f(x^0) + (1-\lambda)f(y^0)$$

则称 $f(x)$ 为凸函数。若上式中不等式严格成立，则称 $f(x)$ 为严格凸函数。

上述定义说明：若 $f(x)$ 为凸函数，那么过点 $(x^0 f(x^0))$ 与 $(y^0, f(y^0))$ 的割线总在曲线 $t=f(x)$ 之上，如图 9.20.1(a) 所示。用切线来定义，那么曲线 $f(x)$ 在任一点的切线，总在曲线之下。

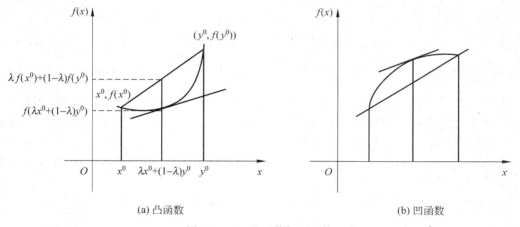

(a) 凸函数　　　　　　　　　　(b) 凹函数

图 9.20.1　凸函数与凹函数

同样可以用"割线在曲线以下"（或切线在曲线以上）来定义凹函数，如图 9.20.1(b) 所示。不难看出，当 $-f(x)$ 为严格凸函数时，$f(x)$ 就是严格凹函数。

3）凸规划

考虑标准形式的线性规划问题

$$(\text{P}) \quad \begin{cases} \min f(x) & x = (x_1, \cdots, x_n)^{\top} \\ g_i(x) \geqslant 0 & i = 1, 2, \cdots, m \end{cases}$$

定义规划问题（P）的可行解集 R

$$R = \{x \mid g_i(x) \geqslant 0, \quad i = 1, 2, \cdots, m\}$$

对于两个变量的问题,可行解集 R 是由平面上一些直线或曲线所围成的区域(图 9.20.2)。

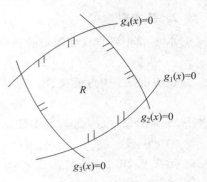

定义 9.20.2 若 R 为凸集,$g_i(x), i = 1, 2, \cdots, m$ 为凸函数,则称规划问题 (P) 为凸规划。

可以证明凸规划有如下性质:

(1) 可行解集 $R = \{x \mid g_i(x) \geqslant 0, i = 1, 2, \cdots, m\}$ 为凸集;

(2) 水平集 $\{x \mid f(x) \leqslant$ 常数$\}$ 为凸集(故凸函数的等高线是凸状的);

(3) 若 $f(x)$ 为严格凸函数,则问题 (P) 的最优解(若存在)是唯一的。

图 9.20.2 可行解集 R

4)等高线

我们知道,二元函数 $Z = f(x_1, x_2)$ 在三维空间中表示一个曲面。$Z = C$(其中 C 为常数),在三维空间中表示平行于 $x_1 x_2$ 平面的一个平面,这个平面上任一点的高度都等于常数 C(图 9.20.3)。三维空间中 $Z = f(x_1, x_2)$ 与平面 $Z = C$ 有一条交线(即平行截面交线),交线 L 在 $x_1 x_2$ 平面上的投影是曲线 L'。可见曲线 L' 上的点到平面 $Z = C$ 上的高度都等于 C,即曲线 L' 上的点 $\begin{pmatrix} x_1 \\ x_2 \end{pmatrix}$ 都有相同的函数值 C,即 $f(x_1, x_2) = C, x \in L'$。当常数 C 取不同值时,重复上面的讨论,在 $x_1 x_2$ 平面上就可得到一簇曲线——等高线,并在每条等高线上标上相应的高度 C。不难看出,等高线的形状完全由曲面 $Z = f(x)$ 的形状决定;在以后讨论中,不必具体作出空间曲面 $f(x_1, x_2)$ 的图形,只需由它们在 $x_1 x_2$ 平面上的等高线簇就可以推测出曲面 $Z = f(x_1 x_2)$ 的形状。还需注意,所有等高线都是不相交的。

例题 9.20.3 在 $x_1 x_2$ 坐标平面上画出目标函数

$$f(x_1, x_2) = x_1^2 + x_2^2$$

的等高线。

解:因为当取 $C > 0$ 时,等高线

$$x_1^2 + x_2^2 = C$$

是以原点为圆心,半径为 $\sqrt{C}$ 的圆。因此等高线是一簇以原点为圆心的同心圆(图 9.20.4),等高线的概念可推广到多变量函数。

5)多元函数的梯度

对多元函数 $f(x) = f(x_1, x_2, \cdots, x_n)$,求一阶偏微商 $\dfrac{\partial f(x)}{\partial x_1}, \dfrac{\partial f(x)}{\partial x_2}, \cdots, \dfrac{\partial f(x)}{\partial x_n}$ 后构成

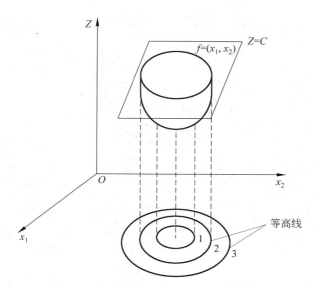

图 9.20.3　$Z = f(x_1, x_2)$ 的等高线

的一个列向量,记作

$$\nabla f(x) = \left(\frac{\partial f(x)}{\partial x_1}, \frac{\partial f(x)}{\partial x_2}, \cdots, \frac{\partial f(x)}{\partial x_n} \right)^{\mathrm{T}}$$

$$(9.20.1)$$

称其为函数 $f(x)$ 的梯度。$f(x)$ 在一点 $x^0 = (x_1^0, \cdots, x_n^0)$ 处的梯度为

$$
\begin{aligned}
\nabla f(x) &= \left(\frac{\partial f(x^0)}{\partial x_1}, \frac{\partial f(x^0)}{\partial x_2}, \cdots, \frac{\partial f(x^0)}{\partial x_n} \right)^{\mathrm{T}} \\
&= \left(\frac{\partial f(x)}{\partial x_1}, \frac{\partial f(x)}{\partial x_2}, \cdots, \frac{\partial f(x)}{\partial x_n} \right) \Big|_{x=x^0}
\end{aligned}
$$

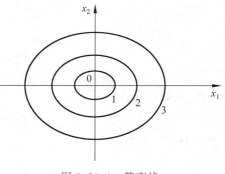

图 9.20.4　等高线

关于梯度 $\nabla f(x)$ 有如下性质。

(1) $f(x)$ 在点 x^0 的梯度方向 $\nabla f(x^0)$ 是函数 $f(x)$ 在 x^0 处增加最快的方向(即爬山时最陡的方向)。反之负梯度方向,即 $-\nabla f(x^0)$ 方向是函数 $f(x)$ 在 x^0 点下降最快的方向。

(2) $f(x)$ 在点 x^0 的梯度 $\nabla f(x^0)$ 是 $f(x)$ 的等高线 $f(x) = f(x^0 = C)$ 在 x^0 点切平面的法方向,当 $\mu = 2$ 时,如图 9.20.5 所示。

6) Hessian 矩阵

若多元函数 $f(x)$ 在 S 上二次可微,那么矩阵

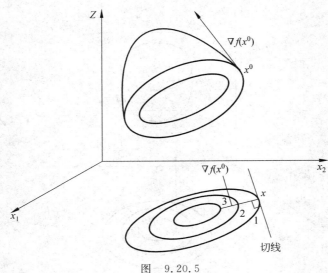

图 9.20.5

$$\nabla^2 f(x) = \begin{bmatrix} \dfrac{\partial^2 f(x)}{\partial x_1^2} & \dfrac{\partial^2 f(x)}{\partial x_2 \partial x_1} & \cdots & \dfrac{\partial^2 f(x)}{\partial x_n \partial x_1} \\[3mm] \dfrac{\partial^2 f(x)}{\partial x_1 \partial x_2} & \dfrac{\partial^2 f(x)}{\partial x_2^2} & \cdots & \dfrac{\partial^2 f(x)}{\partial x_n \partial x_2} \\[3mm] \dfrac{\partial^2 f(x)}{\partial x_1 \partial x_n} & \dfrac{\partial^2 f(x)}{\partial x_2 \partial x_n} & \cdots & \dfrac{\partial^2 f(x)}{\partial x_n^2} \end{bmatrix} \tag{9.20.2}$$

称为 $f(x)$ 的 Hessian 矩阵,记为

$$H(x) = \nabla^2 f(x)$$

当 $f(x)$ 具有二阶连续偏导数时,有

$$\frac{\partial^2 f(x)}{\partial x_i \partial x_j} = \frac{\partial^2 f}{\partial x_j \partial x_i} \quad (i,j = 1,2,\cdots,n)$$

此时,$f(x)$ 的 Hessian 矩阵 $H(x)$ 是对称矩阵。

7) 多元函数的 Taylor 展开式

设 $f(x)$ 具有二阶连续偏导数,那么

$$f(x+p) = f(x) + \nabla f(\tilde{x})^{\mathrm{T}} p \quad \text{其中 } \tilde{x} = x + \theta_1 p, 0 < \theta_1 < 1$$

$$f(x+p) = f(x) + \nabla f(x)^{\mathrm{T}} p + \frac{1}{2} p^{\mathrm{T}} \nabla^2 f(\tilde{x}) p \quad \text{其中 } \tilde{x} = x + \theta_2 p, 0 < \theta_2 < 1$$

$$\tag{9.20.3}$$

3. 两个变量的图解法

对于两个变量的非线性规划问题,当我们在 $x_1 x_2$ 坐标平面上分别画出约束集合 R

以及目标函数 $f(x)$ 的等高线后,用图解法不难求出非线性规划问题的最优解。

例题 9.20.4　用图解法求解非线性规划问题

$$\begin{cases} \min\ \left[(x_1+2)^2+(x_2+2)^2\right] \\ x_1^2+x_2^2 \leqslant 1 \\ x_1 \geqslant 0, x_2 \geqslant 0 \end{cases}$$

解:约束集合 R 是在第一象限部分的圆域,目标函数等高线

$$(x_1+2)^2+(x_2+2)^2 = C$$

是以 $(-2,-2)^\mathrm{T}$ 为圆心的同心圆,并且外圈比内圈的目标函数值要大。因此这一问题成为:在约束集合中找一点 $(x_1,x_2)^\mathrm{T}$,使其落在半径最小的那个同心圆上,不难看出问题的最优解为

$$(x_1^*,x_2^*)^\mathrm{T} = (0,0)^\mathrm{T} \quad (\text{图 }9.20.6)$$

最优值为 $Z^* = 8$。

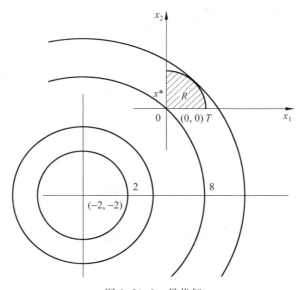

图 9.20.6　最优解

例题 9.20.5　解规划问题

$$\begin{cases} \max\ x_1 x_2 \\ 2x_1+5x_2 \leqslant 40 \\ x_1 \geqslant 0, x_2 \geqslant 0 \end{cases}$$

解:在 $x_1 x_2$ 平面上作出约束集合 R(图 9.20.7)

$$R = \left\{ (x_1,x_2)^\mathrm{T} \mid 2x_1+5x_2 \leqslant 40, x_1 \geqslant 0, x_2 \geqslant 0 \right\}$$

作 $x_1x_2 = C$ 的等高线,得到最优解

$$x^* = (10,4)^{\mathrm{T}}$$
$$Z^* = 40$$

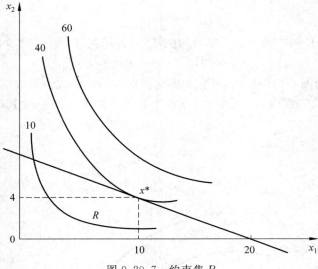

图 9.20.7　约束集 R

第21章

算法例题案例

第1节 单变量极值问题的解法

1. 单变量极值问题的意义

对于非线性规划问题

$$(P) \quad \begin{cases} \min f(x) \quad x = (x_1, \cdots, x_n)^{\mathrm{T}} \\ g_i(x) \geqslant 0 \quad i = 1, 2, \cdots, m \end{cases}$$

一种处理方法是把它化为求解一系列无约束的极值问题(具体处理方法见后)

$$\min_{x \in E_n} T(x) \quad (E_n \text{ 为 } n \text{ 维向量空间})$$

而无约束极值问题的求解往往按照以下迭代方式进行:由一个已知点 x^k 出发,按照某一个给定方向 p^k 寻找在该方向 $x^k + \lambda p^k$ 上目标函数的最优解,即求 λ^k 满足

$$\min_{\lambda \in E_1} (x^k + \lambda p^k) \quad (E_1 \text{ 为一维向量空间})$$

于是得到新点

$$x^{k+1} = x^k + \lambda^k p^k$$

再由 x^{k+1} 出发沿某方向 p^{k+1} 求 $T(X)$ 的极小值,如此等等。这里 $T(x^k + \lambda p^k)$ 实际上是变量 λ 的函数,故 $\min T(x^k + \lambda p^k)$ 即为单变量的极值问题。

单变量极值问题是最简单的极值问题,它也是求无约束极值问题及非线性规划问题最优解的一种基本方法。计算实践表明,求单变量极值问题最优解的方法是否成功,对整个算法的效果影响很大。目前关于这方面的算法很多。我们只对其中的 0.618 方法(即优选法)作比较详细的介绍,有兴趣的读者可参考有关资料。

2. 下单峰函数

定义 9.21.1 设 $\min_{a \leqslant \lambda \leqslant b} F(\lambda)$ 的最优解为 $\lambda_{\min}$,若 $F(\lambda)$ 在 $[a, \lambda_{\min}]$ 中严格单调下降,而在区间 $[\lambda_{\min}, b]$ 中严格单调上升,则称函数 $F(\lambda)$ 在区间 $[a, b]$ 中为下单峰函数(图 9.21.1)。

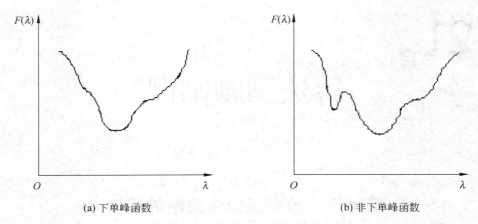

(a) 下单峰函数　　　　　　　　(b) 非下单峰函数

图 9.21.1　下单峰函数与非下单峰函数

在 $[a,b]$ 上任取两个不同点 λ_1，$\lambda_2(\lambda_1 < \lambda_2)$，那么下单峰函数有如下性质。

(1) 若 $F(\lambda_1) < F(\lambda_2)$（图 9.21.2），可以把 $[a,b]$ 区间缩小为 $[a,\lambda_2]$，而不会丢失最优解 $\lambda_{\min}$。

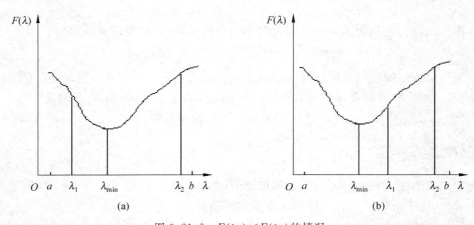

(a)　　　　　　　　　　　(b)

图 9.21.2　$F(\lambda_1) < F(\lambda_2)$ 的情况

(2) 若 $F(\lambda_1) \geqslant F(\lambda_2)$（图 9.21.3），可以把 $[a,b]$ 区间缩小为 $[\lambda_1,b]$，而不会丢失最优解 $\lambda_{\min}$。

3. 0.618 方法（优选法）

考虑

$$\min_{a \leqslant \lambda \leqslant b} F(\lambda)$$

即求 $F(\lambda)$ 在 $[a,b]$ 中的最优解，这里假设 $F(\lambda)$ 是下单峰函数。

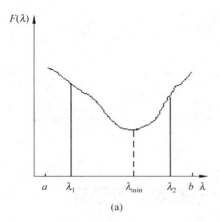 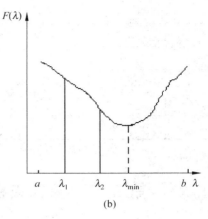

(a)　　　　　　　　　　　　　(b)

图 9.21.3　$F(\lambda_1) \geqslant F(\lambda_2)$ 的情况

0.618 法是通过不断(按黄金分割原理)缩小包含最优解的区间的过程,当包含最优解 $\lambda_{\min}$ 的区间已足够小时,就可以认为 $\lambda_{\min}$ 找到了。

0.618 方法迭代步骤为:

(1) 给定 a,b,选取允许误差 ε;

(2) 令 $\lambda_1 = a + 0.382(b-a)$

　　　$\lambda_2 = a + 0.618(b-a)$

计算 $F_1 = F(\lambda_1)$,$F_2 = F(\lambda_2)$;

(3) 判别是否满足 $b-a < \varepsilon$,若满足转步骤(4),否则转步骤(5);

(4) 若 $F_1 < F_2$,则取 $\lambda_{\min} = \lambda_1$,否则取 $\lambda_{\min} = \lambda_2$,迭代停止;

(5) 检验是否有 $F_1 > F_2$,若是转步骤(6),否则转步骤(7);

(6) 令 $a = \lambda_1$,$\lambda_1 = \lambda_2$,$\lambda_2 = a + b - \lambda_1$,$F_1 = F_2$,$F_2 = F(\lambda_2)$,转步骤(3);

(7) 令 $b = \lambda_1$,$\lambda_2 = \lambda_1$,$\lambda_2 = a + b - \lambda_2$,$F_2 = F_1$,$F_1 = F(\lambda_1)$,转步骤(3)。

这里"="表示将右边的值赋予左边。

例题 9.21.1　求 $\min\limits_{-1 \leqslant \lambda \leqslant 2} F(\lambda) = \lambda^2$,$\varepsilon = 0.8$。

计算过程如表 9.21.1 所示。经过 3 次迭代后

$$b - a = 0.416 - (-0.292) = 0.708 < \varepsilon$$

故

$$\lambda_{\min} = -0.022, \quad Z^* = 0.0048$$

表 9.21.1 计 算 过 程

k	a	b	λ	F_1	λ_2	F_2
0	-1	2	0.416	0.021	0.854	0.729
1	-1	0.854	-0.292	0.085	0.146	0.021
2	-0.292	0.854	0.146	0.021	0.416	0.173
3	-0.292	0.416	-0.022	0.000	0.146	0.021

第 2 节 无约束极值问题的理论与解法

在这一节里,我们讨论无约束问题

$$\min_{x \in E_n} f(x) \quad x = (x_1, x_2, \cdots, x_n)^{\mathrm{T}} \tag{9.21.1}$$

的最优性条件及计算方法。无约束最优化计算方法很多,包括最速下降法、共轭梯度法、牛顿(Newton)法和变尺度法以及各种直接方法。这些方法各有千秋,适用于各种不同情形。本节只介绍最速下降法和牛顿法,其他方法可参考相关文献。

1. 无约束问题的最优性条件

定义 9.21.2 对于问题(9.21.1)设

$$\bar{x} \in E_n$$

是任一给定的点,p 为非零方向,若存在一个数 $\delta > 0$,使得对于任意的 $\lambda \in (0, \delta)$ 有

$$f(\bar{x} + \lambda p) < f(\bar{x})$$

则称 p 为 $f(x)$ 在 $\bar{x}$ 处的下降方向。

定理 9.21.1 设 $f(x)$ 在 $\bar{x} \in E_n$ 处可微,如果存在向量 $p \in E_n$,使得

$$\nabla f(\bar{x})^{\mathrm{T}} p < 0$$

则 p 必为 $f(x)$ 在 $\bar{x}$ 处的下降方向。

定理 9.21.2 设 f 在点 $x^* \in E_n$ 处可微,如果 x^* 是问题(9.21.1)的局部最优解,则必有

$$\nabla f(x^*) = 0$$

即 x^* 是 $f(x)$ 的驻点,以上条件称为一阶必要条件。

定理 9.21.3(二阶必要条件) 设 f 在 $x^* \in E_n$ 处二阶可微,如果 x^* 是问题(9.21.1)的局部最优解,则 $\nabla f(x^*) = 0$,且 Hessian 矩阵 $H(x^*)$ 是半正定的。

定理 9.21.4(二阶充分条件) 设 f 在 $x^* \in E_n$ 处二阶可微,如果 $\nabla f(x^*) = 0$ 且 $H(x^*)$ 正定,则 x^* 是问题(9.21.1)的严格局部最优解。

这里的正定矩阵是指对任意向量 $X \neq 0$ 具有性质 $X^T A X > 0$ 的对称矩阵 A，半正定矩阵是指具有性质 $X^T A X \geqslant 0$ 的对称矩阵 A。

定理证明略。

2. 最速下降法

早在 1847 年法国著名数学家柯西（Cauchy）就曾指出，从任一给定点 $x^0 \in E_n$ 出发，函数 $f(x)$ 沿哪个方向下降最快的问题，这个问题已经从理论上解决了，即沿着函数 $f(x)$ 在该点的负梯度方向前进时，函数值下降最快，这就是最速下降法的理论根据。

假定函数 $f(x)$ 具有一阶连续偏导数，用最速下降法寻找最优解分两步进行，首先确定给定点的负梯度方向，然后沿此方向进行单变量搜索，以获得下一个出发点。

给定初始点 $x^1 \in E_n$，若 $\nabla f(x^1) = 0$，则当 $f(x)$ 为凸函数时，x^1 即为无约束极值问题的最优解。这是因为对任意 $x \in E_n$，均有 $f(x) \geqslant f(x^1)$，故 x^1 为最优解。当 $f(x^1) \neq 0$ 时，由于 $f(x)$ 在点 x^1 的负梯度 $-\nabla f(x^1)^T$ 是 $f(x)$ 在 x^1 处下降最快的方向，故称方向

$$p^1 = -\nabla f(x^1)^T$$

为最速下降方向，如图 9.21.4 所示，在 $x^1 + \lambda p^1$ 的方向上求步长 λ_1 使

$$\min f(x^1 + \lambda t^1) = f(x^1 + \lambda_1 p^1)$$

再令

$$x^2 = x^1 + \lambda_1 p^1$$

必有

$$f(x^2) < f(x^1)$$

也就是说，在 $\nabla f(x^1) \neq 0$ 的情况下，找到了一个比初始点 x^1 要好的新点 x^2。如果 $\nabla f(x^2) \neq 0$，还可以重复上述步骤，得到一个比 x^2 更好的点 x^3，…，这就是最速下降法的基本思想。

下面给出最速下降法的迭代步骤：

（1）取初始点 $x_1 \in E_n$，允许误差 $\varepsilon > 0$，令 $k = 1$；

（2）计算 $p^k = -\nabla f(x^k)^T$；

（3）检验是否满足条件 $\| p^k \| \leqslant \varepsilon$。（这里 $\| p^k \|$ 表示向量 t^k 的长度，当 $t^k = (p_1^k, \cdots, p_n^k)^T$ 时，一般可用公式 $\| p^k \| = \sqrt{\sum_{i=1}^n (p_i^k)^2}$ 计算。）若条件满足，则迭代停止，得到点 x^k 就是最优解，否则进行步骤（4）；

（4）求单变量极值问题

$$\min(x^k + \lambda t^k)$$

的最优解 λ^k；

（5）令 $x^{k+1} = x^k + \lambda_1 p^k$，$k = k + 1$，转步骤（2）。

例题 9.21.2　求下列无约束极值问题的最优解。

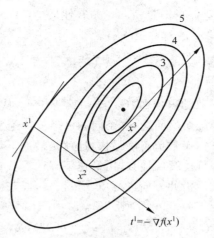

图 9.21.4 最速下降方向

$$\min_{x \in E_2} f(x) = x_1^2 + 25x_2^2$$

解：

(1) 取初始点 $x^1 = (2,2)^T, \varepsilon = 0.1, f(x^1) = 104$。

(2) $\nabla f(x^1) = (4,100)^T$

$\quad\quad p^1 = -\nabla f(x^1) = (-4,-100)^T$

(3) $\| p^1 \| = \sqrt{(-4)^2 + (-100)^2} > \varepsilon$

(4) 由 $x^1 + \lambda p^1 = (2,2)^T + \lambda(-4,-100)^T = (2-4\lambda, 2-100\lambda)^T$ 得

$$f(x^1 + \lambda p^1) = (2-4\lambda)^2 + 25(2-100\lambda)^2$$

$$\min f(x^1 + \lambda p^1) = \min_{x \geqslant 0}[(2-4\lambda)^2 + 25(2-100\lambda)^2]$$

的最优解为

$$\lambda_1 = 0.02$$

(5) 令 $x^2 = x^1 + \lambda_1 p^1 = (2,2)^T + 0.02(-4,-100)^T = (1.92,0)^T, f(x^2) = 3.69$ 转步骤(2), $k=2$。

(6) $t^2 = -f(x^2) = -(3.84,0)^T$

$$\| t^2 \| = \sqrt{(-3.84)^2 + 0^2} = 3.84 > \varepsilon$$

下一步应由 x^2 再得到 x^3（留给读者完成），最后可得最优解

$$x^* = (0,0)$$

最优值

$$f(x^*) = 0$$

关于最速下降法的收敛性有下述定理。

定理 9.21.5　设多变量函数 $f(x)$，$x=(x_1,x_2,\cdots,x_n)^{\mathrm{T}}$，具有一阶连续偏导数，给定 $x^0\in E_n$，$f(x^0)=a$，假定水平集 $S_a=\{x\,|\,x\in E_n,f(x)\leqslant a\}$ 有界，令 $\{x^k\}$ 是由最速下降法产生的点列，则 $\{x^k\}$ 的每个聚点 x^*（即 $\{x^k\}$ 的收敛子列的极限）满足 $\nabla f(x^*)=0$。

定理证明略。

一般来说，最速下降法的收敛速度是很慢的，这似乎与"最速"两字矛盾。其实不然，因为所谓最速下降方向 $-\nabla f(x^k)$ 仅仅反映了 $f(x)$ 在 x^k 的局部性质，对局部来说是最速下降方向，对整体来说就不一定是最速下降方向，最速下降法逼近极小点的路线是锯齿形的，并且越靠近极小点步长越小，走得越慢（图 9.21.5）。

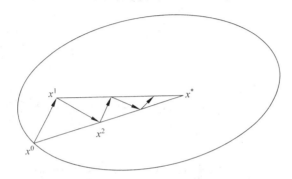

图 9.21.5　最速下降法的收敛速度

3. Newton 法

考虑无约束问题(9.21.7)，假定 $f(x)$ 具有二阶连续偏导数。

Newton 法的基本思想是，用一个二次函数去近似目标函数 $f(x)$，然后精确地求出这个二次函数的极小点，就以这个极小点作为所求函数的极小点的近似值。

假定 x^k 是 $f(x)$ 的极小点 x^* 的第 k 次近似，将 $f(x)$ 在 x^* 点作二阶 Taylor 展开，并略去高于二阶的项，得

$$f(x)\approx\varphi(k)=f(x^k)+\nabla f(x^k)^{\mathrm{T}}(x-x^k)+\frac{1}{2}(x-x^k)^{\mathrm{T}}\nabla f(x^k)(x-x^k)$$

$$(9.21.2)$$

由于 $\varphi(x)$ 是 x 的二次函数，它的极小点可由 $\nabla\varphi(x)=0$ 求得。

由式(9.21.2)得到

$$\nabla\varphi(x)=\nabla f(x^k)+\nabla^2 f(x^k)(x-x^k)$$

若 $f(x)$ 在 x^k 的 Hessian 矩阵 $\nabla^2 f(x^k)$ 正定，则由上式解出的 $\bar{x}$ 就是二次函数 $\varphi(x)$ 的极小点。我们以此作为 $f(x)$ 的极小点 x^* 的第 $k+1$ 次近似，记作 x^{k+1}，即

$$x^{k+1}=x^k-[\nabla^2 f(x^k)]^{-1}\nabla f(x^k)$$

令

$$p^k = -\left[\nabla^2 f(x^k)\right]^{-1} \nabla f(x^k)$$

称其为 Newton 方向。

如果 $f(x)$ 是对称正定矩阵 A 的二次函数,即

$$f(x) = \frac{1}{2}x^\mathrm{T}Ax + Bx^\mathrm{T} + C$$

其中 A 为对称正定矩阵,那么

$$\nabla f(x) = Ax + B$$

令

$$\nabla f(x) = 0$$

解得

$$x^* = -A^{-1}B$$

如果利用牛顿迭代公式,从任一点 x^0 出发,得

$$x^1 = x^0 - A^{-1}\nabla f(x^*) = x^0 - A^{-1}(Ax + B) = A^{-1}B$$

故

$$x^1 = x^*$$

即利用 Newton 法,经过一次迭代就可达到最优点(图 9.21.6)。当目标函数 $f(x)$ 不是二次函数时,则 Newton 法不能一步达到极值点。但由于这种函数在极值点附近与二次函数很近似,因此 Newton 法的收敛速度还是很快的。可以证明 Newton 法是二次收敛的。

Newton 法的优点是收敛比较快,但应用 Newton 法时,需要计算二阶导数与逆矩阵,增加了计算的复杂性,当 Hessian 出现奇异时,将使算法不收敛。因此变量较多时,Newton 法往往难以应用。

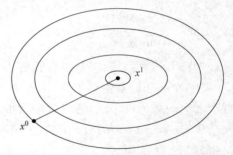

图 9.21.6　经过一次迭代达到最优点

例题 9.21.3　用 Newton 法求二次函数

$$f(x) = (x_1 - x_2 + x_3)^2 + (-x_1 + x_2 + x_3)^2 + (x_1 + x_2 - x_3)^2$$

的极小值。取初始点 $x^0 = \left(\dfrac{1}{2}, 1, \dfrac{1}{2}\right)^\mathrm{T}$。

解:将 $f(x)$ 写成形式

$$f(x) = \frac{1}{2}x^\mathrm{T}Ax, \quad x \in E_3$$

则有

$$A = \begin{bmatrix} 6 & -2 & -2 \\ -2 & 6 & -2 \\ -2 & -2 & 6 \end{bmatrix} \quad A^{-1} = \begin{bmatrix} \dfrac{1}{4} & \dfrac{1}{8} & \dfrac{1}{8} \\[2mm] \dfrac{1}{8} & \dfrac{1}{4} & \dfrac{1}{8} \\[2mm] \dfrac{1}{8} & \dfrac{1}{8} & \dfrac{1}{4} \end{bmatrix}$$

$$\nabla f(x^0) = Ax^0 = \begin{bmatrix} 6 & -2 & -2 \\ -2 & 6 & -2 \\ -2 & -2 & 6 \end{bmatrix} \begin{bmatrix} \dfrac{1}{2} \\[1mm] 1 \\[1mm] 0 \end{bmatrix} = \begin{bmatrix} 0 \\ 4 \\ 0 \end{bmatrix}$$

得

$$x^1 = x^0 - A^{-1}\nabla f(x^0) = \begin{bmatrix} \dfrac{1}{2} \\[1mm] 1 \\[1mm] \dfrac{1}{2} \end{bmatrix} - \begin{bmatrix} \dfrac{1}{4} & \dfrac{1}{8} & \dfrac{1}{8} \\[2mm] \dfrac{1}{8} & \dfrac{1}{4} & \dfrac{1}{8} \\[2mm] \dfrac{1}{8} & \dfrac{1}{8} & \dfrac{1}{4} \end{bmatrix} = \begin{bmatrix} 0 \\ 0 \\ 0 \end{bmatrix}$$

$$\nabla f(x^1) = 0$$

所以 $X^* = X^1$。

第 3 节　约束非线性规划的基本定理

本节我们讨论非线性规划中极重要的基本定理(Kuhn-Tucker 定理),它实际上是非线性规划最优解应满足的必要条件(称之为 $K\text{-}T$ 条件)。当非线性规划(P)是凸规划时,$K\text{-}T$ 条件也是最优解的一个充分条件。

1. 等式约束问题的最优性条件——Lagrange 定理

考虑等式约束问题

$$(\bar{P}) \quad \begin{cases} \min f(x) & x \in E_n \\ h_j(x) = 0 & (j = 1, \cdots, l) \end{cases}$$

对问题$(\bar{P})$,Lagrange 于 1760 年首先提出了一种解法:将约束乘以 Lagrange 乘子 λ_i, $i = 1, 2, \cdots, l$ 附加到目标函数上,形成一个新的无约束问题,新的目标函数 $L(x, \lambda)$ 称为 Lagrange 函数。

$$\min_{x \in E_{n+1}} L(x, \lambda) = f(x) + \sum_{i=1}^{l} \lambda_i h_i(x) \tag{9.21.3}$$

新的问题有 $n+l$ 个变量,它是定义在 E_{n+1} 空间上的。这是去掉约束所付出的代价。因为式(9.21.3)是无约束问题,可以用驻点必要条件

$$\frac{\partial L}{\partial x_i} = \frac{\partial f}{\partial x_i} + \sum_{j=1}^{l} \lambda_j \frac{\partial h_j(x)}{\partial x_j} = 0 \quad (i = 1, \cdots, n)$$

$$\frac{\partial L}{\partial \lambda_i} = h_j(x) = 0 \qquad\qquad (j = 1, \cdots, l)$$

求解,注意到条件

$$\frac{\partial L}{\partial \lambda_j} = 0$$

保证了在最优点 (x^*, λ^*) 上满足约束条件

$$h_j(x^*) = 0$$

并且有

$$L(x^*, \lambda^*) = f(x^*)$$

由此可以得到。

定理 9.20.6(一阶必要条件) 设 $f, h_j(j = 1, 2, \cdots, l)$ 在可行点 x^* 的某个邻域 $N(x^*, \varepsilon)$ 可微,向量组 $\nabla h_j(x^*)(j = 1, 2, \cdots, l)$ 线性无关,如果 x^* 是问题 $(\bar{P})$ 的局部最优解,则存在实数 $\lambda_j^*(j = 1, \cdots, l)$,使得

$$\nabla f(x^*) + \sum_{j=1}^{l} \lambda_j^* \nabla h_j(x^*) = 0 \qquad\qquad (9.21.4)$$

这就是 Lagrange 定理。

推论 设 $f, h_j(j = 1, \cdots, l)$ 满足定理 9.21.6 的假设,如果 x^* 是问题 $(\bar{P})$ 的局部最优解,则存在乘子向量

$$\lambda^* = (\lambda_1^*, \cdots, \lambda_l^*)^{\mathrm{T}}$$

使

$$\nabla L(x^*, \lambda^*) = 0$$

定理 9.21.7(二阶充分条件) 设 $x^* \in E_N$ 是问题 $(\bar{P})$ 的可行解,$f, h_j(j = 1, \cdots, l)$ 在 x^* 处二次可微。如果存在向量 $x^* \in E_l$ 使 $\nabla L(x^*, \lambda^*) = 0$,且 $L(x, \lambda)$ 的 Hessian 矩阵 $H(x^*, \lambda^*)$ 正定,则 x^* 是问题 $(\bar{P})$ 的局部最优解。

例题 9.21.4 求解 $\min(x_1 - 2)^2 + (x_2 - 2)^2$,其中 $x_1 + x_2 = 6$。

解:构造 Lagrange 函数

$$L(x, \lambda) = \min[(x_1 - 2)^2 + (x_2 - 2)^2 + \lambda_1(x_1 + x_2 - 6)]$$

由

$$\frac{\partial L}{\partial x_1} = 0$$

得

$$2(x_1 - 2) + \lambda_1 = 0$$

由

$$\frac{\partial L}{\partial x_2} = 0$$

得

$$2(x_2 - 2) + \lambda_1 = 0$$

由

$$\frac{\partial L}{\partial \lambda_1} = 0$$

得

$$x_1 + x_2 - 6 = 0$$

解出

$$x_1^* = 3$$
$$x_2^* = 3$$
$$\lambda^* = -2$$
$$f(x_1^*, x_2^*) = 2$$

Lagrange 乘子除了数学上的作用外,还有一种很有意思的经济学解释,而且它的数值也是很重要的。例如对问题

$$\max f(x)$$
$$h_i(x) = b_i \quad i = 1, \cdots, l$$

如果把 b_i 看成是稀有资源的限定数量,$f(x)$ 看成是利润,当 b_i 变化时,$f(x)$ 也将变化,将 Lagrange 写成 b 的函数形式

$$L(b) = f(x(b)) + \lambda^{\mathrm{T}}(b)[h(x(b)) - b]$$

在最优点 (x^*, λ^*) 上有

$$\frac{\partial L}{\partial b_i}(x^*, \lambda^*) = \frac{\partial f}{\partial b_i}(x^*) = -\lambda_i^* \quad (i = 1, \cdots, m)$$

也就是说在最优点处,资源 b_i 每单位的追加量,引起利润的变化为 $-\lambda^*$,因而 Lagrange 乘子 $-\lambda^*$ 又称为 b_i 的影子价格或边际利润。假设第 i 种资源在市场上可以 y_i 价格购得,则如果 $-\lambda_i^* > y_i$,则应从市场购进这种资源,此时 b_i 追加量所得到的边际利润比成本 y_i 要大,故是有利可图的。

2. 不等式约束的 K-T 条件

考虑标准问题

$$(P) \begin{cases} \min f(x) \\ g_i(x) \geqslant 0 \quad (i=1,\cdots,m) \end{cases}$$

事实由于等式约束 $h_j(x)=0$，等价于不等式约束

$$\begin{cases} h_j(x) \geqslant 0 \\ -h_j(x) \geqslant 0 \end{cases}$$

故不等式约束问题(P)实际上已包含等式约束情形。

(1) 首先考虑一个约束的最简单情形：

$$(P_1) \begin{cases} \min f(x) \quad x \in E \\ g_1(x) \geqslant 0 \end{cases}$$

(P_1) 的几何意义如图 9.21.7 所示。

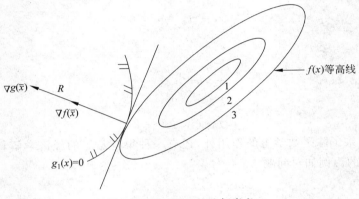

图 9.21.7 (P_1) 的几何意义

不难看出 $\bar{x}$ 是最优解。我们先看一下约束函数 $g_1(x)$ 在 $\bar{x}$ 点的梯度方向，由于 $\bar{x}$ 落在约束集合 $R=\{x \mid g_1(x) \geqslant 0\}$ 的边界面上，即 $g_1(\bar{x})=0$，而约束集合应满足 $g_1(x) \geqslant 0$，由梯度的几何意义知，梯度 $\nabla g_1(\bar{x})$ 是 $g_1(x)$ 在 $\bar{x}$ 点增加最快的方向，所以 $\nabla g_1(\bar{x})$ 应指向约束集合 R 的内部(图 9.21.7)。同时，$f(x)$ 在 $\bar{x}$ 处的梯度 $\nabla f(\bar{x})$ 应指向等高线 $f(x)=f(\bar{x})$ 的外面。因为在点 $\bar{x}$，曲线 $g_1(x)=0$ 与 $f(x)=f(\bar{x})$ 相切，故方向 $\nabla g_1(\bar{x})$ 与 $\nabla f(\bar{x})$ 应该同向，而它们大小却不一定相同，故存在常数

$$\bar{u}_1 \geqslant 0$$

有

$$\nabla f(\bar{x}) = \bar{u}_1 \nabla g(\bar{x})$$

也即存在 $\bar{u}_1, \bar{x}, \bar{u}_1$ 应满足

$$(K\text{-}T) = \begin{cases} \nabla f(x) - u_1 g_1(x) = 0 \\ g_1(x) \geqslant 0 \quad u_1 \geqslant 0 \\ u_1 g_1(x) = 0 \end{cases}$$

这就是 (P_1) 的 K-T 条件。

现在我们把 K-T 条件推广到一般问题。

（2）考虑规划问题：

$$(P) \begin{cases} \min f(x) & (x \in E_n) \\ g_i(x) \geqslant 0 & (i = 1, 2, \cdots, m) \end{cases}$$

相应的 K-T 条件为

$$\text{K-T} = \begin{cases} \nabla f(x) - \displaystyle\sum_{i=1}^{m} u_i \nabla g_i(x) = 0 \\ \nabla g_i(x) \geqslant 0 & (u_i \geqslant 0, i = 1, 2, \cdots, m) \\ u_i \nabla g_i(x) = 0 \end{cases}$$

并且有以下结论。

定理 9.21.8（Kuhn-Tucker 定理）　设 $f(x), -g_i(x)(i=1,2,\cdots,m)$ 为具有一阶连续偏微商的凸函数，则以下结论成立：

（1）若 $\bar{x}, \bar{u}$ 满足 K-T 条件，则 $\bar{x}$ 是规划问题 (P) 的最优解；

（2）若存在 $x^* \in E_n$，满足 $g_i(x^*) > 0, i = 1, 2, \cdots, m$（或者所有的 $g_i(x), i = 1, 2, \cdots, m$ 都是线性函数），若 $\bar{x}$ 为规划问题 (P) 的最优解，则必存在 $\bar{u} = (\bar{u}_1, \cdots, \bar{u}_m)^{\mathrm{T}}$，使得 $\bar{x}$ 及 $\bar{u}$ 满足 K-T 条件。

例题 9.21.5　设 (P) 为

$$(P) \begin{cases} \min (-x) & x \in E_1 \\ 25 - (x^2 - 4)^2 \geqslant 0 \end{cases}$$

根据 K-T 条件确定最优解 $\bar{x}$。

解：其 K-T 条件为

$$\begin{cases} -1 + 2\bar{u}(\bar{x}^2 - 4) \cdot 2\bar{x} = 0 & \bar{u} \in E_1 & \text{①} \\ 25 - (\bar{x}^2 - 4)^2 \geqslant 0 & \bar{u} \geqslant 0 & \text{②} \\ \bar{u}[25 - (\bar{x}^2 - 4^2)] = 0 & & \text{③} \end{cases}$$

分两种情形讨论：

（1）若 $\bar{u} = 0$，此时由①得 $-1 = 0$，不可能；

（2）若 $\bar{u} > 0$，此时由③得到

$$25 = [\bar{x}^2 - 4]^2$$

于是

$$\bar{x}^2 - 4 = \pm 5$$

因为

$$\bar{x}^2 - 4 = -5$$

不可能。故

$$\bar{x}^2 - 4 = 5$$

所以

$$\bar{x}^2 = 9, \quad \bar{x} = \pm 3$$

由①知

$$-1 + 2\bar{u}(9 - 4) \cdot 2\bar{x} = 0$$

得

$$\bar{u} = \frac{1}{20\bar{x}}$$

又

$$\bar{u} \geqslant 0$$

所以

$$\bar{x} \geqslant 0$$
$$\bar{x} \geqslant 3$$

相应有

$$\bar{u} = \frac{1}{60}$$

故

$$\bar{x} = 3$$

为最优解。

例题 9.21.6 考虑问题

$$(P) \begin{cases} \min(x_1 + x_2 + x_3) \\ x_1 \geqslant x_3^2 \\ x_2 \geqslant x_3^2 \end{cases}$$

用 K-T 条件确定最优解

$$\bar{x} = (\bar{x}_1, \bar{x}_2, \bar{x}_3)^{\mathrm{T}}$$

解：其 K-T 条件为

$$\text{K-T} \begin{cases} \begin{bmatrix} 1 \\ 1 \\ 1 \end{bmatrix} - \bar{u}_1 \begin{bmatrix} 1 \\ 0 \\ -2\bar{x}_3 \end{bmatrix} - \bar{u}_2 \begin{bmatrix} 0 \\ 1 \\ -2\bar{x}_3 \end{bmatrix} = 0 & \quad ① \\ \bar{x}_1 - (x_3)^2 \geqslant 0 \quad \bar{u}_1 \geqslant 0 & \quad ② \\ \bar{x}_2 - (x_3)^2 \geqslant 0 \quad \bar{u}_2 \geqslant 0 & \quad ③ \\ \bar{u}_1[\bar{x}_1 - (\bar{x}_3)^2] = 0 \quad \bar{u}_2[\bar{x}_2 - \bar{x}_3^2] = 0 & \quad ④ \end{cases}$$

解得

$$\bar{x} = \left(\frac{1}{16}, \frac{1}{16}, -\frac{1}{4} \right)^{\mathrm{T}}$$

为 (P) 的最优解。

　　K-T 条件从理论上给出最优性条件，在理论上有重要意义，但实际问题是非常复杂的，我们很难用 K-T 条件求出解析解，一般总是作近似算法，通过迭代求得最优解的一个近似值。

第 4 节　罚函数方法

　　在这节中给出非线性规划

$$(P) \quad \begin{cases} \min f(x) & x = (x_1, \cdots, x_n)^{\mathrm{T}} \\ g_i(x) \geqslant 0 & i = 1, \cdots, m \end{cases}$$

的一种常用解法——罚函数方法。

1. 罚函数方法介绍

　　先考虑一个最简单的一个等式约束的规划问题

$$(\bar{P}) \quad \begin{cases} \min f(x) & x \in E_n \\ h_1(x) = 0 \end{cases}$$

　　我们的做法是要把约束问题处理为无约束问题。直观上可以这样设想：取 $M > 0$ 是一个很大的数，如果

$$x \in R = \{x \mid h_1(x) = 0\}$$

显然

$$Mh_1^2(x) = 0$$

当 $x \notin R$ 时，$Mh_1^2(x)$ 就会变得很大，这时构造无约束问题

$$(P_1) \quad \min_{x \in E_n} T(X, M) = f(x) + Mh_1^2(x) \tag{9.21.4}$$

由于 M 很大，它的最优解应满足

$$h_1(x(m)) = 0$$

注意到

$$T(X, M) \begin{cases} = f(x) & \text{当 } x \in R \\ > f(x) & \text{当 } x \notin R \end{cases} \tag{9.21.5}$$

那么，可以严格证明当 (P_1) 的最优解 $x(M) \in R$ 时，它就是 $(\bar{P})$ 的最优解。

　　再考虑不等式约束

$$g_i(x) \geqslant 0 \quad (i = 1, 2, \cdots, m)$$

它可以化为等式约束

$$h_i(x) = \min[0, g_i(x)] = 0 \quad (i = 1, 2, \cdots, m)$$

于是非线性规划问题(P)等价于等式约束问题

$$\begin{cases} \min f(x) & x \in R \\ h_i(x) = \min[0, g_i(x)] = 0 & (i = 1, 2, \cdots, m) \end{cases}$$

像一个等式约束的问题$(\bar{P})$那样,把它化为无约束极值问题。

令

$$T(X, M) = f(x) + M \sum_{i=1}^{m} h_i^2(x)$$

也即

$$T(X, M) = f(x) + M \sum_{i=1}^{m} [\min(0, g_i(x))]^2 \qquad (9.21.6)$$

再求无约束问题(P_2)的最优解

$$(P_2) \quad \min_{x \in E_n} T(X, M)$$

注意到这里$T(X, M)$也有式(9.21.5)的性质,故此类似地可以证明,若

$$\min_{x \in E_n} T(X, M)$$

的最优解$X(M) \in R$,则$X(M)$即为非线性规划问题(P)的最优解。

对于既有等式约束,又有不等式约束的非线性规划问题

$$(P_3) \quad \begin{cases} \min f(x) \\ h_j(x) = 0 & (j = 1, \cdots, l) \quad {}^* \\ g_i(x) \geqslant 0 & (i = 1, \cdots, m) \end{cases}$$

可构造

$$T(X, M) = f(x) + M \left\{ \sum_{j=1}^{l} h_j^2(x) + \sum_{i=1}^{m} [\min(0, g_i(x))]^2 \right\} \qquad (9.21.7)$$

然后求无约束问题

$$\min_{x \in E_n} T(X, M)$$

得到。当最优解$X(M) \in R$时,它也是(P_3)的最优解。

在具体求解时,M取多大合适,事先是不知道的,我们先从某个$M = M_1 > 0$,$\min_{x \in E_n} T(X, M)$开始,求无约束问题的最优解$X^1 = X(M)$,若$X^1 \in R$,知X^1即为所求的最优

---

*　$h_j(x) = 0$可用$h_j(x) \geqslant 0$,$-h_j(x) \geqslant 0$代替,从而可化为标准形式(P),故$T(X, M)$总可写成形式

$$T(X, M) = f(x) + M \big(\sum_{i=1}^{m} [\min(0, g_i(x))]^2 \big)$$

解,若 $X^1 \notin R$,说明 M_1 取得还不够大,可令 $M = M_2 > M$,再求无约束问题

$$\min T(X, M_2)$$

的最优解 $X^2 = X(M_2)$,如此等等,一般来说,取

$$M_1 < M_2 < \cdots < M_k < M_{k+1} < \cdots$$

直到求得某个 $X^{k_0} \in R$ 为止。一般来说,若允许误差 $\varepsilon > 0$ 给定,当 X^{k_0} 满足条件

$$\begin{cases} g_i(X^{k_0}) \geqslant -\varepsilon & i = 1, \cdots, m \\ |h_j(X^{k_0})| \leqslant \varepsilon \end{cases}$$

时,停止迭代,X^{k_0} 即为最优解的近似解。

以上构造的函数 $T(X, M)$ 称为罚函数。上述方法也称为罚函数方法。

2. 罚函数方法经济学解释

罚函数方法是以经济问题为背景提出的。假设我们要采购一批货物,可供选择的货物有 n 种,设它们的采购量分别为 $x_1, x_2, \cdots, x_n$。把采购的总费用作为目标函数 $f(x_1, x_2, \cdots, x_n)$,但为了物资均衡,所采购的物资必须满足某种规定,这种规定就由约束集合

$$R = \{x \mid g_i(x) \geqslant 0, i = 1, 2, \cdots, m\}$$

体现。非线性规划问题 (P) 就是要确定 n 种货物的采购量,使得在"规定"范围内,所花的费用最小,而罚函数

$$T(X, M) = f(x) + M \sum_{i=1}^{m} [\min(0, g_i(x))]^2$$

可以看作是对违反规定的一种"罚款"政策。如果采购符合规定,即 $X \in R$,则罚款为 0;如果违反规定 $(X \notin R)$,那么就要缴纳一笔正罚款,即

$$M \sum_{i=1}^{m} [\min(0, g_i(x))]^2 > 0$$

这里

$$M \sum_{i=1}^{m} [\min(0, g_i(x))]^2$$

称为罚款项,M 称为罚因子。$T(X, M)$ 是采购货物的总代价。不难理解,当罚款项很大时,违反规定进行采购是不合算的,这就使由无约束问题

$$\min_{x \in E_n} T(X, M)$$

求得的最优解 X^* 总是满足约束条件的,即 $X^* \in R$。

例题 9.21.7　利用罚函数方法求线性规划问题

$$\begin{cases} \min X \\ X \geqslant 0 \end{cases}$$

的最优解。

解：$g_1(x) = x \geqslant 0$，取 $k = 1$，

$$T(X,M) = f(x) + M_k[\min(0, g_1(x))]^2 = x + M_k[\min(0, x)]^2$$

$$= \begin{cases} x & \text{当 } x \leqslant 0 \\ x + M_k x^2 & \text{当 } x < 0 \end{cases}$$

罚函数 $T(X,M)$ 的图形如图 9.21.8 所示。

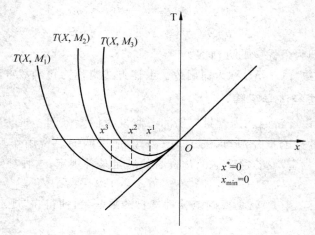

图 9.21.8　罚函数的图形

无约束极值问题

$$\min_{x \in E_n} T(X,M)$$

是一个单变量极值问题，其最优解满足

$$\frac{\mathrm{d}}{\mathrm{d}x}(X + M_k X^2) = 0$$

得到

$$X^k = -\frac{1}{2M_k}$$

而且当 $k \to \infty$，$M_k \to \infty$，故

$$\lim_{k \to \infty} X^k = \lim_{k \to \infty}\left(-\frac{1}{M_k}\right) = 0$$

最后得最优解

$$X^* = 0$$

且最优值

$$X_{\min} = 0$$

例题 9.21.8　用罚函数求非线性规划

$$\begin{cases} \min\ f(x) = x_1^2 + x_2^2 + x_3^2 \\ x_1 + x_2 + x_3 = 1 \end{cases}$$

的最优解。

解：罚函数

$$T(X, M) = x_1^2 + x_2^2 + x_3^2 + M_k(x_1 + x_2 + x_3 - 1)^2$$

求 $\min T(X, M_k)$，应满足

$$\frac{\partial T}{\partial x_i} = 0, \quad (i = 1, 2, 3)$$

即

$$2x_1 + 2M_k(x_1 + x_2 + x_3 - 1) = 0$$
$$2x_2 + 2M_k(x_1 + x_2 + x_3 - 1) = 0$$
$$2x_3 + 2M_k(x_1 + x_2 + x_3 - 1) = 0$$

解得

$$x_1 = x_2 = 3$$

由此得到

$$2x_1 + 2M_k(3x_1 - 1) = 0$$

故

$$x_1^k = x_2^k = x_3^k = \frac{M_k}{1 + 3M_k}$$

当 $M_k \to \infty, k \to \infty$ 时

$$\lim_{k \to \infty} x_i^k = \lim_{k \to \infty} \frac{M_k}{1 + M_k} = \frac{1}{3}, \quad (i = 1, 2, 3)$$

最后得到最优解

$$x_1^* = x_2^* = x_3^* = \frac{1}{3}$$

第 5 节　案　例　题

石油最优储存方法

有一石油运输公司，为了减少开支，希望节省石油的存储空间，但要求存储的石油能满足客户的要求。为简化问题，假设只经营两种油，各符号表示的意义如表 9.21.2 所

示。其中供给率指石油公司供给客户的速度。

表 9.21.2　各种符号表示意义表

x_i	第 i 种油的存储量	h_i	第 i 种油的每单位的存储费用
a_i	第 i 种油的价格	t_i	第 i 种油的每单位的存储空间
b_i	第 i 种油的供给率	T	总存储公式

由历史数据得到的经验公式为：

$$\min f(x_1, x_2) = \left(\frac{a_1 b_1}{x_1} + \frac{h_1 x_1}{2} \right) + \left(\frac{a_2 b_2}{x_2} + \frac{h_2 x_2}{2} \right)$$

$$\text{s. t.} \quad g(x_1, x_2) = t_1 x_1 + t_2 x_2 = T$$

且提供数据如表 9.21.3 所示。

表 9.21.3　数据表

石油的种类	a_i	b_i	h_i	t_i
1	9	8	0.50	2
2	4	5	0.20	4

已知总存储空间 $T = 24$，代入数据后得到的模型为：

$$\min f(x_1, x_2) = \left(\frac{72}{x_1} + 0.25 x_1 \right) + \left(\frac{20}{x_2} + 0.10 x_2 \right)$$

$$\text{s. t.} \quad 2x_1 + 4x_2 = 24$$

模型求解：

拉格朗日函数的形式为

$$L(x_1, x_2, \lambda) = f(x_1, x_2) + \lambda \big[g(x_1, x_2) - T \big]$$

即

$$L(x_1, x_2, \lambda) = \left(\frac{72}{x_1} + 0.25 x_1 \right) + \left(\frac{20}{x_2} + 0.10 x_2 \right) + \lambda \big[2x_1 + 4x_2 - 24 \big]$$

对 $L(x_1, x_2, \lambda)$ 求各个变量的偏导数，并令它们等于零，得

$$\frac{\partial T}{\partial x_1} = -\frac{72}{x_1^2} + 0.25 + 2\lambda = 0$$

$$\frac{\partial T}{\partial x_2} = -\frac{20}{x_2^2} + 0.10 + 4\lambda = 0$$

$$\frac{\partial T}{\partial \lambda} = 2x_1 + 4x_2 - 24 = 0$$

解这个线性方程组得：

$$x_1 = 6.6802$$
$$x_2 = 2.6599$$
$$\lambda = 0.6817$$
$$f(x_1, x_2) = 20.2332$$

从而可得最小值为 20.2332。

第 6 节　练　习　题

1. 已知 $\begin{cases} x-y+2\geqslant 0 \\ x+y-4\geqslant 0 \\ 2x-y-5\leqslant 0 \end{cases}$ 则 $z=|x-2y-4|$ 的取值范围是多少?

2. 某企业生产甲、乙两种产品,已知生产每吨甲产品要用 A 原料 3 吨、B 原料 2 吨;生产每吨乙产品要用 A 原料 1 吨、B 原料 3 吨。销售每吨甲产品可获得利润 5 万元,每吨乙产品可获得利润 3 万元,该企业在一个生产周期内消耗 A 原料不超过 13 吨,B 原料不超过 18 吨,那么该企业可获得的最大利润是多少?

第10篇

Part 10

决 策 分 析

人们几乎天天会面临一些问题需要决策,对一些小而简单的问题,人们容易作出较好的决策。随着社会、科学和生产的发展,决策问题越来越复杂,轻率的、不科学的决策所带来的危害影响也越来越大。为了摆脱过去那种主要是凭经验判断作决策的不科学情况,各种科学决策方法在半个世纪以来纷纷出现,并被广泛应用,出现了专门为重大科学决策而用的专家决策系统和各种决策辅助和支持系统,以及各种科学决策软件,为科学决策打下了基础。相应地,行政管理的职能也由科学管理的计划、组织、指挥、协调和控制的职能,逐步向预测和决策的现代化管理方向转移。

早在 1738 年,贝努利就已提出了与决策分析紧密联系在一起的效用及主观概率的概念,1931 年,拉姆齐(Ramsey)首先把决策论建立于这两个概念之上。1944 年,冯·纽曼(Von Neumann)和摩根斯坦(Morgenstem)在他们著名的《对策论》一书中独立地研究了在不定性情况下决策用的近代效用理论。1950 年,沃德(Wald)的统计决策函数又是决策理论中的一个重要工作。1950 年,萨维奇(Savage)为决策方法提供了公理系统和严格的哲学基础,1959 年,Schlaife 等在通过贝叶斯公式算出后验概率的决策方法即贝叶斯统计决策方法方面做了许多工作。

20 世纪 60 年代初期,哈佛商学院开始把统计决策理论用到真正的商业问题中。1966 年在 Howard 的文章中开始出现"决策分析"这个名词,近年来,决策分析已覆盖了各种类似的决策方法,例如多目标决策、序贯决策、对策论以及模糊决策等分支,同时纷纷推出了各种应用软件。

20 世纪 80 年代针对社会、经济、政治等复杂决策问题,美国运筹学家 T. L. Saaty 提出了层次分析法,并在实际中得到了广泛应用。

决策是一项复杂的系统工程,又是一种艺术,决策的优劣与成败不仅与决策者的决策技巧、科学知识有关,也与决策者的整体素质有关。

第**22**章　决策分析的基本内容

决策分析是合理分析决策问题所提出的概念和系统的方法。决策分析的目的是改进决策过程,从一系列的可能方案中找出一个满足一定目标的最合理方案。

第 1 节　决策分析的要素

每个决策问题包含以下基本要素。

(1) 决策者。决策者可以是个人、委员会、某个组织。

(2) 方案。一般决策者面对两个或两个以上可供选择的方案。方案一般由参谋人员或者专家等提供,方案的形成是关系决策好坏的第一步。

(3) 准则。它是衡量方案效果的标准,是一个评价体系。决策可能是单一准则,也可能是多准则。

(4) 结局。对每一个方案它都可能有一个或几个结局。对于出现的各种结局的可能性,往往用概率来描述,有时这些概率可以客观地计算或估算,有时要事先由人们根据经验给定。

(5) 效用(或其他量化指标)。每一个结局如能用一定的价值评估就称之为效用。同一结果,对不同的人或组织,其效用即满意程度是不一样的。

第 2 节　决策分析的步骤

决策分析大体上可分为五步进行:

(1) 形成决策问题。这一步要尽可能收集信息,正确定位、归纳问题,提出解决问题的各种备选方案,确定要达成的目标以及度量效果的准则;

(2) 描述每个方案的各种可能结局及其可能性大小;

（3）利用效用（utility），或其他量化方法对各种可能结局给出偏好（preference）；

（4）合理地综合前面得到的信息，根据具体情况使用不同的决策方法，确定方案；

（5）执行决策，并及时反馈信息，有可能的话，根据决策反馈重新检验和修改决策。

图 10.22.1 所示是决策过程图，所有的决策无论是简单的或复杂的，都可纳入此基本过程。

图 10.22.1　决策过程图

第 3 节　决策问题的分类

从不同的角度出发，决策问题可以得到不同的分类。

1. 按决策的重复程度

（1）程序化决策：指经常重复发生，按原定程序、方法和标准进行的决策；处理例行问题，有固定的程序、规则和方法。

（2）非程序化决策：指具有极大偶然性、随机性，又无先例可循且具有大量不确定性的决策活动；处理例外问题，无先例可循；依赖于决策者的经验、知识、价值观（风险观）、决断能力。

2. 按决策的重要程度

（1）战略决策：事关组织兴衰成败，通常是带有全局性、长远性的大政方针、经营方向等，决策权由最高层领导行使。

（2）战术决策：是为了实现战略目标而作出的带有局部性的具体政策，决策权主要由中层领导行使。

（3）业务决策：属于日常管理活动的决策，由基层管理者负责进行。

3. 按决策主体

（1）个人决策。

（2）群体决策。

4. 以决策目标划分

（1）单目标决策。如果决策是为了达到同一目标而在多种（即两种以上）备选方案中选定一个最优方案，那么，这类决策问题便称为"单一目标决策问题"。

（2）多目标决策。如果所要决策的问题，不是为了实现同一个目标，而是在为实现若干个目标的若干方案中进行最优方案的选择，那么，这类决策问题便称为"多目标决策问题"。

5. 以可控程度划分

在单一目标决策问题中有 3 种类型问题：

（1）确定型决策问题；

（2）风险型决策问题；

（3）非确定型决策问题。

以上几种分类互相组合，又可以形成很多种不同的情况。接下来主要以定量的方法，介绍单目标决策和多目标决策。

第23章 单目标决策

单目标决策问题,主要有定性方法和定量方法两类。其中,定性方法包括了头脑风暴法(brain storming)和德尔菲法(delphi technique)等;定量方法包括了确定型决策问题、非确定型决策问题、风险型决策问题。

第 1 节　确定型决策

所要决策的问题条件比较明确,概率和效益也可以肯定。其特点是各个备选方案同目标之间都有明确的数量关系,并且在各个备选方案中都只有一个自然状态。因此,这类决策问题是比较容易解决的单一决策问题。这类决策问题便称为"确定型决策问题"或称为"肯定型决策问题"。

解决确定型决策问题的方法有很多,这里我们选取几种简要介绍。

1. 加权评分法

在行动方案有限且离散的情况下,加权评分法是确定型问题的一种简便决策方法,该方法把方案涉及的因素用指标表示,同时考虑不同指标在不同方案下的不同作用(指标值)及各指标重要性(指标权重)的差异,指标权重和指标值经算术合,综合成一个可比量值,来实现方案选优。

2. 微分法

当行动是连续变量,或者行动虽是离散变量,但其取值个数很多,甚至是无穷多,行动取多一个或少一个对行动结局基本没有影响,可采用微分法求最佳行动。

微分法的理论依据是极值理论,其决策准则是:使收益函数达到最大或使损失函数达到最小的行动就是最佳行动,因此,求最佳行动就是求函数的最大值(或最小值)。显然,当行动是连续变量时,可以在行动上取出有限个行动进行逐个比较,以择其优。

3. 数学规划法

上面介绍的加权评分法和微分法是确定性决策方法中的两种古典方法,其出发点在于求收益函数的最大值和损失函数的最小值。这两种方法通常适用于变量不多的决策问题,随着变量增加适用性越来越差。

近几十年来,随着运筹学等数学理论的发展,以数学规划理论为基础的一整套最优化方法在决策方面起着越来越重要的作用。例如,处理多变量决策问题的线性规划法,处理离散变量决策问题的整数规划法等。这些在前面章节中已经介绍过,这里就不赘述。

第 2 节　非确定型决策问题

"非确定型决策问题"或"非肯定型决策问题"面临着自然状态既不完全肯定,又不能完全否定的状态。其自然状态出现的概率无法加以计算和预测,主要靠决策者的经验和智慧予以判断、估计来解决。这时,决策的正确性往往同决策者个人的素质因素有很大的关系。如果决策者个人的知识、经验、智慧、魄力等基本素质能够综合运用,做到适时适事,不失时机,恰到好处,这就是政治家决策艺术的体现。

对这类问题的决策准则有以下几种。

1. 乐观准则(最大最大准则(max max))

这种准则的基础是对客观情形总是抱乐观态度,例如在三种自然状态 $\theta_1,\theta_2,\theta_3$ 下有 4 个行动方案 A_1,A_2,A_3,A_4,其益损矩阵如表 10.23.1 所示。

表 10.23.1　四种方案的益损矩阵

益损值 方案	状态	θ_1	θ_2	θ_3	max	min
$f(A,\theta)=$	A_1	4	5	6	6	4
	A_2	2	4	9	⑨	2
	A_3	3	6	7	7	3
	A_4	7	5	5	7	⑤

先求出各方案在各种自然状态下的最大益损值(列于 max 列),然后求出该列的最大值,即

$$\max_{A_i}\{\max_{\theta_j}[f(A_i,\theta_j)]\}=9$$

对应的行动方案为 A_2；有时益损值越小越好,这时应取最小最小((min min)成本准则)。

2. 悲观准则(最大最小(max min)准则)

这种准则对客观情形抱悲观态度,是一种保守的准则,即在最坏情形下找出一个最好的方案。在上例中为

$$\max_{A_i}\{\min_{\theta_j}f(A_i,\theta_j)\} = \max\{4,2,3,5\} = 5$$

故应采取方案 A_4。

3. 乐观系数准则

这种准则的特点是对客观情形的估计既不完全乐观又不完全悲观,采取的是一种折中措施,决策者根据历史经验定出一个乐观系数 $a(0 \leqslant a \leqslant 1)$,然后求出各方案的折中益损值 $H_i,i=1,2,\cdots,m$

$$H_i = a\max_j\{a_{ij}\} + (1-a)\min_j\{a_{ij}\} \quad (i=1,\cdots,m)$$

这里 m 是益损矩阵的行数(即方案数);a_{ij} 为益损矩阵的元素。再求

$$H = \max_i H_i$$

H 所对应的方案即为最优方案。

例如在上例中若取 $a=0.8$,那么

$$H_1 = 0.8 \times 6 + 0.2 \times 4 = 5.6, \quad H_2 = 0.8 \times 9 + 0.2 \times 2 = 7.6$$

$$H_3 = 0.8 \times 7 + 0.2 \times 3 = 6.2, \quad H_4 = 0.8 \times 7 + 0.2 \times 5 = 6.6$$

故 $H = \max\{5.6, 7.6, 6.2, 6.6\} = 7.6$,最优方案为 A_2。

4. 等可能准则

这种准则是对所有自然状态一视同仁,把各方案在不同自然状态下的益损值平均,然后比较,即计算

$$M = \max_i\left\{\frac{1}{n}\sum_{j=1}^{n}a_{ij}\right\} \quad (i=1,\cdots,m)$$

如上例中 $M_1=5,M_2=5,M_3=\frac{16}{3},M_4=\frac{17}{3}$。于是方案 A_4 就是最优方案。

5. 后悔值准则

决策者制定策略后,若情况未能符合理想,必将有后悔感觉。后悔值准则就是要使后悔程度尽量地小,其做法如下。

(1)首先将在一种自然状态下,各方案的最大益损值定为该状态下的理想目标,在矩阵中用圆圈圈出,并将该状态下其他益损值与理想目标值之差称为后悔值。这样就构成了一个后悔矩阵,上例中益损矩阵和后悔矩阵分别如表 10.23.2 和表 10.23.3 所示。

（2）求出各个行动方案的最大后悔值 R_i，在后悔矩阵上圈出。

（3）求出这些最大后悔值 R_i 中的最小值 $R=\min\limits_{i}R_i=3$ 相应的方案就是最优方案。这里最优方案为方案 A_1。

表 10.23.2　益损矩阵

	θ_1	θ_2	θ_3
A_1	4	5	6
A_2	2	4	⑨
A_3	3	⑥	7
A_4	⑦	5	5

表 10.23.3　后悔矩阵

	θ_1	θ_2	θ_3
A_1	③	1	3
A_2	⑤	2	0
A_3	④	0	2
A_4	0	1	④

由上面讨论可知，同一个决策问题，应用不同的准则可以得到不同的最优方案，准则的选择取决于决策者对各种自然状态所抱的态度。只有增加问题的确定性，才能使作出的决策比较准确。

例题 10.23.1　分别应用上述准则确定 10.23.6 中例 2 投标策略。假定自然状态的概率不能确定，乐观系数为 $a=0.6$。

解：表 10.23.4 上列出了各种结果，并得到结论：

（1）乐观准则下应选 $B_{高}$；

（2）悲观准则下应不投标；

（3）乐观系数 $a=0.6$ 下应选 $B_{高}$；

（4）等可能准则下应选 $B_{高}$；

（5）后悔值准则下应选 $B_{高}$。

表 10.23.4　益损矩阵

益损矩阵 方案 ＼ 自然状态	自然状态				乐观准则 max	悲观准则 min	乐观系数准则 $\alpha=0.6$ H_i	等可能准则 M_i
	中标			失标				
	优	中	赔					
$A_{高}$	500	100	−80	−5	500	−80	268	128.75
$A_{低}$	400	70	−100	−5	400	−100	200	91.25
不投	0	0	0	0	0	0	0	0
$B_{高}$	700	200	−100	−10	700	−100	380	197.5
$B_{低}$	600	100	−120	−10	600	−120	212	142.5

后悔矩阵留给读者完成。

第24章

风险型决策问题

风险型决策问题介于确定型决策问题和不确定型决策问题之间。

这类决策问题较为复杂,虽然各个备选方案同目标之间也有明确的数量关系,但是,方案中存在两个以上的自然状态,即决策者无法予以控制的状态。自然状态越多,决策所冒的风险越大。与不确定型决策不同,风险型决策中的自然状态的概率可以运用数理统计方法或者采用预测的方法求出。然而,不论决策人作出什么决策,他都可能得到与预期相反的结果。

第1节 风险型决策问题特征

风险型决策问题一般具备以下特征:

(1) 存在着决策人希望达到的目标;

(2) 存在着两个以上不以决策人的主观意志而转移的自然状态,必定而且只能出现一种状态;

(3) 存在着两个以上行动方案可供决策人选择;

(4) 不同行动方案在不同自然状态下的效用即益损(或报酬、风险)值可以计算出来;

(5) 各种自然状态出现的可能性(即概率)可预先估计或计算出来,并且各种自然状态出现的概率之和为1。

例题 10.24.1 假定某公司要确定对一项工程投资,如果投资后经济景气则可获利润5万元,若投资后经济不景气,将损失2万元,若不投资则不论经济状态如何均需付出调研费5 000元,这一问题可用表10.24.1表示。

表10.24.1中自然状态是不以决策人的意志而转移的,故也称为不可控因素,而行动方案是由决策人选择的,故称为可控因素。益损值所构成的矩阵

$$A = \begin{pmatrix} 50 & -20 \\ -5 & -5 \end{pmatrix}$$

称为益损矩阵。

表 10.24.1　工程投资益损矩阵

概率 $p(\theta_j)$　自然状态 益损值(千元) 行动方案	经济景气 θ_1	经济不景气 θ_2
	0.6	0.4
A_1(投资)	50	-20
A_2(不投资)	-5	-5

第 2 节　风险型决策模型的基本结构

风险型决策模型的基本结构是

$$A = (a_{ij}) = F(A_i, \theta_j) \tag{10.24.1}$$

其中 a_{ij} 为在自然状态 θ_j 下采取行动方案 A_i 的益损值,它是 A_i,θ_j 的函数。A_i 是第 i 个行动方案,称为决策变量;θ_j 是第 j 个自然状态,称为状态变量。

一般地,益损矩阵可表示为表 10.24.2 所示。

表 10.24.2　益损矩阵

$p(\theta_j)$　自然状态 益损值 行动方案	θ_1	θ_2	$\cdots$	θ_n
	$p\theta_1$	$p\theta_2$	$\cdots$	$p\theta_n$
A_1	a_{11}	a_{12}	$\cdots$	a_{1n}
A_2	a_{21}	a_{22}	$\cdots$	a_{2n}
$\vdots$	$\vdots$			
A_m	a_{m1}	a_{m2}	$\cdots$	a_{mn}

第 3 节　自然状态概率的确定方法

在风险决策中自然状态概率的确定对方案选择起了重要作用。自然状态虽属不可控因素,但人们可以根据已占有的资料估计取得。如果估计错误或误差过大,那么就会影响决策的正确性。有时为了求得一个比较准确的概率,可能花费相当多的人工与费用,因而应根据实际情况对估计的准确性提出适当要求。

1. 通过对事物的分析确定概率

在某些情况下,人们可以通过分析,应用概率论的基本知识,可以对一些比较简单的事件确定其发生的概率。譬如一枚硬币在一次投掷中正面与反面出现的概率相同,均为 $\frac{1}{2}$。这一结论是基于人们对事物性质的认识获得的。若认为 n 个随机出现的事件概率相同,而且必定出现其中之一,那么每个随机事件出现的概率就是 $\frac{1}{n}$。

2. 通过对历史资料的处理或通过随机试验确定事件发生的概率

如果想得到夏季雨天的概率,可以查阅历史资料,最简单的统计处理方法是用历史上夏天雨天出现的频率代替概率。这种根据统计规律得到的概率也叫客观概率。

例题 10.24.2 假设在某项工程的投标中,承包商甲对工程的估价为 A,报价为 B。他的竞争对手是乙,已知乙在历次投标中报标与估价之比的统计资料(表 10.24.3),要估计承包商甲各种报价(即 B/A)策略的中标概率。

在投标中若甲的报价低于乙的报价时可中标(即获得该工程)由此可估计各种报价下的中标概率。例如当承包商甲的报价为 $1.25A$ 时,乙的报价超过 $1.25A$ 的概率为

$$P(B/A > 1.25) = 0.26 + 0.08 + 0.03 = 0.37$$

故甲报价为 $1.25A$ 的中标概率为 0.37。表 10.24.4 上列出了甲的各种报价下的中标概率。

表 10.24.3 乙在历次投票中报标与估价之比

乙报价 B/A	出现次数 F	出现频率 $F/\sum F$
0.8	1	0.01
0.9	2	0.03
1.0	8	0.10
1.1	14	0.19
1.2	22	0.30
1.3	19	0.26
1.4	6	0.08
1.5	2	0.03
F	74	100

表 10.24.4　甲的中标概率

甲报价 B/A	中标概率	甲报价 B/A	中标概率
0.75	1.00	1.25	0.37
0.85	0.99	1.35	0.11
0.95	0.95	1.45	0.03
1.05	0.86	1.55	0

3. 主观概率试验法

有许多决策问题可以用来确定概率的历史资料很少或者没有,同时又不允许人们进行随机试验,此时随机事件的概率,只能利用对事件的知识和经验很丰富的有关专家头脑中的信息来确定。这样确定的概率称为主观概率(或先验概率),以区别通过随机试验或者历史资料得到的客观概率。例如出门旅行估计天气好坏,购票难易等所进行的猜测和判断就属于主观概率。当然要能比较正确地确定主观概率,仍有赖于对事件所做的周密观察,以获得先验信息,先验信息越丰富,设置的主观概率就越准确。

在确定主观概率时,有时先验信息往往是模糊不清的,往往需要通过试验途径来确定,这就是主观概率试验法。

主观概率试验法可以这样进行:将一个概率设定的事件作为基准,将它与概率待定事件进行比较,不断调整前者的概率。直到受试人认为两个事件发生的可能性相同时,给定事件的概率就是待定事件的概率。

例题 10.24.3　为了确定下一天天气好的概率 $P(E)$,我们给出一个以 50% 机会得到 100 和 50% 机会失去 100 的给定事件。将它与下一天天气好得到 100,天气不好损失 100 的事件相比较,让受试人选择,若受试人选择后者,说明天气好的可能性大于 50%,改变给定事件的概率为 60% 的机会得到 100,40% 的机会损失 100,再让受试人选择,若受试人认为两个事件得利相同,那么 $P(E)=0.6$,即天气好的概率为 0.6,否则再进行调整,直到受试人认为出现两个事件的机会相同为止。

4. 利用信息修正主观概率

应用上面方法得到先验概率后,如果又获得了新的信息,利用它对原来的概率进行修正。修正后的概率称为后验概率。只要新的信息是有价值的,无疑修正后的概率会更符合实际情形。

获得新信息有多种途径,其中之一就是进行"咨询"。通过咨询得到的信息如果是有价值的,将有助于正确决策,因而会带来经济效益。但咨询需要一定费用,我们应当在咨询费用和它带来的经济效益之间权衡,判断是否值得咨询。

第 4 节　风险型决策中完整情报的价值

（1）完整情报：指对决策问题做出某一具体决策行动时所出现的自然状态及其概率能提供完全确切、肯定的情报。也称完全信息。

（2）完整情报价值：等于利用完整情报进行决策所得到的期望值减去没有这种情报而选出的最优方案的期望值。它代表我们应该为这种情报而付出的代价的上限。

（3）完整情报价值的意义：

① 通过计算信息价值，可以判断出所作决策方案的期望利润值随信息量增加而增加的程度。

② 通过计算信息价值，可使决策者在重大问题的决策中，能够明确回答对于获取某些自然状态信息付出的代价是否值得的问题。

第 5 节　风险型决策方法

1. 期望值法

期望值决策方法既克服了各种不确定性决策方法的缺点，同时又保留了这些方法的优点，它用准确的数学语言描述状态的信息，利用参数的概率分布求出每个行动的收益（或损失）期望值。具有最大收益期望值或最小损失期望值的行动是最佳行动。

假设我们有 $A_1, A_2, \cdots, A_m$ 个行动方案以及它们在不同自然状态 θ_j 下的益损期望值 a_{ij}，自然状态 θ_j 的概率为 $p_j, j = 1, 2, \cdots, n$，那么方案 A_i 的益损期望值为

$$E(A_i) = \sum_{j=1}^{n} a_{ij} p_j \quad (i = 1, 2, \cdots m)$$

决策者可根据期望值大小进行选择。若益损值代表成本，支出费用等，则应选择期望值最小的方案作为最优方案；若益损值代表利润，收益等则应选择期望值最大的方案作为最优方案。

例题 10.24.4　某厂在生产过程中，一关键设备突破发生故障，为了保证履行加工合同，必须在 7 天内恢复正常生产，否则，将被罚以 100 万元的违约金。工厂面临两种选择，一是修复设备，7 天内修复的概率是 0.5，费用为 20 万元；二是购置新设备，7 天内完成的概率是 0.8，费用为 60 万元。那么，工厂选择哪一种行动最佳。

这是一例风险型的期望值决策问题，如果用 a_1 表示修复行动，a_2 表示购置新设备，θ_1

表示 7 天内恢复生产之状态，θ_2 表示 7 天后恢复生产之状态，则有损失矩阵如表 10.24.5 所示。

表 10.24.5　有损失矩阵

θ	a_1		a_2	
	p_i	R	p_i	R
θ_1	0.5	20	0.8	60
θ_2	0.5	120	0.2	160

由期望值计算公式可得

$$E_1 = \sum_{i=1}^{2} p_i R_{i1} = 0.5 \times 20 + 0.5 \times 120 = 70$$

$$E_2 = \sum_{i=1}^{2} p_i R_{i2} = 0.8 \times 60 + 0.2 \times 160 = 80$$

2. 最大可能法

一个事件的概率越大发生的可能性越大，在所有可能出现的自然状态中，找出一个概率最大的自然状态，把决策问题化为仅在此自然状态下的决策。从而将风险型决策转化为确定型决策。

由于事件的概率只是说明事件发生的可能性的大小，并不是一定会发生的，所以以上的决策准则仍要冒一定风险。但由于应用了统计规律，这样做决策成功的还是占多数，比凭直觉或主观想象要合理有效得多。

3. 期望效用法

以上两种方法，我们均直接以货币量作为比较依据，但在风险型决策中采用货币的效用值作为比较依据能更符合决策者的意图。

例题 10.24.5　设有两个投资方案，预估利润及概率如表 10.24.6 所示，试比较方案优劣。

两个方案的期望利润分别为

$E(Ⅰ) = 20\ 000 \times 0.15 + 10\ 000 \times 0.10 + 0 \times 0.65 + (-2\ 000) \times 0.10$
　　　$= 3\ 800(万元)$

$E(Ⅱ) = 40\ 000 \times 0.05 + 20\ 000 \times 0.20 + (-2\ 000) \times 0.35 + (-3\ 000) \times 0.4$
　　　$= 4\ 100(万元)$

故按期望值法，方案Ⅱ＞方案Ⅰ。

表 10.24.6　投资方案预估利润及概率

利润/万元	方案Ⅰ				方案Ⅱ			
利润/万元	20 000	10 000	0	−2 000	40 000	20 000	−2 000	−3 000
概率	0.15	0.10	0.65	0.10	0.05	0.20	0.35	0.40

按最大可能法,方案Ⅰ>方案Ⅱ。

现假设决策者对这些货币的效用值分别 $U(-3\,000)=-5$,$U(-2\,000)=-2$,$U(0)=0$,$U(1\,000)=5$,$U(20\,000)=8$,$U(40\,000)=12$,则两个方案的期望效用分别为

$$U(Ⅰ)=U(20\,000)\times0.15+U(10\,000)\times0.10+U(0)\times0.65$$
$$+U(-2\,000)\times0.10=1.5$$

$$U(Ⅱ)=U(40\,000)\times0.05+U(20\,000)\times0.20+U(-2\,000)\times0.35$$
$$+U(-3\,000)\times0.4=0.5$$

故方案Ⅰ>方案Ⅱ,显然该决策人为风险规避者。

4. 决策树法

在很多情形下一项决策常常需做一系列决策,这种决策叫作连续决策,每个决策或事件(即自然状态)都可能引出两个或多个事件,导致不同的结果,把这种决策分支画成图形很像一棵树的枝干,故称决策树。决策树法是决策过程的一种有序概率图解法,它把一系列具有风险性的决策环节联系成一个统一的整体,使决策者能统观全过程,并进行合理分析,如图 10.24.1 所示。

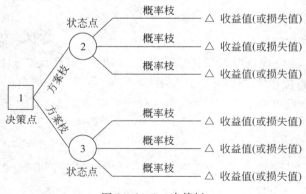

图 10.24.1　决策树

(1) 决策点:它是以方框表示的结点。

(2) 方案枝:它是由决策点起自左而右画出的若干条直线,每条直线表示一个备选方案。

（3）状态节点：在每个方案枝的末端画上一个圆圈"○"并注上代号叫作状态节点。

（4）概率枝：从状态结点引出若干条直线"—"叫概率枝，每条直线代表一种自然状态及其可能出现的概率（每条分支上面注明自然状态及其概率）。

（5）结果点：它是画在概率枝的末端的一个三角结点。

我们用一个例子来说明决策树的分析过程。

例题 10.24.6 某工程单位要确定是否承担某项工程，若准备承担需耗资 4 万元进行调研和论证争取取得项目，设取得项目的概率为 60%。若争取到该项目，有三种方案可供选择：①自己进行开发设计，需费用 26 万元，成功的概率为 80%；②购买专利需费用 18 万元，成功概率为 50%；③对现有设备进行更新改造，需费用 16 万元，成功概率为 40%。无论哪种方案只要成功均能得到收益 60 万元，若失败则要罚款 10 万元，要确定最佳策略。

首先我们将一系列决策环节用树表示，树的分支处称为决策环节，决策环节有两种，一种是决策者可以主观抉择环节，用方块（▪）表示，也称为决策点，如例 10.24.1 中第一个点 A 是确定准备承担还是不承担该工程就是一个主观抉择环节用 ▪ 表示。由方块节点引出的分支称为决策枝，其分支数就是可供抉择的方案数。如果决定承担，那么进入环节 B，这是一个由客观环境确定的随机选择环节，称为机会点用圆形节点（⊙）表示，例如决定承担此工程后能否争取得到要看客观情况而不能由决策者自身决定。由这种节点引出的分支称为机会枝，每个分支均有一定概率，如由 B 引出两个分支：得到任务的概率为 0.6，失去任务的概率为 0.4，分支数就是自然状态数。

如果得到了任务，决策者可以自行确定工作方案，故下一个节点 D 又是一个主观抉择环节，每个方案又都有成功与失败的可能，故这又是一个机会点，成功获得收益；失败则蒙受损失，这样经过一系列环节，直到终端，用三角形（△）节点表示结果即末梢节点，由此获得一张决策图，如图 10.24.2 所示。

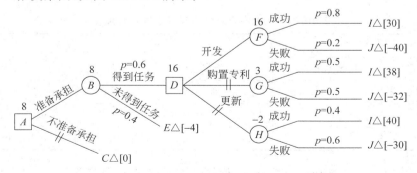

图 10.24.2 决策树

(1) 对每个机会点的概率分支进行概率估计,并在分支上标出相应概率;

(2) 在每个结果节点上用括号([])标出相应的净现值(或效用值,益损值),图 10.24.2 给出了问题的决策树。

下面我们对各节点益损进行计算。

(1) 由后向前对每个机会点按其引出的概率分支算出期望益损值,并标于节点上方;

(2) 对每个决策点算出由它引出的各方案的最大期望益损值,并标于该节点上方,进行剪枝最后得到了一个最佳决策过程以及相应的益损值(标在节点 A 的上方)。

本例中先计算各节点的益损值 $\Delta(C),\Delta(E),\cdots,\Delta(N)$。

$$\Delta(C)=0,\Delta(E)=-4,\Delta(I)=60-26-4=30,$$
$$\Delta(J)=-10-26-4=-40,\Delta(K)=60-18-4=38,$$
$$\Delta(L)=-10-18-4=-32,\Delta(M)=60-16-4=40,$$
$$\Delta(N)=-10-16-4=-30$$

计算机会点 F,G,H 的期望收益 $E(F),E(G),E(H)$:

$E(F)=30\times0.8-40\times0.2=16,E(G)=38\times0.5-32\times0.5=3,E(H)=40\times0.4-30\times0.6=-2$。因为 $E(F)>E(G)>E(H)$,故 D 应采取自行开发 F,将 G,H 剪枝,且 $E(D)=16$,然后计算 B 点的期望值

$$E(B)=16\times0.6+(-4)\times0.4=8(万元)$$

因为 $E(B)>\Delta(C)$,故 $E(A)=E(B)=8$(万元),即该承包商应准备承担该项目,如果得到该项目应自行开发,预计可得到期望收益 8 万元。

例题 10.24.7 某承包商因所拥有的资源有限,只能在 A,B 两项工程中选择一个进行投标,或者都不投标。无论对 A 或 B 均可采取投高标或投低标的策略。根据过去的历史资料,投高标中标机会为 30%,而投低标中标机会为 50%,该承包商根据过去承包类似工程的统计资料得到 3 种状态(优,一般,赔)的出现概率与可能利润见表 10.24.7。若对 A 投标不中时损失 5 万元,对 B 投标不中时损失 10 万元。试分析最优策略。

表 10.24.7 三种状态的出现概率与可能利润

承包商	A						B					
投标策略	高投标			低投标			高投标			低投标		
状态	优	一般	赔	优	一般	赔	优	一般	赔	优	一般	赔
利润	500	100	-80	400	70	-100	700	200	100	600	100	-120
概率	0.3	0.5	0.2	0.2	0.6	0.2	0.3	0.5	0.2	0.3	0.6	0.1

图 10.24.3 给出了相应的决策树。我们来计算各点的期望收益。

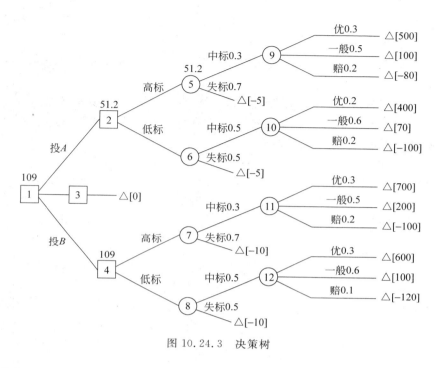

图 10.24.3   决策树

节点 9：

$$E(9) = 500 \times 0.3 + 100 \times 0.5 - 80 \times 0.2 = 184$$

同理

$$E(10) = 102, \quad E(11) = 230, \quad E(12) = 228$$

再计算

$$E(5) = 184 \times 0.3 - 5 \times 0.7 = 51.7, \quad E(6) = 120 \times 0.5 - 5 \times 0.5 = 57.5$$

$$E(7) = 230 \times 0.3 - 10 \times 0.7 = 62, \quad E(8) = 228 \times 0.5 - 10 \times 0.5 = 109$$

进行剪枝由 $E(3) = 0, E(2) = E(5) = 51.2, E(4) = E(8) = 109$，故剪去 2,3 枝，得 $E(1) = E(4) = 109$。最后得到，若投 A 工程，则宜投高标；若投 B 工程，则宜投低标。从总体看，应选定 B 工程且投低标为宜。

以上计算中益损值均用净现值计算，也可用效用值计算，并且还可以列出方差，同时进行期望值与方差比较。

决策树的重要特征如下。

（1）决策树的时间顺序由左到右，并且决策节点和事件节点的位置在逻辑上与事件在现实中将要发生的路线一致。逻辑上必须发生在某些事件和决定之前的任何事件或决定在决策树中应放在合适的位置，以反映事件的逻辑相关性。

（2）从每个决策节点发出的分支表示在一定的环境下以及一定的时间内经过考虑所作出的所有可能的决定。

（3）从每个事件节点发出的分支代表来自事件节点所有结果相互关系为互斥和完备集合。

（4）从一个所给定的事件节点发出的每个结果分支的概率之和必须是1。

（5）决策树中的每个最后分支都有一个数值与它相对应。该数值通常表示对货币值，如薪水、收入和成本等的某种度量。

第25章

多目标决策

进行决策时，人们总是要按某种标准，从众多可供选择的方案中挑选出最好或最满意方案。如果所考虑的问题只有一个标准作为选择的依据，这就是通常的单目标最优化问题。但人类长期的社会实践证明，由于客观世界的多样性，导致人类需求的多重性，而这又必然会引起人们进行比较，判断和决策时的多准则性、多目标性。例如一个企业要进行生产决策时，就要考虑经济、技术和社会效益等，而其中经济方面又要考虑产值、利润、成本、资本产出率等指标。又如长江三峡这样一个大工程，就必须综合考虑防洪效益、发电效益、通航要求、移民安置以及淹没损失，等等。这些多重目标之间，常常是互相制约的，甚至是互相矛盾、冲突的，人类真正的决策活动就是为解决多目标之间的冲突性所进行的努力，而多目标决策，就是研究这一类问题的一种数学方法。

第 1 节　多目标决策方法

1. 层次分析法

这是一种将与决策总是有关的元素分解成目标、准则方案等层次，在此基础上进行定性和定量分析的解决方法。

2. 多目标规划方法

这种方法和线性规划类似，列出多个目标和约束方程，最后通过变换将多个目标归结为一个目标，用单目标方法求解。

3. 数据包络分析法（DEA）

这种方法根据若干个生产单位的投入和产出指标进行有效性分析。

4. 目标规划方法

这是一种按目标的重要性划分等级，然后用线性规划方法求得满意解的方法。

5. 模糊决策方法

这是根据模糊集理论得到的多目标决策方法。

这一节,我们主要介绍层次分析法。

第 2 节 层次分析法

层次分析法(Analytic Hierarchy Process,AHP)是美国运筹学家萨迪(T. L. Saaty)教授于 20 世纪 70 年代初提出的一种简便、灵活而又实用的多准则决策方法。它把一个复杂问题分解成组成因素,并按支配关系形成层次结构,然后用两两比较方法确定决策方案的相对重要性。层次分析法的整个过程体现了人的决策思维的基本特征,即分解、判断和综合。它将定性判断与定量分析相结合,用数量形式表达和处理人的主观偏好,从而为科学决策提供了依据。运用层次分析法,易于在决策分析者与决策制定人之间进行沟通,在大部分情形下,决策者可直接使用 AHP 进行决策,从而大大提高了决策的有效性、可靠性和可行性。

层次分析法从本质上讲也是一种专家参与的决策方法,但由于它采取了层次结构与相对标度,因而比前一章中所介绍的直接法远为灵活、多彩,可以解决的问题也更复杂,其结果也更有说服力。

层次分析法特别适用于系统中某些因素缺乏定量数据或难以用完全定量分析方法处理的政策性较强或带有个人偏好的决策问题。在经济发展规划、能源需求预测与选择、人才需求与选拔、经济政策评价、投资项目评估以及工程承包投标中都得到了有效应用。

运用 AHP 进行决策时,大体可分为 4 个步骤进行。

1. 递阶层次结构的建立

应用 AHP 分析社会的、经济的以及科学管理领域的问题,首先要把问题条理化,层次化,构造出一个层次结构模型。在这个结构模型下,复杂的问题被分解为我们称之为元素的组成部分,这些元素又按其属性分成若干组,形成不同层次,上一层次元素作为准则对下一层次的某些元素起支配作用,同时它们又受上一层次某个或某些元素的支配,这些层次大体上可分为 3 类:

(1) 最高层,这一层次中只有一个元素,一般它是问题的预定目标或理想结果,因此也称目标层;

(2) 中间层,这一层次包括为了实现目标所涉及的中间环节,它可以由若干个层次组成,包括所需考虑的准则、子准则,因此也称为准则层;

（3）最低层,表示为实现目标可供选择的各种措施、决策方案等,因此也称为措施层次或方案层。

递阶层次结构中各层次之间的支配关系不一定是完全的,即可以存在这样的元素,它并不支配下一层次所有元素而仅支配其中部分元素,这种自上而下的支配关系所形成的层次结构我们称为递阶层次结构(注意此时层次内部元素之间不存在支配关系)。一个典型的层次结构如图 10.25.1 所示。

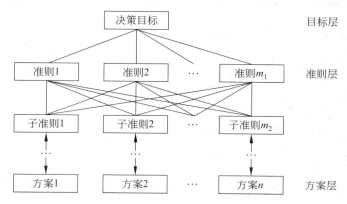

图 10.25.1　递阶层次结构示意图

递阶层次结构中的层次数与问题的复杂性有关,一般地,层次数可以不受限制,每个层次中各元素所支配的元素一般不要超过 9 个,这是因为支配的元素过多会给下一步的两两比较判断带来困难。一个好的层次结构对于解决问题是至关重要的,它为获得良好的结果奠定了基础,因此必须反复讨论,反复斟酌。

2. 构造两两比较判断矩阵

在建立递阶层次结构以后,上下层元素之间的隶属关系就确定了,假定以上一层的元素 C_1 为准则,所支配的下一层次的元素为 $u_1, u_2, \cdots, u_n$,我们的目的是要按它们对于准则 C_1 的重要性赋予 $u_1, u_2, \cdots, u_n$ 相对权重。当 $u_1, u_2, \cdots, u_n$ 对于 C_1 的重要性可以直接定量表示时(如利润值,材料消耗量等),它们相应的权重可以直接确定,但对于大多数社会经济问题,特别是比较复杂的问题,元素的权重不易直接确定,这时就要有适当方法导出它们的权重。所用的导出权重的方法就是两两比较的方法。所用的标度是比例标度法。

在这一节中,决策者用反复回答问题,针对准则 C,两个元素 u_i 和 u_j,哪一个更重要,重要多少? 并按 $1 \sim 9$ 比例标度对重要性程度赋值。表 10.25.1 中列出了 $1 \sim 9$ 标度的含义。

例如总效益下支配的元素为经济效益、社会效益和环境效益。如果认为经济效益比社会效益明显地重要,那么它们的重要性之比的标度应取为 5。反之,社会效益与经济效益之比应取为 $\frac{1}{5}$。这样对于准则 C,n 个被比较元素构成了一个两两比较判断矩阵

$$A = (a_{ij})_{n \times n} \tag{10.25.1}$$

式中,a_{ij} 就是元素 u_i 与 u_j 相对于准则 C 的相对重要性之比。

表 10.25.1   1～9 标度的含义

标　度	含　　义
1	表示两个元素相比,具有同样重要性
3	表示两个元素相比,前者比后者稍重要
5	表示两个元素相比,前者比后者明显重要
7	表示两个元素相比,前者比后者强烈重要
9	表示两个元素相比,前者比后者极端重要
2,4,6,8	表示上述相邻判断的中间值
倒数	若元素 i 与元素 j 的重要性之比为 a_{ij},那么元素 j 与元素 i 重要性之比为 $a_{ji} = \dfrac{1}{a_{ij}}$

显然判断矩阵具有下述性质。

(1) $a_{ij} > 0$;

(2) $a_{ji} = \dfrac{1}{a_{ij}}$;$(i, j = 1, 2, \cdots, n)$ $\tag{10.25.2}$

(3) $a_{ii} = 1$;$(i = 1, \cdots, n)$

我们称判断矩阵 A 为正互反矩阵,它所具有的性质(10.25.2)使我们对一个 n 个元素的判断矩阵仅需给出其上(或下)三角的 $\frac{n(n-1)}{2}$ 个元素就可以了,也就是说只需作 $\frac{n(n-1)}{2}$ 个判断。

在理想状态下,判断矩阵 A 的元素具有传递性,即满足等式

$$a_{ij} a_{jk} = a_{ik} \tag{10.25.3}$$

例如当 u_i 与 u_j 相比的重要性之比为 3,而 u_j 与 u_k 重要性之比为 2,如果又认为 u_i 与 u_k 的重要性之比为 6 时,那么它们之间的关系就满足了传递性。当式(10.25.3)对于 A 的所有元素均成立时,那么 A 就称为一致性矩阵。但一般地我们并不要求判断矩阵的元素满足这种传递性要求。事实上对矩阵的完全一致性要求是不切实际的。

关于判断矩阵有些问题还需作一些进一步说明,即为什么要用两两比较?为什么要用 1～9 比例标度?为什么要限制被比较元素个数不要超过 9 个以及作 $\frac{n(n-1)}{2}$ 个比较

是否必要等。

　　分析社会经济系统不难看出，许多被测对象只具有相对性质，而难以用同一种绝对标度进行衡量。例如安全、幸福、进步等概念很难有一个绝对标准，只能在比较中显示优劣。这提示我们，在社会经济以及一些类似问题的某些属性的测度中可以考虑采用一种相对标度。层次分析法所采用的两两比较判断矩阵正是一种既能测量各种属性优劣，又能充分利用专家的经验和判断的相对标度法。它的应用使系统从无结构向结构化和次序化转化，因而不能不认为是系统分析中的一大突破。

　　在判断矩阵的建立上，层次分析法采用了 1～9 比例标度。这是由于这种比例标度比较符合人们进行判断时的心理习惯。首先我们认为参与比较的对象对于它们所从属的性质或准则有较为接近的强度，否则比较判断的定量化就会失去意义。例如用 1km 与 1cm 相比，显然是没有多大意义的。因而比例标度范围不必过大，如果出现强度在数量级上相差过于悬殊的情形，可以将数量级小的那些对象适当合并，或将数量级大的对象分解，使强度保持在接近的数量级上，然后再实施两两比较。

　　其次研究人们比较判断习惯的特点，人们通常用相等，较强（弱），明显强（弱），很强（弱），绝对强（弱）这类语言来表达两个因素的某种属性的比较。如果再分细些，可以在相邻两级中再插入一级，这样正好是 9 级，因而用 9 个数字来表达强弱是恰当的。而且显然地这种判断具有互反性，即若甲与乙重要性之比为 9，则乙与甲重要性之比为 $\frac{1}{9}$。那么能否取 1～9 之间的非整数作为比例值呢？一般地说没有必要。对于一个难以定量的对象提供一个过于精确的标度显然是事倍功半的。当然，当事物的属性强度十分接近时，也可采用其他标度，例如 1.1～1.9 标度。表 10.25.2 给出了各种标度间转换的参考关系。

　　上面提到，一般在一个准则下，被比较对象不要超过 9 个。这是心理学研究的一个结论。实验心理学表明，普通人在对一组事物的属性作比较，并使判断基本保持一致时所能正确辨别事物的个数在 5～9 之间。其极限个数为 9，而这恰好与 9 级标度相应。因而限制判断矩阵阶数不超过 9 是有实验根据的。

　　为了获得判断矩阵，我们需作 $\frac{n(n-1)}{2}$ 次两两判断。有人认为，只要把所有元素逐个与某个元素作比较，只作 $n-1$ 次比较就可获得排序向量。这种做法的弊端在于，任何一个判断的失误，均可导致不合理的排序。而这种失误对于难以定量的系统又是很有可能发生的。而进行 $\frac{n(n-1)}{2}$ 次比较可以提供更多的信息，通过各种不同角度的反复比较而导出一个更合理的排序。

表 10.25.2　标 度 转 换

标度范围	相等	中间	弱强	中间	强	中间	很强	中间	绝对强
(1) 1～3	1	2	2	2	2	3	3	3	3
(2) 1～5	1	2	2	3	3	4	4	5	5
(3) 1～7	1	2	2	3	4	5	6	6	7
(4) 1～9	1	2	3	4	5	6	7	8	9
(5) 1～11	1	3	4	5	7	8	9	10	11
(6) 1～13	1	3	4	6	7	9	10	12	13
(7) 1～17	1	3	5	7	9	11	13	15	17
(8) 1～26	1	5	8	11	14	17	20	23	26
(9) 1～90	1	20	30	40	50	60	70	80	90
(10) 0.9	相应 1～9 标度值的 0.9								
(11) 0.7	相应 1～9 标度值的 0.7								
(12) 0.3	相应 1～9 标度值的 0.3								
(13) 0.1	相应 1～9 标度值的 0.1								
(14) 1+0.x	这里的 x 相应于 1～9 标度值								
(15) 3+0.x	这里的 x 相应于 1～9 标度值								
(16) $\sqrt{x}$	这里的 x 相应于 1～9 标度值								
(17) x^2	这里的 x 相应于 1～9 标度值								
(18) x^5	这里的 x 相应于 1～9 标度值								
(19) $2^{\frac{x}{2}}$	$2^0=1$	$2^{0.5}=$ 1.141	$2^1=$ 2	$2^{1.5}=$ 2.828	$2^2=$ 4	$2^{2.5}=$ 5.657	$2^3=8$	$2^{3.5}=$ 11.31	$2^4=16$
(20) $9^{\frac{x}{8}}$	1	$9^{\frac{1}{8}}$	$9^{\frac{2}{8}}$	$9^{\frac{3}{8}}$	$9^{\frac{4}{8}}$	$9^{\frac{5}{8}}$	$9^{\frac{6}{8}}$	$9^{\frac{7}{8}}$	9

3. 单一准则下元素相对权重计算

在这一步我们要根据 n 个元素 $u_1, u_2, \cdots, u_n$ 对于准则 C 的判断矩阵求出它们对于准则 C 的相对排序权重 $w_1, w_2, \cdots, w_n$。写成向量形式为 $W=(w_1, w_2, \cdots, w_n)^{\mathrm{T}}$。

存在着各种不同的计算权重的方法,主要有以下几种:

1）和法

对于一个一致的判断矩阵,它的每一列归一化后就是相应的权重向量,当 A 不一致时,它们是近似权重向量。和法采用这 n 个归一化列向量的算术平均作为权重向量,即有

$$w_i = \frac{1}{n}\left[\sum_{j=1}^{n}\left(\frac{a_{ij}}{\sum_{k=1}^{n}a_{kj}}\right)\right] \quad (i=1,2\cdots,n) \tag{10.25.4}$$

与和法类似的还可用公式

$$w_i = \frac{\sum_{j=1}^{n}a_{ij}}{\sum_{k=1}^{n}\sum_{j=1}^{n}a_{kj}} \quad (i=1,2,\cdots,n) \tag{10.25.5}$$

进行计算。

2）根法

如果我们将 A 的各个列向量的分量用几何平均,然后再归一化,这就是根法得到的权重向量,即有

$$w_i = \frac{\left[\prod_{j=1}^{n}a_{ij}\right]^{\frac{1}{n}}}{\sum_{k=1}^{n}\left[\prod_{j=1}^{n}a_{kj}\right]^{\frac{1}{n}}} \tag{10.25.6}$$

上述两种方法均适合于手算或粗估。

3）对数最小二乘法（LLSM）

用拟合方法确定权重向量 $W=(w_1,\cdots,w_n)^{\mathrm{T}}$,使残差平方和

$$\sum_{1\leqslant i<j\leqslant n}\left[\log a_{ij} - \log\frac{w_i}{w_j}\right]^2 \tag{10.25.7}$$

为最小。这就是对数最小二乘法,简记为（LLSM）。可以证明对数最小二乘法的结果与根法相同。

4）最小二乘法（LSM）

确定权重向量 $W=(w_1,\cdots,w_n)^{\mathrm{T}}$,使残差平方和

$$\sum_{1\leqslant j\leqslant n}\left[a_{ij} - \frac{w_i}{w_j}\right]^2 \tag{10.25.8}$$

为最小的方法称为最小二乘法,记为 LSM 最小二乘法由于需要解一组非线性方程,故在实际中应用较少。

5) 特征根法（EM）

设 $W=(w_1,\cdots,w_n)^{\mathrm{T}}$ 是由 n 阶判断矩阵得到的权重（即排序）向量。当 A 是一致性矩阵时，A 应为

$$A=\begin{pmatrix} \dfrac{w_1}{w_1} & \dfrac{w_1}{w_2} & \cdots & \dfrac{w_1}{w_n} \\[2mm] \dfrac{w_2}{w_1} & \dfrac{w_2}{w_2} & \cdots & \dfrac{w_2}{w_n} \\[2mm] \vdots & \vdots & & \vdots \\[2mm] \dfrac{w_n}{w_1} & \dfrac{w_n}{w_2} & \cdots & \dfrac{w_n}{w_n} \end{pmatrix} \tag{10.25.9}$$

该矩阵的秩为 1，满足

$$AW = nW \tag{10.25.10}$$

这里 n 是 A 的最大特征值，W 是 A 的特征值 n 的特征向量，A 的其他特征值均为零。对于判断矩阵 A，一般的是不一致的，但它是正矩阵，我们用 A 的最大特征值 $\lambda_{\max}$ 对应的特征向量 W，即满足

$$AW = \lambda_{\max}W \tag{10.25.11}$$

的特征向量 W 作为近似排序向量。这种方法称为特征根法，简记为 EM。关于特征根方法的原理及其具体计算方法将在后面中进行讨论。

在这一步中，我们还应对判断矩阵的一致性程度，即判断矩阵的质量进行检验。前面已经提到，在判断矩阵构造中，并不要求判断具有传递性和一致性。这是由客观事物的复杂性与人的认识的多样性所决定的。但要求判断有大体上的一致是应该的。出现甲比乙极端重要，乙比丙极端重要，而丙又比甲极端重要的判断一般是违反常识的。一个混乱的经不起推敲的判断矩阵有可能引起决策的失误。而且当判断矩阵偏离一致性过大时，用任何一种排序向量估算方法，其结果的可靠性都是值得怀疑的。因此需要对判断矩阵一致性进行检验，其检验步骤如下：

（1）计算一致性指标 CI

$$CI = \frac{\lambda_{\max}-n}{n-1} \tag{10.25.12}$$

（2）查找相应的平均随机一致性指标 RI，表 10.25.3 给出了 1～15 阶正互反矩阵的平均随机一致性指标。

表 10.25.3　平均随机一致性指标

矩阵阶数	1	2	3	4	5	6	7	8	9	10	11	12	13	14	15
RI	0	0	0.52	0.89	1.12	1.26	1.36	1.41	1.46	1.49	1.52	1.54	1.56	1.58	1.59

（3）计算一致性比例 CR

$$\mathrm{CR} = \frac{\mathrm{CI}}{\mathrm{RI}} \tag{10.25.13}$$

当 CR<0.1 时，认为判断矩阵的一致性是可以接受的，否则应对该判断矩阵作适当修正。

在这里，矩阵最大特征值 $\lambda_{\max}$ 除用特征根法计算外，还可用公式

$$\lambda_{\max} \approx \sum_{i=1}^{n} \frac{(AW)_i}{n w_i} = \frac{1}{n} \sum_{i=1}^{n} \frac{(a_{ij} w_j)}{w_i} \tag{10.25.14}$$

计算。

4. 计算各层元素对目标层的总排序权重

步骤（3）中得到的是一组元素对其上一层上某个元素的权重向量。称为单准则下的权重向量。我们最终要得到各元素特别是最低层中各方案对目标的排序权重，即所谓总排序权重向量，据此可进行方案选择。总排序权重要自上而下地将单准则下的权重进行合成。

假定我们已经算出第 $k-1$ 层上的元素（设为 n_{k-1} 个）对于目标层的总排序向量 $W^{(k-1)} = (w_1^{(k-1)}, \cdots, w_{n_{k-1}}^{(k-1)})$ 以及第 k 层上的元素（设为 n_k 个）对于 $k-1$ 层上第 j 个元素为准则的单排序向量 $p_j^{(k)} = (P_{1j}^{(k)}, \cdots, P_{n_k j}^{(k)})^{\mathrm{T}}$，其中不受 j 元素支配的元素权重取为零。矩阵

$$P^{(k)} = (P_1^{(k)}, \cdots, P_{n_{k-1}}^{(k)})$$

是 $n_k \times n_{k-1}$ 阶矩阵，表示了第 k 层上元素对 $k-1$ 层上各元素的排序，那么第 k 层上元素对目标的总排序 $W^{(k)}$ 为

$$W^{(k)} = (W_1^{(k)}, \cdots, W_{n_k}^{(k)})^{\mathrm{T}} = P^{(k)} W^{(k-1)} \tag{10.25.15}$$

写成分量为

$$W_i^{(k)} = \sum_{j=1}^{n_{k-1}} p_{ij}^{(k)} w_j^{(k-1)} \tag{10.25.16}$$

因为

$$W^{(k-1)} = p^{(k-1)} W^{(k-2)}$$

由此递推可得

$$W^{(k)} = P^{(k)} P^{(k-1)} \cdots P^{(3)} W^{(2)} \tag{10.25.17}$$

这里 $W^{(2)}$ 就是第二层上元素对于目标的总排序，也是单准则下的排序向量。

第3节 案 例 题

企业利润分配问题

某工厂有一笔企业留成利润,要由厂领导决定如何使用。总目标是如何合理分配这笔留成利润。根据对问题的分析,可用下面三个准则来评价这笔奖金使用是否合理。

B_1 为提高企业技术水平,B_2 为改善职工文化物质生活,B_3 为调动职工劳动积极性。

为实现这些子目标,有 5 个措施方案可供选择:

C_1 为办职工业余学校,C_2 为扩建集体福利设施,C_3 为增发奖金,C_4 为建立图书馆俱乐部,C_5 为购进新设备和技术革新。

其层次决策模型如图 10.25.2 所示。

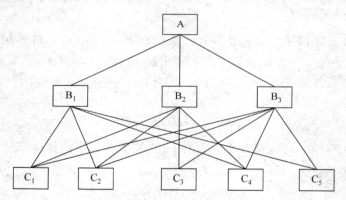

图 10.25.2 层次决策模型

下一步,建立判断矩阵,并用特征值法求出权重。

A－B

A	B_1	B_2	B_3	W_i
B_1	1	3	5	0.637 0
B_2	$\dfrac{1}{3}$	1	3	0.258 3
B_3	$\dfrac{1}{5}$	$\dfrac{1}{3}$	1	0.104 7

$\lambda_{\max} = 3.039$;$CI = 0.019\ 5$;$CR = 0.036 < 0.1$ 通过一致性检验。

$$B_1 - C$$

B_1	C_1	C_2	C_4	C_5	W_i
C_1	1	7	5	3	0.563 8
C_2	$\dfrac{1}{7}$	1	$\dfrac{1}{3}$	$\dfrac{1}{5}$	0.055 0
C_4	$\dfrac{1}{5}$	3	1	$\dfrac{1}{3}$	0.117 8
C_5	$\dfrac{1}{3}$	5	3	1	0.263 4

$\lambda_{max} = 4.19$; $CI = 0.043$; $CR = 0.048 < 0.1$ 通过一致性检验。

$$B_2 - C$$

B_2	C_1	C_2	C_3	C_4	W_i
C_1	1	3	1	5	0.390 8
C_2	$\dfrac{1}{3}$	1	$\dfrac{1}{3}$	3	0.150 9
C_3	1	3	1	5	0.390 8
C_4	$\dfrac{1}{5}$	$\dfrac{1}{3}$	$\dfrac{1}{5}$	1	0.067 5

$\lambda_{max} = 4.022$; $CI = 0.007\ 3$; $CR = 0.008 < 0.1$ 通过一致性检验。

$$B_3 - C$$

B_3	C_1	C_2	C_3	C_4	C_5	W_i
C_1	1	$\dfrac{1}{3}$	$\dfrac{1}{5}$	$\dfrac{1}{2}$	3	0.092 4
C_2	3	1	$\dfrac{1}{3}$	2	5	0.232 3
C_3	5	3	1	4	7	0.490 5
C_4	2	$\dfrac{1}{2}$	$\dfrac{1}{4}$	1	3	0.138 4
C_5	$\dfrac{1}{3}$	$\dfrac{1}{5}$	$\dfrac{1}{7}$	$\dfrac{1}{3}$	1	0.046 4

$\lambda_{max} = 5.155$; $CI = 0.039$; $CR = 0.035 < 0.1$ 通过一致性检验。

下面,计算各备选方案对总目标的优先等级。

由 A—B 矩阵求出 3 个子目标对总目标的权系数,其他 3 个矩阵是求各措施方案对各子目标的权重,又有了各子目标对总目标的权重,就可以通过加权的办法求出各备选方案对总目标的优先等级。

$$\tilde{w}_j = \sum_{i=1}^{n} w_i \cdot w_{ij}$$

式中:$\tilde{w}_j$ 为第 j 项措施对总目标的权重;w_i 为第 i 个子目标对总目标的权重;w_{ij} 为第 j 项措施对第 i 项子目标的权重。

例如,方案 C_1 对总目标的优先等级为

$$\tilde{w}_1 = 0.637 \times 0.563\,8 + 0.258\,3 \times 0.390\,8 + 0.104\,7 \times 0.092\,4 = 0.469\,8$$

同理,可求出 $\tilde{w}_2, \tilde{w}_3, \tilde{w}_4, \tilde{w}_5$。用矩阵表示为

$$
\begin{array}{c}
C_1 \\ C_2 \\ C_3 \\ C_4 \\ C_5
\end{array}
\begin{bmatrix}
0.563\,8 & 0.390\,8 & 0.092\,4 \\
0.055\,0 & 0.150\,9 & 0.232\,3 \\
0.000\,0 & 0.390\,8 & 0.490\,5 \\
0.117\,8 & 0.067\,5 & 0.138\,4 \\
0.263\,4 & 0.000\,0 & 0.046\,4
\end{bmatrix}
\times
\begin{bmatrix}
0.637\,0 \\
0.258\,3 \\
0.104\,7
\end{bmatrix}
=
\begin{bmatrix}
0.469\,8 \\
0.098\,3 \\
0.152\,3 \\
0.107\,0 \\
0.172\,6
\end{bmatrix}
\begin{array}{c}
C_1 \\ C_2 \\ C_3 \\ C_4 \\ C_5
\end{array}
$$

因此,对于该企业合理利用利润来说,最合理的方案是 C_1,其次为 C_5, C_3, C_4, C_2。

第 4 节 练 习 题

1. 决策分析的要素包含哪些?

2. 决策分析的步骤是什么?

3. 某工厂准备推出一项新产品,通过初步调查,估计其销售情况有好、较好、一般、差 4 种。又拟定了 3 种生产方案:甲,引进新生产线;乙,自建一新生产线;丙,改进生产线。每种生产方案在各种销售情况下的企业年效益值如下表所示,试用期望值法进行决策。

效益值 销路 方案	好	较好	一般	差
甲	65	45	−20	−40
乙	85	40	−35	−70
丙	50	30	15	−15

第11篇

Part 11

对 策 论

Game Theory 原译是博弈论，它是研究决策主体的行为发生直接相互作用时的决策以及这种决策的均衡问题。简单地讲，它是研究带有斗争性质问题的决策以及决策的均衡问题。在这个意义上博弈论又称为"对策论"。

人们之间决策行为相互影响的例子很多。例如，棋手不仅考虑自己的战略而且要考虑对手的战略；OPEC(石油输出国组织)成员在市场上价格制定和产量限制；地方与国家之间也存在着一种博弈，中央采取的行动会影响地方的行动，反过来地方的行动又会使中央采取新的政策。所以博弈论的应用是非常广泛的。

一般认为，博弈论开始于 1944 年由冯诺曼（Von Neumann）和摩根斯坦恩（Morgenstem）合作的《博弈论和经济行为（*The Theory of Game and Economic Behaviour*）》一书的出版，书中创立了预期效用理论等概念。但现代博弈理论的发展主要应归功于纳什（Nash）、泽尔腾（Selten）和海萨尼（Harsanyi）对于非合作博弈方面的贡献。20 世纪 50 年代可以说是博弈论的巨人出现的年代。合作博弈论在 20 世纪 50 年代达到了顶峰，同时非合作博弈论也开始出现，纳什在 1950 年和 1951 年发表的两篇关于非合作博弈的重要文章，艾伯特·塔克（Albert Tucker）在 1950 年定义了"囚徒困境"，他们的著作基本上奠定了现代非合作博弈论的基石，并且对经济学的发展起了重要作用。

严格地讲，博弈论并不是经济学的一个分支，它是一种数学方法，应用范围不仅包括经济学、政治、军事，外交公共选择甚至还有犯罪学都涉及博弈论。而事实上很多人都把博弈论看成是数学的一个分支。纳什在 1951 年的奠基性文章就是在数学杂志而不是经济学杂志上发表的。但是随着博弈论在经济学中的广泛而成功的应用，经济学家对博弈论的兴趣及贡献越来越大；经济学和博弈论在强调个人理性，在约束条件下追求效用最大化的一致性，使博弈论逐渐成为经济学的一部分。到了 20 世纪 70 年代博弈论真正成为主流经济学的一部分，并且 1994 年的诺贝尔经济学奖授给了 3 位博弈论专家：纳什、泽尔腾和海萨尼。纳什的贡献主要是完全信息下静态博弈，海萨尼的主要贡献在于对不完全信息下的静态博弈，而动态博弈的成果主要归功于泽尔腾，本章只讨论完全信息下静态博弈的纳什均衡。

接下来我们主要从数学角度上讨论对策问题，因而仍然沿用"对策论"的名词。

第26章
数学定义与基本定理

对策论的基本概念包括人、行动、信息、战略、支付函数、结果、均衡等。其中最基本的是人、行动和支付函数,称为对策三要素。

任何对策问题都要具备下面的三要素。

1. 局中人

我们把一场斗争(简称一局对策)中参与的各方称为局中人,例如参与玩剪刀—石头—布的两名儿童,参与市场份额占有率的两个企业,都是一场斗争中的局中人。局中人除可以是个人以外,还可以是团体,即可以把利益一致、互相配合行动的多个参与者看成是一个局中人。当局中人多于两人时,称为多人对策。对于多人对策,局中人之间还可能产生合作或结盟。制定策略时应考虑这些情况。

当局中人只有两人时,我们称为两人对策。这是本章讨论的主要内容。

2. 策略

在一局对策中,各局中人为了取得尽可能好的结果,都有一套可供选择的用以对付对手的行动方案,这种行动方案称之为策略。

策略必须是一局对策中完整的行动方案。例如下棋的某一步走当头炮不是一个策略,而仅仅是一个策略中的组成部分。

一个局中人的策略的全体,称为这个局中人的策略集合。例如在剪刀—石头—布中,儿童Ⅰ、Ⅱ的策略集均为{剪刀,石头,布}。如果在一个对策中,各局中人的策略都只有有限个,则称此对策为有限对策,否则称之为无限对策。

例如儿童的剪刀—石头—布的游戏就是一个有限对策问题。

在一场竞争(称为一局对策)中,各局中人选定的策略构成一个策略组,称为一个"局势"。例如当儿童Ⅰ的策略为石头,而儿童Ⅱ取定策略为剪子时,就形成了一个"局势":{石头,剪子}。

当在一局对策中,每个局中人只从策略集中采取一个策略时,我们把这种策略称为纯策略。当可以按某种概率分布在各局对策中分别采取各种策略时,这种策略称为混合策略,简称策略。

3. 支付函数

在一局对策中,当局势确定后,对策的结果也就确定了,这时每个局中人的得失(或输赢)可以用一个数来表示,显然它们是局势的函数,称为支付函数。

如果在每个局势中,全体局中人得失相加总是零,就称此对策为"零和"对策,否则,称为非零和对策。

例如在石头—剪刀—布游戏中,胜者得 1 分,输者失 1 分(即得 -1 分),这就是两人零和对策的支付函数,如表 11.26.1 所示。

表 11.26.1 支付函数

I 的赢得函数 \ II	石头	剪刀	布
石头	0	1	-1
剪刀	-1	0	1
布	1	-1	0

两人零和对策的支付函数可用矩阵表示,称为支付矩阵(也称赢得矩阵)。如对石头—剪刀—布对策的支付矩阵为 A,它也是儿童 I 的赢得矩阵。

$$A = \begin{bmatrix} 0 & 1 & -1 \\ -1 & 0 & 1 \\ 1 & -1 & 0 \end{bmatrix}$$

两人零和对策因为支付函数可用矩阵表示,故也称矩阵对策。

对策论就是研究当各局中人的策略集合,支付函数均为已知,但又不知道对方会采取何种策略时,如何确定自己应采取何种策略以争取尽可能好的结果的理论与方法。

综上所述,对策论的模型很多,按其参加的人数可分为两人对策与多人对策,按策略个数可分为有限对策和无限对策,按支付总和可分为零和对策和非零和对策,按对策局次计有纯策略或混合策略,按支付函数的表达形式可区分为矩阵对策和非矩阵对策,此外我们还可按局中人之间的关系,它们之间是否存在协议划分为合作对策和非合作对策等。我们在这一章里主要讨论有限两人零和对策(矩阵对策)的有关理论和方法。

第27章

算法例题案例

第1节　有限两人零和最优纯策略

在对策问题中,若只有两个局中人参加竞争,并且各自的策略集合都是有限的,一方所得恰好是另一方所失,并且只进行一局竞争。这种对策称为两人零和对策,此时的支付情形可用矩阵表示,故也称矩阵对策。

1. 赢得矩阵

设某决策者(局中人Ⅰ)的纯策略集合为

$$S_1 = \{a_1, a_2, \cdots, a_n\}$$

其对手(局中人Ⅱ)的纯策略集合为

$$S_2 = \{b_1, b_2, \cdots, b_n\}$$

则纯局势集合为

$$S = \{a_i, b_j\} \quad i = 1, 2, \cdots, m, \quad j = 1, 2, \cdots, n$$

局中人Ⅰ的赢得函数

$$a_{ij} = f\{a_i, b_j\},$$

那么他的赢得矩阵为

$$A = \begin{bmatrix} a_{11} & a_{12} & \cdots & a_{1n} \\ a_{21} & a_{22} & \cdots & a_{2n} \\ \vdots & & & \\ a_{m1} & \cdots & \cdots & a_{mn} \end{bmatrix} \qquad (11.27.1)$$

式中正值表示得,负值表示失,显然局中人Ⅱ赢得矩阵 $B = A^{\mathrm{T}}$,Ⅰ的赢得矩阵就是Ⅱ的支付矩阵。

我们把这个对策记作 $G, G = \{S_1, S_2, A\}$。

对于赢得矩阵应从广义上予以理解,它可以是货币,也可以是其他的量,如在球赛中可以是比分,在争取市场竞争中,可以是市场增加占有的百分比等。一个赢得矩阵实际上就是一个决策表。

例题 11.27.1(齐王赛马) 战国时期,齐王与大将田忌赛马,双方各有上下中三种等级的马,并各自分别从各类马中选出一匹进行比赛,每局输者支付千金。就同等级的马而言,齐王的马都比田忌的强,他们两人的策略集合都是{(上中下),(上下中),(中上下),(中下上),(下上中),(下中上)},并且每局结束后双方得失之和为零,表 11.27.1 上列出了各种局势下齐王的赢得值。

表 11.27.1 田忌赛马对策矩阵

田忌策略 齐王策略	上 中 下	上 下 中	中 上 下	中 下 上	下 上 中	下 中 上
上中下	3	1	1	1	1	−1
上下中	1	3	1	1	−1	1
中上下	1	−1	3	1	1	1
中下上	1	1	1	3	1	1
下上中	−1	1	−1	1	3	1
下中上	1	1	1	−1	1	3

齐王的赢得矩阵为

$$A = \begin{pmatrix} 3 & 1 & 1 & 1 & 1 & -1 \\ 1 & 3 & 1 & 1 & -1 & 1 \\ 1 & -1 & 3 & 1 & 1 & 1 \\ -1 & 1 & 1 & 3 & 1 & 1 \\ 1 & 1 & -1 & 1 & 3 & 1 \\ 1 & 1 & 1 & -1 & 1 & 3 \end{pmatrix}$$

例题 11.27.2(投标问题) 设有甲乙两公司参加某工程承包的投标,若工程的估价为 C,甲的报价策略集为{$0.9C, 1.0C, 1.1C, 1.2C$},乙的报价策略集为{$0.95C, 1.05C, 1.15C, 1.25C$},甲乙两公司的其他条件均相当,用 1 表示得标,−1 表示失标,甲的赢得矩阵为

$$A = \begin{pmatrix} 1 & 1 & 1 & 1 \\ -1 & 1 & 1 & 1 \\ -1 & -1 & 1 & 1 \\ -1 & -1 & -1 & 1 \end{pmatrix}$$

如表 11.27.2 所示。

表 11.27.2　甲的中标矩阵

甲赢得　　乙策略　甲策略	$0.95C$	$1.05C$	$1.15C$	$1.25C$
$0.9C$	1	1	1	1
$1.0C$	-1	1	1	1
$1.1C$	-1	-1	1	1
$1.2C$	-1	-1	-1	1

2. 矩阵对策的最优纯策略

在矩阵对策中,赢得矩阵列出了各种局势的赢得情形,那么局中人应如何选择对策使自己在未来的局势中有最大赢得呢? 此时局中人最终会选取一种策略作为最优策略,我们把它称为最优纯策略。

在这一问题分析中,我们首先要假设局中人都是有理智的聪明的,因此任何一方均不能靠对手失误侥幸取胜,而必须靠正确的分析,确定最优纯策略。

例题 11.27.3　已知局中人Ⅰ可以采取的纯策略集为 $S_1 = \{a_1, a_2, a_3, a_4\}$,局中人Ⅱ可采取的纯策略集为 $S_2 = \{b_1, b_2, b_3\}$,局中人Ⅰ的赢得矩阵列于表 11.27.3 上。试确定各方最优纯策略。

表 11.27.3　局中人Ⅰ胜利矩阵

Ⅰ的赢得　　Ⅱ策略　Ⅰ策略	b_1	b_2	b_3	Ⅰ的最小赢得
a_1	-7	-2	-9	-9
a_2	4	3	4	3
a_3	9	-5	-11	-11
a_4	-4	-5	7	-5
Ⅱ的最大支出 $\max\limits_{i}$	9	3	7	$\max\limits_{i}\min\limits_{j}(a_{ij})=3$ ，$\min\limits_{j}\max\limits_{i}(a_{ij})=3$

$$A = \begin{pmatrix} -7 & -2 & -9 \\ 4 & 3 & 4 \\ 9 & -5 & -11 \\ -4 & -5 & 7 \end{pmatrix}$$

解：从赢得矩阵 A 来看，局中人 I 的最大赢得是 9，因而他最想选取的策略应为 a_3。但局中人 II 决不会采取策略 b_1，如果他采取策略 b_3，那么 I 不但得不到 9，反而会损失 11。同样局中人 I 考虑到 II 可能会取 b_3，因而决定改变策略，譬如取 a_4，就可以使对手损失 7。考虑到 I 会取 a_4，那么 II 就会取 b_2，相应地 I 就会取 a_2，此时 I，II 都不可能取更好的策略了，局势 (a_2, b_2) 达到了平衡，也就是说如果双方都是有理智的，那么就会从坏处着想，争取在最不利情形下取得最好的结果。

对局中人 I 来说，各个策略的最小赢得为 $\{-9, 3, -11, -5\}$，因而不管局中人 II 采取什么策略只要自己采取策略 a_2，就可以稳得赢值了，对局中人 II 来说，各种策略的最大损失值为 $\{9, 3, 7\}$，因而他只要采取策略 b_2 就可保证损失值不超过 3。如果局中人都是有理智的，那么他们就会分别采取 a_2，b_2。这就是他们的最优纯策略，这里有

$$\max_i \min_j a_{ij} = \min_j \max_i a_{ij} = 3$$

我们称 (a_2, b_2) 为此赢得矩阵的鞍点，鞍点值为 3，在鞍点上达到了均衡局势。

例题 11.27.4　有一个病人的症状说明他可能患有 3 种疾病中的一种，可开的药有两种，表 11.27.4 上列出了每种药对这 3 种病治好的可能性。那么在未确诊前，医生应开那种药才是最稳妥的呢？

表 11.27.4　每种药治好病的可能性

治愈率　　　病　药	b_1	b_2	b_3
a_1	0.5	0.5	0.6
a_2	0.8	0.1	0.9

$$A = \begin{pmatrix} 0.5 & 0.5 & 0.6 \\ 0.8 & 0.1 & 0.9 \end{pmatrix} \begin{matrix} \min \\ 0.5 \\ 0.1 \end{matrix}$$

$$\max \quad 0.8 \quad 0.5 \quad 0.6$$

解：将医生看成局中人 I，他的策略集为 $\{a_1, a_2\}$，病人为局中人 II，他的病构成了策略集 $\{b_1, b_2, b_3\}$。由此得到支付矩阵 A，并且

$$\max_i \min_j a_{ij} = 0.5 \quad (\text{对应策略 } a_1)$$

$$\min_j \max_i a_{ij} = 0.5 \quad (\text{对应策略 } b_2)$$

且

$$\max_i \min_j a_{ij} = \min_j \max_i a_{ij} = 0.5$$

故此为最优纯策略为 $\{a_1, b_2\}$，该医生应给病人服用 a_1 药，至少有 50% 的治愈率。

从上面的例子可以看出,鞍点的存在性与最优纯策略的存在性有密切关系。实际上我们有下述定理。

Borel-Von Neuman 定理:设两人零和的支付矩阵为 $A=(a_{ij})$,那么支付矩阵有鞍点的充分必要条件是对策有最优纯策略(证明略)。

设支付矩阵 $A=(a_{ij})_{m \cdot n}$ 的鞍点为 (i^*,j^*),鞍点值为 $a_{i^*j^*}$,那么就有不等式组

$$a_{ij^*} \leqslant a_{i^*j^*} \quad i=1,2,\cdots,m$$
$$a_{i^*j^*} \leqslant a_{i^*j} \quad j=1,2,\cdots,n$$

成立。

定义 11.27.1　对矩阵对策 $G=\{S_1,S_2,A\}$,$S_1=\{a_1,\cdots,a_m\}$,$S_2=\{b_1,\cdots,b_n\}$,如果存在纯局势 $\{a_{i^*}b_{j^*}\}$,使得

$$a_{ij^*} \leqslant a_{i^*j^*} \leqslant a_{i^*j} \quad i=1,2,\cdots m, \quad j=1,2,\cdots,n$$

则称局势 $\{a_{i^*},b_{j^*}\}$ 为对策 G 的解。a_{i^*},b_{j^*} 分别为局中人 Ⅰ 和 Ⅱ 的最优纯策略,$a_{i^*j^*}$ 称为对策 G 的值,记作 V_G。

定理 11.27.1　矩阵对策在纯策略意义下有解的充分必要条件是:

$$\max_i \min_j a_{ij} = \min_j \max_i a_{ij}$$

证:先证必要性,若对策有解,由定义 11.27.1 知存在纯局势 $\{a_{i^*},b_{j^*}\}$,使得

$$a_{ij^*} \leqslant a_{i^*j^*} \leqslant a_{i^*j} \quad i=1,2,\cdots m, \quad j=1,2,\cdots,n$$

那么就有

$$\max_i a_{ij^*} \leqslant a_{i^*j^*} \leqslant \min_j a_{i^*j}$$

又因

$$\min_j \max_i a_{ij^*} \leqslant \max_i a_{ij^*}$$
$$\min_j a_{i^*j} \leqslant \max_i \min_j a_{ij}$$

于是

$$\min_j \max_i a_{ij} \leqslant a_{i^*j^*} \leqslant \max_i \min_j a_{ij}$$

容易证明,对于任意矩阵 A 有

$$\max_i \min_j a_{ij} \leqslant \min_j \max_i a_{ij}$$

结合上述两个不等式,就得到

$$\max_i \min_j a_{ij} = \min_j \max_i a_{ij} = a_{i^*j^*}$$

充分性　设 $\min_j a_{ij}$ 在 $i=i^*$ 时达到最大,而 $\max_i a_{ij}$ 在 $j=j^*$ 时达到最小,即

$$\min_j a_{i^*j} = \max_i \min_j a_{ij}$$
$$\max_i a_{ij^*} = \min_j \max_i a_{ij}$$

由于

$$\max_i \min_j a_{ij} = \min_j \max_i a_{ij}$$

可得

$$\min_j a_{i^*j} = \max_i a_{ij^*}$$

所以

$$\max_i a_{ij^*} \leqslant a_{i^*j^*}$$

故对于一切 $i=1,2,\cdots,m$ 都有

$$a_{ij^*} \leqslant a_{i^*j^*}$$

同理可证,对一切 $j=1,2,\cdots,n$ 都有

$$a_{i^*j^*} \leqslant a_{i^*j}$$

由定义知,对策 $G=\{S_2,S_2,A\}$ 有解 $\{a_{i^*},b_{j^*}\}$ 证毕。

  例题 11.27.5 给定矩阵对策 $G=\{S_1,S_2,A\}$,其中 $S_1=\{a_1,a_2,a_3,a_4\}$,$S_2=\{b_1, b_2,b_3,b_4\}$,且

$$A = \begin{pmatrix} 6 & 5 & 6 & 5 \\ 1 & 4 & 2 & -1 \\ 8 & 5 & 7 & 5 \\ 0 & 2 & 6 & 2 \end{pmatrix}$$

求双方最优纯策略。

  解:因为

$$\max_i \min_j a_{ij} = \min_j \max_i a_{ij} = 5$$

且

$$i^* = 1 \text{ 或 } 3,$$
$$j^* = 2 \text{ 或 } 4,$$

故局势 $(a_1,b_2),(a_1,b_4),(a_3,b_2),(a_3,b_4)$ 都是对策 G 的解,且 $V_D=5$。

  由此可知,最优纯策略(即对策的解)可以不是唯一的,但对策的值是唯一的。

第 2 节 矩阵对策的混合策略与混合扩充

  上一节我们讨论了矩阵对策的一种特殊情况,即具有鞍点时的对策的解,但一般的矩阵对策不一定有鞍点,本节讨论这种无鞍点的两人零和对策。

  1. 矩阵对策的混合策略与混合扩充

  例题 11.27.6 设局中人 I 的策略集 $S_1=\{a_1,a_2\}$,局中人 II 的策略集为 $S_2=\{b_1,b_2\}$。I 的赢得矩阵为

$$A = \begin{pmatrix} 10 & 0 \\ -4 & 4 \end{pmatrix}$$

求对策 $G = \{S_1, S_2, A\}$ 的解与对策的值。

解：对局中人 I 有

$$\max_i \min_j a_{ij} = 0 \quad (\text{取策略 } a_1)$$

对局中人 II 有

$$\min_j \max_i a_{ij} = 4 \quad (\text{取策略 } b_2)$$

但

$$\max_i \min_j a_{ij} \neq \min_j \max_i a_{ij}$$

即 A 无鞍点，故从纯策略意义下，这个对策无解。

我们来分析局中人的策略。由于当 I 取策略 a_1，II 取策略 b_2 时，I 的赢得值(0)比 II 的预期损失值(4)要小，故 a_1 不是 I 的最优纯策略。考虑到 II 会取策略 b_2，如果 I 冒险地采用 a_2，就会使自己的赢得增大到 4。局中人 II 也会考虑到 I 会有冒险地取 a_2 的企图，而出其不意地采取策略 b_1，这样就可使 I 反而损失 4，如此下去，不存在使以双达到均衡的局势，即对策问题不存在鞍点，从而局中人无最优纯策略。

在这种无最优纯策略的问题中，局中人 I 灵活地采用 a_1 和 a_2 可能得到比赢得 0 更好的效果，而局中人 II 灵活地应用 b_1 和 b_2 也可能比损失 4 更少些，结果的好坏取决于 I 随机地选取 a_1 或 a_2（II 随机地选取 b_1 和 b_2）的概率，那么概率应为多少可达到满意的结果呢？

假设局中人 I 选择策略 a_1 的概率为 p，则选择 a_2 的概率为 $1-p$，局中人 II 选择策略 b_1 的概率为 q，则选择 b_2 的概率为 $1-q$，此时 I 的赢得矩阵写成如表 11.27.5 所示的形式。

表 11.27.5　I 的赢得矩阵

I \ II		q	$1-q$
		b_1	b_2
p	a_1	10	0
$1-p$	a_2	-4	4

局中人 I 希望自己选择的概率能使自己处于最佳竞争地位，即不论对方采用何种策略总可得到相同的期望收益，即应有

$$10p + 4(1-p) = 0 \cdot p + 4(1-p)$$

解得

$$p = \frac{4}{9}$$

$$1 - p = \frac{5}{9}$$

即在 9 次选择策略中,应有 4 次选 a_1,5 次选 a_2,其期望收益为

$$G_{\mathrm{I}} = 10 \times \frac{4}{9} + (-4) \times \frac{5}{9} = 2.2$$

同理可求出局中人 Ⅱ 的策略规划,由

$$10q + 0 \cdot (1-q) = (-4)q + 4(1-q)$$

解得

$$q = \frac{2}{9}$$

$$1 - q = \frac{7}{9}$$

即局中人 Ⅱ 在 9 次选择中有 2 次选择 b_1,7 次选择 b_2,这样他的完全损失为

$$G_{\mathrm{II}} = 10 \times \frac{2}{9} + 0 \times \frac{7}{9} = 2.2$$

局中人 Ⅰ 的期望收益正好等于局中人 Ⅱ 的期望损失。

上述问题中局中人不是单一地选择一个策略作为对策,而是按一定的概率随机地选择不同策略,这种情形称为混合策略。

定义 11.27.2 设给出矩阵 $G = \{S_1, S_2, A\}$,其中 $S_1 = \{a_1, a_2, \cdots, a_m\}$,$S_2 = \{b_1, b_2, \cdots, b_n\}$,$m$ 维向量 $X = (x_1, x_2, \cdots, x_m)^{\mathrm{T}}$,$x_i \geqslant 0$,$\sum\limits_{i=1}^{m} x_i = 1$ 和 n 维向量 $Y = (y_1, y_2, \cdots y_n)^{\mathrm{T}}$,$y_i \geqslant 0$,$\sum\limits_{j=1}^{n} y_j = 1$,分别称为局中人 Ⅰ 和 Ⅱ 的混合策略。

这里局中人 Ⅰ(或 Ⅱ)的混合策略就是 S_1(或 S_2)上的概率分布。同时,因为纯策略可看成混合策略的特殊情形。例如局中人 Ⅰ 取纯策略 Ⅰ,即相当于取混合策略 $(1, 0, \cdots, 0)^{\mathrm{T}}$,故以后就把混合策略简称为策略。

如果局中人 Ⅰ 和 Ⅱ 选取的策略概率分布分别为 $X = (x_1, x_2, \cdots, x_m)^{\mathrm{T}}$ 和 $Y = (y_1, y_2, \cdots, y_n)^{\mathrm{T}}$,他们分别选取策略 a_i 和 b_j 的事件可看成是独立的。所以局势 (a_i, b_j) 出现的概率为 $x_i y_i$,这时局中人 Ⅰ 的赢得为 a_{ij},那么局中人 Ⅰ 赢得的数学期望是

$$E(X, Y) = \sum_{i=1}^{m} \sum_{j=1}^{n} a_{ij} x_i y_j = X^{\mathrm{T}} A Y$$

这样选定的 (x, y) 称为一个混合局势,记

$$S_1^* = \left\{ X = (x_1, x_2, \cdots, x_m)^{\mathrm{T}} \mid x_i \geqslant 0, \sum_{i=1}^{m} x_i = 1, i = 1, 2, \cdots, m \right\}$$

$$S_2^* = \left\{ Y = (y_1, y_2, \cdots, y_n)^{\mathrm{T}} \mid y_j \geqslant 0, \sum_{j=1}^{n} y_j = 1, j = 1, 2, \cdots, n \right\}$$

定义 11.27.3　设 $G = \{S_1, S_2, A\}$，X, Y 分别是纯策略集 S_1, S_2 上的概率分布，$E(X, Y)$ 是局中人 I 的赢得(期望值)，则称对策 $G^* = \{S_1^*, S_2^*, E\}$ 是 G 的混合扩充。

如果存在混合局势 (X^*, Y^*) 使

$$E(X, Y^*) \leqslant E(X^*, Y^*) \leqslant E(X^*, Y)$$

对一切 $x \in S_1^*, Y \in S_2^*$ 成立，则称 (X^*, Y^*) 为 G 在混合策略下的解(简称解)，而 X^*, Y^* 分别称为局中人 I、II 的最优混合策略，$E(X^*, Y^*)$ 称为对策 G(在混合意义下)的值，对策值为 V_G^*。

可以证明。

定理 11.27.2　矩阵对策 G 在混合策略意义下有解的充分必要条件是

$$\max_{x \in S_1^*} \min_{Y \in S_2^*} E(x, y) = \min_{Y \in S_2^*} \max_{x \in S_1^*} E(x, y)$$

定理 11.27.3　任意矩阵对策 $G = \{S_1, S_2, A\}$ 一定有解(在混合扩充中的解)。

2. 矩阵对策(混合策略)的线性规划解法

上面例子中，局中人的策略集中仅有两个策略，当策略个数较多时，用上述分析方法就比较复杂了，此时可采用线性规划方法求解。

例题 11.27.6　设 $S_1 = \{a_1, a_2, a_3\}$，$S_2 = \{b_1, b_2, b_3\}$ 局中人 I 的赢得矩阵如表 11.27.6 所示。

表 11.27.6　局中人 I 的赢得矩阵

局中人 II 局中人 I		概率	y_1	y_2	y_3	$\min\limits_{j}$
		策略	b_1	b_2	b_3	
概率	策略					
x_1	a_1		0	1	-1	-1
x_2	a_2		-1	0	1	-1
x_3	a_3		1	-1	0	-1
$\max\limits_{i}$			1	1	1	$\max\limits_{i}\min\limits_{j}=-1 \neq \min\limits_{j}\max\limits_{i}=1$

此问题在纯策略意义下无解。现假设局中人 I 在局中人 II 的策略 b_1, b_2, b_3 下期望收益分别为 $\omega_1, \omega_2, \omega_3$，其最小期望收益 $W = \{\omega_1, \omega_2, \omega_3\}$，局中人 II 在局中人 I 的策略 a_1，a_2, a_3 下的期望损失分别为 v_1, v_2, v_3，其最大期望损失为 $V = \max\{v_1, v_2, v_3\}$，那么局中人 I 所采取的策略应使 W 尽可能地大，于是可得到求解选择策略 a_1, a_2, a_3 的概率 x_1，

x_2, x_3 的线性规划问题(P_1)。

$$\max W$$
$$-x_2 + x_3 \geqslant W$$
$$(P_1) \quad x_1 - x_3 \geqslant W$$
$$-x_1 + x_2 \geqslant W$$
$$x_1 + x_2 + x_3 = 1$$
$$x_i \geqslant 0, i = 1, 2, 3$$

同样局中人 Ⅱ 应使其期望损失值 V 尽可能地小，于是得到求解的线性规划问题(P_2)。

$$\min V$$
$$y_2 - y_3 \leqslant V$$
$$-y_1 + y_3 \leqslant V$$
$$(P_2) \quad y_1 - y_2 \leqslant V$$
$$y_1 + y_2 + y_3 = 1$$
$$y_i \geqslant 0, \quad (i = 1, 2, 3)$$

用单纯形法可解得最优解

$$X^* = \left(\frac{1}{3}, \frac{1}{3}, \frac{1}{3}\right)^{\mathrm{T}}$$
$$Y^* = \left(\frac{1}{3}, \frac{1}{3}, \frac{1}{3}\right)^{\mathrm{T}}$$

即双方所采取的各种策略的概率均为 $\frac{1}{3}$，此时 $W^* = V^* = 0$，即无输赢。利用本节方法，容易求得齐王赛马的最优策略为

$$X^* = \left(\frac{1}{6}, \frac{1}{6}, \frac{1}{6}, \frac{1}{6}, \frac{1}{6}, \frac{1}{6}\right)^{\mathrm{T}}$$
$$Y^* = \left(\frac{1}{6}, \frac{1}{6}, \frac{1}{6}, \frac{1}{6}, \frac{1}{6}, \frac{1}{6}\right)^{\mathrm{T}}$$

且

$$W^* = V^* = 1$$

即齐王总会赢，但历史上的故事却是田忌得一千金。这原因在于齐王不懂得对策论，骄傲自大，将自己要采取的策略(上中下)公开与众，使田忌能用(下上中)的策略取胜。一般地若

$$S_1 = \{a_1, a_2, \cdots, a_m\}$$
$$S_2 = \{b_1, b_2, \cdots, b_n\}$$

支付矩阵

$$A = (a_{ij})_{m \times n}$$

已知,那么对策 $G = \{S_1, S_2, A\}$ 的线性规划问题为

$$(P_1) \quad \begin{aligned} \max W \\ \sum_{i=1}^{m} a_{ij} X_i \geqslant W \quad (j = 1, 2, \cdots, n) \\ \sum X_i = 1 \\ x_i \geqslant 0 \quad (i = 1, 2, \cdots, m) \end{aligned}$$

$$(P_2) \quad \begin{aligned} \min V \\ \sum_{j=1}^{n} a_{ij} y_i \leqslant V \quad (i = 1, 2, \cdots, m) \\ \sum Y_j = 1 \\ y_j \geqslant 0 \quad (j = 1, 2, \cdots, n) \end{aligned}$$

若得到的解

$$X^* = (x_1^*, \cdots, x_m^*)$$
$$Y^* = (y_1^*, \cdots, y_n^*)$$

中各只有一个分量非零,则显示对策的解就是最优纯策略,否则为最优混合策略。

最后,我们指出在行求解以前,应注意尽量将矩阵缩减,删去那些劣策略。下面的例子可以说明这一点。

例题 11.27.7　设有处于战争状态下的敌我两方,敌方可能空袭我某地区,我方有 3 种不同的防空系统可设防于该地区,而敌方有 3 种不同型号的飞机,为简单起见,假设我方只能在该地设置 1 种防空系统,而敌方只能派 1 种类型的飞机来空袭。下面的矩阵给出了我方利用防空系统 A_1 时,击落敌机 B_j 的概率为

$$\begin{array}{cccc} & B_1 & B_2 & B_3 \\ A_1 & \begin{bmatrix} 0.1 & 0.4 & 0.3 \\ A_2 & 0.4 & 0.1 & 0.6 \\ A_2 & 0.3 & 0.2 & 0.5 \end{bmatrix} \end{array}$$

显然,在纯策略意义下,此矩阵对策无解。但可以看出,第 3 列的每个元素都比第 1 列要大,这表示如果敌方采用 B_3 型飞机,其击落的可能性均大于 B_1,因此实际上敌人是不能采用 B_3 型飞机的,即在混合策略中,敌方派 B_3 型飞机的概率为零。这时纯策略 B_3 是劣策略,应当把第 3 列划去得

$$\begin{array}{ccc} & B_1 & B_2 \\ A_1 & \begin{bmatrix} 0.1 & 0.4 \\ A_2 & 0.4 & 0.1 \\ A_2 & 0.3 & 0.2 \end{bmatrix} \end{array}$$

然后再求混合策略的解。

第 3 节   两人非零和对策和 n 人对策

两人非零和对策是指对策结果局中人 Ⅰ 所得与局中人 Ⅱ 所得之和不为零的情形。设局中人 Ⅰ 的策略集为 $S_1 = \{a_1, a_2, \cdots, a_m\}$，局中人 Ⅱ 的策略集为 $S_2 = \{b_1, b_2, \cdots, b_n\}$，且当 Ⅰ 取策略 a_i，Ⅱ 取策略 b_j 时双方收益分别为 (a_{ij}, b_{ij}) 一般 $a_{ij} \neq b_{ij}$，此时我们可以用所谓"双矩阵"来说明收益情形，这里所谓的双矩阵 $(m \times n)$ 是指其元素是用数对 (a_{ij}, b_{ij})，$i = 1, 2, \cdots, m; j = 1, 2, \cdots, n$ 表示的，其数值分别为 Ⅰ 和 Ⅱ 的收益，记为 $(a_{ij}, b_{ij})_{m \times n}$。据此也可将两人非零和对策叫作双矩阵对策，称该矩阵为收益矩阵。

两人非零和对策由于双方利益不一定具有对抗性，故可分为非合作型对策与合作型对策两种类型。本节将简要地介绍非合作型对策，至于合作型对策，将在 n 人对策中介绍。

1. 非合作型两人非零和对策

非合作型非零和对策是指双方为了最理想的收益，独立奋斗，拒绝与对方有任何意义的相得益彰。下面按不同情形予以讨论。

1) 占优均衡

例题 11. 27. 8   设局中人 Ⅰ，Ⅱ 有 $S_1 = \{上, 下\}$，$S_2 = \{左, 右\}$，其收益矩阵为双矩阵。

$$
\begin{array}{cc}
 & \text{局中人 Ⅱ} \\
 & \begin{array}{cc} \text{左} & \text{右} \end{array} \\
\text{局中人 Ⅰ} \quad \begin{array}{c} \text{上} \\ \text{下} \end{array} & \begin{pmatrix} (1,2) & (0,1) \\ (2,1) & (1,0) \end{pmatrix}
\end{array}
$$

我们来讨论对策的解。

此对策有一个非常简单的解，从局中人 Ⅰ 的角度看，取"下"的策略结果要好些，而对局中人 Ⅱ 来说，取"左"的结果更好，因此 Ⅰ 取下而 Ⅱ 取左，即策略对（下，左）为双方的最优策略，策略的解为 $(2,1)$，此时局中人 Ⅰ 得 2，局中 Ⅱ 得 1，每个局中人都不以其他局中人的选择而改变自己的最优策略。

定义 11. 27. 4   称 $s_1^* \in S_1$ 为局中人 Ⅰ 的占优策略，如果对应所有的 $s_2^* \in S_2$，是局中人 Ⅰ 的严格最优选择，即对策值

$$V_D^*(s_1^*, s_2) > V_D(s_1, s_2) \quad \forall s_1 \in S_1, \forall s_2 \in S_2$$

同样对局中人 Ⅱ 若也有占优行策略 s_2^*，那么对策 (s_1^*, s_2^*) 就是优超策略，此时的均衡称为占优均衡。

例题 11.27.9（囚徒困境问题）　设有两个嫌疑犯作案后被抓住,被分别关在不同的房间里审讯,警察知道两人有罪,但缺乏足够的证据定罪,除非两人中至少有一人坦白。现在告诉每个人,如果两人都不承认,每人都以轻微的犯罪判刑 1 年;如果两人都坦白,各判 8 年;如果两人中有一个坦白另一个抵赖,坦白的释放,抵赖的判刑 10 年。这样每个嫌疑犯面临 4 个可能的后果,如下面的双矩阵所示,讨论囚犯的选择。

囚徒 B

坦白　　　　抵赖

囚徒 A　坦白　$\begin{pmatrix} (-8,-8) & (0,-10) \\ (-10,0) & (-1,-1) \end{pmatrix}$
抵赖

显然地,若 B 选择坦白,那么 A 选择坦白时支付为 -8,选择抵赖时的支付为 -10,因而坦白比抵赖好;如果 B 选择抵赖,那么 A 选择坦白时的支付为 0,选择抵赖时支付为 -1,因而坦白还是比抵赖好,因而坦白是 A 的占优策略,同理坦白也是 B 的占优策略,因而策略(坦白,坦白)就是占优均衡。

2) 纯策略纳什(J. F. Nash)均衡

占优均衡并不经常出现,我们来看下面的双矩阵对策。

局中人 Ⅱ

左　　　右

局中人 Ⅰ　上　$\begin{pmatrix} (2,1) & (0,0) \\ (0,0) & (1,2) \end{pmatrix}$
下

这里局中人的最优策略都与对方选择有关。若局中人 Ⅱ 选择左,那么 Ⅰ 就想选择上,当 Ⅱ 选择右时,Ⅰ 就想选择下了。故 Ⅰ 的最优选择取决于 Ⅱ 选择的策略的预测,同样对 Ⅱ 也是如此。为了达到均衡,我们不要求 Ⅰ 的选择对 Ⅱ 的所有选择来说都是最优的,而只要求对于 Ⅱ 的最优选择来说是最优的,虽然 Ⅱ 的最优选择也可能依赖于 Ⅰ 的选择。

对策集 $G = \{S_1, S_2, A\}$ 对于 $s_1^* \in S_1$,若 $s_2^* \in S_2$ 是局中人 Ⅱ 的最优策略,同时对于 $s_2^* \in S_2$,若 $s_1^* \in S_1$ 也是局中人 Ⅰ 的最优策略,即有

$$V_D^* = V_D(s_1^*, s_2^*) \geqslant V_D(s_1^*, s_2) \qquad \forall s_2 \in S_2$$
$$V_D = (s_1^*, s_2^*) \geqslant V_D(s_1, s_2^*) \qquad \forall s_1 \in S_1$$

那么 (s_1^*, s_2^*) 就称为纳什均衡。

在上面例子里,策略(上,左)就是一个纳什均衡,因为当 Ⅰ 选择上时,Ⅱ 的最适当的选择是左,而当 Ⅱ 选择左时,Ⅰ 的最优选择就是上,读者还可以验证(下,右)也构成了一个纳什均衡。

占优均衡必为纳什均衡,反之不一定成立。当选择的对策对不是纳什均衡时,至少存在一个局中人有偏离这个结果的倾向。

利用纳什均衡,可以在竞争中根据对手已往采取的策略(认为他将继续采用此策略)

374

确定自己最适当的策略。

上面的纳什均衡称为纯策略的纳什均衡,此时每个局中人只作一次策略选择。

3) 混合策略纳什均衡

在有些对策问题中,纯策略的纳什均衡可能不存在,考虑下面的一个例子。

例题 11.27.10 社会福利对策。

在这个对策中参与的局中人是政府和一个流浪汉。流浪汉有两个策略:寻找工作或游荡;政府也有两个策略:救济或不救济。政府想帮助流浪汉,但其前提是后者必须试图寻找工作,否则,不予帮助。而流浪汉只有在得不到政府救济时才会寻找工作,其支付矩阵为

流浪汉

寻找工作　　游荡

$$\text{政府} \quad \begin{array}{c} \text{救济} \\ \text{不救济} \end{array} \begin{pmatrix} (3,2) & (-1,3) \\ (-1,1) & (0,0) \end{pmatrix}$$

这个对策不存在纳什均衡。假定政府救济,流浪汉的最优策略是游荡;假定政府不救济,流浪汉的最优策略是寻找工作。而假定流浪汉寻找工作,政府的最优策略是救济,如此等等,没有一个策略对构成纳什均衡。

尽管在上例中不存在纳什均衡(纯策略),但却可以用混合策略方法讨论纳什均衡。这里的纳什均衡是指这样的均衡,在这种均衡状态下,每个局中人对他的策略集里的策略都选定了一组最优概率,设它们分别为

$$X^* = (x_1^*, x_2^*, \cdots, x_m^*), \quad Y^* = (y_1^*, y_2^*, \cdots, y_n^*)$$

并且 $A = (a_{ij})_{m \times n}$, $B = (b_{ij})_{m \times n}$ 分别为局中人 I 和 II 的收益矩阵,那么可以证明,当 (X^*, Y^*) 满足条件

$$XAY^{*\mathrm{T}} \leqslant X^* AY^{*\mathrm{T}}, \quad X^* BY^{\mathrm{T}} \leqslant X^* BY^{*\mathrm{T}}$$

时 (X^*, Y^*) 就是此对策的混合策略纳什均衡。

这里,$X = (x_1, x_2, \cdots, x_m)$, $Y = (y_1, y_2, \cdots, y_n)$ 是局中人的任一组混合策略。XAY^{T} 及 XBY^{T} 实际上是在混合策略 X, Y 下局中人 I 和 II 的收益。

我们再以福利对策为例求解混合策略纳什均衡,假定政府的混合策略为 $X = (p, 1-p)$,即政府以 p 的概率选择救济,$(1-p)$ 的概率选择不救济,流浪汉的混合策略为 $(q, 1-q)$,即以 q 的概率选择寻找工作,$(1-q)$ 的概率选择游荡,并且

$$A = \begin{pmatrix} 3 & -1 \\ -1 & 0 \end{pmatrix} \quad B = \begin{pmatrix} 2 & 3 \\ 1 & 0 \end{pmatrix}$$

那么政府的收益为

$$U(p,q) = (p, 1-p) \begin{bmatrix} 3 & -1 \\ -1 & 0 \end{bmatrix} \begin{bmatrix} q \\ 1-q \end{bmatrix} = -5pq - p - q$$

得到政府收益最优化的一阶条件为

$$\frac{\partial U}{\partial p} = 5q - 1 = 0$$

故

$$q^* = 0.2$$

即在混合策略均衡中,流浪汉以 0.2 的概率选择寻找工作,0.8 的概率选择游荡。

再考虑流浪汉的最优化问题,其收益为

$$V(p,q) = [p, 1-p] \begin{bmatrix} 2 & 3 \\ 1 & 0 \end{bmatrix} \begin{bmatrix} q \\ 1-q \end{bmatrix} = -2pq + q + 3p$$

由最优化一阶条件

$$\frac{\partial V}{\partial p} = -(2p - 1) = 0, \quad p^* = 0.5$$

因此在均衡状态下政府以 0.5 的概率选择救济,0.5 的概率选择不救济;流浪汉以 0.2 的概率选择寻找工作,0.8 的概率选择游荡。

可以证明任何双矩阵的混合策略的纳什均衡总是存在的。但遗憾的是,至今还没有较有效的求法。

例题 11.27.11　甲乙两厂生产同一种商品,为了进行销售竞争,两厂各自决定采取降价或不降价策略,若两厂同时采取降价措施,则两厂各可获得利润 1 万元;若一厂降价而另一厂不降价,则降价的厂可得利润 4 万元,而不降价的厂则分文未得;若两厂均不降价,则两厂均可获得利润 1.5 万元。试分析两厂各自对策。

解:由于这两厂均想独占市场,故它们之间的竞争是非合作两人非零和对策。这个对策的双矩阵为

$$
\begin{array}{c}
\qquad\qquad\qquad\quad 乙厂 \\
\qquad\qquad\quad 降价\qquad 不降价 \\
\begin{array}{cc}
甲厂 & \begin{array}{c} 降价 \\ 不降价 \end{array}
\end{array}
\begin{pmatrix}
(1,1) & (4,0) \\
(0,4) & (1.5,1.5)
\end{pmatrix}
\end{array}
$$

容易算得混合策略 $X^* = (1,0), Y^* = (1,0)$ 构成了纳什均衡,即大家都采取降价的策略,并可验证 $X = (0,1), Y = (0,1)$ 不是纳什均衡。

这里均衡 (X^*, Y^*) 实际是纯策略的纳什策略,且为占优均衡。从逻辑上分析,甲乙两厂都出于多占甚至独占市场的心理,故双方都取了降价的策略,其实双方只要有合作心意,商定都采取不降价策略,那么都可得款 1.5 万元,混合策略 $(0,1)$,虽然不是均衡,但比均衡要好。由此可见合作在对策中的意义。

2. n 人对策(合作对策)

在日常生活或实践中,两个以上的利益集团各自或有联合地谋划的现象极为常见,

由此引出了 n 人对策的模型与理论。

在 n 人对策中，n 个局中人相互斗争，相互合作会导致多种潜在利益的分配方式，不同的局中人都追求最有利于自己的分配，同时对最终利益分配方式施加各自的影响。

n 人对策也有合作与非合作型两类。对于非合作型对策，可以证明，任何 n 人有限对策至少有一个由各方混合策略 $X_i, i=1,2,\cdots,n$ 形成的纳什均衡，但均衡的计算十分复杂。

合作对策与非合作对策之间的区别主要在于人们的行为相互作用时，当事人能否达成一个具有约束力的协议。如果有，就是合作对策，反之，则是非合作对策。例如两个寡头企业，如果他们之间达成一个协议联合最大化垄断利润，并且各自按这个协议生产，就是合作对策，它们面临的问题就是如何分享合作带来的剩余。但是如果这两个企业间的协议不具有约束力，就是说没有哪一方能强制另一方遵守这个协议，或者合作的结果不能使所有参与者都满意，那么这就不是合作对策，或者即使暂时合作，合作联盟也很快会分崩离析，关于合作对策我们这里仅用一个实例介绍其模型。

在有合作的 n 人对策理论中，联合是一个基本概念。集合

$$N = (1,2,\cdots,n)$$

表示 n 个利益集团的全体，其中每个整数都代表 n 人对策的一个局中人。我们把 N 的任何非空子集 S 叫作联合。例如 $N=\{1,2,3,4\}$ 时，它有以下各种联合：

一人联合：$\{1\},\{2\},\{3\},\{4\}$

二人联合：$\{1,2\},\{1,3\},\{1,4\},\{2,3\},\{2,4\},\{3,4\}$

三人联合：$\{1,2,3\},\{1,2,4\},\{1,3,4\},\{2,3,4\}$

四人联合：$\{1,2,3,4\}$

对于 N 中的每个联合 S 我们用函数 $V(S)$ 表示此联合 S 在这个联合中的价值，它可以是最大的总可能收益，最大效益，最好效果等，称 $V(S)$ 为 N 上的特征函数。对于集合 $N=\{1,2,\cdots,n\}$，一共有 2^n-1 个非空子集合以及空集 $\varnothing$，故共有 2^n 个子集，我们把这 2^n 个子集形成的集合记作 2^N，于是有

$$2^N = \{S \mid S \in N\}$$

特征函数 $V:2^N \to R$ 是 2^N 上的一个实值函数，其中 $V(\varnothing)=0$，$V(S)$ 是当 S 中的局中人成为一个联盟时，不管 S 外的局中人采取什么策略，联盟 S 通过协调其成员的策略保证能达到的最大赢得值。

我们用局中人集合 N 与特征函数构成的点对 (N,V) 表示有合作的 n 人对策。

例题 11.27.12 设有钢铁厂 C_1 和 C_2，机械厂 F_1, F_2 在生产销售过程中形成了 4 人合作对策局面

$$N = (C_1, C_2, F_1, F_2)$$

C_1，C_2 中每一个都可以向 F_1，F_2 中某一个厂供应新产品，使后者加工后获利，同时 F_1，F_2 也可以自己生产所需钢铁原料，C_1，C_2 也可以自己生产机械产品。不过在 C_1，C_2 之间，F_1，F_2 之间却不存在合作。

于是可能存在的联合 S 有：$\{C_1\}$，$\{C_2\}$，$\{F_1\}$，$\{F_2\}$，$\{C_1,F_1\}$，$\{C_1,F_2\}$，$\{C_2,F_1\}$，$\{C_2,F_2\}$，由这些联合导致的合作竞争局面以及相应的期望收入（已知）有以下 7 种。

(1) 各自独立不合作：$\{C_1\}$，$\{C_2\}$，$\{F_1\}$，$\{F_2\}$，收入期望值分别为 35,25,75,100（千元）。

(2) C_1，F_1 合作：$\{C_1,F_1\}$，$\{C_2\}$，$\{F_2\}$ 收入期望值分别为 300,35,110（千元）。

(3) C_1，F_2 合作：$\{C_1,F_2\}$，$\{C_2\}$，$\{F_1\}$，收入期望值分别为 500,40,85（千元）。

(4) C_2，F_1 合作：$\{C_1\}$，$\{C_2,F_1\}$，$\{F_2\}$，收入期望值分别为 38,200,105（千元）。

(5) C_2，F_2 合作：$\{C_1\}$，$\{C_2,F_2\}$，$\{F_1\}$，收入期望值分别为 40,425,90（千元）。

(6) C_1，F_1 合作，C_2，F_2 合作：$\{C_1,F_1\}$，$\{C_2,F_2\}$ 收入期望值分别为 400,600（千元）。

(7) C_1，F_2 合作，C_2，F_1 合作：$\{C_1,F_2\}$，$\{C_2,F_1\}$ 收入期望值分别为 700,300（千元）。

各种可能联合的特征函数 V 的值为包含此联合的各种可能局面下的有保证的最大收入，例如对于联合 $\{C_1\}$ 来说，其余局中人有 3 种可能联合 1,4,5，$\{C_1\}$ 的期望收入分别为 35,38,40，故 $V(\{C_1\})=35$，同样可算出

$$V(\{C_1\}) = 35, \quad V(\{C_2\}) = 25, \quad V(\{F_1\}) = 75, \quad V(\{F_2\}) = 100,$$
$$V(\{C_1,F_1\}) = 300, \quad V(\{C_1,F_2\}) = 500, \quad V(\{C_2,F_1\}) = 200,$$
$$V(\{C_2,F_2\}) = 425$$

对上面 7 种竞争的收入情况分析，由于 6、7 两种局面的期望收入最多，因而形成这两种局面的可能性最大，将局中人的收入按 C_1，C_2，F_1，F_2 的顺序用 4 维向量来表示，例如在合作局面 6 中设 C_1 的收入为 x_1，C_2 的收入为 x_2，F_1 收入为 x_3，F_2 收入为 x_4，则收入向量 $(x_1,x_2,x_3,x_4)=(x_1,x_2,400-x_1,600-x_2)$，下面面临的问题就是如何分配合作带来的利润，分配的原则是应使这种联合中每个人员的收益大于个人奋斗或其他一种形式联盟的收入。如果取 $x_1=100$，$x_2=200$，那么 F_1 的收入为 300，F_2 的收入为 500，那么有 $x_1=100>V(\{C_1\})$，$x_2=100>V(\{C_2\})$，$x_3=300>V(\{C_3\})$，$x_4=500>V(\{C_4\})$，即其收益比他们单独奋斗所可能得到的最好结果都要好。但

$$x_1 + x_4 = 600 < V(\{C_1,F_1\})$$

因此 C_1 和 F_2 有组成新的联盟的倾向，最后 $\{C_1,F_2\}$，$\{C_2,F_1\}$ 就是最优可能的合作形式。在联盟内部重新调整分配，直至达到各方均满意的结果，或组成新的联盟为止。

第 4 节 案 例 题

案例 1 基础设施建设：中央政府和地方政府之间的对策（纳什均衡问题）

（摘自《博弈论信息经济学》——张维迎）。

在 20 世纪 80 年代，中国经济建设中的一个引人注目的现象是地方政府热衷于投资加工业而忽视基础设施的投资，这种现象引起许多经济学家的关注，被批评为地方政府投资行为不合理的表现。但进入 20 世纪 90 年代以后，出乎许多经济学家预料，地方政府又开始大量投资于基础设施建设，这一现象可以用对策论来解释，我们应用下述符号进行讨论。

C：中央政府。

L：地方政府。

E：基础设施投资。

I：加工业投资水平。

E_C, I_C：中央政府对基础设施和加工业的投资。

E_L, I_L：地方政府对基础设施和加工业的投资。

B_C, B_L：中央政府和地方政府可用于投资的总预算资金。

R_C, R_L：中央政府和地方政府的收益函数。

采用柯布—道格拉斯形式函数作为收益函数，则有

$$R_C = (E_C + E_L)^r (I_C + I_L)^\beta$$
$$R_L = (E_C + E_L)^\alpha (I_C + I_L)^\beta$$

这里 $0 < \alpha, \beta < 1, \alpha + \beta \leq 1, r + \beta \leq 1$。

因为基础设施投资有外部效应，中央政府考虑这种效应而地方政府不考虑，因此我们假定 $\alpha < r$。

在这个对策中，中央政府和地方政府就是要在对方投资分配给定下，选择各自的投资策略（即投资分配）。

假定投资分配的原则是在满足预算约束的前提下，使收益最大。那么对中央政府的问题是

$$\max_{(E_C, L_C)} R_C = (E_C + E_r)^r (I_C + I_L)^\beta$$

$$\text{s.t. } E_C + I_C \leq B_C$$

$$E_C \geq 0, I_C \geq 0$$

地方政府的问题是

$$\max_{(E_L,L_L)} R_L = (E_C + E_L)^\alpha (I_C + I_L)^\beta$$

$$\text{s. t. } E_L + I_L \leqslant B_L$$

$$E_L \geqslant 0, I_L \geqslant 0$$

假定预算约束条件等式成立（即全部资金用于投资），从等式约束中消去 I_C 和 I_L：

$$I_C = B_C - E_C$$

$$I_L = B_L - E_L$$

代入目标函数，可解出中央政府和地方政府对基础设施的最优投资 E_C^* 和 E_L^* 对现有投资 E_C, E_L 的关系（称为反应函数）

$$E_C^* = \max\left\{\frac{r}{r+\beta}(B_C + B_L) - E_L, 0\right\}$$

$$E_L^* = \max\left\{\frac{\alpha}{\alpha+\beta}(B_C + B_L) - E_C, 0\right\}$$

上述反应函数意味着，地方政府在基础设施上的投资每增加一个单位，中央政府的最优投资就减少一个单位；而中央政府在基础设施上的投资每增加一个单位，地方政府的相应投资就减少一个单位。而且中央政府理想的基础的最优投资规模大于地方政府理想的基础设施的最优投资总规模，即

$$E_C^* + E_L = \frac{r}{r+\beta}(B_C + B_L) > \frac{\alpha}{\alpha+\beta}(B_C + B_L) = E_L^* + E_C$$

我们借助于几何图形来说明并找出纳什均衡。

在图 11.27.1 中作出了两条反应曲线，其中 CC' 代表中央政府的反应曲线，LL' 代表地方政府的反应曲线，其中 $OC = OC' = \frac{r}{r+\beta}(B_C + B_L)$，$OL = OL' = \frac{\alpha}{\alpha+\beta}(B_C + B_L)$，$OC > OL$，$OC - OL = a$。

（1）考虑 $B_C \geqslant \frac{r}{r+\beta}(B_C + B_L)$，即中央政府可用于投资的总预算大于中央政府理想的基础设施的最优投资规模的情形，我们来寻找对基础设施投资的纳什均衡点。

首先，中央政府考虑到地方政府在基础设施上最大可能投资 OL' 小于中央政府理想投资。中央政府至少应投资 a，地方政府估计到中央会投资 a，因而它会采取 $OL' - a$，这样中央政府考虑到投资不足，又会采取投资 $2a$，地方政府随之将投资减少到 $OL' - 2a$，如此等等最后 $(E_C, E_L) = (C, O)$ 是唯一的策略，也是纳什均衡点，图 11.27.1 上 $C_1, C_2, \cdots$，C 是中央政府所取策略变化过程，$d_1, d_2, \cdots, d$ 是地方政府所取策略变化过程。

由此可得到结论：

命题 1　当 $B_C \geqslant \frac{r}{r+\beta}(B_C + B_L)$ 时，纳什均衡是

$$E_L^* = 0, \quad L_L^* = B_L$$

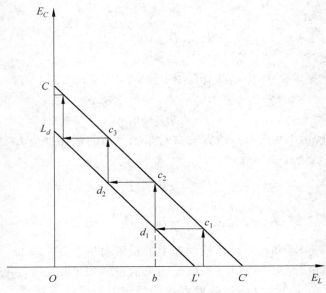

图 11.27.1 基础设施投资的对策

$$E_C^* = \frac{r}{r+\beta}(B_C + B_L), \quad I_C^* = B_C - \frac{r}{r+\beta}(B_C + B_L)$$

（2）考虑 $\frac{\alpha}{\alpha+\beta}(B_C + B_L) \leqslant B_C < \frac{r}{r+\beta}(B_C + B_L)$ 的情形，即中央政府的预算资金小于中央政府理想的基础设施最优投资规模，但大于地主政府理想的基础设施最优投资规模，用图 11.27.1 容易证明。

命题 2　当 $\frac{\alpha}{\alpha+\beta}(B_C + B_L) \leqslant B_C < \frac{r}{r+\beta}(B_C + B_L)$ 时，纳什均衡为

$$E_L^* = 0, \quad L_L^* = B_L; \quad E_C^* = B_C, \quad I_C^* = 0$$

（3）最后考虑 $B_C < \frac{\alpha}{\alpha+\beta}(B_C + B_L)$ 情形，即中央政府的总预算资金甚至少于地方政府理想的基础设施最优投资规模。从图 11.27.1 上看，比方设 $B_C = a$，那么地方政府知道中央政府投资于基础设施的资金不会大于 a，地方政府的最优选择是 $E_L = OL - a = b$；给定地方选择 $E_L = b$，那么中央政府必定选择 $E_C = a$，因此我们有：

命题 3　如果 $B_C < \frac{\alpha}{\alpha+\beta}(B_C + B_L)$，纳什均衡为：

$$E_L^* = \frac{\alpha}{\alpha+\beta}(B_C + B_L) - B_C = \frac{\alpha}{\alpha+\beta}B_L - \frac{\alpha}{\alpha+\beta}B_C > 0$$

$$I_L^* = B_C - E_L^* = \frac{\alpha}{\alpha+\beta}(B_C + B_L) > 0$$

$$E_C^* = B_C, \quad I_C^* = 0$$

这就是说,中央政府将全部资金投资于基础设施建设,地方政府"弥补"中央投资的不足直到地方政府的理想状态,然后将剩余资金投资于加工业。而且地方政府投资于基础设施的资金随中央政府的预算资金的减少而增加。

综合上述 3 种情况,可以看到,在第 1 种情况下,投资资金的分配格局满足了中央政府的偏好即

$$E^* = E_L^* + E_C^* = \frac{r}{r+\beta}(B_C + B_L)$$

在第 2 种情况下,投资资金的分配格局介于中央与地方的偏好之间,即

$$\frac{\alpha}{\alpha+\beta}(B_C + B_L) \leqslant E_L^* + E_C^* < \frac{r}{r+\beta}(B_C + B_L)$$

在第 3 种情况下,资金分配格局满足了地方政府的偏好:

$$E^* = E_L^* + E_C^* = \frac{\alpha}{\alpha+\beta}(B_C + B_L)$$

上述模型尽管非常简单,但大致上可以解释改革开放以来中国基础设施投资格局的变化过程。在改革的早期阶段,中央政府可用于投资的预算资金相对较多,大概处于上述第 1、第 2 种情况,此时地方政府没有兴趣投资于基础设施建设。随着中央预算资金的减少,进入第 3 种情况,即使中央投资预算全部用于基础设施建设,也难以满足地方政府的偏好,地方政府不得不自己动手搞基础设施建设。进入 20 世纪 90 年代后,中央几乎拿不出什么钱搞基础设施建设,地方政府对基础设施的投资资金就大幅度增加。

案例 2　税收机关与纳税人的混合纳什均衡问题

税收机关和纳税人是矛盾的对立面,税收机关为防止逃税可供选择的纯策略是检查或不检查,纳税人可供选择的纯策略为逃税或不逃税,假设 a 是纳税人应纳税款,c 是检查成本,F 是罚款,并假定 $c < a + F$,该对策的收益矩阵为

纳税人

$$\begin{array}{cc} & \begin{array}{cc} \text{逃税} & \qquad\quad \text{不逃税} \end{array} \\ \text{税收机关}\begin{array}{c} \text{检查} \\ \text{不检查} \end{array} & \begin{bmatrix} (a-c+F, -a-F) & (a-c, -a) \\ (0,0) & (a, -a) \end{bmatrix} \end{array}$$

此对策不存在纯策略的纳什均衡。要求解其混合策略纳什均衡。

用 θ 代表税收机关价值检查的概率,r 代表纳税人逃税的概率。给定 r,税收机关选择检查($\theta=1$)和不检查($\theta=0$)的期望收益分别为 $\pi_G(1,r)$ 和 $\pi_G(0,r)$

$$\pi_G(1,r) = (a-c+F)r + (a-c)(1-r) = rF + a - c$$

$$\pi_G(0,r) = 0r + a(1-r) = a(1-r)$$

令

$$\pi_G(1,r) = \pi_G(0,r)$$

得

$$r^* = \frac{c}{a+F}$$

即如果纳税人的逃税概率小于 $\frac{c}{a+F}$,税收机关的最优选择是不检查;否则选择检查。如果纳税人的逃税概率等于 $\frac{c}{a+F}$,税收机关随机地选择检查或不检查。

给定 θ,对纳税人而言,选择逃税和不逃税的收益分别为 $\pi_p(\theta,1)$ 和 $\pi_p(\theta,0)$:

$$\pi_p(\theta,1) = -(a+F)\theta + 0(1-\theta) = -(a+F)\theta$$
$$\pi_p(\theta,0) = -a\theta + (-a)(1-\theta) = -a$$

令

$$\pi_p(\theta,r) = \pi_p(\theta,0)$$

得

$$\theta^* = \frac{a}{a+F}$$

即如果税收机关检查概率小于 $\frac{a}{a+F}$,纳税人的最优选择是逃税,若检查概率大于 $\frac{a}{a+F}$,纳税人的最优选择是不逃税。若 $\theta = \frac{a}{a+F}$,纳税人随机地选择逃税或不逃税。

因此混合纳什均衡为 $(\theta^*,r^*) = \left(\frac{a}{a+F}, \frac{c}{a+F}\right)$,即税收机关以 $\frac{a}{a+F}$ 的概率检查,而纳税人以 $\frac{c}{a+F}$ 的概率选择逃税。这个均衡的另一个可能更为合理的解释是,在纳税人中其中有 $\frac{c}{a+F}$ 的比例的纳税人选择逃税,而有 $\left(1-\frac{c}{a+F}\right)$ 比例的纳税人选择不逃税。而税收机关以 $\frac{a}{a+F}$ 的比例检查纳税人的情况。

从上述分析看,应纳税款越多,税收机关检查的概率越高,逃税被抓住的可能性越大,因而纳税人反而不敢逃税了,因而中小企业比大企业逃税往往更普遍,当然除上述情况还和隐瞒手段,检查成本以及贿赂腐败等因素有关。因而实际情况要复杂得多,但有一点是可以肯定的,通过加大对逃税者惩罚的力度,即加大 F,可以降低纳税人逃税的积极性,从而使纳税机关检查的必要性也降低。

第 5 节 练 习 题

1. 求矩阵对策 $G=\{S_1,S_2,A\}$ 的最优策略及值,已知赢得矩阵为

(1) $A=\begin{bmatrix} -6 & 2 & 0 & 19 \\ 4 & 4 & 3 & 5 \\ -5 & -3 & -1 & -6 \end{bmatrix}$　　　　(2) $A=\begin{bmatrix} -1 & -1 & -1 & -1 \\ -1 & -1 & 0 & 1 \end{bmatrix}$

2. 假设市场上有生产同类产品的两个公司 A 和 B 争夺市场份额,为使自己的占有尽可能多的市场份额,每个公司采用不同的广告方案,对于每个公司的不同广告方案,公司 A 可能得到的市场份额可以预测如表 11.27.7 所示,问公司 A 应采取哪种广告方案是不冒风险的做法。

表 11.27.7　A、B 两公司对策矩阵

公司B / 公司A	电视广告	电台广告	杂志广告
电视广告	0.4	0.5	0.6
报纸广告	0.2	0.3	0.5

3. 一个农民想种植菜、粮、瓜 3 类作物,如果降雨偏少、适中或偏多时,各种作物(单位面积)获得的利润如下列矩阵:

$$\begin{array}{c} \\ \text{菜} \\ \text{粮} \\ \text{瓜} \end{array} \begin{array}{ccc} \text{少} & \text{适中} & \text{多} \\ \begin{bmatrix} 10 & 5 & 2 \\ 8 & 9 & 11 \\ -4 & 7 & 12 \end{bmatrix} \end{array}$$

若在此地有 30% 的时期雨量偏少,50% 的时期雨量适中,20% 的时间雨量过大,那么

(1) 如果农民采用下面的策略,他们的平均收入是多少?

① 全部种植蔬菜时;

② 全部种植粮食时;

③ 全部种植瓜时;

④ 分别以 10%、40%、50% 种植菜、粮、瓜时。

(2) 求农民的最优策略。

4. 设参与人 A、B 各有策略集 $S_1 = \{V, M, D\}, S_2 = \{L, C, R\}$，它们的收益矩阵为

		B		
		L	C	R
A	V	$(0,4)$	$(4,0)$	$(5,3)$
	M	$(4,0)$	$(0,4)$	$(5,6)$
	D	$(3,5)$	$(3,5)$	$(6,5)$

求其纳什均衡点。

附录 一

数 学 概 论

数学是研究现实世界中数量关系和空间形式的科学。简单地说，就是研究数和形的科学。

由于生活和劳动上的需求，即使是最原始的民族，也知道简单的记数，并由用手指或实物记数发展到用数字记数。在中国，最迟在商代，即已出现用十进制数字表示大数的方法；至秦汉之际，即已出现完美的十进位制。不晚于公元一世纪的《九章算术》记载了只有位值制才有可能进行的开平方、开立方的计算法则，并载有分数的各种运算以及解线性联立方程组的方法，还引入了负数概念。

刘徽在他注解的《九章算术》中，还提出过用十进制小数表示无理数平方根的奇零部分，但直至唐宋时期（欧洲则在 16 世纪斯蒂文以后）十进制小数才被通用。在这本著作中，刘徽发现圆内接正多边形的周长接近圆周长，后发展成为后世求圆周率的一般方法。

虽然中国从来没有过无理数或实数的一般概念，但在实质上，那时中国已完成了实数系统的一切运算法则与方法，这不仅在应用上不可缺，也为数学初期教育所不可少。至于继承了古巴比伦、古埃及、古希腊文化的欧洲地区，则偏重于数的性质及这些性质间的逻辑关系的研究。

早在欧几里得的《几何原本》中，即有素数的概念和素数个数无穷及整数唯一分解等论断。古希腊发现了有非分数的数，即现称的无理数。16 世纪以来，解高次方程又出现了复数。在近代，数的概念更进一步抽象化，并依据数的不同运算规律，对一般的数系进行了独立的理论探讨，形成数学中的若干不同分支。

开平方和开立方是解最简单的高次方程所必须用到的运算。在《九章算术》中，已出现解某种特殊形式的二次方程。发展至宋元时代，引进了"天元"（即未知数）的明确观念，出现了求高次方程数值解与求多至 4 个未知数的高次代数联立方程组解的方法，通称为天元术与四元术。与之相伴出现的多项式的表达、运算法则以及消去方法，已接近于近世的代数学。

在中国以外，9 世纪阿拉伯的花拉米子的著作阐述了二次方程的解法，通常被视为代数学的鼻祖，其解法实质上与中国古代依赖于切割术的几何方法具有同一风格。中国古代数学致力于方程的具体求解,而源于古希腊、埃及传统的欧洲数学则不同,一般致力于探究方程解的性质。

16世纪时,韦达以文字代替方程系数,引入了代数的符号演算。对代数方程解的性质进行探讨,是从线性方程组引出的行列式、矩阵、线性空间、线性变换等概念与理论的出现之后进行的;从代数方程导致复数、对称函数等概念的引入以至伽罗华理论与群论的创立。而近代极为活跃的代数几何,则无非是高次联立代数方程组解所构成的集合的理论研究。

形的研究属于几何学的范畴。古代民族都具有形的简单概念,并往往以图画来表示,而图形之所以成为数学对象是由于工具的制作与测量的要求所促成的。规矩以作圆方,中国古代夏禹泊水时即已有规、矩、准、绳等测量工具。

《墨经》中对一系列的几何概念,作出了抽象概括的科学定义。《周髀算经》与刘徽的《海岛算经》给出了用矩观测天地的一般方法与具体公式。在《九章算术》及刘徽注解的《九章算术》中,除勾股定理外,还提出了若干一般原理以解决多种问题。例如求任意多边形面积的出入相补原理;求多面体体积的二比一原理(刘徽原理);5世纪祖(日恒)提出用以求曲体体积特别是球的体积的"幂势既同则积不容异"的原理;还有以内接正多边形逼近圆周长的极限方法(割圆术)。但自五代(约10世纪)以后,中国在几何学方面的建树不多。

中国几何学以测量和计算面积、体积的量度为中心任务,而古希腊的传统则是重视形的性质与各种性质间的相互关系。欧几里得的《几何原本》,建立了用定义、公理、定理、证明构成的演绎体系,成为近代数学公理化的楷模,影响遍及于整个数学的发展。特别是平行公理的研究,导致了19世纪非欧几何的产生。

欧洲自文艺复兴时期起通过对绘画的透视关系的研究,出现了射影几何。18世纪,蒙日应用分析方法对形进行研究,开微分几何学的先河。高斯的曲面论与黎曼的流形理论开创了脱离周围空间以形作为独立对象的研究方法;19世纪克莱因以群的观点对几何学进行统一处理。此外,如康托尔的点集理论,扩大了形的范围;庞加莱创立了拓扑学,使形的连续性成为几何研究的对象。这些都使几何学面目一新。

在现实世界中,数与形,如影随形,难以分割。中国的古代数学反映了这一客观实际,数与形从来就是相辅相成、并行发展的。例如勾股测量提出了开平方的要求,而开平方、开立方的方法又奠基于几何图形的考虑。二次、三次方程的产生,也大都来自几何与实际问题。至宋元时代,由于天元概念相当于多项式概念的引入,出现了几何代数化。

在天文与地理中的星表与地图的绘制,已用数来表示地点,不过并未发展到坐标几何的地步。在欧洲,14世纪奥尔斯姆的著作中已有关于经纬度与函数图形表示的萌芽。17世纪笛卡尔提出了系统地把几何事物用代数表示的方法及其应用。在其启迪之下,经莱布尼茨、牛顿等的工作,发展成了现代形式的坐标制解析几何学,使数与形的统一更臻完美,不仅改变了几何证题过去遵循欧几里得几何的老方法,还导致了导数的产生,成为微积分学产生的根源。这是数学史上的一件大事。

在 17 世纪中,由于科学与技术上的要求促使数学家们研究运动与变化,包括量的变化与形的变换(如投影),还产生了函数概念和无穷小分析即现在的微积分,使数学从此进入了一个研究变量的新时代。

18 世纪以来,以解析几何与微积分这两个有力工具的创立为契机,数学以空前的规模迅猛发展,出现了无数分支。由于自然界的客观规律大多是以微分方程的形式表现的,所以微分方程的研究一开始就受到很大的重视。

微分几何基本上与微积分同时诞生,高斯与黎曼的工作又产生了现代的微分几何。19、20 世纪之交,庞加莱创立了拓扑学,开辟了对连续现象进行定性与整体研究的途径。对客观世界中随机现象的分析,产生了概率论。第二次世界大战军事上的需要,以及大工业与管理的复杂化产生了运筹学、系统论、控制论、数理统计学等学科。实际问题要求具体的数值解答,产生了计算数学。选择最优途径的要求又产生了各种优化的理论、方法。

力学、物理学同数学的发展始终是互相影响、互相促进的,特别是相对论与量子力学推动了微分几何与泛函分析的成长。此外在 19 世纪还只用到一次方程的化学和几乎与数学无缘的生物学,都开始要用到最前沿的一些数学知识。

19 世纪后期,出现了集合论,还进入了一个批判性的时代,由此推动了数理逻辑的形成与发展,也产生了把数学看作是一个整体的各种思潮和数学基础学派。特别是 1900年,德国数学家希尔伯特在第二届国际数学家大会上的关于当代数学重要问题的演讲,以及 20 世纪 30 年代开拓的,以结构概念统观数学的法国布尔巴基学派的兴起,对 20 世纪数学的发展产生了巨大、深远的影响,科学的数学化一语也开始为人们所乐道。

数学的外围向自然科学、工程技术甚至社会科学不断渗透扩大并从中汲取营养,出现了一些边缘数学。数学本身的内部需要也衍生了不少新的理论与分支。同时其核心部分也在不断巩固提高并有时作适当调整以适应外部需要。总之,数学这棵大树苗壮成长,既枝叶繁茂,又根深蒂固。

在数学的蓬勃发展过程中,数与形的概念不断扩大且日趋抽象化,以至于不再有任何原始记数与简单图形的踪影。虽然如此,在新的数学分支中仍有着一些对象和运算关系借助于几何术语来表示,如把函数看成是某种空间的一个点。这种做法之所以行之有效,归根结底还是因为数学家们已经熟悉了那种简易的数学运算与图形关系,而后者又有着长期深厚的现实基础。而且,即使是最原始的数字如 1、2、3、4,以及几何形象如点与直线,也已经是经过人们高度抽象化了的概念。因此如果把数与形作为广义的抽象概念来理解,则前面提到的把数学作为研究数与形的科学这一定义,对于现阶段的近代数学,也是适用的。

　　由于数学研究对象的数量关系与空间形式都来自现实世界,因而数学尽管在形式上具有高度的抽象性,而实质上总是扎根于现实世界的。生活实践与技术需要始终是数学的真正源泉,反过来,数学对改造世界的实践又起着重要的、关键性的作用。理论上的丰富提高与应用的广泛深入在数学史上始终是相伴相生、相互促进的。

　　但由于各民族各地区的客观条件不同,数学的具体发展过程是有差异的。大体说来,古代中华民族以竹为筹,以筹运算,自然地导致十进位值制的产生。计算方法的优越有助于对实际问题的具体解决。由此发展起来的数学形成了一个以构造性、计算性、程序化与机械化为其特色,以从问题出发进而解决问题为主要目标的独特体系。而在古希腊则注重思维,追求对宇宙的了解。由此发展成以抽象了的数学概念与性质及其相互间的逻辑依存关系为研究对象的公理化演绎体系。

　　中国的数学体系在宋元时期达到高峰以后,陷于停顿且几至消失。而在欧洲,经过文艺复兴、宗教革命、资产阶级革命等一系列的变革,导致了工业革命与技术革命。机器的使用,不论中外都由来已久。但在中国,则由于明初被帝王斥为奇技淫巧而受阻抑。

　　在欧洲,数学则由于工商业的发展与航海的刺激而得到发展,机器使人们从繁重的体力劳动中解放出来,并引导到理论力学和一般的运动和变化的科学研究。当时的数学家都积极参与了这些变革以及相应数学问题的解决,产生了积极的效果。解析几何与微积分的诞生,成为数学发展的一个转折点。17 世纪以来数学的飞跃,大体上可以看成是这些成果的延续与发展。

　　20 世纪出现各种崭新的技术,产生了新的技术革命,特别是计算机的出现,使数学又面临一个新时代。这一时代的特点之一就是部分脑力劳动的逐步机械化。与 17 世纪以来数学以围绕连续、极限等概念为主导思想的方法不同,由于计算机研制与应用的需要,离散数学与组合数学开始受到重视。

　　计算机对数学的作用已不限于数值计算,符号运算的重要性日趋明显(包括机器证明等数学研究)。计算机还广泛应用于科学实验。为了与计算机更好地配合,数学对于构造性、计算性、程序化与机械化的要求也显得颇为突出。代数几何是一门高度抽象化的数学,最近出现的计算性代数几何与构造性代数几何的提法,即其端倪之一。总之,数学正随着新的技术革命而不断发展。

附录 二

中国数学简介

数学是中国古代科学中一门重要的学科，根据中国古代数学发展的特点，可以分为 5 个时期：萌芽；体系的形成；发展；繁荣和中西方数学的融合。

1. 中国古代数学的萌芽

原始公社末期，私有制和货物交换产生以后，数与形的概念有了进一步的发展，仰韶文化时期出土的陶器，上面已刻有表示 1、2、3、4 的符号。到原始公社末期，已开始用文字符号取代结绳记事了。

西安半坡出土的陶器有用 1～8 个圆点组成的等边三角形和分正方形为 100 个小正方形的图案，半坡遗址的房屋基址都是圆形和方形。为了画圆作方，确定平直，人们还创造了规、矩、准、绳等作图与测量工具。据《史记·夏本纪》记载，夏禹治水时已使用了这些工具。

商代中期，在甲骨文中已产生一套十进制数字和记数法，其中最大的数字为 3 万。与此同时，殷人用 10 个天干和 12 个地支组成甲子、乙丑、丙寅、丁卯等 60 个名称来记 60 天的日期。在周代，又把以前用阴、阳符号构成的八卦表示 8 种事物发展为 64 卦，表示 64 种事物。

公元前 1 世纪的《周髀算经》提到西周初期用矩测量高、深、广、远的方法，并举出勾股形的勾三、股四、弦五以及环矩可以为圆等例子。《礼记·内则》篇提到西周贵族子弟从 9 岁开始便要学习数目和记数方法，他们要受礼、乐、射、驭、书、数的训练，作为"六艺"之一的数已经开始成为专门的课程。

春秋战国之际，筹算已得到普遍的应用，筹算记数法已使用十进位制，这种记数法对世界数学的发展是有划时代意义的。这个时期的测量数学在生产上有了广泛应用，在数学上亦有相应的提高。

战国时期的百家争鸣也促进了数学的发展，尤其是对于正名和一些命题的争论直接与数学有关。名家认为经过抽象以后的名词概念与它们原来的实体不同，他们提出"矩不方，规不可以为圆"，把"大一"(无穷大)定义为"至大无外"，"小一"(无穷小)定义为"至小无内"。还提出了"一尺之棰，日取其半，万世不竭"等命题。

而墨家则认为名来源于物，名可以从不同方面和不同深度反映物。墨家给出一些数学定义。如圆、方、平、直、次（相切）、端（点）等。

墨家不同意"一尺之棰"的命题，提出一个"非半"的命题来进行反驳：将一线段按一半一半地无限分割下去，就必将出现一个不能再分割的"非半"，这个"非半"就是点。

名家的命题论述了有限长度可分割成一个无穷序列，墨家的命题则指出了这种无限分割的变化和结果。名家和墨家的数学定义和数学命题的讨论，对中国古代数学理论的发展是很有意义的。

2. 中国古代数学体系的形成

秦汉是封建社会的上升时期，经济和文化均得到迅速发展。中国古代数学体系正是形成于这个时期，它的主要标志是算术已成为一个专门的学科，出现《九章算术》为代表的数学著作。

《九章算术》是战国、秦、汉封建社会创立并巩固时期数学发展的总结，就其数学成就来说，堪称是世界数学名著。例如，分数四则运算、今有术（西方称三率法）、开平方与开立方（包括二次方程数值解法）、盈不足术（西方称双设法）、各种面积和体积公式、线性方程组解法、正负数运算的加减法则、勾股形解法（特别是勾股定理和求勾股数的方法）等，水平都是很高的。其中方程组解法和正负数加减法在世界数学发展上遥遥领先的。就其特点来说，它形成了一个以筹算为中心、与古希腊数学完全不同的独立体系。

《九章算术》有几个显著的特点：采用按类分章的数学问题集的形式，算式都是从筹算记数法发展起来的，以算术、代数为主，很少涉及图形性质，重视应用、缺乏理论阐述等。

这些特点是同当时社会条件与学术思想密切相关的。秦汉时期，一切科学技术都要为当时确立和巩固封建制度，以及社会生产发展服务，强调数学的应用性。最后成书于东汉初年的《九章算术》，排除了战国时期在百家争鸣中出现的名家和墨家重视名词定义与逻辑的讨论，偏重于与当时生产、生活密切相结合的数学问题及其解法，这与当时社会的发展情况是完全一致的。

《九章算术》在隋唐时期曾传到朝鲜、日本，并成为这些国家当时的数学教科书。它的一些成就如十进位值制、今有术、盈不足术等还传到印度和阿拉伯，并通过印度、阿拉伯传到欧洲，促进了世界数学的发展。

3. 中国古代数学的发展

魏、晋时期出现的玄学，不为汉儒经学束缚，思想比较活跃。它诘辩求胜，又能运用逻辑思维，分析义理，这些都有利于数学从理论上加以提高。吴国赵爽撰《周髀算经》、汉末魏初徐岳撰《九章算术》、魏末晋初刘徽撰《九章算术》《九章重差图》都是出现在这个时期。赵爽与刘徽的工作为中国古代数学体系奠定了理论基础。

赵爽是中国古代对数学定理和公式进行证明与推导的最早的数学家之一。他在《周髀算经》书中补充的"勾股圆方图及注"和"日高图及注"是十分重要的数学文献。在"勾股圆方图及注"中他提出用弦图证明勾股定理和解勾股形的五个公式;在"日高图及注"中,他用图形面积证明汉代普遍应用的重差公式。赵爽的工作是带有开创性的,在中国古代数学发展中占有重要地位。

刘徽大约与赵爽同时,他继承和发展了战国时期名家和墨家的思想,主张对一些数学名词特别是重要的数学概念给以严格的定义,认为对数学知识必须进行"析理",才能使数学著作简明严密,利于读者。他的《九章算术》不仅是对《九章算术》的方法、公式和定理进行一般的解释和推导,而且在论述的过程中有很大的发展。刘徽创造割圆术,利用极限的思想证明圆的面积公式,并首次用理论的方法算得圆周率为 157/50 和 3927/1250。

刘徽用无穷分割的方法证明了直角方锥与直角四面体的体积比恒为 2∶1,解决了一般立体体积的关键问题。在证明方锥、圆柱、圆锥、圆台的体积时,刘徽为彻底解决球的体积提出了正确思路。

东晋以后,中国长期处于战争和南北分裂的状态。祖冲之父子的工作就是经济文化南移以后,南方数学发展的具有代表性的工作,他们在刘徽《九章算术》的基础上,把传统数学大大向前推进了一步。他们的数学工作主要有:计算出圆周率在 3.1415926～3.1415927 之间、提出祖(日恒)原理、提出二次与三次方程的解法等。

祖冲之在刘徽割圆术的基础上,推算出圆内接正 6144 边形和正 12288 边形的面积,从而得到了这个结果。他又用新的方法得到圆周率两个分数值,即约率 22/7 和密率 355/113。祖冲之这一工作,使中国在圆周率计算方面,比西方领先约一千年之久。

祖冲之之子祖(日恒)总结了刘徽的有关工作,提出"幂势既同则积不容异",即等高的两立体,若其任意高处的水平截面积相等,则这两立体体积相等,这就是著名的祖(日恒)公理。祖(日恒)应用这个公理,解决了刘徽尚未解决的球体积公式。

史称隋炀帝好大喜功,大兴土木,其客观上促进了数学的发展。唐初王孝通的《缉古算经》,主要讨论土木工程中计算土方、工程分工、验收以及仓库和地窖的计算问题,反映了这个时期数学的情况。王孝通在不用数学符号的情况下,立出数字三次方程,不仅解决了当时社会的需要,也为后来天元术的建立打下基础。此外,对传统的勾股形解法,王孝通也是用数字三次方程解决的。

唐初封建统治者继承隋制,656 年在国子监设立算学馆,设有算学博士和助教,学生 30 人。由太史令李淳风等编纂注释《算经十书》,作为算学馆学生用的课本,明算科考试亦以这些算书为准。李淳风等编纂的《算经十书》,对保存数学经典著作、为数学研究提供文献资料方面是很有意义的。他们给《周髀算经》《九章算术》以及《海岛算经》所作的注解，对读者是有帮助的。隋唐时期，由于历法的需要，天算学家创立了二次函数的内插法，丰富了中国古代数学的内容。

算筹是中国古代的主要计算工具，它具有简单、形象、具体等优点，但也存在布筹占用面积大、运筹速度加快时容易摆弄不正而造成错误等缺点，因此很早就开始进行改革。其中太乙算、两仪算、三才算和珠算都是用珠的槽算盘，在技术上是重要的改革。尤其是"珠算"，它继承了筹算五升十进与位值制的优点，又克服了筹算纵横记数与置筹不便的缺点，优越性十分明显。但由于当时乘除算法仍然不能在一个横列中进行。算珠还没有穿档，携带不方便，因此仍没有普遍应用。

唐中期以后，商业繁荣，数字计算增多，迫切要求改革计算方法，从《新唐书》等文献留下来的算书书目，可以看出这次算法改革主要是简化乘、除算法。唐代的算法改革使乘除法可以在一个横列中进行运算，它既适用于筹算，也适用于珠算。

4. 中国古代数学的繁荣

960 年，北宋王朝的建立结束了五代十国割据的局面。北宋的农业、手工业、商业空前繁荣，科学技术突飞猛进，火药、指南针、印刷术三大发明就是在这种经济高涨的情况下得到广泛应用。1084 年秘书省第一次印刷出版了《算经十书》，1213 年鲍澣之又进行翻刻。这些都为数学发展创造了良好的条件。

从 11～14 世纪约 300 年期间，出现了一批著名的数学家和数学著作，如贾宪的《黄帝九章算法细草》、刘益的《议古根源》、秦九韶的《数书九章》、李冶的《测圆海镜》和《益古演段》、杨辉的《详解九章算法》《日用算法》和《杨辉算法》、朱世杰的《算学启蒙》《四元玉鉴》等，很多领域都达到古代数学的高峰，其中一些成就也是当时世界数学的高峰。

从开平方、开立方到四次以上的开方，在认识上是一个飞跃，实现这个飞跃的就是贾宪。杨辉在《九章算法纂类》中载有贾宪"增乘开平方法""增乘开立方法"；在《详解九章算法》中载有贾宪的"开方作法本源"图、"增乘方法求廉草"和用增乘开方法开四次方的例子。根据这些记录可以确定贾宪已发现二项系数表，创造了增乘开方法。这两项成就对整个宋元数学发生重大的影响，其中贾宪三角比西方的帕斯卡三角形早提出 600多年。

把增乘开方法推广到数字高次方程（包括系数为负的情形）解法的是刘益。《杨辉算法》中"田亩比类乘除捷法"卷，介绍了原书中 22 个二次方程和 1 个四次方程，后者是用增乘开方法解三次以上的高次方程的最早例子。

秦九韶是高次方程解法的集大成者，他在《数书九章》中收集了 21 个用增乘开方法解高次方程（最高次数为 10）的问题。为了适应增乘开方法的计算程序，秦九韶把常数项规定为负数，把高次方程解法分成各种类型。当方程的根为非整数时，秦九韶采取继续求根的小数，或用减根变换方程各次幂的系数之和为分母，常数为分子来表示根的非整数部分,这是《九章算术》和刘徽处理无理数方法的发展。在求根的第二位数时,秦九韶还提出以一次项系数除常数项为根的第二位数的试除法,这比西方最早的霍纳方法早500 多年。

元代天文学家王恂、郭守敬等在《授时历》中解决了三次函数的内插值问题。秦九韶在"缀术推星"题、朱世杰在《四元玉鉴》"如象招数"题都提到内插法(他们称为招差术),朱世杰得到一个四次函数的内插公式。

用天元(相当于 x)作为未知数符号,立出高次方程,古代称为天元术,这是中国数学史上首次引入符号,并用符号运算来解决建立高次方程的问题。现存最早的天元术著作是李冶的《测圆海镜》。

从天元术推广到二元、三元和四元的高次联立方程组,是宋元数学家的又一项杰出的创造。留传至今,并对这一杰出创造进行系统论述的是朱世杰的《四元玉鉴》。

朱世杰的四元高次联立方程组表示法是在天元术的基础上发展起来的,他把常数放在中央,四元的各次幂放在上、下、左、右四个方向上,其他各项放在四个象限中。朱世杰的最大贡献是提出四元消元法,其方法是选择一元为未知数,其他元组成的多项式作为这未知数的系数,列成若干个一元高次方程式,然后应用互乘相消法逐步消去这一未知数。重复这一步骤便可消去其他未知数,最后用增乘开方法求解。这是线性方法组解法的重大发展,比西方同类方法早 400 多年。

勾股形解法在宋元时期有新的发展,朱世杰在《算学启蒙》卷下提出已知勾弦和、股弦和求解勾股形的方法,补充了《九章算术》的不足。李冶在《测圆海镜》对勾股容圆问题进行了详细的研究,得到 9 个容圆公式,大大丰富了中国古代几何学的内容。

已知黄道与赤道的夹角和太阳从冬至点向春分点运行的黄经余弧,求赤经余弧和赤纬度数,是一个解球面直角三角形的问题,传统历法都是用内插法进行计算。元代王恂、郭守敬等则用传统的勾股形解法、沈括用会圆术和天元术解决了这个问题。不过他们得到的是一个近似公式,结果不够精确。但他们的整个推算步骤是正确无误的,从数学意义上讲,这个方法开辟了通往球面三角法的途径。

中国古代计算技术改革的高潮也是出现在宋元时期。宋元明的历史文献中载有大量这个时期的实用算术书目,其数量远比唐代为多,改革的主要内容仍是乘除法。与算法改革的同时,穿珠算盘在北宋可能已出现。但如果把现代珠算看成是既有穿珠算盘,又有一套完善的算法和口诀,那么应该说它最后完成于元代。

宋元数学的繁荣,是社会经济发展和科学技术发展的必然结果,是传统数学发展的必然结果。此外,数学家们的科学思想与数学思想也是十分重要的。宋元数学家都在不同程度上反对理学家的象数神秘主义。秦九韶虽曾主张数学与道学同出一源,但他后来认识到,"通神明"的数学是不存在的,只有"经世务类万物"的数学;莫若在《四元玉鉴》序文中提出的"用假象真,以虚问实"则代表了高度抽象思维的思想方法;杨辉对纵横图结构进行研究,揭示出洛书的本质,有力地批判了象数神秘主义。所有这些,无疑是促进数学发展的重要因素。

5. 中西方数学的融合

中国从明代开始进入了封建社会的晚期,封建统治者实行极权统治,宣传唯心主义哲学,施行八股考试制度。在这种情况下,除珠算外,数学发展逐渐衰落。

16 世纪末以后,西方初等数学陆续传入中国,使中国数学研究出现一个中西融会贯通的局面。鸦片战争以后,近代数学开始传入中国,中国数学便转入一个以学习西方数学为主的时期。到 19 世纪末 20 世纪初,近代数学研究才真正开始。

从明初到明中叶,商品经济有所发展,和这种商业发展相适应的是珠算的普及。明初《魁本对相四言杂字》和《鲁班木经》的出现,说明珠算已十分流行。前者是儿童看图识字的课本,后者把算盘作为家庭必需用品列入一般的木器家具手册中。

随着珠算的普及,珠算算法和口诀也逐渐趋于完善。例如,王文素和程大位增加并改善撞归、起一口诀;徐心鲁和程大位增添加、减口诀并在除法中广泛应用归除,从而实现了珠算四则运算的全部口诀化;朱载堉和程大位把筹算开平方和开立方的方法应用到珠算,程大位用珠算解数字二次、三次方程等。程大位的著作在国内外流传很广,影响很大。

1582 年,意大利传教士利玛窦到中国。1607 年以后,他先后与徐光启翻译了《几何原本》前 6 卷、《测量法义》1 卷,与李之藻编译《圜容较义》和《同文算指》。1629 年,徐光启被礼部任命督修历法,在他主持下,编译《崇祯历书》137 卷。《崇祯历书》主要是介绍欧洲天文学家第谷的地心学说。作为这一学说的数学基础,古希腊的几何学,欧洲玉山若干的三角学,以及纳皮尔算筹、伽利略比例规等计算工具也同时介绍进来。

在传入的数学中,影响最大的是《几何原本》。《几何原本》是中国第一部数学翻译著作,绝大部分数学名词都是首创,其中许多至今仍在沿用。徐光启认为对它“不必疑”“不必改”,“举世无一人不当学”。《几何原本》是明清两代数学家必读的数学书,对他们的研究工作颇有影响。

此外,应用最广的是三角学,介绍西方三角学的著作有《大测》《割圆八线表》和《测量全义》。《大测》主要说明三角八线(正弦、余弦、正切、余切、正割、余割、正矢、余矢)的性质,造表方法和用表方法。《测量全义》除增加一些《大测》所缺的平面三角外,比较重要的是积化和差公式和球面三角。所有这些,在当时历法工作中都是随译随用的。

1646 年,波兰传教士穆尼阁来华,跟随他学习西方科学的有薛凤柞、方中通等。穆尼阁去世后,薛凤柞据其所学,编成《历学会通》,想把中法西法融会贯通起来。《历学会通》中的数学内容主要有《比例对数表》《比例四线新表》和《三角算法》。前两书是介绍英国数学家纳皮尔和布里格斯发明增修的对数。后一书除《崇祯历书》介绍的球面三角外,尚有半角公式、半弧公式、德氏比例式、纳氏比例式等。方中通所著《数度衍》对对数理论进行解释。对数的传入是十分重要,它在历法计算中立即就得到应用。

清初学者研究中西数学有心得而著书传世的很多,影响较大的有王锡阐《图解》、梅文鼎《梅氏丛书辑要》(其中数学著作 13 种共 40 卷)、年希尧《视学》等。梅文鼎是集中西数学之大成者。他对传统数学中的线性方程组解法、勾股形解法和高次幂求正根方法等方面进行整理和研究,使濒于枯萎的明代数学出现了生机。年希尧的《视学》是中国第一部介绍西方透视学的著作。

清康熙皇帝十分重视西方科学,他除了亲自学习天文数学外,还培养了一些人才并翻译了一些著作。1712 年康熙皇帝命梅瑴成任蒙养斋汇编官,会同陈厚耀、何国宗、明安图、杨道声等编纂天文算法书。1721 年完成《律历渊源》100 卷,以康熙“御定”的名义于1723 年出版。其中《数理精蕴》主要由梅瑴成负责,分上下两编,上编包括《几何原本》《算法原本》,均译自法文著作;下编包括算术、代数、平面几何平面三角、立体几何等初等数学,附有素数表、对数表和三角函数表。由于它是一部比较全面的初等数学百科全书,并有康熙“御定”的名义,因此对当时数学研究有一定影响。

综上所述可以看到,清代数学家对西方数学做了大量的会通工作,并取得许多独创性的成果。这些成果,如和传统数学比较,是有进步的,但和同时代的西方比较则明显落后了。

雍正即位以后,对外闭关自守,导致西方科学停止输入中国,对内实行高压政策,致使一般学者既不能接触西方数学,又不敢过问经世致用之学,因而埋头于究治古籍。乾嘉年间逐渐形成一个以考据学为主的乾嘉学派。

随着《算经十书》与宋元数学著作的收集与注释,出现了一个研究传统数学的高潮。其中能突破旧有框框并有发明创造的有焦循、汪莱、李锐、李善兰等。他们的工作,和宋元时代的代数学比较是青出于蓝而胜于蓝的;和西方代数学比较,在时间上晚了一些,但这些成果是在没有受到西方近代数学的影响下独立得到的。

与传统数学研究出现高潮的同时,阮元与李锐等编写了一部天文数学家传记——《畴人传》,收集了从黄帝时期到嘉庆四年已故的天文学家和数学家 270 余人(其中有数学著作传世的不足 50 人),和明末以来介绍西方天文数学的传教士 41 人。这部著作全由“掇拾史书,荃萃群籍,甄而录之”而成,收集的完全是第一手的原始资料,在学术界颇有影响。

1840 年鸦片战争以后,西方近代数学开始传入中国。首先是英人在上海设立墨海书馆,介绍西方数学。第二次鸦片战争后,曾国藩、李鸿章等官僚集团开展“洋务运动”,也主张介绍和学习西方数学,组织翻译了一批近代数学著作。

其中较重要的有李善兰与伟烈亚力翻译的《代数学》《代微积拾级》;华蘅芳与英人傅兰雅合译的《代数术》《微积溯源》《决疑数学》;邹立文与狄考文编译的《形学备旨》《代数

备旨》《笔算数学》；谢洪赉与潘慎文合译的《代形合参》《八线备旨》等。

《代微积拾级》是中国第一部微积分学译本，《代数学》是英国数学家德·摩根所著的符号代数学译本，《决疑数学》是第一部概率论译本。在这些译著中，创造了许多数学名词和术语，至今还在应用，但所用数学符号一般已被淘汰了。戊戌变法以后，各地兴办新法学校，上述一些著作便成为主要教科书。

在翻译西方数学著作的同时，中国学者也进行一些研究，写出一些著作，较重要的有李善兰的《尖锥变法解》《考数根法》；夏弯翔的《洞方术图解》《致曲术》《致曲图解》等，都是会通中西学术思想的研究成果。

由于输入的近代数学需要一个消化吸收的过程，加上清末统治者十分腐败，在太平天国运动的冲击下，在帝国主义列强的掠夺下，许多学者焦头烂额，无暇顾及数学研究。直到 1919 年五四运动以后，中国近代数学的研究才真正开始。

附录 三 "定量分析"教学大纲草案

公共管理专业硕士学位(MPA)核心课程"定量分析"教学大纲草案
中国人民大学内部交流

课程名称：公共管理定量分析(Quantitative Analysis for MPA)

1. 课程简介

在管理科学中定量分析的内容广泛,应用性强。其相关学科非常广泛,主要涉及数学模型化方法、概率论、数理统计和社会经济统计、管理科学/运筹学(规划论、排队论、库存论、决策论、对策论、计算机模拟和网络技术等)、计量经济学、经济控制论和现代预测理论等。

定量分析是一类在公共管理领域中发现问题、调查研究、量化分析、假说研判、逻辑推断,尤其是辅助决策的有效方法。通过各类实际问题与案例,训练学生建立定量分析的基本技能,提高学生进行定量分析的水平,以及培养学生以定量分析的方式研究问题、分析问题和解决问题的能力。尤其应当注重定量分析方法在社会经济管理领域中的综合应用。

2. 课程目标

MPA专业学位的培养目标主要面向公共管理领域和组织,培养对象是政府部门和非政府公共机构的管理者和决策分析者。在公共管理工作中需要根据具体问题和资料,设计调查方案,收集和处理数据,建立逻辑结构或数学模型,通过不同的数学方法对问题进行分析、检验或求解,以便进行预测、分析或决策。作为未来国家公共部门的工作者,MPA学员应当善于科学地利用和分析数据信息,避免管理工作的随意性和盲目性,培养整体系统意识并能够对错综复杂的管理工作进行定量化统筹管理,尤其是熟悉广泛地现代定量分析理论与方法。

本课程旨在使MPA学生了解常用的数学方法和模型,理解模型化的基本思想,以便在今后的工作中更好地运用数学知识解决实际问题。课程侧重将管理科学与公共管理的实际需求密切结合,要求学生在较系统地理解定量分析基本概念的基础上,掌握利用定量方法改进管理决策的基本知识和基本技能,学会对管理工作中的各种可行方案进行定量评判的方法,提高从事公共管理和公共政策分析的理论水平和综合能力。本课程应能较系统地阐述管理科学中定量分析的基本思想、基本原理和方法,使学生对定量分析方法有较为全面的了解和认识。

3. 授课要求

由于授课对象来源的多样化和授课时间相对紧张,加之课程内容覆盖管理科学中诸多领域,因此对教学内容和教学方法的要求较高。此外,依据 MBA、MPA 教学的国际惯例,通用性与可比性较强的学科/专业应当直接选用现代的、高质量的英文教材,而且主要教学内容应当采用英语授课。建议教学手段应当多样化(如附带音乐、图片、动画、"按钮"和教学光盘),教学方法应当灵活(如授课、讨论、讲演等)。本课程的教学内容原则上应当覆盖国际上主流的现代定量分析方法,在汲取、选用和组织教材时应当注重中国国情,并充分利用信息技术突出课程的科学性、实践性和应用性,相关的数学理论的推导可适当紧缩。

4. 教学条件

高分辨率投影仪、优质音响设备、分页白板和联网多媒体教室;应用软件包括 SAS、MATLAB 和 LINDO 等;原版教材配合自编一本《MPA 定量分析概论》和教学软件,每年勘误修订。

5. 先修课程

高等数学、线性代数和概率论等课程。

6. 学时学分

总学时 17×4、周学时 4;学分 4

课程主要内容和具体要求如下。

第1章　应用数学基础知识

1. 微积分(calculus)

要求学生了解函数的概念和性质、理解导数与微分的基本思想,掌握一元函数变化率等的几何描述方法,熟悉常用导数公式与积分方法,学会计算极大(小)值点、发展速度、边际收益/损失与弹性系数的方法。

2. 线性代数(linear algebra)

要求学生了解点、向量和矩阵的几何描述方法,理解线性方程组的相关概念和基本性质、掌握矩阵运算包括矩阵乘法、行列式、求秩、矩阵求逆、求特征根与特征向量等,学会计算简单投入产出的方法。

3. 集合论(set theory)

要求学生了解集合的基本概念和性质,理解一般集合的描述方法,掌握简单的集合运算,学会运用集合进行逻辑推断。

4. 概率与统计(probability and statistics)

要求学生了解处理随机现象,掌握随机变量的描述方法,掌握分布函数和分布密度的概念和性质,熟悉正态分布、均匀分布、指数分布等常用分布,学会统计推断的常用方法以及检验可靠性的基本方法。

1) 概率

概率的基本概念与常用古典概率问题。

2) 随机事件和随机变量

随机事件(集合)的概念,随机变量的描述及数字特征。

3) 概率分布及特征

概率分布的概念,以及重要概率分布如连续分布(均匀分布、正态分布等)、离散分布(二项分布和泊松分布等)等。

4) 基本统计量与统计推断

基本的参数估计及假设检验的概念和方法。

注释:动画演示、分组讨论。

第2章 统计方法

要求学生了解社会经济统计问题的描述方法,理解社会经济统计与数理统计的相关概念和基本性质、掌握抽样调查方法、学会设计调查问卷和统计分析方法。

1. 收集信息方法

调查(亲自、委托和通信调查;普查和抽样调查),登记,实验和次级数据的搜集。

2. 普查与抽样调查

普查是指将欲研究的某种社会经济现象之全体进行逐一调查,以期获得完整、详细、可靠的总体数据。抽样调查是在欲研究的总体中选取一部分加以调查。抽样的方法很多,如多段抽样法、系统抽样法、弗曼抽样法,两段抽样法等。可视需求择优有之。常用的抽样方法有以下几种:①立意抽样;②随机抽样;③分层抽样;④集团抽样等。

3. 数据处理

对已收集到的数据的整理可分为3步。

（1）分类：依互斥性与周延性原则，将特性相仿的数据分为一类。

（2）归类：把数据分别归入应属类别，方法有划记法、卡片法和电脑录入法。

（3）列表：将次级资料按照模型化研究目的，做成数据表和统计图。

4. 统计图设计

统计图利用点之多寡，线之长短，面积之大小，颜色之浓淡，线条之疏密或曲线之变化，以表示数据的大小程度、变动情况、分布状和相依关系。统计图的类型繁多，以绘图目的分有说明图、计算图等；以应用环境分有挂图、桌图和书图；以所用尺度分有算术尺度图、单对数尺度图和双对数尺度图；以形式分有线图、长条图、时间数列曲线图、面积图、洛伦兹曲线图，立体图、统计地图、象形图以及组织图、工作程序图和工作进度图；以统计数列分有时间数列图、地理数列图、属性数列图和变量数列图等。

5. 常用统计量

设计统计量是定量分析的基础，就其性质可归两类：一是中央趋势量，二是差异分散量。常见中央趋势量有：①平均数；②中位数；③众数；④分位数等。群体中各个个体之间存在着差异，表示变异状态的数量称为差异量数。社会经济统计中常见的差异量数有离中差，离均差和非离均差。变异系数也是经济中常见的统计量，如①标准差异系数；②平均差异系数；③四分位差异系数；④均互差异系数；⑤均互差中位差异系数等。

6. 常见中国/国际统计指标的应用

如何理解中国经济统计年鉴、联合国世界经济发展报告、世界银行报告等。

注释：动画演示、案例分析（10 个问题）、统计报告（不少于 3 页）。

第3章 预测理论

要求学生了解时间序列和预测理论的基本概念，学会用时间序列方法对未来事件作出预测，掌握滑动平均方法，指数平滑方法以及预测的回归分析方法。

（1）预测理论概述；

（2）时间序列基本概念和统计特性；

（3）移动平均方法和指数平滑方法；

（4）回归分析及应用；

（5）预测的误差估计及优劣的评判；

（6）预测应用案例。

证券市场技术分析指标 MA、MACD、BOLL、KDJ、TREND 等。

注释：学习技术分析软件、SAS 软件、SPSS 软件，并且上机作业（交盘）。

第 4 章 排队系统

要求学生掌握公共随机服务系统的基本知识,了解排队系统的组成以及单通道和多通道排队模型的结构,掌握排队问题的定量方法。

（1）随机服务系统概述；

（2）单通道排队模型（$M/G/1$ 和 $G/G/1$）；

（3）复通道排队模型（$M/M/n$ 和 $G/G/n$；）

（4）排队系统的应用案例；

医院、车站、超级市场等公共设施。

注释：放录像、分组讨论。

第 5 章 模拟理论

要求学生掌握模拟理论的基本思想,学会建立模拟模型的方法,了解随机数在模拟中的应用,熟悉经典模拟与蒙特卡罗方法。

1. 模拟概述

模拟的概念与意义。

2. 模拟理论与方法

模拟理论（R. W. 康威），分析与综合方法（K. L. 柯汉）。

3. 蒙特卡罗方法

蒙特卡洛法系指依照某种预定概率分布而随机抽样的一种模拟技巧,包括基本原理和步骤等。

4. 计算机模拟

基本原理、方法以及在存储控制和风险分析等方面的应用。

5. 模拟应用案例

注释：DEMO。

第 6 章 计划评审技术

要求学生掌握计划评审技术（Program Evaluation and Review Technique，PERT）的基本思想和基本方法,了解关键路线 CPM 在 PERT 技术中的作用,学会在公共管理中利用 PERT 方法编制进度计划和建立控制体系。

1. 概述

关键路线法 CPM 与 PERT 的基本概念。

2. PERT 基本方法

事件、工序表和网络图的制作与分析方法。

确定时限的 PERT 网络。

确定费用的 PERT 网络。

随机时限的 PERT 网络。

3. PERT 应用案例

大型国际会议、市政工程、国家信息化项目等。

注释：纸牌、利用软件进行 PERT 画图。

第 7 章　图和网络

要求学生掌握图和网络(graph and network)的基本概念和方法，了解图和网络模型在具有二元关系的管理系统中的应用，熟悉常用的图和网络的算法。

1. 图的基本概念

图及有向图的定义，图的同构，图的矩阵表示。

2. 树结构及其应用

树的概念，最小生成树，最优二元树及相关算法。

3. 图论模型

时间安排问题，交通运输问题，邮路问题等的图论模型。

4. 网络及其应用案例

最短路及最大流等网络最优化问题。

第 8 章　决策分析

要求学生掌握决策分析(decision making)的基本概念和决策过程的基本方法，学会管理中决策问题的表述及决策优劣的评判，了解效用概念和效用理论在决策中的应用，熟悉决策风险的分析方法，掌握多准则/多目标决策的原则和层次分析方法。

1. 决策概述

有关决策的思想及相关概念。

2. 决策方案的遴选

决策准则,可行决策方案的比较和选取。

3. 决策的树形结构

树形结构在决策过程中应用。

4. 决策和效用理论

效用概念的提出及其在决策中的应用。

5. 决策的风险分析

决策分析、制定、执行等过程的不确定性与风险分析。

多准则/多目标决策。

有效解与满意解等概念、帕雷托解、目标替换等。

层次分析方法(AHP)。

决策分析案例。

宏观政策分析、秘书问题等。

第9章 对策论

要求学生了解对策论(game theory)/博弈论的基本原理,学会如何将管理工作中的实际问题转化为对策模型,掌握简单对策模型的基本求解方法。

1. 概述

对策、策略、纯策略、混合策略等概念。

2. 对策分类

按参与者人数、次数、支付函数、支付总和、对策目的等分类。

有限次两人零和对策。

3. 对策论应用案例

在政治冲突升级、战争爆发、谈判技巧、交易策略与战略合作等。

第10章 线性规划

要求学生掌握线性规划(linear programming)的基本知识,学会如何将管理工作中的具体问题转化为标准的线性规划模型,熟悉线性规划的基本求解方法。

1. 线性规划模型

线性规划的标准问题与变形。

2. 线性规划问题的解法

图解法和单纯形算法的思想与具体步骤。

3. 线性规划的对偶问题

对偶问题,对偶单纯形方法及经济解释。

4. 线性规划的敏感性分析

约束条件和目标函数的敏感性分析。

5. 线性规划应用案例

资源分配、批量问题、运输问题、配料问题等。

第11章 整数规划

要求学生掌握整数规划(integer programming)的基本思想和基本原理,了解整数规划的类型,熟悉利用整数规划解决实际问题的方法。

1. 整数规划模型

整数规划问题与相关离散数学模型。

2. 整数规划问题的求解方法

分支定界法、割平面法等基本求解方法。

3. 整数规划的应用案例

分配指派问题、下料问题、0-1规划等。

第12章 数学模型与数学模化过程

要求学生掌握数学模型的概念,了解数学建模的基本知识,掌握在对实际问题进行分析和抽象的基础上建立数学模型的技能,学会对数学模型的优劣进行评判。

1. 数学模型

1)概论

数学模型的概念,数学模型与现实原型的关系等。

2)数学模型的分类

变量性质分类:确定、随机和模糊模型;连续、离散和混合模型。

建模目的分类:分析、预测、控制、决策模型等。

学科分类:运筹学模型、控制论模型、计量经济模型、数理经济模型等。

3）数学模型的评判准则

2. 数学模型化过程

数学模型是反映原型的数学结构,而数学模型化则指提出、设计、建立、求解、论证及使用数学模型的整个过程。

发现问题、表述目标及确定环境变量或参量。

设计有关原型的假说、阐明原型元之间的逻辑关系。

搜集资料、调查统计、量化相关因素。

提出假说与数学假设。

构造数学模型及推导衍生模型。

计算模型:寻求某种极值解,确定某类参数或测试某些指标;分析模型:研究原型的运行机理及剖析其因果关系。

数据处理、选择算法或研究新算法。

进行人工推算、机器证明或利用现有软件及开发新软件上机计算。

论证结果的数学性质、算法的有效性或模型的实用性等。

评估数学模型、调整以上模型化过程。

总结模型化工作、应用研究成果。

3. 数学模型化案例

计量经济学模型、控制论模型与分形市场模型。

首届 MPA "定量分析" 课程

开场白

各位同学，大家们好！

今天是中国政治历史上新的一页，也是诸位人生履历上有纪念意义的一天。

德才兼备的你们，既有"秀才"学历，又曾经在"府衙"工作，今日诸位通过科举，已经荣登进士，此刻入翰林书院"深造"，但是依旧官居原位，真是非常荣耀！

新中国政府公务员的"黄埔一期"，在下就是在所有科目中最严厉的军事教官！作为第一位上讲台的老师，我本人也深感荣幸。

MPA 的全称为 Master of Public Administration，即公共管理硕士学位。它至少有三种含义：一是作为硕士学位，MPA 指公共管理硕士学位；二是作为一种教育，是指培养公共管理硕士的一种研究生教育；三是作为一种群体，是指获得公共管理硕士学位的研究生。MPA 的培养目标是高层次、应用型、专门化的公共管理人才，被称为"公共管理的精英"。

现在，让我们浏览全世界"公共行政学院"的风采。

(1) 最古老的公共行政学院——锡拉丘兹大学马克斯维尔学院。

(2) 创造想法并付诸实施——哈佛大学肯尼迪政府学院。

(3) 为国家服务——普林斯顿大学伍得罗威尔逊国际事务学院。

(4) 世界中心的 MPA——哥伦比亚大学国际事务管理学院。

(5) "领导"世界潮流——芝加哥大学爱伦·B.哈里斯公共政策研究学院。

(6) 地方行政精英——佐治亚大学卡尔文森政府学院。

(7) 不列颠公共行政中心——伦敦大学经济与政治学院。

(8) 总统的摇篮——法国巴黎政治学院。

(9) 高级公务员孵化器——法国国家行政学院。

(10) 德国最高行政学府——施派尔德国行政学院。

(11) 澳洲最高学府——澳大利亚国立大学新亚太经济管理学院。

（12）号称东方波士顿——新加坡国立大学。

（13）堪称南亚明珠——泰国国家发展行政学院。

（14）开亚洲之先河——汉城大学公共管理学院。

（15）而你们将出自"第二党校"——中国人民大学公共管理学院。

我国首批公共管理硕士（MPA）开始招生了！这一消息引爆了对 MPA 羡慕已久的公务员群体，上至局长、下到科员，大至"不惑"有余的中年人，小到"而立"未足的小年轻，纷纷报名参加。现在工作的牵涉面越来越广，原有的知识不够用，必须充充电。除政府部门的公务员之外，企事业单位的管理人员也对 MPA 表现出了极大的兴趣。他们都认为，MPA 将是以后发展的一张分量不轻的通行证。

目前公务员中缺少一大批既懂专业又懂得现代管理知识的"通才"。即使是那些已经拥有高学历的公务员，他们的现代管理知识，特别是市场经济所需的财税、金融、法律知识以及宏观决策能力普遍薄弱。经过跨学科、跨领域的专业训练后，MPA 学员的最大特点是具有综合素质，他们不再只是单一领域内的行家里手，而是兼备专业能力和决策能力的多面手。

MBA 主要针对的是企业中的管理人员，而 MPA 的对象则涵盖了政府部门、党政团体、事业单位、国有企业、社会中介组织、行业协会以及各类非政府公共部门内的行政管理人员。因此，MPA 比 MBA 的覆盖面更广。接受了综合训练的 MPA，更具有时代的国际的眼光。中国加入 WTO 之后，管理上也要和国际接轨，MPA 正迎合了这一需求。政府机构改革的关键是管理人员的理念更新，随着我国政府机构改革的不断深入，对高层次的管理人员的需求量会越来越大。

今天在座的学生的年龄集中在 30 岁左右，但也不乏 40 多岁的"大龄学生"。"上有老的闹、下有小的淘，中有一位太太娇！"可见学习不易啊，但是"梅花香自苦寒来"，希望诸位努力！军事教官与政治教官的区别是评价标准是极其客观的！依据中华人民共和国教育部规定，MPA 定量分析课程教学大纲如下（参见附录，一片惊呼）。因此如果有人不幸翻身落马，绝非本老师心狠手辣，实在是身不由己！

尽管如此，缺乏合乎中国国情特色的案例仍然是目前 MPA 教育的瓶颈。由于国情不同，国外的多数案例不能适用于中国 MPA 教学。由于是首次开班招生，MPA 教学没有现成的教材，只能现编现用。据了解，全国高校可能不会用统一的教材，多数院校已在自编教材。交通大学的教材编写工作也在进行当中，国内几所理工科院校可能联合起来，共同编写体现理工科特色的 MPA 教材。中国人民大学公共管理学院率先开讲《定量分析方法》，此次编写的教材很可能就成为中国 MPA 教材的先驱，因此，这也成为各所高校竞争的热点。

MPA/MBA 和传统的研究生培养相比，后者注重学术研究，前者则更强调应用操作。因此，MPA 教学更加强调案例教学和情景教学，让学生在设置的，甚至是真实的场景中解决问题,师生之间的交流也因此变得非常重要。教学不仅是知识传授,而且是一门表演艺术。教师不仅要衣着整齐、神采奕奕,而且要勤于走动,引发互动!

此处约法三章。

可以提问、质疑,甚至辩论,不允许任何窃窃私语!

可以旷课、迟到、上课睡觉,不允许擅自离席!

可以携女友、夫人、子女听课,不允许非学员旁听!

常见概率分布表

APPENDIX 5

几种常见的概率分布表。

名　称	概率与密度函数 $p(x)$	期望	方差	图　形
贝努里分布 两点分布	$p_k = \begin{cases} q, & k=0 \\ p, & k=1 \end{cases}$ $0 < p < 1, q = 1-p$	p	pq	
二项分布 $B(k,n,p)$	$B(k,n,p) = \binom{n}{k} p^k q^{n-k}$ $k = 0,1,\cdots,n$ $0 < p < 1, q = 1-p$	np	npq	
泊松分布 $P(k,\lambda)$	$P(k,\lambda) = \dfrac{r^k}{k!} e^{-\lambda}, \lambda > 0$ $k = 0,1,2,\cdots,n$	λ	λ	

409

续表

名　称	概率与密度函数 $p(x)$	期望	方差	图　形
几何分布 $G(k,p)$	$G(k,p)=q^{k-1}p$ $k=1,2,\cdots,n$ $0<p<1,q=1-p$	$\dfrac{1}{p}$	$\dfrac{q}{p^2}$	
正态分布 高斯分布 $N(\alpha,\sigma^2)$	$p(x)=\dfrac{1}{\sqrt{2\pi}\sigma}\mathrm{e}^{-(x-a)^2/2a^2}$ $-\infty<x<\infty,\alpha,\sigma>0$，常数	α	σ^2	
均匀分布 $U[a,b]$	$p(x)=\begin{cases}\dfrac{1}{b-a}, & a\leqslant x\leqslant b\\[2mm] 0, & \text{其他}\end{cases}$ $a<b$，常数	$\dfrac{a+b}{2}$	$\dfrac{(b-a)^2}{12}$	
指数分布	$p(x)=\begin{cases}\lambda\mathrm{e}^{-\lambda x}, & x\geqslant 1\\ 0, & x<0\end{cases}$ $\lambda>0$，常数	$\dfrac{1}{\lambda}$	$\dfrac{1}{\lambda^2}$	
χ^2-分布	$p(x)=$ $\begin{cases}\dfrac{1}{2^{n/2}\Gamma\left(\dfrac{x}{2}\right)}x^{\frac{n}{2}}\mathrm{e}^{-\frac{x}{2}}, & x\geqslant 0\\[4mm] 0, & x<0\end{cases}$ n 正整数	n	$2n$	

续表

名 称	概率与密度函数 $p(x)$	期望	方差	图 形
Γ-分布	$p(x)=$ $\begin{cases}\dfrac{\lambda^r}{\Gamma(r)}x^{r-1}\mathrm{e}^{-\lambda x}, & x\geqslant 0\\ 0, & x<0\end{cases}$ $r>0,\lambda>0$ 常数	$r\lambda^{-1}$	$r\lambda^{-2}$	
t-分布	$p(x)=$ $\dfrac{\Gamma\left(\dfrac{n+1}{2}\right)}{\sqrt{n\pi}\,\Gamma\left(\dfrac{n}{2}\right)}\left(1+\dfrac{x^2}{n}\right)^{-\frac{x+1}{2}}$ $-\infty<x<\infty, n$ 正整数	0 $(n>1)$	$\dfrac{n}{n-2}$ $(n>2)$	
F-分布	$p(x)=$ $\begin{cases}\dfrac{\Gamma\left(\dfrac{k_1+k_2}{2}\right)}{\Gamma\left(\dfrac{k_1}{2}\right)\Gamma\left(\dfrac{k_2}{2}\right)}k_1^{x_1/2}k_2^{x_2/2}\\ \dfrac{x^{x_1/2-1}}{(k_2+k_1x)^{(x_1+x_2)/2}}, x\geqslant 0\\ 0, x<0\end{cases}$ k_1,k_2 正整数	$\dfrac{k_2}{k_2-2}$ $(k_2>2)$	$\dfrac{2k_2^2(k_1+k_2-2)}{k_1(k_2-2)^2(k_2-4)}$ $(k_2>4)$	

标准正态分布表

$$\Phi(x)=\int_{-\infty}^{x}\frac{1}{\sqrt{2\pi}}\mathrm{e}^{-\frac{t^2}{2}}\mathrm{d}t=p(X\leqslant x)$$

$$\varphi(-x)=1-\varphi(x)$$

x	0	0.01	0.02	0.03	0.04	0.05	0.06	0.07	0.08	0.09
0	0.500 0	0.504 0	0.508 0	0.512 0	0.516 0	0.519 9	0.523 9	0.527 9	0.531 9	0.535 9
0.1	0.539 8	0.543 8	0.547 8	0.551 7	0.555 7	0.559 6	0.563 6	0.567 5	0.571 4	0.575 3
0.2	0.579 3	0.583 2	0.587 1	0.591 0	0.594 8	0.598 7	0.602 6	0.606 4	0.610 3	0.614 1
0.3	0.617 9	0.621 7	0.625 5	0.629 3	0.633 1	0.636 8	0.640 4	0.644 3	0.648 0	0.651 7

续表

	0	0.1	0.2	0.3	0.4	0.5	0.6	0.7	0.8	0.9
0.4	0.655 4	0.659 1	0.662 8	0.666 4	0.670 0	0.673 6	0.677 2	0.680 8	0.684 4	0.687 9
0.5	0.691 5	0.695 0	0.698 5	0.701 9	0.705 4	0.708 8	0.712 3	0.715 7	0.719 0	0.722 4
0.6	0.725 7	0.729 1	0.732 4	0.735 7	0.738 9	0.742 2	0.745 4	0.748 6	0.751 7	0.754 9
0.7	0.758 0	0.761 1	0.764 2	0.767 3	0.770 3	0.773 4	0.776 4	0.779 4	0.782 3	0.785 2
0.8	0.788 1	0.791 0	0.793 9	0.796 7	0.799 5	0.802 3	0.805 1	0.807 8	0.810 6	0.813 3
0.9	0.815 9	0.818 6	0.821 2	0.823 8	0.826 4	0.828 9	0.835 5	0.834 0	0.836 5	0.838 9
1	0.841 3	0.843 8	0.846 1	0.848 5	0.850 8	0.853 1	0.855 4	0.857 7	0.859 9	0.862 1
1.1	0.864 3	0.866 5	0.868 6	0.870 8	0.872 9	0.874 9	0.877 0	0.879 0	0.881 0	0.883 0
1.2	0.884 9	0.886 9	0.888 8	0.890 7	0.892 5	0.894 4	0.896 2	0.898 0	0.899 7	0.901 5
1.3	0.903 2	0.904 9	0.906 6	0.908 2	0.909 9	0.911 5	0.913 1	0.914 7	0.916 2	0.917 7
1.4	0.919 2	0.920 7	0.922 2	0.923 6	0.925 1	0.926 5	0.927 9	0.929 2	0.930 6	0.931 9
1.5	0.933 2	0.934 5	0.935 7	0.937 0	0.938 2	0.939 4	0.940 6	0.941 8	0.943 0	0.944 1
1.6	0.945 2	0.946 3	0.947 4	0.948 4	0.949 5	0.950 5	0.951 5	0.952 5	0.953 5	0.953 5
1.7	0.955 4	0.956 4	0.957 3	0.958 2	0.959 1	0.959 9	0.960 8	0.961 6	0.962 5	0.963 3
1.8	0.964 1	0.964 8	0.965 6	0.966 4	0.967 2	0.967 8	0.968 6	0.969 3	0.970 0	0.970 6
1.9	0.971 3	0.971 9	0.972 6	0.973 2	0.973 8	0.974 4	0.975 0	0.975 6	0.976 2	0.976 7
2	0.977 2	0.977 8	0.978 3	0.978 8	0.979 3	0.979 8	0.980 3	0.980 8	0.981 2	0.981 7
2.1	0.982 1	0.982 6	0.983 0	0.983 4	0.983 8	0.984 2	0.984 6	0.985 0	0.985 4	0.985 7
2.2	0.986 1	0.986 4	0.986 8	0.987 1	0.987 4	0.987 8	0.988 1	0.988 4	0.988 7	0.989 0
2.3	0.989 3	0.989 6	0.989 8	0.990 1	0.990 4	0.990 6	0.990 9	0.991 1	0.991 3	0.991 6
2.4	0.991 8	0.992 0	0.992 2	0.992 5	0.992 7	0.992 9	0.993 1	0.993 2	0.993 4	0.993 6
2.5	0.993 8	0.994 0	0.994 1	0.994 3	0.994 5	0.994 6	0.994 8	0.994 9	0.995 1	0.995 2
2.6	0.995 3	0.995 5	0.995 6	0.995 7	0.995 9	0.996 0	0.996 1	0.996 2	0.996 3	0.996 4
2.7	0.996 5	0.996 6	0.996 7	0.996 8	0.996 9	0.997 0	0.997 1	0.997 2	0.997 3	0.997 4
2.8	0.997 4	0.997 5	0.997 6	0.997 7	0.997 7	0.997 8	0.997 9	0.997 9	0.998 0	0.998 1
2.9	0.998 1	0.998 2	0.998 2	0.998 3	0.998 4	0.998 4	0.998 5	0.998 5	0.998 6	0.998 6
x	0	0.1	0.2	0.3	0.4	0.5	0.6	0.7	0.8	0.9
3	0.998 7	0.999 0	0.999 3	0.999 5	0.999 7	0.999 8	0.999 8	0.999 9	0.999 9	1.000 0

正态分布概率表

$$\Phi(u) = \frac{1}{\sqrt{2\pi}} e^{-\frac{1}{2}\mu^2}$$

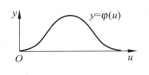

t	$F(t)$	t	$F(t)$	t	$F(t)$	t	$F(t)$
0.00	0.000 0	0.22	0.174 1	0.44	0.340 1	0.66	0.490 7
0.01	0.008 0	0.23	0.181 9	0.45	0.347 3	0.67	0.497 1
0.02	0.016 0	0.24	0.189 7	0.46	0.354 5	0.68	0.503 5
0.03	0.023 9	0.25	0.197 4	0.47	0.361 6	0.69	0.509 8
0.04	0.031 9	0.26	0.205 1	0.48	0.368 8	0.70	0.516 1
0.05	0.039 9	0.27	0.212 8	0.49	0.375 9	0.71	0.522 3
0.06	0.047 8	0.28	0.220 5	0.50	0.382 9	0.72	0.528 5
0.07	0.055 8	0.29	0.228 2	0.51	0.389 9	0.73	0.534 6
0.08	0.063 8	0.30	0.235 8	0.52	0.396 9	0.74	0.540 7
0.09	0.071 7	0.31	0.243 4	0.53	0.403 9	0.75	0.546 7
0.10	0.079 7	0.32	0.251 0	0.54	0.410 8	0.76	0.552 7
0.11	0.087 6	0.33	0.258 6	0.55	0.417 7	0.77	0.558 7
0.12	0.095 5	0.34	0.266 1	0.56	0.424 5	0.78	0.564 6
0.13	0.103 4	0.35	0.273 7	0.57	0.431 3	0.79	0.570 5
0.14	0.111 3	0.36	0.281 2	0.58	0.438 1	0.80	0.576 3
0.15	0.119 2	0.37	0.288 6	0.59	0.444 8	0.81	0.582 1
0.16	0.127 1	0.38	0.296 1	0.60	0.451 5	0.82	0.587 8
0.17	0.135 0	0.39	0.303 5	0.61	0.458 1	0.83	0.593 5
0.18	0.142 8	0.40	0.310 8	0.62	0.464 7	0.84	0.599 1
0.19	0.150 7	0.41	0.318 2	0.63	0.471 3	0.85	0.604 7
0.20	0.158 5	0.42	0.325 5	0.64	0.477 8	0.86	0.610 2
0.21	0.166 3	0.43	0.332 8	0.65	0.484 3	0.87	0.615 7

t	$F(t)$	t	$F(t)$	t	$F(t)$	t	$F(t)$
0.88	0.621 1	1.15	0.749 9	1.42	0.844 4	1.69	0.909 9
0.89	0.626 5	1.16	0.754 0	1.43	0.847 3	1.70	0.910 9
0.90	0.631 9	1.17	0.758 0	1.44	0.850 1	1.71	0.912 7
0.91	0.637 2	1.18	0.762 0	1.45	0.852 9	1.72	0.914 6
0.92	0.642 4	1.19	0.766 0	1.46	0.855 7	1.73	0.916 4
0.93	0.647 6	1.20	0.769 9	1.47	0.858 4	1.74	0.918 1
0.94	0.652 8	1.21	0.773 7	1.48	0.861 1	1.75	0.919 9
0.95	0.657 9	1.22	0.777 5	1.49	0.863 8	1.76	0.921 6
0.96	0.662 9	1.23	0.781 3	1.50	0.866 4	1.77	0.923 3
0.97	0.668 0	1.24	0.785 0	1.51	0.869 0	1.78	0.924 9
0.98	0.672 9	1.25	0.788 7	1.52	0.871 5	1.79	0.926 5
0.99	0.677 8	1.26	0.792 3	1.53	0.874 0	1.80	0.928 1
1.00	0.682 7	1.27	0.795 9	1.54	0.876 4	1.81	0.929 7
1.01	0.687 5	1.28	0.799 5	1.55	0.878 9	1.82	0.931 2
1.02	0.692 3	1.29	0.803 0	1.56	0.881 2	1.83	0.932 8
1.03	0.697 0	1.30	0.806 4	1.57	0.883 6	1.84	0.934 2
1.04	0.701 7	1.31	0.809 8	1.58	0.885 9	1.85	0.935 7
1.05	0.706 3	1.32	0.813 2	1.59	0.888 2	1.86	0.937 1
1.06	0.710 9	1.33	0.816 5	1.60	0.890 4	1.87	0.938 5
1.07	0.715 4	1.34	0.819 8	1.61	0.892 6	1.88	0.939 9
1.08	0.719 9	1.35	0.823 0	1.62	0.894 8	1.89	0.941 2
1.09	0.724 3	1.36	0.826 2	1.63	0.896 9	1.90	0.942 6
1.10	0.728 7	1.37	0.829 3	1.64	0.899 0	1.91	0.943 9
1.11	0.733 0	1.38	0.832 4	1.65	0.901 1	1.92	0.945 1
1.12	0.737 3	1.39	0.835 5	1.66	0.903 1	1.93	0.946 4
1.13	0.741 5	1.40	0.838 5	1.67	0.905 1	1.94	0.947 6
1.14	0.745 7	1.41	0.841 5	1.68	0.907 0	1.95	0.948 8

续表

t	$F(t)$	t	$F(t)$	t	$F(t)$	t	$F(t)$
1.96	0.950 0	2.24	0.974 9	2.56	0.989 5	2.88	0.996 0
1.97	0.951 2	2.26	0.976 2	2.58	0.990 1	2.90	0.996 2
1.98	0.952 3	2.28	0.977 4	2.60	0.990 7	2.92	0.996 5
1.99	0.953 4	2.30	0.978 6	2.62	0.991 2	2.94	0.996 7
2.00	0.954 5	2.32	0.979 7	2.64	0.991 7	2.96	0.996 9
2.02	0.956 6	2.34	0.980 7	2.66	0.992 2	2.98	0.997 1
2.04	0.958 7	2.36	0.981 7	2.68	0.992 6	3.00	0.997 3
2.06	0.960 6	2.38	0.982 7	2.70	0.993 1	3.20	0.998 6
2.08	0.962 5	2.40	0.983 6	2.72	0.993 5	3.40	0.999 3
2.10	0.964 3	2.42	0.984 5	2.74	0.993 9	3.60	0.999 68
2.12	0.966 0	2.44	0.985 3	2.76	0.994 2	3.80	0.999 86
2.14	0.967 6	2.46	0.986 1	2.78	0.994 6	4.00	0.999 94
2.16	0.969 2	2.48	0.986 9	2.80	0.994 9	4.50	0.999 993
2.18	0.970 7	2.50	0.987 6	2.82	0.995 2	5.00	0.999 999
2.20	0.972 2	2.52	0.988 3	2.84	0.995 5		
2.22	0.973 6	2.54	0.989 9	2.86	0.995 8		

泊松分布表

$$P(X=m)=\frac{\lambda^{m}}{m!}\mathrm{e}^{-\lambda}$$

m \ λ	0.1	0.2	0.3	0.4	0.5	0.6	0.7	0.8
0	0.904 837	0.818 731	0.740 818	0.670 320	0.606 531	0.548 812	0.496 585	0.449 329
1	0.090 484	0.163 746	0.222 245	0.268 128	0.303 265	0.329 287	0.347 610	0.359 463
2	0.004 524	0.016 375	0.033 337	0.053 626	0.075 816	0.098 786	0.121 663	0.143 785
3	0.000 151	0.001 092	0.003 334	0.007 150	0.012 636	0.019 757	0.028 388	0.038 343

续表

m \ λ	0.1	0.2	0.3	0.4	0.5	0.6	0.7	0.8
4	0.000 004	0.000 055	0.000 250	0.000 715	0.001 580	0.002 964	0.004 968	0.007 669
5		0.000 002	0.000 015	0.000 057	0.000 158	0.000 356	0.000 696	0.001 227
6			0.000 001	0.000 004	0.000 013	0.000 036	0.000 081	0.000 164
7					0.000 001	0.000 003	0.000 008	0.000 019
8							0.000 001	0.000 002
9								

m \ λ	0.9	1.0	1.5	2.0	2.5	3.0	3.5	4.0
0	0.406 570	0.367 879	0.223 130	0.135 335	0.082 085	0.049 787	0.030 197	0.018 316
1	0.365 913	0.367 879	0.334 695	0.270 671	0.205 212	0.149 361	0.105 691	0.073 263
2	0.164 661	0.183 940	0.251 021	0.270 671	0.256 516	0.224 042	0.184 959	0.146 525
3	0.049 398	0.061 313	0.125 511	0.180 447	0.213 763	0.224 042	0.215 785	0.195 367
4	0.011 115	0.015 328	0.047 067	0.090 224	0.133 602	0.168 031	0.188 812	0.195 367
5	0.002 001	0.003 066	0.014 120	0.036 089	0.066 801	0.100 819	0.132 169	0.156 293
6	0.000 300	0.000 511	0.003 530	0.012 030	0.027 834	0.050 409	0.077 098	0.104 196
7	0.000 039	0.000 073	0.000 756	0.003 437	0.009 941	0.021 604	0.038 549	0.059 540
8	0.000 004	0.000 009	0.000 142	0.000 859	0.003 106	0.008 102	0.016 865	0.029 770
9		0.000 001	0.000 024	0.000 191	0.000 863	0.002701	0.006 559	0.013 231
10			0.000 004	0.000 038	0.000 216	0.000 810	0.002 296	0.005 292
11				0.000 007	0.000 049	0.000 221	0.000 730	0.001 925
12				0.000 001	0.000 010	0.000 055	0.000 213	0.000 642
13					0.000 002	0.000 013	0.000 057	0.000 197
14						0.000 003	0.000 014	0.000 056
15						0.000 001	0.000 003	0.000 015
16							0.000 001	0.000 004
17								0.000 001

续表

m \ λ	4.5	5.0	5.5	6.0	6.5	7.0	7.5	8.0
0	0.011 109	0.006 738	0.004 087	0.002 479	0.001 503	0.000 912	0.000 553	0.000 335
1	0.049 990	0.033 690	0.022 477	0.014 873	0.009 772	0.006 383	0.004 148	0.002 684
2	0.112 479	0.084 224	0.061 812	0.044 618	0.031 760	0.022 341	0.015 555	0.010 735
3	0.168 718	0.140 374	0.113 323	0.089 235	0.068 814	0.052 129	0.038 889	0.028 626
4	0.189 808	0.175 467	0.155 819	0.133 853	0.111 822	0.091 226	0.072 916	0.057 252
5	0.170 827	0.175 467	0.171 401	0.160 623	0.145 369	0.127 717	0.109 375	0.091 604
6	0.128 120	0.146 223	0.157 117	0.160 623	0.157 483	0.149 003	0.136 718	0.122 138
7	0.082 363	0.104 445	0.123 449	0.137 677	0.146 234	0.149 003	0.146 484	0.139 587
8	0.046 329	0.065 278	0.084 871	0.103 258	0.118 815	0.130 377	0.137 329	0.139 587
9	0.023 165	0.036 266	0.051 866	0.068 838	0.085 811	0.101 405	0.114 440	0.124 077
10	0.010 424	0.018 133	0.028 526	0.041 303	0.055 777	0.070 983	0.085 830	0.099 262
11	0.004 264	0.008 242	0.014 263	0.022 529	0.032 959	0.045 171	0.058 521	0.072 190
12	0.001 599	0.003 434	0.006 537	0.011 264	0.017 853	0.026 350	0.036 575	0.048 127
13	0.000 554	0.001 321	0.002 766	0.005 199	0.008 926	0.014 188	0.021 101	0.029 616
14	0.000 178	0.000 472	0.001 087	0.002 228	0.004 144	0.007 094	0.011 304	0.016 924
15	0.000 053	0.000 157	0.000 398	0.000 891	0.001 796	0.003 311	0.005 652	0.009 026
16	0.000 015	0.000 049	0.000 137	0.000 334	0.000 730	0.001 448	0.002 649	0.004 513
17	0.000 004	0.000 014	0.000 044	0.000 118	0.000 279	0.000 596	0.001 169	0.002 124
18	0.000 001	0.000 004	0.000 014	0.000 039	0.000 101	0.000 232	0.000 487	0.000 944
19		0.000 001	0.000 004	0.000 012	0.000 034	0.000 085	0.000 192	0.000 397
20			0.000 001	0.000 004	0.000 011	0.000 030	0.000 072	0.000 159
21				0.000 001	0.000 003	0.000 010	0.000 026	0.000 061
22					0.000 001	0.000 003	0.000 009	0.000 022
23						0.000 001	0.000 003	0.000 008
24							0.000 001	0.000 003
25								0.000 001

续表

m \ λ	8.5	9.0	9.5	10	12	15	18	20
0	0.000 203	0.000 123	0.000 075	0.000 045	0.000 006	0.000 000	0.000 000	0.000 000
1	0.001 729	0.001 111	0.000 711	0.000 454	0.000 074	0.000 005	0.000 000	0.000 000
2	0.007 350	0.004 998	0.003 378	0.002 270	0.000 442	0.000 034	0.000 002	0.000 000
3	0.020 826	0.014 994	0.010 696	0.007 567	0.001 770	0.000 172	0.000 015	0.000 003
4	0.044 255	0.033 737	0.025 403	0.018 917	0.005 309	0.000 645	0.000 067	0.000 014
5	0.075 233	0.060 727	0.048 266	0.037 833	0.012 741	0.001 936	0.000 240	0.000 055
6	0.106 581	0.091 090	0.076 421	0.063 055	0.025 481	0.004 839	0.000 719	0.000 183
7	0.129 419	0.117 116	0.103 714	0.090 079	0.043 682	0.010 370	0.001 850	0.000 523
8	0.137 508	0.131 756	0.123 160	0.112 599	0.065 523	0.019 444	0.004 163	0.001 309
9	0.129 869	0.131 756	0.130 003	0.125 110	0.087 364	0.032 407	0.008 325	0.002 908
10	0.110 388	0.118 580	0.123 502	0.125 110	0.104 837	0.048 611	0.014 985	0.005 816
11	0.085 300	0.097 020	0.106 661	0.113 736	0.114 368	0.066 287	0.024 521	0.010 575
12	0.060 421	0.072 765	0.084 440	0.094 780	0.114 368	0.082 859	0.036 782	0.017 625
13	0.039 506	0.050 376	0.061 706	0.072 908	0.105 570	0.095 607	0.050 929	0.027 116
14	0.023 986	0.032 384	0.041 872	0.052 077	0.090 489	0.102 436	0.065 480	0.038 737
15	0.013 592	0.019 431	0.026 519	0.034 718	0.072 391	0.102 436	0.078 576	0.051 649
16	0.007 221	0.010 930	0.015 746	0.021 699	0.054 293	0.096 034	0.088 397	0.06 4561
17	0.003 610	0.005 786	0.008 799	0.012 764	0.038 325	0.084 736	0.093 597	0.075 954
18	0.001 705	0.002 893	0.004 644	0.007 091	0.025 550	0.070 613	0.093 597	0.084 394
19	0.000 763	0.001 370	0.002 322	0.003 732	0.016 137	0.055 747	0.088 671	0.088 835
20	0.000 324	0.000 617	0.001 103	0.001 866	0.009 682	0.041 810	0.079 804	0.088 835
21	0.000 131	0.000 264	0.000 499	0.000 889	0.005 533	0.029 865	0.068 403	0.084 605
22	0.000 051	0.000 108	0.000 215	0.000 404	0.003 018	0.020 362	0.055 966	0.076 914
23	0.000 019	0.000 042	0.000 089	0.000 176	0.001 574	0.013 280	0.043 800	0.066 881
24	0.000 007	0.000 016	0.000 035	0.000 073	0.000 787	0.008 300	0.032 850	0.055 735
25	0.000 002	0.000 006	0.000 013	0.000 029	0.000 378	0.004 980	0.023 652	0.044 588

续表

λ / m	8.5	9.0	9.5	10	12	15	18	20
26	0.000 001	0.000 002	0.000 005	0.000 011	0.000 174	0.002 873	0.016 374	0.034 298
27		0.000 001	0.000 002	0.000 004	0.000 078	0.001 596	0.010 916	0.025 406
28			0.000 001	0.000 001	0.000 033	0.000 855	0.007 018	0.018 147
29				0.000 001	0.000 014	0.000 442	0.004 356	0.012 515
30					0.000 005	0.000 221	0.002 613	0.008 344
31					0.000 002	0.000 107	0.001 517	0.005 383
32					0.000 001	0.000 050	0.000 854	0.003 364
33						0.000 023	0.000 466	0.002 039
34						0.000 010	0.000 246	0.001 199
35						0.000 004	0.000 127	0.000 685
36						0.000 002	0.000 063	0.000 381
37						0.000 001	0.000 031	0.000 206
38							0.000 015	0.000 108
39							0.000 007	0.000 056

参 考 文 献

[1] Charles P., BoniniWarren H. Hausman and Harold Bierman. Quantitative Analysis for Management[M]. (9th Edition). McGraw-Hill, 1997.

[2] David R., Anderson Dennis J. Sweeney and Thomas A. Williams. An Introduction to Management Science: Quantitative Approaches to Decision Making [M]. (8th Edition). West Publishing Commany, 1997.

[3] Eppen G. D., Could F. J. and Shmidt, C. Quantitative Concepts for Management [M]. (4th Edition). Prentice Hall, 1993.

[4] Eppen G. D., Could F. J. and Shmidt C. Introduction to Management Science[M]. (4th Edition). Prentice Hall, 1993.

[5] Hillier E. and Lieberman G. J. Introduction to Operations Research[M]. (6th Edition). McGraw-Hill, 1995.

[6] Samson D. Managerial Decision Analysis[M]. Richard D. Irwin, 1988.

[7] K. K. Seo, Bernand J. Winger. Managerial Economics[M]. Richard D. Irwin, 1979.

[8] J. D. 惠斯特, F. K. 莱维. 统筹方法管理指南[M]. 北京: 机械工业出版社, 1985.

[9] 李维铮等. 运筹学[M]. 北京: 清华大学出版社, 1981.

[10] L. 库柏等. 运筹学模型概论[M]. 上海: 上海科学技术出版社, 1987.

[11] 中国人民大学数学教研室编. 运筹学通论[M]. 北京: 中国人民大学出版社, 1989.

[12] 龚德恩. 经济控制论概论[M]. 北京: 中国人民大学出版社, 1991.

[13] 赵国庆. 计量经济学[M]. 北京: 中国人民大学出版社, 2001.

[14] 杨健等. 经济数学模型化过程研究[M]. 北京: 中国人民大学出版社, 1999.